ALLGEMEINE UND CHEMISCHE THERMODYNAMIK

KURZES LEHRBUCH UND NACHSCHLAGESCHRIFT FÜR INGENIEURE UND TECHNISCHE PHYSIKER

Von

Prof. Dr.-Ing. habil. **Alfred Oppitz**

Mit 135 Abbildungen

und 64 erklärenden Beispielen

VERLAG VON R. OLDENBOURG

MÜNCHEN 1952

Druck und Buchbinderarbeiten: R. Oldenbourg, Graphische Betriebe GmbH., München

MEINER, IN GUTEN WIE SCHWEREN ZEITEN,

IMMER VERSTÄNDNISVOLLEN UND TAPFEREN LEBENSKAMERADIN,

MEINER LIEBEN FRAU

IN DANKBARKEIT ZUGEEIGNET

INHALTSÜBERSICHT

VORWORT

Die Erfahrungen und Beobachtungen im Berufsleben in verschiedenen inner- und außereuropäischen Ländern hinterließen in der Zusammenarbeit oder im loseren Fachgespräch mit Kollegen, die in verschiedenen Ländern ein unterschiedliches Fachstudium absolvierten und sich später im beruflichen Zwang und Eigeninteresse weiterbildeten, immer den Eindruck, daß eine knappe, geschlossene Schrift über das Gesamtgebiet des Buchtitels doch sehr erwünscht wäre. Als Zielsetzung einer solchen, an den Anfang des Studiums gestellten Schrift, schwebte hierbei immer eine zusammenfassende Darstellung des Gebietes in den Gedankengängen seiner naturwissenschaftlich-technischen und mathematischen Zusammenhänge und ihrer Folgerungen vor. Gleichsam das durchgehende Rückgrat verfolgend, sollten fischgrätenartig die Abzweigungen nach außen und die Einflüsse von außerhalb, wenigstens in ihrer Tendenz, Absicht und Auswirkung, aufgezeigt werden.

Die vielen ausgezeichneten Lehrbücher und eingehenden fachwissenschaftlichen Werke sind ja immer schon irgendwie in der Zielsetzung nach dem ihnen zugedachten Kreis und damit in ihren Voraussetzungen ausgerichtet. Dadurch entstehen Lücken, auch zu verwandt fundamentierten anderen Zweigen, die wieder in einem Sonderstudium erst überbrückt und geschlossen werden müssen. Leicht wird dann der Leser von der Fülle und den Einzelheiten des vertieft Dargebotenen erdrückt, der Zusammenhang, der alles durchziehende Faden wird nur schwer gefunden und geht immer wieder verloren. Es ist also ein sehr mühsames Erarbeiten des gesamten Aufbaues und der Zusammenhänge aus einer Vielzahl von Werken.

Diese empfangenen Anregungen aufgreifend, entstand Zielsetzung und Plan zum vorliegenden kurzen Lehrbuch. Es wendet sich in erster Linie an den Ingenieur, zu dem aber heute als engerer Mitarbeiter vielfach auch der technische Physiker getreten ist.

Die Schrift soll also nicht das Studium der umfangreicheren und ausgezeichneten Werke des Gebietes überflüssig machen, dies wäre mehr als vermessen. Es soll im Gegenteil, dem Gebot unserer Zeit rechnungtragend „Auch geistige Arbeit wirtschaftlich zu ermöglichen“, den Studenten und Weiterstrebenden in diese spezielleren Werke generell einleiten, zur fruchtbaren, eingehenden Verarbeitung vorbereiten und befähigen.

Durch diese Zielsetzung wird das Lehrbuch dann darüber hinaus auch zwangsläufig zu einer Nachschlageschrift.

Die beigegebenen Beispiele sollen ebenso der textlichen Erläuterung wie der gelegentlichen Vertiefung dienen.

Es ist auch angestrebt, möglichst durch die Wahl der Buchstabentypen schon anzuzeigen, auf welche Maß- bzw. Mengeneinheit sich die Betrachtungen in den Rechenformeln beziehen.

So gilt unter Zugrundelegung des technischen Maßsystems folgende Schreibweise:

Latein-Kleinbuchstaben für: Allgemeine mathematische Formulierungen, Intensitätsgrößen in p kg/cm², t° C, Fußzeiger.
Angaben, die sich auf 1 kg des Stoffes beziehen, wie: spezifisches Volumen v in m³/kg, Innere Energie u in kcal/kg, Enthalpie i in kcal/kg, Entropie s in kcal/kg grd, spezifische Wärme c_v, c_p in kcal/kg grd, Heizwert h in kcal/kg usw.

Latein-Großbuchstaben für: Intensitätsgrößen P in kg/m², T in °K(elvin).
Angaben, die sich auf beliebige Stoffmengen, beziehen wie: Volumen V in m³, Innere Energie U in kcal, Enthalpie I in kcal usw.
Arbeit L, L_t, L_N und Leistung. Wärmemengen Q, Verbrennungsluftmengen L, L_{min} in kg bzw. Nm³, Molgewicht M.

Deutsch-Kleinbuchstaben für: Angaben, die sich auf 1 Nm³ oder m³ eines Stoffes beziehen, wie: Kalorische Zustandsgrößen $\mathfrak{u}$, $\mathfrak{i}$, $\mathfrak{s}$ ···, Heizwert $\mathfrak{h}$ usw. sowie für Gewichts- und Raumanteile $\mathfrak{g}$, $\mathfrak{v}$.

Deutsch-Großbuchstaben für: Angaben, die sich auf 1 kmol = M kg des Stoffes beziehen, wie Kalorische Zustandsgrößen $\mathfrak{U}$, $\mathfrak{J}$, $\mathfrak{S}$ ···, Molekularwärme $\mathfrak{C}$ in kcal/kmol grd, mittlere Molekularwärme $|\mathfrak{C}|$, Maximale Arbeit $\mathfrak{A}$, Gaskonstante $\mathfrak{R}$ in kgm/kmol grd, $\mathfrak{R}_{cal}$ in kcal/kmol grd, Wärmetönung $\mathfrak{W}$ in kcal/kmol, Verbrennungsluftmenge $\mathfrak{L}_{min}$, spez. Wärme $\overline{\mathfrak{C}}$...

Griechische Buchstaben kennzeichnen wie üblich vornehmlich charakteristische Faktoren oder Exponenten (λ, $\varkappa$, ···).

Im allgemeinen wurde versucht, sich in der Wahl der Benennungen an die Bezeichnungen der Hütte und der sonst bekanntesten technischen Literatur anzugleichen. Bei der Uneinheitlichkeit der Nomenklatur einerseits, der Vielzahl von Größen, die einen nur ihnen vorbehaltenen, feststehenden Buchstaben verdienen würden, läßt es sich aber leider doch nicht ganz konsequent durchführen. Abweichungen oder gleiche Bezeichnungen für verschiedene Größen sind aber wohl aus dem Textsinn fallweise leicht erkennbar, sofern nicht überhaupt direkt darauf hingewiesen wird.

Auf die Beigabe von Stoffwertetafeln, Diagrammblättern usw., die ja hier doch nicht umfassend genug hätten sein können, wurde in der Schrift verzichtet. Vielmehr schien es statt einer solchen, den Leser doch nicht befriedigenden, subjektiven Auswahl richtig, nur auf die Schrifttumsstellen hinzuweisen, in welchen erschöpfend solche Hilfsmittel nachgeschlagen werden können.

Das aber sicher bestehende Bedürfnis bejahend, diese Kennwerte, Diagramm- und Rechenblätter greifbar zu haben, besteht die ernste Absicht, nach Maßgabe der wirtschaftlichen Entwicklung später eine Ergänzungsschrift zu bearbeiten. Diese soll die wichtigen Stofftabellen, Diagramme und Rechenblätter in Gebrauchsgröße zu dem Inhalt der vorliegenden Schrift enthalten, ebenso die Handhabung und das Rechnen mit diesen Hilfsmitteln in der technischen Anwendung zeigen und einer fallweisen Vertiefung und Verbreiterung des Stoffgebietes dienen.

Im Sinne der Ausrichtung der Schrift schien es auch richtig, das Schrifttumsverzeichnis nicht trocken zitierend darzubieten, sondern mit kleinen Hinweisen zu versehen, welche die Anforderungen, den Schwerpunkt der Bearbeitung und den Inhalt aufzeigen, den sie im Rahmen des Gesamtgebietes betonen.

Durch die jedem Kapitel möglichst vorangestellte Zusammenfassung mit einem kurzen Rückblick auf die wichtigsten beteiligten Punkte anderer Abschnitte wird fallweise versucht, jedes Kapitel im Sinne einer Nachschlageschrift auch einzeln lesbar zu machen.

Zum Schluß ist es dem Verfasser ein Bedürfnis, das harmonische Zusammenarbeiten mit dem Verlag Oldenbourg bei den Druckarbeiten hervorzuheben und für das stets verständnisvolle Entgegenkommen und die dem Verlag eigene Sorgfalt der Ausstattung des Buches zu danken.

Wenn das Buch nunmehr der Öffentlichkeit übergeben wird, so geschieht dies in dem Bewußtsein, daß auch hier nichts Vollkommenes geschaffen werden konnte. Es begleitet aber die Schrift die Hoffnung, daß der behandelte Stoff für den zugedachten Kreis der Ingenieure, der auf ihrem Gebiet tätigen technischen Physiker und für den Studenten einen Niederschlag in einem brauchbaren Kompromiß gefunden hat.

Kiel, im September 1951 ALFRED OPPITZ

ABSCHNITT I

A. ÜBERBLICK

Die Erkenntnisse und Lehren der Thermodynamik berühren alles Geschehen und Werden unseres Lebens und unseres Weltalls.

Es bildet daher auch die Thermodynamik das Kernstück zur Behandlung und Lösung aller technischen Aufgaben. Ja, die Thermodynamik erhielt mit der Erfindung der betriebsfähigen Dampfmaschine durch J. WATT (1736 ··· 1819) ihren ersten gewaltigen Impuls. J. WATT war ein ebenso genialer Forscher wie Erfinder, der den ersten Indikator baute und den inneren Vorgängen der treibenden Kraft des Dampfes im Zylinder nachspürte. Die technische Thermodynamik wurde also begründet, bevor die theoretische Thermodynamik zu einer geordneten Forschungsrichtung der Physik wurde.

Die Thermodynamik beschreibt zum geringsten unmittelbar bestimmte Stoffeigenschaften, wozu sie sich des anschaulich Vorstellbaren bedienen kann. Ihre umfassende Bedeutung liegt in den grundsätzlichen Beziehungen, die sie zwischen den verschiedenen Eigenschaften der Stoffe herstellt. Das Formelkleid der Mathematik ist ihre Sprache. Damit gestattet die Thermodynamik einordnend, zergliedernd und planvoll Voraussagen zu machen. Ihr Charakter ist daher ein weitgehend abstrakter.

Die Technik muß den nutzbar zu machenden Naturerscheinungen bewußt Gestalt geben. Die Größe der hervorgerufenen Erscheinungen und die Gestalt, unter welcher sie diese hervorbringen und nutzen will, muß in Zahlenangaben ausgedrückt werden. Es muß daher hier die Thermodynamik eine besondere Ausrichtung nach ihrer unbedingten zahlenmäßigen Voraussage erfahren. Dies allein genügt aber noch nicht. Eine technische Aufgabe ist auch immer eine zeitbefristete Aufgabe. Auch muß der zahlenmäßige Rechnungsgang bis zum Resultat zum raschen Überblicken und Ändern der die Durchführung der Aufgabe beeinflussenden Faktoren möglichst durchsichtig sein.

Es werden daher in der technischen Thermodynamik auch zeichnerische Rechnungsmethoden und Darstellungen bis zur gesicherten, theoretischen Kernsubstanz entwickelt. Erinnert sei hier beispielsweise an die i, s-Diagramme für Wasserdampf und die i, x-Diagramme von MOLLIER, die heute auch für Gase entwickelt, aus dem Verbrennungsmaschinenbau nicht mehr wegzudenken sind. Dazu seien noch erwähnt die i, t-Diagramme, wie sie in der Feuerungstechnik gebraucht werden, und die verschiedenen anderen, schon zur Selbstverständlichkeit gewordenen Diagrammtafeln und grafischen Rechenverfahren.

Auch die zur praktischen Lösung der Aufgaben entwickelten Näherungsverfahren, die Ähnlichkeitstheorie des Wärme- und Stoffaustausches usw. müssen hier genannt werden.

Eine ähnliche Entwicklung zeigt aus den gleichen Gründen, der zeitbefristet zahlenmäßig zu errechnenden technischen Aufgaben, auch die technische Mechanik, Kinematik, graphische Dynamik und die Festigkeitslehre.

Wie schon der Name „Thermo-dynamik" sagt, ist es ein Bewegungsvorgang, der die Wärmeerscheinungen hervorbringt. Daher ist die Thermodynamik, oder wie sie auch bezeichnet wird, die Wärmemechanik oder Wärmelehre, auch den Grundgesetzen der Mechanik unterworfen, dem Impuls- und Energiesatz, und, in ihrer Verfeinerung der mikroskopisch-dynamischen Betrachtungsweise, den statistischen Gesetzmäßigkeiten.

In der Betrachtung der Wärmestrahlung führt die Wärmelehre zur Verquickung mit den Gesetzen der Optik und zum eigenen Ausbau derselben.

Mit der Strömungslehre ist die Wärmemechanik eng verknüpft durch die strömende Bewegung der Gase und Dämpfe und ihre ganz sinngemäß gleichen mathematischen Behandlungsgrundlagen bei den Wärme- und Stoffübertragungsvorgängen.

Einige wichtige Marksteine der Entwicklung der Thermodynamik sind u. a. mit den Namen verbunden:

PAPIN (1647 ··· 1712), Erfindung des Überdruck-Kochtopfes 1681 und der ersten Dampfmaschine 1690.

J. WATT (1736 ··· 1819), Erfindung der gebrauchsreifen Dampfmaschine mit allen noch heutigen Merkmalen, vor allem der Kondensation. Indikatorische Untersuchung der Vorgänge im Zylinder.

DALTON (1766 ··· 1844), GAY-LUSSAC (1778 ··· 1850), Gasgesetze, Gesetz der konstanten und multiplen Proportionen.

AVOGADRO (1776 ··· 1856), Identifizierung der Elementarteilchen mit den Molekeln, Einführung des Molekular- und Atomgewichtes.

R. MAYER (1814 ··· 1878), Entdeckung des I. Hauptsatzes.

LORD KELVIN, früher W. Thomson (1824 ··· 1907), Einführung der absoluten Temperaturskala.

S. CARNOT (1796 ··· 1832), R. CLAUSIUS (1822 ··· 1888), HORSTMANN (1842 ··· 1929), GIBBS (1839 ··· 1903), HELMHOLTZ (1821 ··· 1894), VAN T'HOFF (1852 ··· 1911), Kreisprozesse, II. Hauptsatz der Wärmelehre, Begriff der Entropie, Affinität und maximale Arbeit.

R. CLAUSIUS, MAXWELL (1831 ··· 1879), BOLTZMANN (1844 ··· 1906), Kinetische Theorie.

KIRCHHOFF (1824 ··· 1887), BUNSEN (1811 ··· 1902), Begründung der Spektralanalyse.

C. v. LINDE (1842 ··· 1934), Verflüssigung der Luft und dadurch Einleitung der Tieftemperaturforschung.

NERNST (1864 ··· 1941), III. Hauptsatz der Wärmelehre.

M. PLANCK (1858 ··· 1947), Begriff des intermittierend abgemessenen Energieaustausches, Begründung der Quantentheorie.

Unter der Vielzahl der bahnbrechenden und bedeutenden Forscher sei für alle Ungenannten erinnert an ZEUNER, MOLLIER, SCHÜLE, STODOLA. Wir wissen, daß auch die Arbeit der Vielzahl der aus Raumgründen ungenannten und z.T. ganz bedeutenden noch unter uns weilenden Forscher zum Aufbau des gewaltigen Gebäudes der Thermodynamik nicht minder notwendig war und ist. Die wissenschaftliche Forschung ist eben eine Gemeinschaftsarbeit, bei der jeder Baustein wieder als Auflage für den nächsten dient, auch wenn er vielleicht oft gegen einen anderen wieder ausgetauscht wird. Denn auch zum Erkennen der Austauschnotwendigkeit gehörte erst einmal sein ursprüngliches Vorhandensein.

B. MESSGRÖSSEN UND MASS-SYSTEME

Die Beobachtung physikalischer Ereignisse durch unsere Sinne ist in Raum und Zeit eingefangen. Nur innerhalb dieser können Beobachtungen gesammelt, zusammengestellt und zu Erfahrungs- oder Beobachtungsgesetzen zusammengefügt werden. Um aber Beobachtungen zu sammeln und, was dann wesentlich ist, vergleichen zu können, müssen sie gezählt und gemessen werden können. Dazu sind Maßeinheiten notwendig. Nur so ist das Ziel der Forschung gewährleistet: die planvolle Voraussage zu erwartender Ereignisse oder die planvoll für ihr Auftreten notwendigen Voraussetzungen zu schaffen.

Der Raum ist durch seine Längenausdehnung in den drei Raumrichtungen, die Zeit durch die Stellung des Tagesgestirnes physikalisch bestimmt. Daneben sind aber zur Beschreibung der Vorgänge und deren Ursachen und Wirkungen noch andere Größen notwendig, die sich aber alle von drei Grundeinheiten ableiten lassen; sie werden dann abgeleitete Größen genannt, z. B. die Geschwindigkeit, die Energie, usw.

Für die dritte Grundgröße, deren Wahl an sich willkürlich ist, wird natürlich wieder auf eine auffällige Naturerscheinung an dem Stoff selbst zurückgegriffen. Als solche bietet sich dar: die Stoffmenge, die Masse, oder das uns beim Halten oder in Bewegungsetzen des Stoffes aufdrängende gerichtete Empfinden einer dazu notwendigen körperlichen Anstrengung, das Gewicht oder die Kraft.

Seit der Erkundung der Fallgesetze durch GALILEI, die durch NEWTON eine exakte Formulierung in der dynamischen Grundgleichung erfuhren, ist der Zusammenhang zwischen der Masse und der Kraft bekannt: Kraft = Masse mal Beschleunigung. Sie ist die zeitliche Änderung des momentanen Bewegungszustandes der Masse.

Die Physik entschied sich nach reiflicher Überlegung durch GAUSS für die Masse als dritte Grundgröße. Sie wird gemessen in Kilogramm-Masse (kg_l), verwirklicht durch die Masse des Kilogrammprototyps in Paris.

Die Technik entschied sich aus Zweckmäßigkeitsgründen, da sie in ihrer Arbeit immer Kräften und Kraftwirkungen begegnet, für die Kraft als dritte Grundgröße. Die Einheit ist das Kilogramm-Kraft bzw. -Gewicht (kurz kg). Es ist dargestellt durch den Druck des Urkilogramms auf die Unterlage bei der willkürlichen Festsetzung der Beobachtung in Seehöhe und mittlerer geographischer Breite.

Es ist damit 1 kg-Kraft = 1 kg-Masse mal 9,80665 m/s². Man nennt es auch das Normgewicht.

Durch die verschiedene Wahl der dritten Grundgröße entstehen so *zwei ganz verschiedene Maßsysteme:*

das physikalische, absolute oder Meter-Kilogrammasse-Sekunden-System (MK_i S-System), früher als Zentimeter-Grammasse-Sekunden-System im Gebrauch, und

das technische oder Meter-Kilogrammgewicht-Sekunden-System.

Beide seien folgend mit ihren Grundeinheiten gegenübergestellt:

Maßsystem	Maßeinheiten der Grundgrößen			
	Länge	Zeit	Kraft bzw. Gewicht	Masse
technisches	m	s	kg	$\frac{kg \cdot s^2}{m}$
physikalisches, MK_i S-System	m	s	$\frac{kg_i \cdot m}{s^2}$ = Dyn	kg_i

Anmerkung: Zur Unterscheidung von kg-Masse und kg-Gewicht, welche beide im Sprachgebrauch als Kilogramm bezeichnet werden und so leicht Verwirrung hervorrufen, wurde vorgeschlagen, die Bezeichnung Kilogramm der Masseneinheit vorzubehalten und das kg-Gewicht mit Kilopond (kp) zu bezeichnen. So wünschenswert eine saubere sprachliche und schriftliche Unterscheidung ist, so konnte sich dieser Vorschlag ganz verständlicherweise jedoch nicht durchsetzen. Es ist dies ja auch ein Vorschlag gegen das Naturgesetz „Kleinsten Widerstandes". Dem ganzen Alltagsleben, das keinen Unterschied zwischen Masse und Gewicht kennt, wurde hier die Umstellung zugemutet. Dazu kommen noch die vielen technischen Bau- und Betriebsvorschriften, die Bezifferung der Betriebsmeßgeräte und sonstiger Einrichtungen usw. usw. Der relativ kleine Kreis der Wissenschaftler oder wissenschaftlich Gebildeten aber, der, *und nur der,* schon gedanklich bewußt den Unterschied zwischen Masse und Gewicht macht, blieb hier ungeschoren. Ja, die Diskrepanz in der wissenschaftlichen Sprache im Gebrauch von Atom- und Molekulargewicht, die ja Massen- und keine Gewichtsangabe betreffen, stört im eigenen Hause nicht!

In einer jüngsten Stellungnahme (Zeitschrift des VDI 1950, H. 6) wandte sich auch der wissenschaftliche Beirat des VDI gegen diese Umbenennung. Aber vermutlich durch einen Kompromißzwang verstand er sich, zur schriftlichen Unterscheidung das kg-Masse mit kg_i (i = inertia, Trägheit), das kg-Gewicht mit kg_p (p = pondus, Gewicht) zu bezeichnen. Abgesehen davon, daß zur Unterscheidung zweier äußerlich gleicher Dinge die Kennzeichnung eines derselben durch einen Fußzeiger genügt, würde damit doch der Alltag, wie mit der Wortbezeichnung, wieder ganz unnatürlich belastet werden. Hier wird daher den natürlichen Gegebenheiten Rechnung tragend das Kilogrammgewicht weiterhin „Kilogramm" genannt und wie üblich mit „kg" bezeichnet.

Während der Drucklegung erschienen mit der grundsätzlich gleichen Einstellung: Adam, H.: Kilopond oder Kilogramm? Math.-naturw. Unterr. Bd. III, H. 4, S. 205. Schmidt, E.: Tagungsber. „Wärmeforschung – Koblenz, Okt. 1950" in VDI. 1950, Nr. 36, S. 1015.

Im technischen Maßsystem erscheint somit die Masse als abgeleitete Größe, im physikalischen das Gewicht bzw. die Kraft. *Zur Umrechnung auf das technische Maßsystem sind also alle auf das* kg-*Masse* (kg_i *bzw.* g_i) *bezogenen Angaben der Physik mit 9,81* m/s² *zu multiplizieren.*

In der Thermodynamik hat man es mit den Eigenschaften der aus den einzelnen Molekülanordnungen aufgebauten Stoffe und ihren gegenseitigen Beziehungen zu tun. Die Physik bezieht nun diese Stoffkonstanten (z. B. die spezifische Wärme oder andere spezifische Größen des Stoffzustandes, z. B. die Enthalpie oder Entropie) auf die Stoffmenge von einem Mol. Das ist auf eine Stoffmenge, welche bei einer Erdbeschleunigung von 9,81 m/s² dem Gewicht der Mol-Gewichtsangabe des Stoffes entspricht. Dadurch sind diese Zahlenangaben der Physik gleich jenen der technischen Thermodynamik und damit ist für sie die Unbequemlichkeit der fallweisen Umrechnung von vornherein umgangen.
Der Gebrauch des neueren „MK_iS-Systems", bei welchem die Zehnerpotenzen z. B. 10^7 beim erg und joule fortfallen, gegenüber dem „CG_iS-Systems" hat sich vor allem in der physikalischen Chemie noch nicht durchgesetzt. Darauf ist bei der Übernahme der Zahlenwerte aus den Handbüchern zu achten.

Als Druckeinheiten sind im Gebrauch:

1 at = 1 kg/cm² = 735,56 ≈ 735,6 Torr (mmQuS), Torr nach TORRICELLI,

1 Atm = 760 Torr = 1,0332 at,

1 bar = 1,01972 at = 750,06 Torr = 0,98692 Atm,

10 kcal/m³ = 0,4268 at = 31,393 Torr.

Das Fundament der Mechanik bildet der Energiesatz und die Impulssätze. Der Temperaturbegriff ist der Mechanik fremd.

Unser Gefühlssinn beim Berühren der Körper schuf den Begriff der Wärme und unterscheidet diese aus dem erweckten Eindruck im Vergleichsverfahren als kälter oder wärmer. Damit beschreibt die Empfindung schon roh die Körperwärme verglichener Stoffe (vgl. IC, spez. Wärme).

Aber auch in der kalten winterlichen Außenluft wird in der Sonne unser Wärmegefühl erregt. Wir empfinden den auf uns einwirkenden Glanz der „anstrahlenden" Sonne, die Wärmestrahlung (vgl. IVC).
Beide Wärmeerscheinungen sind verschieden verursacht und unabhängig voneinander.
Mit dem Wärmezustand eines Körpers wird unseren Sinnen noch eine andere Erscheinung bemerkbar, die Volumenänderung der Körper.

Diese Volumenänderung im Verein mit der sich uns aufdrängenden Beobachtung der Körper, daß ganz bestimmte Wärmezustände ganz bestimmten physikalischen Zuständen der Körper entsprechen, ermöglichte den zahlenmäßigen

Vergleich der Wärmestufen, die Temperaturgradzählung der empirischen Temperaturskala. So entspricht z. B. dem Wasser in der uns umgebenden Natur einmal das Festwerden zu Eis, bei einem anderen bei uns ausgelösten Wärmeempfinden, das Verdampfen.

Die Unterteilung der im Längenmaß meßbaren Wärmeausdehnung ausgewählter Stoffe zwischen diesen Fundamentalpunkten, dem bei einem Druck von 760 Torr schmelzenden Eis und der Verdampfung des entstandenen Wassers unter dem gleichen Druck, in hundert Teile, schuf den Temperaturgrad. Mit der Nullpunktsfestsetzung auf den Eispunkt entsteht die CELSIUS-Temperaturskala.

Die Volumenänderung der verschiedenen, so zur Temperaturmessung geeigneten Flüssigkeiten und Gase ist jedoch mit steigender Erwärmung nicht gleichmäßig. Der so ermittelte Temperaturgrad stimmt für die verschiedenen Thermometerstoffe nur in den Fundamentpunkten mit den tatsächlichen Wärmegraden überein, nicht aber für einen Zwischenzustand. Ein eindeutiger linearer Zusammenhang zwischen Erwärmung und Volumenänderung besteht nur bei idealen Gasen (IIIA) und den sich diesen in ihrem Verhalten weit nähernden Edelgasen (z. B. Helium). Das Volumen dieser Gase ändert sich bei Erwärmung um 1 Grad (°) bei konstantem Druck um $^1/_{273}$ des Wertes bei 0°. Diese Ermittlung ergibt die Temperaturskala der vollkommenen Gase.

Zur vereinfachenden Eichung der Thermometer sind nach dieser Temperaturskala für verschiedene Stoffe markante Zwischenfestpunkte von den tiefsten bis zu den höchsten Temperaturbereichen gesetzlich festgelegt worden. Als solche Zwischenfestpunkte dienen die Schmelz-, Erstarrungs-, Sublimations-, Siede- und Umwandlungspunkte verschiedener Stoffe. Damit ergab sich die gesetzliche Temperaturskala, die mit jener der idealen Gase weitgehend übereinstimmt.

Unabhängig von den Körpereigenschaften läßt sich aus dem Entropiebegriff die absolute oder thermodynamische Temperaturskala ableiten, die sich mit jener der idealen Gase vollkommen deckt (IIIC6i).

Der zählende Vergleich verschiedener Wärmezustände der Körper mit dem Thermometer irgendwelcher Art beruht nur auf der Erfahrungstatsache, daß die in thermischer Wechselwirkung stehenden Körper sich auf ein thermisches Gleichgewicht einstellen, in dem jede weiteren Veränderungen aufhören. Sie haben ihre Körperwärmen durch Austausch einander gleichgemacht (II.Hauptsatz, IIIC5). Steht also der Körper A mit einem Körper B und dieser wieder mit einem solchen C im Wärmegleichgewicht, dann steht auch der Körper A mit dem Körper C im Wärmegleichgewicht.

Eine andere Art der Temperaturmessung, welche ebenfalls auch unser Empfinden registriert, ist die Strahlungsmessung (IVC).

Um die Temperatur eines Körpers um 1° C zu erhöhen, ist eine gewisse Wärmemenge zuzuführen. Um diese messen und zählen zu können, wurde die Einheit der Wärmemenge, die Kalorie festgesetzt.

Eine Kilokalorie (kcal) *ist jene Wärmemenge, die erforderlich ist, um* 1 kg *Wasser bei* 760 Torr *von* 14,5 *auf* 15,5 ° C *zu erwärmen.*

Neben der Kilokalorie (kcal) besteht noch $^1/_{1000}$ kcal, die kleine oder Grammkalorie (cal).

Hinsichtlich der Umrechnungen der zuvor angegebenen metrischen Maßeinheiten auf andere, vor allem englisch-amerikanische Maßeinheiten, sei auf die Handbücher verwiesen (z. B. „Hütte" des Ingenieurs Taschenbuch, Schmachtenberg, A., Umrechnungstabellen für deutsche, engl.-amerikan. und russische Maße und Gewichte. Oldenbourg-Verlag 1948).

C. DER I. HAUPTSATZ
SPEZIFISCHE WÄRMEN (ALLGEMEIN)

Die Wärme wurde früher als ein unwägbarer Stoff betrachtet, der bei der Erwärmung eines Körpers in diesen hereinschlüpft, bei der Abkühlung entweicht (BLACK 1760).

Durch KRÖNIG (1822 ··· 1879) und besonders seit CLAUSIUS (1857) ist die Wärme als eine Energieform erkannt, die auf die Bewegung der kleinsten Körperteilchen, der Moleküle, ja selbst deren Bausteine, die Atome, zurückzuführen ist (Kinetische Theorie, Abschn. II).

Als Energieform unterliegt die Wärme den Gesetzen der Mechanik, also auch dem „*Prinzip von der Erhaltung der Energie*". Das Energieprinzip auf die Wärmelehre angewendet, heißt:

„Mechanische Arbeit und Wärme sind gleichwertig."

Dies ist der I. Hauptsatz der Wärmelehre (R. MAYER 1840).

Der Umrechnungswert, das Mechanische Wärmeäquivalent, ist

$$A = 1/426{,}78 \approx 1/427 \text{ in kcal/kgm.} \tag{1}$$

Demnach entspricht im technischen Maßsystem 1 kcal = 427 kgm; im elektrischen Maß in Joule, im MK_tS-System in Erg gemessen.

Die Beobachtung lehrt, daß verschiedene, aber gleich schwere Körper für die gleiche Temperatursteigerung verschiedene Wärmemengen von einer Wärmequelle aufnehmen müssen. Das bedeutet also, die Eigenschaft des Körperstoffes ist für die Wärmeaufnahme zum Erreichen einer bestimmten Temperaturzunahme wesentlich.

Die Wärmemenge, die zur Steigerung der Temperatur der Einheitsmenge eines Stoffes um 1° in irgendeinem Temperaturbereich erforderlich ist, ist die spezifische Wärme des Körpers. Die spezifische Wärme ist also eine Stoffkonstante. So ist demnach, gemäß der Definition der Wärmeeinheit (IB), die spezifische Wärme des Wassers zwischen 14,5° und 15,5° gleich eins, also identisch mit dem Wert der kcal. Dies ist im Verhältnis zu den Werten der spezifischen Wärme anderer Stoffe sehr groß.

Die spezifische Wärme hat je nach der Mengeneinheit, auf welche sie bezogen ist, die Dimension [kcal/kg grd], [kcal/Mol grd], [kcal/m³ grd], speziell [kcal/Nm³ grd] (siehe dazu unter IIB2d und IIIA2).

Um das Gewicht G eines Stoffes mit der spezifischen Wärme c [kcal/kg grd] um dt zu erwärmen, ist die Wärmemenge notwendig

$$dQ = G \cdot c \cdot dt. \tag{2}$$

Dies ist die *Grundgleichung der Wärmelehre.*

Für eine endliche Temperaturerhöhung von t_1 auf t_2 ist daher die Wärmemenge

$$Q_{1,2} = G \int_{t_1}^{t_2} c \cdot dt \tag{2b}$$

erforderlich.

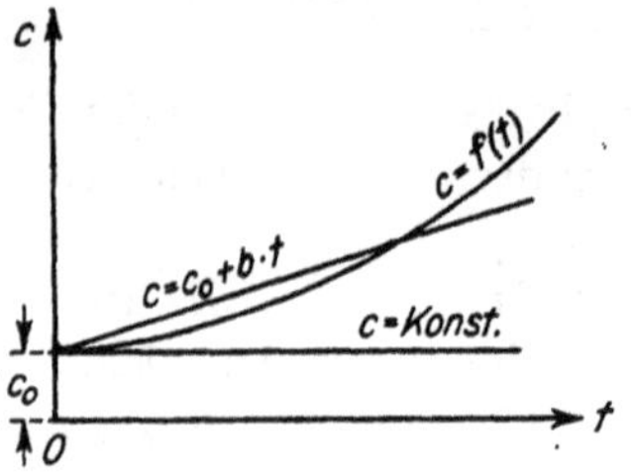

Bild 1. Verschiedene Abhängigkeiten der spezifischen Wärme von der Temperatur

Die Versuche zeigen nun, daß die spezifische Wärme, je nach dem Temperaturbereich, in welchem dem Körper die Wärme zugeführt wird, verschieden groß ist, d.h. die spezifische Wärme ist nicht konstant (IIB2d und IIID1). Das Integral $\int_{t_1}^{t_2} c \cdot dt$ ist also nur lösbar, wenn der funktionale Zusammenhang von c mit t bekannt ist (Bild 1).

$$c = dQ/dt = f(t) \tag{3}$$

ist die wahre spezifische Wärme des Stoffes.

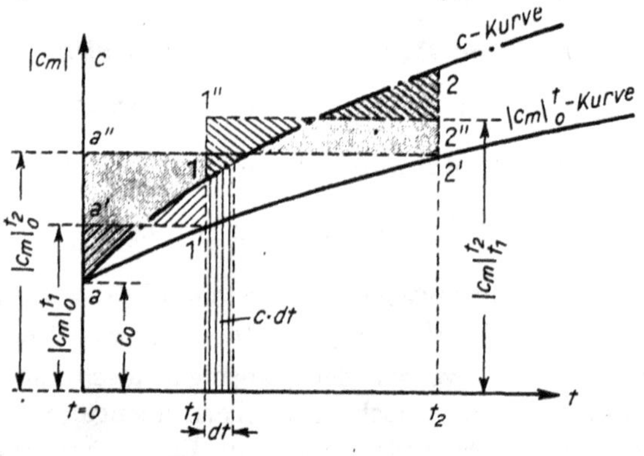

Bild 2. Erklärung der mittleren spezifischen Wärme aus der wahren.
Fläche $[0a1t_1] = [0a'1't_1] \triangleq Q_{0,1}$
Fläche $[0a2t_2] = [0a''2't_2] \triangleq Q_{0,2}$
Fläche $[t_1 1 2 t_2] = [t_1 1'a'a''2't_2] = [t_1 1''2''t_2] \triangleq Q_{1,2}$
mittlere spezifische Wärme $\left| c_m \right|_{t_1}^{t_2} = \frac{Q_{1,2}}{t_2 - t_1}$

Man kann aber einen Ausweg suchen, wenn in einzelnen Temperaturabschnitten $(t_2 - t_1)$ des versuchsmäßig ermittelten Verlaufes der Temperaturabhängigkeit der spezifischen Wärmen (Bild 2) mit einem mittleren Wert

$$\left| c_m \right|_{t_1}^{t_2} = \frac{1}{t_2 - t_1} \cdot \int_{t_1}^{t_2} c \cdot dt, \tag{4a}$$

der mittleren spezifischen Wärme zwischen t_1 und t_2, gerechnet wird.

Dann ergibt sich

$$Q_{1,2} = G \int_{t_1}^{t_2} c \cdot dt = G \cdot |c_m|_{t_1}^{t_2} \cdot (t_2 - t_1). \quad (2c)$$

Es steht nun nichts im Wege, zur tabellarisch einfacheren Zusammenstellung dieser Mittelwerte die Ausgangstemperatur $t_1 = 0°$ C zu setzen. Damit wird dann die mittlere spezifische Wärme

$$|c_m|_0^t = \frac{1}{t} \cdot \int_0^t c \cdot dt, \quad (4b)$$

und für ein beliebiges Temperaturintervall (1 — 2) ist jetzt

$$Q_{1,2} = G \cdot \int_{t_1}^{t_2} c \cdot dt = G\left[\int_0^{t_2} c \cdot dt + \int_{t_1}^{0} c \cdot dt\right] = G\left[\int_0^{t_2} c \cdot dt - \int_0^{t_1} c \cdot dt\right]$$

oder

$$Q_{1,2} = G\left[|c_m|_0^{t_2} \cdot t_2 - |c_m|_0^{t_1} \cdot t_1\right]. \quad (2d)$$

Umgekehrt läßt sich natürlich aus der mittleren spezifischen Wärme $|c_m|_0^t$ auch die wahre spezifische Wärme für eine beliebige Temperatur t berechnen. Gemäß

$$|c_m|_0^t \cdot t = \int_0^t c \cdot dt$$

ist nach Definition

$$|c_m|_0^t \cdot dt + t \cdot d|c_m|_0^t = c \cdot dt,$$

und daraus wird

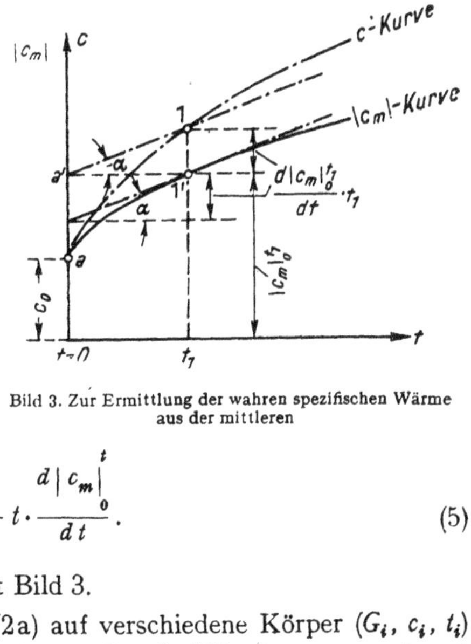

Bild 3. Zur Ermittlung der wahren spezifischen Wärme aus der mittleren

$$c = |c_m|_0^t + t \cdot \frac{d|c_m|_0^t}{dt}. \quad (5)$$

Die Auswertung dieser Beziehung zeigt Bild 3.

Die Grundgleichung der Wärmelehre (2a) auf verschiedene Körper (G_i, c_i, t_i) bei ihrer innigen Vermischung angewendet, ergibt die Mischungsregel und daraus die Mischungstemperatur

$$t_m = \frac{\sum G_i c_i t_i}{\sum G_i c_i}. \quad (6)$$

Vorweg sei schon erwähnt, daß die spezifischen Wärmen fester und flüssiger Körper von Druck und Volumen fast unabhängig sind, da beide bei Änderung der äußeren Bedingungen kaum eine merkliche Veränderung im Körper erfahren, denn die innere Beweglichkeit der Moleküle in ihrem Verband ist sehr beschränkt (IIID1 und VIIIA4).

Beispiel 1: Welche Wärmemenge $Q_{1,2}$ ist einem Mol eines zweiatomigen Gases zur Erwärmung von 100° auf 500°C bei konstantem Druck zuzuführen? (Bild 4.) Nach (2 d) ist

$$Q_{1,2} = |\mathfrak{C}_p|_0^{500} \cdot 500 - |\mathfrak{C}_p|_0^{100} \cdot 100 .$$

Die Mol-Wärmen $|\mathfrak{C}_p|^{500}$ und $|\mathfrak{C}_p|_0^{100}$ können aus den Tabellen der Handbücher entnommen werden oder unter Vorgriff auf (176 b) berechnet werden zu

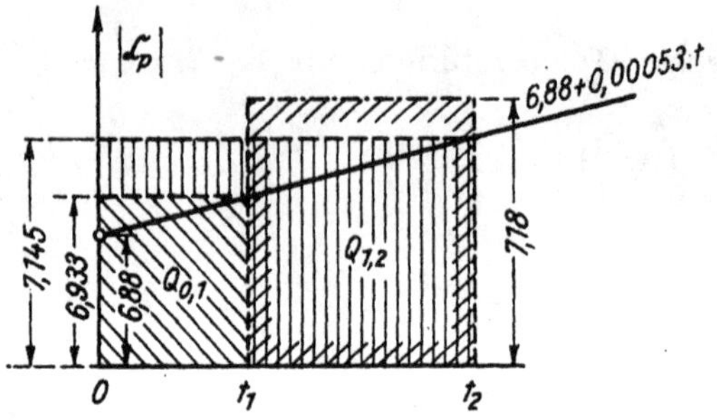

Bild 4. Zu Beispiel 1; schematisch

$$|\mathfrak{C}_p|_0^{500} = 6{,}88 + 0{,}00053 \cdot 500 = 7{,}145 \text{ in kcal/Mol grd}$$

$$|\mathfrak{C}_p|_0^{100} = 6{,}88 + 0{,}00053 \cdot 100 = 6{,}933 \text{ in kcal/Mol grd.}$$

Damit wird $Q_{1,2} = 7{,}145 \cdot 500 - 6{,}933 \cdot 100 = 2876{,}7$ in kcal/Mol.

Die mittlere spezifische Wärme zwischen 100° und 500° ergibt sich daraus nach (4a) zu

$$|\mathfrak{C}_p|_{100}^{500} = \frac{2876{,}7}{500 - 100} = 7{,}18 \text{ in kcal/Mol grd.}$$

ABSCHNITT II

KINETISCHE WÄRMETHEORIE

A. AGGREGATZUSTÄNDE

Die Stoffe treten uns in der Natur in drei wesensverschieden erscheinenden Formarten entgegen, dem gasförmigen, flüssigen und festen Aggregatzustand.

Die gasförmigen Stoffe zeigen das eigenartige Bestreben, jeden ihnen zur Verfügung stehenden Raum unbekümmert auszufüllen und sich in diesem zu verteilen.

Die flüssigen Stoffe hingegen zeigen unter denselben Bedingungen von Druck und Temperatur die Eigenschaft, unter Beibehaltung ihres Volumens sich den raumbegrenzenden Wandungen anzupassen. Dabei stellt sich bei unvollständiger Raumausfüllung die oberste Volumenbegrenzung der Flüssigkeit horizontal ein. Bei kleiner Flüssigkeitsmenge ist hingegen zu beobachten, daß sich die freie Oberfläche auf die Begrenzung von Raumformen kleinster Oberfläche (Kugelform) zusammenzieht (Wirkung der Oberflächenspannung).

Die festen Stoffe hingegen sind formbeständig. Gewaltsamen Änderungen setzen sie einen Widerstand entgegen (Formelastizität) und kehren nach Verschwinden dieser äußeren Kräfte möglichst wieder in ihre ursprüngliche Form zurück. In den verschiedenen Raumrichtungen zeigt ein Teil der festen Stoffe auch verschiedene physikalische und chemische Eigenschaften (elastische Eigenschaften, thermische Ausdehnungszahl, Zusammendrückbarkeit, Härte, Spaltbarkeit, Lichtbrechung, elektrisches Leitvermögen, Auflösungs- und Wachstumsgeschwindigkeit). Ein anderer Teil, wie die amorphen Stoffe, ist in diesen Eigenschaften richtungsunabhängig (wie die Gase und Flüssigkeiten auch).

Zwischen diesen ausgezeichneten Formarten bestehen Übergangsformen. Von diesen sind am augenfälligsten jene zwischen dem festen und flüssigen Zustand, die plastischen Stoffe, und jene zwischen den Gasen und Flüssigkeiten in der Nähe des kritischen Punktes. In diesem Punkt können die Stoffe sowohl als Gas wie als Flüssigkeit angesprochen werden. Es besteht zwischen ihren optischen Eigenschaften (Lichtbrechung) dieser beiden Phasen kein Unterschied.

Diese Zwischenzustände sind entsprechend ihrer Annäherung an die zu untersuchende Eigenschaft wie die eine oder andere Formart zu behandeln.

Derselbe Stoff kann auch, je nach den äußeren Bedingungen von Druck und Temperatur, unter den er sich befindet, in verschiedenen Formarten, Phasen, auftreten (IIID2,3,4).

In unserer Umwelt herrschen also zwei ausgeprägte Tendenzen: eine auseinanderstrebende, vollständigen Eigenlebens der einzelnen Stoffteilchen, welche zu einer starken Verdünnung und Ausbreitung zu regelloser, unbekümmerter Unordnung streben, und

eine zusammenballende, zur festen, unveränderlichen Ordnung der aufbauenden Stoffteilchen in ihrer gegenseitigen Lage.

Die Teilbarkeit in gleichartige Stoffmengen führt zu der schon auf etwa 500 vor unserer Zeitrechnung (DEMOKRIT) zurückgehenden Frage nach den kleinsten, nunmehr unteilbaren Aufbauteilchen der Stoffe. Es blieb der neueren Zeit vorbehalten, diese kleinsten Aufbauteilchen, die sich in den verschiedenen Aggregatzuständen zu größeren Verbänden, je nach Formart verschiedener Tendenz, zusammenfügen, einer exakten planvollen Einordnung zugänglich zu machen. Dieser Einblick fand die erste Untermauerung durch DALTON im Gesetz der konstanten und multiplen Proportionen (VIIB1).

Diese kleinsten, unteilbaren Bauteilchen sind die Atome. Wenn es auch in neuester Zeit gelang, diesen Verband selbst wieder in Einzelfällen unter ganz außerordentlichen Maßnahmen zu sprengen, so berührt diese Entdeckung mit ihren Folgerungen jedoch die Betrachtungen dieses Buches nicht.

Die aus den Atomen gebildeten Moleküle bilden die kleinsten Aufbaustoffe der Flüssigkeiten und Gase. Zwischen den Atomen und Molekülen wirken nun gleichzeitig, nichtlinearen Gesetzen folgende anziehende und abstoßende Kräfte, die VAN DER WAALSschen Kräfte.

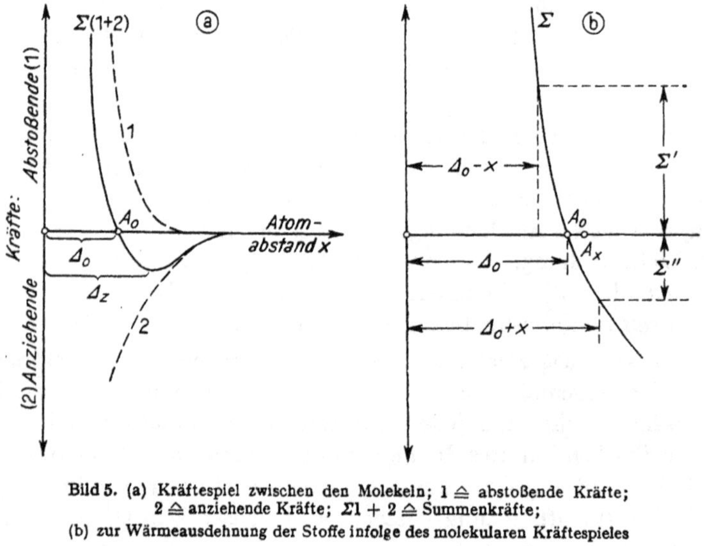

Bild 5. (a) Kräftespiel zwischen den Molekeln; 1 ≙ abstoßende Kräfte; 2 ≙ anziehende Kräfte; $\Sigma 1 + 2$ ≙ Summenkräfte; (b) zur Wärmeausdehnung der Stoffe infolge des molekularen Kräftespieles

Am ausgeprägtesten sind diese Kräfte zwischen den Aufbauteilchen der festen Stoffe, den Atomen (Bild 5). Bei gegebenen äußeren Bedingungen, in erster Linie bestimmt durch die Temperatur des festen Körpers, sind die anziehenden und abstoßenden Kräfte zwischen den Atomen um einem bestimmten mittleren

Atomabstand Δ_0 im Gleichgewicht. Diese gegenseitig fixierte Raumlage der Atome zu einem größeren Gebilde bildet das Raumgitter (Bild 6). Gemäß dieser Raumgitteranordnung kommt jedem Atom eine bestimmte potentielle Energie zu, da zur Veränderung jeder Atomlage Arbeit aufgewendet werden muß (wie z. B. für das Zersprengen des Körpers).

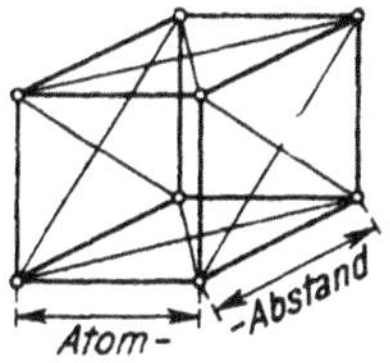

Bild 6. Kristallgitter

Um diese Mittellage A_0 führen die einzelnen Atome entsprechend dem Temperaturzustand des Körpers Schwingungen aus (Bild 5b). Vergrößert sich durch einen Impuls die Schwingungsweite gegenüber jener für die Gleichgewichtslage A_0 um x, so ist das Gleichgewicht durch den nichtlinearen Verlauf der Rückstellkraft ($\sum$-Kurve) beiderseits A_0 gestört ($\sum' + \sum'' > 0$). Der Schwingungsmittelpunkt verschiebt sich daher für die neue Gleichgewichtslage ($\sum' + \sum'' = 0$) im Sinne $+ x$ nach A_x. Die Raumgitterlage der Atome ändert sich, der Körper vergrößert sein Volumen. Dies ist auch die Erklärung der Wärmeausdehnung (Debye 1913). Bei symmetrischem Verlauf von $\sum$ fände keine Wärmeausdehnung durch Schwingungsanregung statt!

Die Energie zum Einleiten und Aufrechterhalten der Schwingung muß gemäß dem Gesetz von der Erhaltung der Energie von außen zugeführt werden, also z. B. auch durch Erwärmung (I. Hauptsatz).

Beim Überschreiten eines gewissen Atomabstandes Δz, wie z. B. auch durch die Wirkung äußerer Kräfte, nehmen die anziehenden Kräfte ($\sum$-Kurve) ab, das Gleichgewicht mit den äußeren Kräften ist gestört, das Kristallgitter zerreißt. Die äußere Kraft hat also die Zerreißfestigkeit des Körpers erreicht, und aus $\Delta z - \Delta_0$ ergibt sich die Streckgrenze des Körpers (Bild 5a).

Erwähnt sei, daß die Gitterbausteine außer der schwingenden Bewegung auch eine Rotationsbewegung ausführen können. Thermische Energiezufuhren können auch Änderungen im Strukturgitter zur Folge haben (Fehlanordnungen).

Der *Grenzzustand* dieser im Raumgitter zum Ausdruck kommenden zusammenballenden Tendenz, also die völlige Unbeweglichkeit der Gitterbausteine gegeneinander, führt auf die Vorstellung des idealen festen Körpers. Dieser befindet sich also in einer unverändert festen Ordnung. Beim idealen festen Körper sind somit sämtliche mechanischen, thermischen und chemischen Eigenschaften von der Temperatur unabhängig. Er kennt keinen Temperaturbegriff!

Den Verhältnissen des idealen festen Körpers nähert sich der Diamant schon bei 50° K; seine spezifische Wärme ist dort schon unmeßbar klein (Bild 121).

Die auseinanderstrebende Tendenz in der Natur führt gegen den Grenzzustand der idealen Gase. Hier fehlt jedwede Kraftwirkung zwischen den einzelnen Molekülen, außer im Moment des Zusammenprallens zweier solcher im vollkommen elastischen Stoß. Sich selbst überlassen, bewegt sich jedes Molekül durch den Raum. Mit einer, seinem zufälligen Energiezustand entsprechenden Geschwindigkeit fliegt es, gemäß dem Trägheitsgesetz, geradlinig und völlig unbekümmert von elastischem Zusammenstoß zu Zusammenstoß. In ihrer Gesamtheit streben sie also im Raum einem Zustand völliger Unordnung zu.

Den Maßstab zur Zählung solcher Unordnungszustände, ausgehend von jenem der vollkommenen Ordnung des idealen festen Körpers mit dem Unordnungsgrad Null, gegen jenen des idealen Gases mit dem Unordnungsgrad ∞ bildet die Entropie (IIIB5,6).

Der Ausbau von der Vorstellung eines idealen Gases und der Erklärung seines Verhaltens aus dem Bewegungszustand der einzelnen Moleküle bei den Zustandsänderungen erfolgt in der kinetischen Gastheorie. Ihre Entwicklung fällt in die zweite Hälfte des 19. Jahrhunderts und ist vor allem mit den Namen CLAUSIUS, MAXWELL und BOLTZMANN verbunden.

B. KINETISCHE GASTHEORIE

1. GRUNDLEGENDE BETRACHTUNGEN

Der Deutung eines Gaszustandes aus der Bewegung seiner Einzelpartikelchen liegen folgende grundlegende Überlegungen und Gesetze zugrunde:

a) *Zusammensetzung der Materie* aus einzelnen kleinsten, in ihren physikalischen und chemischen Eigenschaften gleichartigen Teilchen (Atome oder Moleküle), die selbst wieder abgeschlossene Einheiten darstellen (über deren Aufbau siehe Fachliteratur über physikalische Chemie).

Zur Charakterisierung eines idealen Gases ist dabei notwendig, daß:

α) zwischen den einzelnen Partikelchen keinerlei Kräfte wirken (VAN DER WAALSsche Kräfte fehlen),

β) das Volumen der einzelnen Partikelchen vernachlässigbar klein ist.

Die Anzahl der in demselben Volumen enthaltenen Moleküle, die Moleküldichte, *ist bei gleichem Druck und gleicher Temperatur bei den idealen Gasen gleichgroß* (Gesetz von AVOGADRO). Ihre Zahl ist in 1 cm³, bei 0° C und 760 Torr gemessen, $n_L = 2{,}688 \cdot 10^{19}$ und wird AVOGADROsche Zahl genannt (IIB2c). Bezogen auf die Gasmenge von 1 Mol bei 0° C und 760 Torr, dem Norm-Mol-Volumen $\mathfrak{V}_N = 22{,}4$ Nm³, wird diese Molekülanzahl $\mathfrak{N}_L = 6{,}03 \cdot 10^{26}$ und LOSCHMIDTsche Zahl genannt.

b) *Die einzelnen Partikelchen* befinden sich in einem, nach Größe und Richtung, verschieden lebhaften Momentan-Bewegungszustand. Dieser Bewegungszustand eines Gases setzt sich also im großen (makroskopisch) betrachtet, aus dem jeweiligen Energiezustand seiner Vielzahl von Einzelmolekülen zusammen.

Ein Molekül kann folgende drei Arten von Bewegungsenergie besitzen:
aus der fortschreitenden Bewegung der Moleküle (Translation),
aus der Drehbewegung der Moleküle (Rotation) und
aus der schwingenden Bewegung der Atome im Molekülverband (Oszillation).

Jede dieser Energiearten ist nach der Vorstellung von CLAUSIUS, im Zusammenhang mit dem I. Hauptsatz, temperaturabhängig. Die anteilige Verteilung der Gesamtenergie auf die einzelnen Energiearten hängt von der Anzahl der Freiheitsgrade der Molekülbewegungen ab. Von diesen kommen dem freibeweglichen Molekül zu:

für die Translationsbewegung drei Freiheitsgrade, entsprechend den drei Raumkoordinaten (von diesem Bewegungszustand gibt eine sichtbare Vorstellung die BROWNsche Bewegung, Bild 7),

für die Rotationsbewegung drei Freiheitsgrade, entsprechend den drei Raumachsen als Drehachsen,

für die Oszillationsbewegung hängt die Anzahl der Freiheitsgrade von der Anordnung der Atome im Molekülverband ab (Bild 8). Da die Schwingungsenergie sich aber aus potentieller und kinetischer Energie von im Mittel gleichem Betrag zusammensetzt, so ist hier jeder Schwingungsfreiheitsgrad doppelt zu zählen.

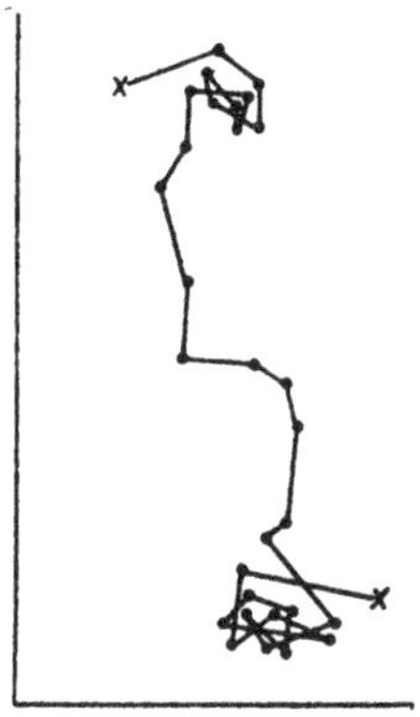

Bild 7. Brownsche Bewegung; Ortskordinaten von Mastixteilchen im Wasser in 30-Sekunden-Abstand (nach PERRIN)

Die Molekeln treffen nun beim Durchschießen des Raumes nach verschiedenen Wegstrecken im vollelastischen Stoß (ähnlich Billardbällen) aufeinander oder auf die umgebenden Wandungen und ändern dabei ihre Bahn. Dieses Trommeln der Vielzahl der Molekeln auf die Wand, die diesem Anprall Widerstand entgegensetzt, wird nun in seiner Gesamtheit auf ein Flächenstück mit einem Mittelwert empfunden, dem makroskopisch meßbaren Druck.

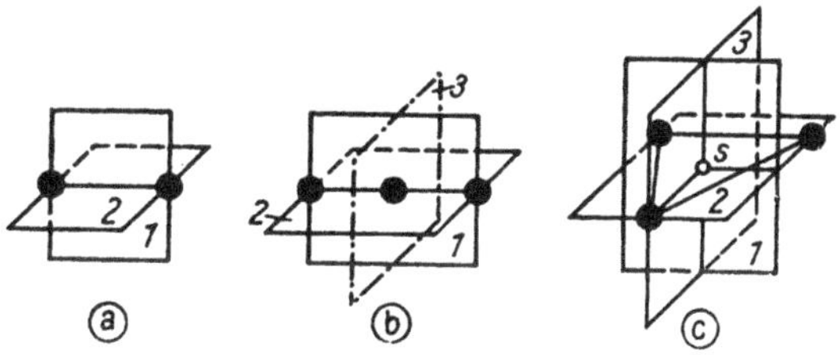

Bild 8.
Freiheitsgrade verschiedener Atomanordnungen im Molekül (schematisch) (a) 2atomig; (b) 3atomig gestreckt; (c) 3atomig gewinkelt

c) *Als mechanische Bewegung* unterliegt der Bewegungszustand jeder einzelnen Molekel den Gesetzen der Mechanik bewegter Systeme. Also dem Gesetz von der Erhaltung der Energie unter Ausdehnung auf die Wärmebewegung gemäß dem I. Hauptsatz und den Impulssätzen.

d) *Der Zusammenhang* zwischen diesem zufälligen mikroskopischen Momentan-Energiezustand der einzelnen Molekeln und dem nach außen durch Druck und Temperatur beobachtbaren Energiezustand des gesamten Gases in diesem Volumen ist durch das Gleichverteilungsgesetz der Energie gegeben.

Das Energieverteilungsgesetz ist das Ergebnis statistisch zu erwartender wahrscheinlicher Energieverteilungswerte aus der Betrachtung der Einzelmoleküle, über welche dann der Mittelwert als makroskopisch wahrnehmbar genommen wird (Bild 9). Diese Betrachtung umfaßt:

α) Die Mittelwertbildung aus den Momentan-Energiezuständen *eines Einzelmoleküls* im Verlauf eines endlichen Zeitabschnittes (zeitlicher Mittelwert).

β) Die Mittelwertbildung in einem beliebigen Augenblick über die wahrscheinlichen Energieverteilungswerte *aller im Raum enthaltenen Molekeln* (räumlicher Mittelwert).

γ) Die Rechnungen und Überlegungen zeigen nun, daß der zeitliche Mittelwert der Einzelmolekel gleich dem räumlichen Mittelwert aller Molekeln in einem beliebigen Augenblick ist.

Es handelt sich also um eine statistische Betrachtungsweise, bei der aus den zu erwartenden Mikro-Mittelwerten die Makro-Energiewerte ,,Druck und Temperatur" meßbar werden.

2. SKIZZIERUNG DES RECHNUNGSGANGES UND ERGEBNISSE

a) Das MAXWELLsche Geschwindigkeitsverteilungsgesetz entstammt einer Wahrscheinlichkeitsbetrachtung. Es wird danach gefragt, wieviel Molekeln dn_L von den insgesamt in der Raumeinheit vorhandenen n_L Molekeln wahrscheinlich eine Geschwindigkeit zwischen einem Wert w und $(w + dw)$ haben. Diese Häufigkeit wird um so größer sein, je öfter Molekelzusammenstöße eine solche Geschwindigkeit ergeben.

Diese wahrscheinliche, relative Anhäufung ist

$$\frac{dn_{L,w}}{n_L} = \frac{4}{\sqrt{\pi}} \cdot \frac{w^2}{w_0^2} \cdot e^{-\frac{w^2}{w_0^2}} \cdot d\left(\frac{w}{w_0}\right), \tag{7}$$

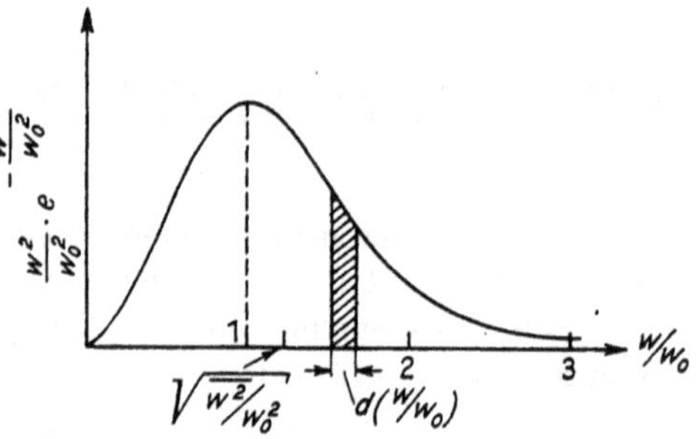

Bild 9. Geschwindigkeitsverteilungsgesetz von MAXWELL. Punkt 1 ≙ $W = W_0$, die wahrscheinlichste Geschwindigkeit

worin der größten Häufigkeit die wahrscheinlichste Geschwindigkeit w_0 zukommt, zu welcher die anderen Geschwindigkeiten w ins Verhältnis gesetzt sind (Bild 9).

Der Mittelwert $\overline{w}$ der Geschwindigkeit aller Molekeln in dieser Häufigkeitskurve ist daher mit (7)

$$\overline{w} = \frac{1}{n_L} \int_{w=0}^{w=\infty} w \cdot dn_{L,w} = \frac{2}{\sqrt{\pi}} \cdot w_0 = 1{,}128 \cdot w_0 . \tag{8}$$

Die mittlere Geschwindigkeit $\overline{w}$ ist also (wie auch Bild 9 zeigt) größer als die wahrscheinlichste Geschwindigkeit w_0, deren Absolutwert aber zunächst unbekannt ist (darüber siehe zu [(12a) und (19)].

Für die gleich folgenden energetischen Betrachtungen wird das mittlere Geschwindigkeitsquadrat $\overline{w^2}$ zu ermitteln nötig, das zu der Molekülanhäufung dn_L/n_L mit ihren zugeordneten Relativgeschwindigkeiten dw/w_0 gehört. Dieser Mittelwert $\overline{w^2}$ ergibt sich aus der Summierung der quadratischen Einzelwerte jeder Molekel zu

$$\overline{w^2} = \frac{1}{n_L} \cdot \int_{w=0}^{w=\infty} w^2 \cdot d\,n_{L,w} = \frac{3}{2} \cdot w_0^2 = \frac{3\pi}{8} \cdot \overline{w}^2. \tag{9}$$

Es ist also der energetische Wert der Molekelbewegung, das mittlere Geschwindigkeitsquadrat $(\overline{w^2})$, $3\,\pi/8$mal größer als das Quadrat $(\overline{w}^2)$ aus der mittleren Geschwindigkeit $(\overline{w})$ aller Molekeln.

Die Wurzel aus dem mittleren Geschwindigkeitsquadrat $\sqrt{\overline{w^2}}$ nach (9) ist daher

$$\sqrt{\overline{w^2}} = 1{,}224 \cdot w_0 = 1{,}085\sqrt{\overline{w}^2} \tag{10a}$$

also 1,224mal größer als die wahrscheinlichste Geschwindigkeit w_0 aller Molekeln. Umgekehrt ist die mittlere Geschwindigkeit $\overline{w}$ aus dem mittleren Geschwindigkeitsquadrat $\sqrt{\overline{w^2}}$ nach (9) oder (10a)

$$\overline{w} = 0{,}92\sqrt{\overline{w^2}}. \tag{10b}$$

Dieser Unterschied zwischen der wahrscheinlichsten Geschwindigkeit w_0, der mittleren $\overline{w}$ aller Molekeln und der Wurzel aus dem mittleren Geschwindigkeitsquadrat $\sqrt{\overline{w^2}}$ aller Molekeln muß streng auseinandergehalten werden.

Mit dem mittleren Geschwindigkeitsquadrat nach (9) ergibt sich daher die mittlere kinetische Molekularenergie zu

$$E_k = \overline{\frac{m \cdot w^2}{2}}\,/\,2. \tag{11}$$

Darin ist m die untereinander verschiedene Masse der Einzelmolekeln, denen die Geschwindigkeit w zugeordnet ist, also $\overline{m \cdot w^2}$ der energetische Mittelwert.

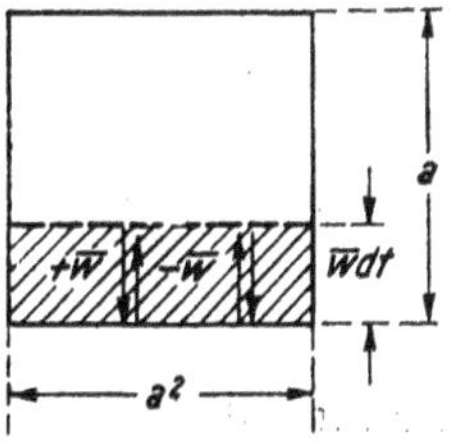

Bild 10. Wanddruck durch Molekelbewegung (setze dz statt dt)

b) Erklärung des Makro-Verhaltens aus den Mittelwerten des Mikro-Verhaltens. In einem würfelförmigen Raum V von der Kantenlänge a sei die regellose Molekelbewegung dahingehend vereinfacht gedacht, daß sich die Molekeln nur senkrecht zu den Wandflächen bewegen. Nachdem keine Bewegungsrichtung bevorzugt ist, wird bei n Molen im Raum V die Anzahl $N = n \cdot \mathfrak{N}_L/6$ Molekeln gegen jede der sechs Wandflächen im elastischen Stoß trommeln. In der Zeit dz kommen daher von den sich mit der mittleren Geschwindigkeit $\overline{w}$ bewegenden N Molekeln nur die im Raum $(\overline{w} \cdot dz \cdot a^2)$ über der Fläche a^2 befindlichen zum Anprall an die Wand (Bild 10), also

$$dN = \frac{n \cdot \mathfrak{N}_L}{6 \cdot V} \cdot \overline{w} \cdot dz \cdot a^2 \text{ Molekeln.}$$

Durch die Geschwindigkeitsänderung von $+\overline{w}$ vor, auf $-\overline{w}$ nach dem elastischen Stoß auf die Wand erhält jede Fläche a^2 in der Zeit dz von den dN Molekeln der Masse m die Impulsgröße $d\mathfrak{J} = 2 \cdot \overline{m \cdot w} \cdot dN$, oder auf die Flächeneinheit bezogen:

$$d\mathfrak{i} = 2 \cdot \overline{m \cdot w} \cdot \frac{n \cdot \mathfrak{N}_L}{6 \cdot V} \cdot \overline{w} \cdot dz = \frac{2}{3} \cdot \frac{n \cdot \mathfrak{N}_L}{V} \cdot \left(\overline{\frac{m \cdot w^2}{2}}\right) \cdot dz.$$

Nach dem zweiten NEWTONschen Gesetz der Mechanik ist aber die zeitliche Ableitung des Impulsvektors $\mathfrak{J}$ gleich dem Kraftvektor $\mathfrak{P}$, und wenn dieser auf die Flächeneinheit bezogen wird, dem Druck P auf diese,

$$P = \frac{d\mathfrak{i}}{dz} = \frac{2}{3} \cdot \frac{n \cdot \mathfrak{N}_L}{V} \cdot \left(\overline{\frac{m \cdot w^2}{2}}\right) = \frac{1}{3} \cdot \varrho \cdot \overline{w^2}. \qquad (12\text{a})$$

Wenn m für alle Molekeln denselben Wert hat wie für ein einheitliches Gas, dann ist darin: $\varrho = \gamma/g$ die Massendichte, d. i. die Masse aller Molekeln in der Volumeneinheit.

Diese Gleichung gibt die Möglichkeit, die molekulare Größe des mittleren Geschwindigkeitsquadrates $(\overline{w^2})$ aus den Makrogrößen P und γ eines Gases zu berechnen.

Beispiel 2: Für Luft ist bei 0° C, 760 Torr $\gamma = 1{,}293\ \text{kg/m}^3$, damit wird nach (12a)

$$\sqrt{\overline{w^2}} = \sqrt{\frac{3 \cdot 10\,332 \cdot 9{,}81}{1{,}293}} = 465 \text{ in m/s}.$$

Nach Kenntnis von $\overline{w^2}$ ist vermittels (10a, b) die mittlere Geschwindigkeit $\overline{w}$ und die wahrscheinlichste Geschwindigkeit w_0 berechenbar.

Die Gleichung (12a) in der Schreibweise

$$P \cdot V = \frac{2}{3} \cdot n \cdot \mathfrak{N}_L \cdot \left(\overline{\frac{m \cdot w^2}{2}}\right) \qquad (12\text{b})$$

gibt mit der Beziehung zwischen P, V und der mittleren kinetischen Molekularenergie $(\overline{m \cdot w^2/2})$ auch gleichzeitig eine gastheoretische Bestätigung des Gesetzes von BOYLE-MARIOTTE in (32).

c) Das BOLTZMANNsche Gleichverteilungsgesetz der Energie greift nun hier zum weiteren Ausbau der kinetischen Theorie ein. Nach diesem Gesetz ergibt sich für verschieden große Molekeln 1; 2; 3; ⋯, daß

$$(\overline{m_1 \cdot w_1^2/2}) = (\overline{m_2 \cdot w_2^2/2}) = \cdots \qquad (13)$$

ist.

Damit gilt für alle Gase bei gleichem Druck P im gleichen Raum V

$$P \cdot V = \frac{2}{3} \cdot n_1 \cdot \mathfrak{N}_L \cdot \left(\overline{\frac{m_1 \cdot w_1^2}{2}}\right) = \frac{2}{3} n_2 \cdot \mathfrak{N}_L \left(\overline{\frac{m_2 \cdot w_2^2}{2}}\right) = \cdots \qquad (14)$$

oder in Worten: *Alle Gase enthalten bei gleichem Druck im gleichen Raum und bei gleicher mittlerer kinetischer Molekularenergie* $(\overline{m \cdot w^2/2})$, *die gleiche Anzahl* $n \cdot \mathfrak{N}_L$ *Moleküle.* Das ist aber das Gesetz von AVOGADRO, abgeleitet aus der kinetischen Theorie.

Unbekannt ist in der Mechanik, auf deren Gesetzen die kinetische Theorie aufbaut, der Begriff der Temperatur.

Vorgreifend auf die Gasgesetze (IIIA1) sei darauf hingewiesen, daß für die Gase unter niederem Druck und hoher Temperatur, also für die vollkommenen Gase, das sind die in ihrem Verhalten dem idealen Gas sehr nahekommenden wirklichen Gase, versuchsmäßig die Beziehung gefunden wurde

$$P \cdot V = n \cdot \mathfrak{R} \cdot T. \tag{15}$$

Ein Vergleich mit (14) ergibt

$$n \cdot \mathfrak{R} \cdot T = \frac{2}{3} \cdot n \cdot \mathfrak{N}_L \cdot \left(\overline{\frac{m \cdot w^2}{2}}\right)$$

oder

$$T = \frac{2}{3} \frac{\mathfrak{N}_L}{\mathfrak{R}} \cdot \left(\overline{\frac{m \cdot w^2}{2}}\right). \tag{16}$$

Es ergibt sich also eine eindeutige Zuordnung der mittleren Molekularenergie $\left(\overline{m \cdot w^2/2}\right)$ zur Temperatur T, als deren Folge ja eingangs der Energiezustand erklärt wurde. Damit kann in der wörtlichen Interpretation von (14) statt „Kinetische Molekularenergie" „Temperatur" gesagt werden, wodurch die übliche Formulierung der Regel von Avogadro erhalten wird.

In der Beziehung (15) ist $\mathfrak{R}$ die allgemeine Gaskonstante, die für alle vollkommenen Gase denselben Wert hat.

Die Bedeutung der allgemeinen Gaskonstanten ergibt sich aus der Betrachtung zweier benachbarter mittlerer Molekular-Energiezustände 1 und 2 bei konstantem Druck P.

$$P \cdot (V_2 - V_1) = n \cdot \mathfrak{R} \cdot (T_2 - T_1). \tag{17}$$

Wird die Temperaturzunahme für 1° betrachtet, also ist $(T_2 - T_1) = 1°$, so ist in Verbindung mit (16)

$$\mathfrak{R} = \frac{P(V_2 - V_1)}{n \cdot 1°} = \frac{2}{3} \frac{\mathfrak{N}_L}{1°} \cdot \frac{\left(\overline{m \cdot w_2^2}\right) - \left(\overline{m \cdot w_1^2}\right)}{2}. \tag{18}$$

„$\mathfrak{R}$" ist also die äußere Arbeit, die von einem Mol eines Gases bei einer Temperaturzunahme um 1° bei konstantem Druck geleistet wird.

Im technischen Maßsystem ist $\mathfrak{R} = 848$ kg m/Mol grd oder im Wärmemaß $A \cdot \mathfrak{R} = \mathfrak{R}_{cal} = 1{,}986$ kcal/Mol grd.

Insbesondere gilt für ein einheitliches Gas mit dem Molekulargewicht $M = m \cdot \mathfrak{N}_L$

$$T = \frac{M}{3\mathfrak{R}} \cdot \overline{w^2}. \tag{19}$$

Auch aus dieser Gleichung läßt sich für ein beliebiges Gas vom Mol-Gewicht M und der Temperatur T wieder die durchschnittliche Molekulargeschwindigkeit $\sqrt{\overline{w^2}}$ berechnen.

d) Spezifische Wärme idealer Gase und die Innere Energie. Angenommen sei, die *den Gasmolekeln innewohnende Energie* bestehe, wie zuvor behandelt, *nur* aus *Translationsenergie.* Dies ist z. B. für alle 1-atomigen Gase (He, Arg, ···) der Fall. Dann beschreibt in (16) der Ausdruck

$$\left(\overline{\frac{m \cdot w^2}{2}}\right) = \frac{3}{2} \cdot \frac{\mathfrak{R}}{\mathfrak{N}_L} \cdot T = \frac{3}{2} k \cdot T \qquad (20\,\mathrm{a})$$

die mittlere Energie je Molekel. Die wichtige Konstante

$$k = \mathfrak{R}/\mathfrak{N}_L \qquad (20\,\mathrm{b})$$

ist die Gaskonstante je Molekel, die BOLTZMANNsche Konstante.

Für ein Mol eines Gases, also für $\mathfrak{N}_L$ Moleküle ist

$$\frac{3}{2} \cdot \mathfrak{R}_{cal} \cdot T = \mathfrak{U}_{trans} \qquad (21)$$

die Innere Energie von einem Mol des Gases.

Nach der eindeutigen Zuordnung von Temperatur und Bewegungsenergie gemäß (16) und der allgemeinen Definition der spezifischen Wärme (IC) ist also die Zunahme der Bewegungsenergie durch die meßbare Gastemperatur, oder die innere Energie $\mathfrak{U}_{trans}$ je Grad und Mol, der spezifischen Wärme $\mathfrak{C}$ des Gases in diesem Temperaturbereich gleichzusetzen.

Es findet sich also die gesamte zur Temperaturerhöhung zugeführte Wärme in der Vergrößerung der inneren Energie wieder. Diese bei konstantem Volumen je Grad und Mol zugeführte Wärmemenge, die also nur der Temperaturerhöhung dient, ist die Molekularwärme bei konstantem Volumen

$$\mathfrak{C}_{v,\,trans} = \frac{3}{2} \cdot \mathfrak{R}_{cal} = \frac{3}{2} \cdot 1{,}986 = 2{,}98 \text{ in kcal/Mol grd.} \qquad (22)$$

Die Gleichung für die Innere Energie lautet daher

$$\mathfrak{U}_{trans} = \int_0^T \mathfrak{C}_{v,\,trans} \cdot d\,T. \qquad (23)$$

Im Abschnitt IIB1b wurde erwähnt, daß sich die Bewegungsenergie auf alle Freiheitsgrade des Moleküls verteilt. Also neben jener der Translation mit seinen drei Freiheitsgraden, auch auf die einzelnen Freiheitsgrade der Rotation und Oszillation, die alle durch die Temperaturerhöhung eine anteilige Energiezunahme erfahren.

Die gesamte *spezifische Wärme eines beliebig aufgebauten Moleküls* (mehratomiges Gas) ist daher

$$\mathfrak{C}_v = \mathfrak{C}_{v,\,trans} + \mathfrak{C}_{v,\,rot} + \mathfrak{C}_{v,\,osc} \qquad (24)$$

und damit wird für dieses

$$\mathfrak{U} = \int_0^T \mathfrak{C}_v \cdot d\,T \qquad (25)$$

d. h. *die innere Energie besteht aus rein mechanischen Energieformen des Bewegungszustandes seiner Molekeln.*

Zur Berechnung der *Inneren Energie beliebiger Molekülanordnungen der mehratomigen Gase* sind daher ähnliche Aussagen wie für die Translation, auch für die Rotations- und Oszillationsbewegung notwendig, um den Zusammenhang zwischen dem statistisch zu erwartenden Mikrozustand mit dem meßbar wahrnehmbaren Makroverhalten herzustellen. Es ist also eine Erweiterung des Energieverteilungsgesetzes auf die Freiheitsgrade der Rotations- und Schwingungsbewegung der Molekülanordnung notwendig.

Gegenüber der allmählichen Aufnahme der Translationsbewegung tritt nun aber hier die Schwierigkeit auf, daß die Rotations- und Schwingungsbewegung im Mikrokosmos nicht mehr eine kontinuierliche Energieaufnahme zuläßt, sondern diese mit endlichen Beträgen sprunghaft oder, wie der Physiker sagt, quantenhaft erfolgt.

Beispiel 3 aus dem Alltag soll die sprunghafte Energieaufnahme veranschaulichen: Im allgemeinen herrscht im Straßenverkehr der gegenseitige Wunsch von Fahrzeugführern und Fußgängern vor, keine Unfälle zu verursachen und zu erleiden. Dieser Wunsch ordnet eine ursprünglich willkürliche Verkehrsdichte zu einer stoßweisen, langsam abflauenden und dann abbrechenden.

In den Verkehrsstrom schiebt sich, das abflauende Schwanzende passend durchbrechend, der sich angesammelte Verkehrsstoß in der Kreuzungsrichtung ein, bis auch er in seinem aufgelockerten Schwanzende wieder dasselbe erfährt. Ja, man beobachtet auch, daß das Durchbrechen des Schwanzes in verschiedener Verkehrsdichte desselben erfolgt, je nachdem eine Ansammlung Erwachsener oder Kinder den Durchstoß auslösen. Die Seite größerer Verkehrdichte unterbricht stoßweise, pulsierend und sich wieder aufladend, abwechselnd die abflauende, aufgelockerte andere.

So bildet sich auch ohne Verkehrsregelung durch die wechselnde Verkehrsdichte, aus dem Wunsch gegenseitiger Unfallsvermeidung, ein Stoßverkehr zunehmender Ordnung vom Stadtrand nach der Mitte aus.

Diese im Straßenverkehr gemachte Beobachtung, sich erst bis zu einem, von der Verkehrsdichte im Kreuzungsverkehr jeweils bestimmten Potential aufzuladen und dann an passender Stelle stoßartig das langsam abflauende Ende plötzlich zu durchbrechen, beschreibt, ins Physikalische übersetzt, die Mikroenergie-Austauschvorgänge der Rotations- und Schwingungsbewegung.

Die Untersuchung und Klärung dieser sprunghaften Energieaufnahme wurden durch die Quantentheorie von PLANCK eingeleitet (1900).

Nach der Quantentheorie erfolgt also der Energieaustausch in sprunghaft sich ändernden, abgemessenen endlichen Beträgen, den Energiequanten.

Zur Aufnahme kinetischer Energie gehört aber ein Energieträger. Ist dieser sehr, sehr klein, wie die Massenträgheitsmomente der Moleküle der, als winzige Kügelchen vorstellbaren, 1-atomigen Gase oder jene der Stabmoleküle um ihre Längsachse (Bild 8), so können diese auch nicht in Rotation versetzt werden. Die Freiheitsgrade sehr kleiner Massenträgheitsmomente fallen also für diese Energieaufnahme aus.

Das Energieverteilungsgesetz erhält nun eine Erweiterung dahingehend, daß jedem Freiheitsgrad im Mittel dieselbe kinetische Energie zukommt. Dieser Energieanteil läßt sich aus jenem der fortschreitenden Bewegung, der ja drei Freiheitsgrade zukommen, mit (21) ausrechnen zu

$$\overline{Ek_f} = k \cdot T/2 \tag{26}$$

je Freiheitsgrad und Molekel.

Danach kommen der gesamten *kinetischen Energie E_k, Translation und Rotation*, eines beliebig geformten Molekülverbandes drei Komponenten für Translation und drei für Rotation um die Hauptträgheitsachsen zu:

$$E_k = \frac{m \cdot \overline{w_x^2}}{2} + \frac{m \cdot \overline{w_y^2}}{2} + \frac{m \cdot \overline{w_z^2}}{2} + \frac{J_x \cdot \overline{\omega_x^2}}{2} + \frac{J_y \cdot \overline{\omega_y^2}}{2} + \frac{J_z \cdot \overline{\omega_z^2}}{2}. \qquad (27)$$

J = Hauptträgheitsmoment um Achse x, y, z.

Für die spezifische Wärme $\mathfrak{C}_{v,t,r}$ eines Moleküls geschrieben, bedeutet dies gemäß (22)

$$\mathfrak{C}_{v,t,r} = \frac{3}{2}\,\mathfrak{R}_{cal} \text{ (für die drei Freiheitsgrade der Translation, entsprechend } \mathfrak{C}_{v,trans})$$

$$+ \frac{3}{2}\,\mathfrak{R}_{cal} \text{ (für die drei Freiheitsgrade der Rotation, entsprechend } \mathfrak{C}_{v,rot})$$

$$= 3 \cdot \mathfrak{R}_{cal} = 5{,}96 \text{ kcal/Mol grd.} \qquad (28)$$

Ohne Berücksichtigung der Schwingungsbewegung ergibt sich für die verschiedenen Gase die Tabelle:

Gasaufbau	Anzahl der Freiheitsgrade bei Translation	Rotation	Formelwert $\mathfrak{C}_v$	Zahlenwert kcal/Mol grd
1-atomig	3	0	$\frac{3}{2}\,\mathfrak{R}_{cal}$	2,98
2-atomig (Bild 8 a)	3	2	$\frac{5}{2}\,\mathfrak{R}_{cal}$	4,97
3-atomig, gestreckte Anordnung (Bild 8 b)	3	2	$\frac{5}{2}\,\mathfrak{R}_{cal}$	4,97
3-atomig, gewinkelte Anordnung (Bild 8 c)	3	3	$\frac{6}{2}\,\mathfrak{R}_{cal}$	5,96

Die *Atome im Molekühl selbst können* um ihre Mittellage, entsprechend ihrem Freiheitsgrad, *Schwingungen ausführen*, zu welchen sie durch die Molekülzusammenstöße angeregt werden, sobald dabei eine gewisse Mindestenergie übertragen wird. Auf die Aufnahme solcher Schwingungsenergie, für die ebenfalls das Energieverteilungsgesetz gilt, ist die Temperaturabhängigkeit der spezifischen Wärmen zurückzuführen. *Temperatur bedeutet ja Bewegungsenergie!* Bei großer Zahl von Freiheitsgraden wird die zur Anregung erforderliche Mindestenergie immer größer, die spezifische Wärme nimmt daher zu (Bild 11).

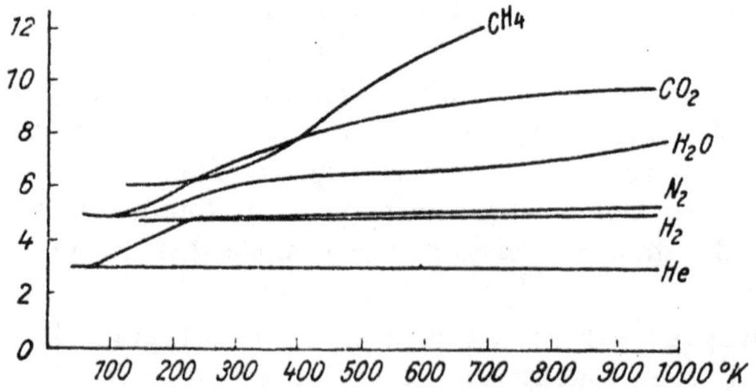

Bild 11. Temperaturabhängigkeit der Mol-Wärme $\mathfrak{C}_v$ einiger Gase

Der *Schwingungsanteil* $\mathfrak{C}_{v,osc}$ in (24) wird für einen linearen Oszillator durch die PLANCK-EINSTEINsche Formel erfaßt

$$\mathfrak{C}_{v,osc} = \frac{\mathfrak{R}_{cal}\,(\Theta/T)^2 \cdot e^{\Theta/T}}{(e^{\Theta/T} - 1)^2}. \tag{29a}$$

Hierin bedeuten: $\Theta = h \cdot \nu/k$ in grd die „Charakteristische Temperatur",
$h = 6{,}61 \cdot 10^{-27}$ erg s das „PLANCKsche Wirkungsquantum"
T die absolute Temperatur
k die „BOLTZMANNsche Konstante" $= 1{,}379 \cdot 10^{-16}$ erg/grd
e die Basis der natürlichen Logarithmen, ν die Eigenfrequenz des, dem Freiheitsgrad zugeordneten Schwingungssystems des molekularen Aufbaues.

Für den räumlichen Oszillator ist $\mathfrak{C}_{v,osc}$ entsprechend den drei Freiheitsgraden der Oszillation mit 3 zu multiplizieren.

Im Bereich tiefster Temperatur weicht die PLANCK-EINSTEINsche Formel von dem wahren Verlauf der Atomwärmen ab, da die Bewegung der Nachbaratome eine Wechselwirkung auf das Kraftfeld des schwingenden Einzelatoms ausübt. DEBEY fand durch theoretische Überlegungen (1912) das *T^3-Gesetz* für die Wiedergabe der Atomwärmen aller Körper

$$\mathfrak{C}_{v,osc} = a'\left(\frac{T}{\Theta}\right)^3 \tag{29b}$$

mit $a' = 3 \cdot \mathfrak{R}_{cal} \cdot \frac{12}{15} \cdot \pi^4$, einer universellen Konstanten (VIIIA4).

Findet jedoch mit der meßbaren Gastemperatur ***bei einer Temperaturerhöhung gleichzeitig eine Volumenvergrößerung*** statt, also im Grenzfall Wärmezufuhr unter konstantem Druck P, so wird bei der räumlichen Ausdehnung an die äußere Umgebung des Gasraumes Arbeit abgegeben.

Für 1° Temperaturzunahme bei konstantem Druck P wird die äußere Arbeit $\mathfrak{R}$ je Mol geleistet. Die für die Erhöhung der inneren Energie $\mathfrak{U}$ und der geleisteten äußeren Arbeit $\mathfrak{R}$ für 1° Temperaturerhöhung notwendige äquivalente Wärmemenge dQ_p/dt ist die Molekularwärme $\mathfrak{C}_p$ bei konstantem Druck. Sie ist gemäß (18) und (21)

$$\mathfrak{C}_p = \mathfrak{C}_v + \mathfrak{R}_{cal}. \tag{30}$$

$\mathfrak{C}_p$ und $\mathfrak{C}_v$ sind also dem innern Aufbau des Gases, entsprechend dem beobachteten Zustand, eigentümliche Stoffkonstante. Ihr Verhältniswert ist

$$\varkappa = \frac{\mathfrak{C}_p}{\mathfrak{C}_v} = 1 + \frac{\mathfrak{R}_{cal}}{\mathfrak{C}_v} = 1 + \frac{1{,}986}{\mathfrak{C}_v}. \tag{31}$$

Da durch die Einführung des Temperaturbegriffes der Weg rein mechanischer Deutung des Gaszustandes verlassen wurde, sollen die weiteren kalorischen und thermischen Entwicklungen dem nächsten Abschnitt (III) überlassen bleiben.

Weitere Folgerungen der kinetischen Gastheorie ergeben sich für die Stoßzahl, die innere Reibung (IVBa), die Wärmeleitung (IVA) und die Thermodiffusion (V 2).

ABSCHNITT III

ALLGEMEINE THERMODYNAMIK DER GASE UND DÄMPFE

A. VOLLKOMMENE GASE

Ein den gedachten, idealen Gasen sehr nahekommendes Verhalten zeigen die wirklichen Gase bei geringem Druck und hoher Temperatur; präziser ausgedrückt, bei Zuständen weit ab von ihrem Verflüssigungszustand. Solche Gase werden vollkommene Gase genannt. Sie gehorchen dem allgemeinen Gasgesetz $P \cdot v = R \cdot T$ (IIIA1).

Bei genügend hohem Druck und tiefen Temperaturen lassen sich schließlich einmal alle wirklichen Gase verflüssigen (IIID). Ja, viele von ihnen lassen sich auch in den festen Zustand überführen (z. B. Luft verflüssigt bei 13,2 ata, 33,1° K).

1. GASGESETZE

BOYLE (1662) und unabhängig von ihm MARIOTTE (1676) und TOWNLEY fanden: *Bei konstanter Temperatur sind Druck mal Volumen verschiedener Gaszustände derselben Gasmenge konstant,* als Formel geschrieben:

$$P_0 \cdot V_0 = P_1 \cdot V_1 = \cdots = P \cdot V = \text{konstant.} \tag{32a}$$

Nach Einführung des Volumens der Gewichtseinheit, des spezifischen Volumens $v = V/G = 1/\gamma$

$$P \cdot v = P/\gamma = \text{konstant.} \tag{32b}$$

Dieses Gesetz findet durch die kinetische Gastheorie eine Bestätigung in der Gleichung (12b).

GAY-LUSSAC (1802) fand eine Gesetzmäßigkeit für die Volumenänderung v mit der Temperatur $t°$ C bei konstantem Druck P (1. GAY-LUSSAC-Gesetz):

$$v_1 = v_0 (1 + t_1/273), \tag{33}$$

also mit je 1° C Erwärmung nimmt v um $\alpha = 1/273$ seines ursprünglichen Raumes zu (bei Abkühlung umgekehrt). Der Wert α ist der Raumausdehnungskoeffizient des Gases, der für alle Gase gleich ist.

Bei zwei verschiedenen Temperaturen $t_2 > t_1$ ergibt sich also die absolute Raumvergrößerung

$$v_2 - v_1 = v_1 \cdot (t_2 - t_1)/273 \qquad 34a)$$

die verhältnismäßige Raumvergrößerung

$$v_2/v_1 = \frac{273 + t_2}{273 + t_1}. \tag{34b}$$

KELVIN setzt nun

$$273 + t = T \tag{35}$$

einer neuen Temperaturzählung, der absoluten, deren Nullpunkt −273,16° C unter dem Nullpunkt der Celsius-Skala liegt. Er schuf damit die Temperaturskala der vollkommenen Gase, auch nach AVOGADRO benannt, gezählt in ° abs(olut) oder ° K(elvin).

Damit lautet dann das Gesetz von GAY-LUSSAC in (34b)

$$\frac{v_2}{v_1} = \frac{T_2}{T_1} \quad \text{bzw.} \quad \frac{\gamma_1}{\gamma_2} = \frac{T_2}{T_1} \tag{36}$$

in Worten: *Bei gleichem Druck verhalten sich die Rauminhalte desselben Gases wie die absoluten Temperaturen.*

Anmerkung: Die Gültigkeit des GAY-LUSSAC-Gesetzes ist für wirkliche Gase beschränkt. Dies zeigt der Grenzfall $T = 0$, für welchen $v = 0$ würde. Dies ist aber unvorstellbar, da die Gasmoleküle, denen eine absolute Masse zukommt, auch immer ein Eigenvolumen behalten müssen. Tatsächlich tritt ja auch bei wirklichen Gasen, wenn die Moleküle immer enger zusammenrücken, Verflüssigung ein. Das Gesetz von GAY-LUSSAC gilt eben nur im Bereich der idealen und vollkommenen Gase, für welche schon bei der Gastheorie vorausgesetzt wurde, daß das Eigenvolumen der Moleküle vernachlässigbar klein sei (IIB1a).

Die Vereinigung des BOYLE- mit dem GAY-LUSSAC-Gesetz:

Man denke sich nach BOYLE bei konstanter Temperatur T_1 den Druck von P_1 auf P_2 gesteigert. Das neue Volumen ist dann nach (32a)

$$v_2' = v_1 \cdot P_1/P_2. \tag{37}$$

Nun wird dieses Gasvolumen bei konstantem Druck P_2 von T_1 auf T_2 erwärmt. Das neue Volumen ist dann nach (36)

$$v_2 = v_2' \cdot \frac{T_2}{T_1} = v_1 \cdot \frac{P_1 \cdot T_2}{P_2 \cdot T_1}. \tag{38}$$

Werden die Zustandsgrößen desselben Gaszustandes je auf eine Seite gebracht, so ergibt sich das vereinigte BOYLE-GAY-LUSSAC-Gesetz

$$\frac{P_2 \cdot v_2}{T_2} = \frac{P_1 \cdot v_1}{T_1} \tag{39a}$$

oder mit $v = 1/\gamma$

$$\frac{P_2}{\gamma_2 \cdot T_2} = \frac{P_1}{\gamma_1 \cdot T_1} = \text{konstant}. \tag{39b}$$

Mit der Benennung der Konstanten $\frac{P \cdot v}{T} = R$ ergibt sich die allgemeine Zustandsgleichung der vollkommenen Gase

$$\left.\begin{aligned} &\text{für 1 kg Gas:} \quad P \cdot v = R \cdot T \\ &\text{für } G \text{ kg Gas:} \quad P \cdot V = G \cdot R \cdot T. \end{aligned}\right\} \tag{40}$$

Der Wert

$$R = \frac{P}{\gamma \cdot T} \tag{41}$$

hängt also von der Stoffkonstanten γ des betrachteten Gases ab und heißt die Gaskonstannte des Gases.

Die Bedeutung der Gaskonstanten R:

Wird 1 kg Gas bei P = konstant um $(T_2 - T_1) = 1°$ erwärmt, so ist

$$P \cdot (v_2 - v_1) = R \cdot 1°. \tag{42}$$

R ist also die bei der Erwärmung unter konstantem Druck P von 1 kg Gas geleistete Arbeit $P \cdot (v_2 - v_1)$ (vgl. IIB2c).

Beispiel 4: Für Luft ergibt sich z. B. bei $P = 760$ Torr und $t = 0°$ C durch Wägung $\gamma = 1{,}293$ kg/m³, und damit ist

$$R_{Luft} = \frac{10\,332\ \text{kg/m}^2}{1{,}293\ \text{kg/m}^3 \cdot 273\ \text{grd}} = 29{,}27\ \frac{\text{kg m}}{\text{kg}_{\text{Luft}}\ \text{grd}}.$$

Wird die Gasmenge auf 1 Mol bezogen, also auf so viel kg, wie das Molekulargewicht M angibt, so erhält man

$$P \cdot M \cdot v = M \cdot R \cdot T. \tag{43a}$$

Da $M \cdot v = \mathfrak{B}$, das Mol-Volumen, ist, so lautet nach dem Gesetz von AVOGADRO (14) die Gleichung (43a)

$$P \cdot \mathfrak{B} = M \cdot R \cdot T = \mathfrak{R} \cdot T. \tag{43b}$$

Damit ist der Zusammenhang der speziellen Gaskonstanten R mit der allgemeinen Gaskonstanten $\mathfrak{R}$ hergestellt, deren Bedeutung dieselbe für 1 Mol ist wie R für 1 kg (18). Somit ergibt sich allgemein, z. B. aus dem Normalzustand errechnet ($P = 10\,332$ kg/cm², $T = 273$°K, $\mathfrak{B} = \mathfrak{B}_N = 22{,}4$ Nm³):

$$\mathfrak{R} = \frac{P \cdot \mathfrak{B}}{T} = \frac{10\,332\ \text{kg/m}^2 \cdot 22{,}4\ \text{m}^3/\text{Mol}}{273\ \text{grd}} = 848\ \frac{\text{kg m}}{\text{Mol grd}} \tag{44a}$$

als die universelle Konstante der Physik.

Mit (43a) wird somit

$$R = \frac{848}{M}\ \text{in}\ \frac{\text{kg m}}{\text{kg grd}}. \tag{45}$$

Im Wärmemaß erhält $\mathfrak{R}$ den Wert

$$A \cdot \mathfrak{R} = \mathfrak{R}_{cal} = \frac{848}{427} = 1{,}986\ \text{in}\ \frac{\text{kcal}}{\text{Mol grd}}. \tag{44b}$$

Die auf *ein Molekül bezogene Gaskonstante*, die BOLTZMANNsche Konstante [(20b)], wird damit im Wärmemaß

$$k = \frac{\mathfrak{R}_{cal}}{\mathfrak{N}_L} = 3{,}296 \cdot 10^{-27}\ \text{kcal/grd} \tag{44c}$$

oder im absoluten Maßsystem

$$1{,}379 \cdot 10^{-16}\ \text{erg/grd}. \tag{44d}$$

Anmerkung: In der neueren Literatur wird auf Vorschlag des VDI-Wärmeausschusses verschiedentlich der Umrechnungsfaktor $A = 1/427$ in den Gleichungen nicht mitgeführt, sondern es wird dem Rechner am Schluß bei der numerischen Ausrechnung überlassen, R bzw. $\mathfrak{R}$ usw. entsprechend dem gewählten Maßsystem einzuführen. Wir glauben von diesem Vorschlag in einem kurzen Lehr- und Nachschlagebuch für Studium und berufliche Tätigkeit nicht folgen zu sollen. Es werden daher die versuchsmäßig primär im Wärmemaß erscheinenden Beziehungen und Größen in diesem, die der mechanischen Vorstellung entstammenden (wie P, V, v, R, $\cdots$) im mechanischen Maß ausgedrückt und bei gleichzeitigem Auftreten beider in derselben Gleichung durch A dimensionsmäßig verbunden.

2. THERMISCHE UND KALORISCHE ZUSTANDSGRÖSSEN. ZUSTANDSGLEICHUNGEN. ABSOLUTE GAS- UND TECHNISCHE ARBEIT. SPEZIFISCHE WÄRME DER GASE

Die Entwicklungen der kinetischen Theorie (II.) und die aus dem Verhalten der Gase entwickelten Gasgesetze zeigen, daß der makroskopisch meßbare Augenblickszustand eines Gases, gemäß $P \cdot v = R \cdot T$, durch zwei dieser Größen in der Gleichung bestimmt ist. Also allgemein durch die funktionellen Zusammenhänge

$$P = P(v, T), \quad v = v(P, T), \quad T = T(P, v). \tag{46}$$

Die Größen P, v, T werden Zustandsgrößen, und speziell Intensitätsgrößen, genannt.

Der Zusammenhang nach (46) wird allgemein als thermische Zustandsgleichung bezeichnet.

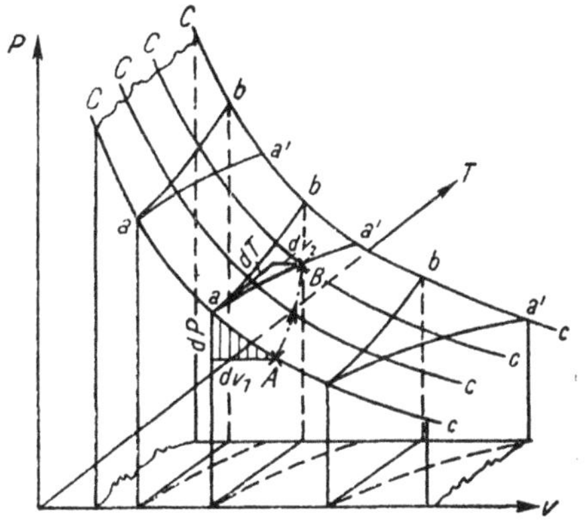

Bild 12. Zustandsfläche $v = v(P, T)$; $\overline{aa'}$ Isobare, $\overline{ab}$ Isochore, $\overline{cc}$ Isotherme; Zustandsänderung $\overline{AB}$: schrittweise Zusammensetzung aus $\overline{Aa}$ bei $T =$ *konstant* und $\overline{aB}$ bei $P =$ *konstant*

Die anschauliche Darstellung dieses Zusammenhanges ergibt in einem räumlichen Achsenkreuz P, v, T eine räumlich gekrümmte Fläche (Bild 12). Schnitte mit Ebenen parallel zu den Koordinatenebenen ergeben (stetige und differenzierbare) Kurven:

die Schnittkurve $v = v(P)$, die Volumenänderung bei $T =$ konstant, die Isotherme,

die Schnittkurve $v = v(T)$, die Volumenänderung bei $P =$ konstant, die Isobare,

die Schnittkurve $P = P(T)$, die Druckänderung bei $v =$ konstant, die Isochore.

Anmerkung: Bei der nun verschiedentlich folgenden Bildung der partiellen Differentialquotienten ∂, welche ja die Neigung dieser ebenen Schnittkurven der Raumfläche beschreiben, wird zur besseren Verdeutlichung die dabei konstant gehaltene Variable als Index beigesetzt. Rein mathematisch wäre dies unnötig, aber in der

Thermodynamik werden diese partiellen Differentialquotienten auch oft außerhalb ihrer ursprünglichen Herkunftsgleichung benutzt. Diese ließen dann nur schwer erkennen, worauf ein solcher Differentialquotient aufbaut.

Bezogen auf einen bestimmten Anfangszustand P_0, v_0 ist:

$$\left.\begin{aligned} &\frac{1}{v_0}\left(\frac{\partial v}{\partial T}\right)_p = \alpha, \text{ der Ausdehnungskoeffizient [(33)]} \\ &\frac{1}{P_0}\left(\frac{\partial P}{\partial T}\right)_v = \beta, \text{ der Spannungskoeffizient} \\ -&\frac{1}{v_0}\left(\frac{\partial v}{\partial P}\right)_T = \chi, \text{ der Kompressibilitätskoeffizient.} \end{aligned}\right\} \tag{47}$$

Die längs irgendeines Linienzuges auf der Zustandsfläche durchlaufenen Zustandswerte P, v, T beschreiben eine beliebige Zustandsänderung des Gases.

Die gesamte *Volumenänderung* bei einer solchen Zustandsänderung, von einem Zustand A nach einem B, ist gemäß der expliziten Darstellung der Zustandsgleichung $v = v(P, T)$ (Bild 12)

$$d v = d v_1 + d v_2 = \left(\frac{\partial v}{\partial P}\right)_T d P + \left(\frac{\partial v}{\partial T}\right)_p d T. \tag{48a}$$

In gleicher Weise ergibt sich ausgehend von der Form $P = P(v, T)$ die *Druckänderung*

$$d P = \left(\frac{\partial P}{\partial v}\right)_T d v + \left(\frac{\partial P}{\partial T}\right)_v d T \tag{48b}$$

und aus der Form $T = T(P, v)$ die *Temperaturänderung*

$$d T = \left(\frac{\partial T}{\partial P}\right)_v d P + \left(\frac{\partial T}{\partial v}\right)_p d v. \tag{48c}$$

Um eine gemeinsame Beziehung zwischen den drei Differentialquotienten zu erhalten, wird die Zustandsänderung zwischen den Punkten A und B auf einer Isochore verfolgt. Mit $v =$ konst., also $dv = 0$ ergibt (48a) die *gemeinsame Beziehung*

$$\left(\frac{\partial v}{\partial P}\right)_T \cdot \left(\frac{\partial P}{\partial T}\right)_v \cdot \left(\frac{\partial T}{\partial v}\right)_p = -1, \tag{49}$$

wobei infolge $v =$ konst. auch $\left(\frac{\partial P}{\partial T}\right)_v$ statt $\left(\frac{d P}{d T}\right)_v$ geschrieben werden kann. Diese Beziehung (49) ist auch die mathematische Bestätigung, daß die Zustandsfläche $f(P, v, T) = 0$ eine stetige und differenzierbare Funktion ist.

Wird der tatsächliche physikalische Zusammenhang zwischen den Zustandsgrößen, wie die Gasgleichung $P \cdot v = R \cdot T$, in (48a) eingeführt, so ergibt sich nach einigen Umrechnungen

$$P \cdot dv + v \cdot dP = R \cdot dT \tag{50a}$$

die **Zustandsgleichung für unbeschränkt kleine Zustandsänderungen**. Daraus ergibt sich mit $R = P \cdot v/T$ die von der speziellen Gasart (R) unabhängige **Beziehung elementarer Zustandsänderungen**

$$\frac{dv}{v} + \frac{dP}{P} = \frac{dT}{T}. \tag{50b}$$

Wie eine uns überreichte vorgespannte Feder durch das Kennzeichen ihrer Federkonstanten und Zusammendrückung eine Energieladung enthält, ohne daß wir zunächst danach zu fragen brauchen, woher sie diese hat, so beinhaltet auch eine uns einmal vorgesetzte Gasmenge durch ihre meßbaren Zustandsgrößen P, v, T eine solche potentielle Energie gegenüber ihrer Umgebung.

Denken wir uns 1 kg Gas vom Zustand P_1, v_1, T_1 in einem Zylinder mit einem (reibungsfrei) beweglichen Kolben (Fläche F) eingeschlossen (Bild 13). Der Gaskraft $P \cdot F$ auf den Kolben in einer beliebigen Zwischenstellung wird durch die äußere Umgebung mit der Kraft $P_0 \cdot F$ und einer an der Kolbenstange wirkende Kraft K das Gleichgewicht gehalten. Die Kraft K entstammt einem Gewicht G an einem Faden, der sich über eine Kurvenscheibe S legt und über das Zahnrad r auf die Kolbenstange wirkt. Die Veränderungen der Zustände P, v bei der Kolbenbewegung wird im darübergezeichneten P, v-Diagramm verfolgt.

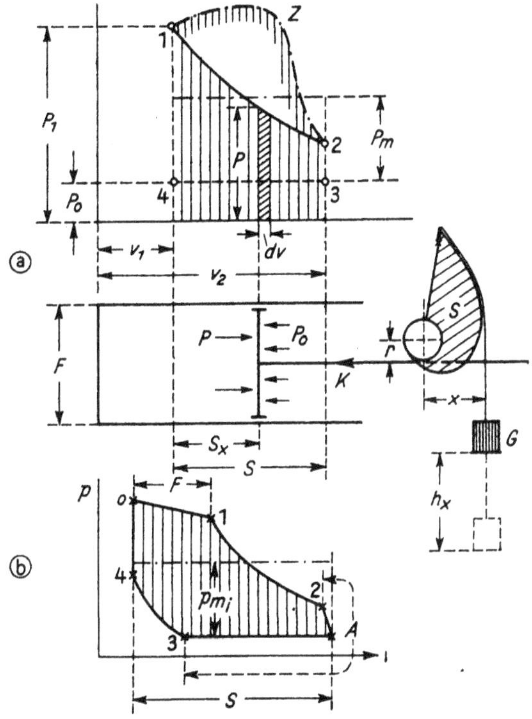

Bild 13.
Absolute Gas- und Nutzarbeit im P, v-Diagramm; Indikatordiagramm

Der Kolben wird unendlich langsam verschoben, so daß keinerlei Gasströmungen oder Wirbel im Gasraum ausgelöst werden.

Durch die Formgebung der Scheibenkurve S ändert sich mit der Kolbenbewegung die Stangenkraft K immer so, daß indifferentes Gleichgewicht besteht. Die Scheibenkurve S ist also gemäß $K + P_0F = P \cdot F$ und $K \cdot r = G \cdot x$ entworfen gedacht.

Das Gasvolumen nimmt bei der Ausdehnung entgegen der Wirkung der äußeren $(P_0 \cdot F)$ und der Stangenkraft (K) zu. Es wird also das Gewicht G angehoben und die Außenluft entgegen ihrer Wirkungsrichtung verdrängt, also es wird vom Gas Arbeit geleistet. Diese vom eingeschlossenen Gas auf einem Wegelement dv geleistete Arbeit, dargestellt durch den schmalen Flächenstreifen darüber, ist

$$dL = P \cdot dv. \tag{51}$$

Für die ganze endliche Verschiebung von 1 nach 2 wird die vom Gas geleistete Arbeit

$$L_{1,2} = \int_{v_1}^{v_2} P \cdot dv \tag{52}$$

Diese Arbeit wird die Absolute Gasarbeit genannt. Sie ist gleich der Fläche unter der Zustandslinie 1–2 im P, v-Diagramm.

Nach außen, für eine Verwendung (Speicherung), nutzbar ist von dieser Arbeit jedoch nur die Erhöhung der potentiellen Energie des Gewichtes G (oder einer zu spannenden Feder), die sich nun zu beliebiger Zeit wieder weiter verwenden läßt. Diese Arbeit ist die Nutz- oder Betriebsarbeit

$$L_N = \int_{v_1}^{v_2} (P - P_0) dv = G \cdot h. \tag{53}$$

Sie ist durch die Fläche (1 2 3 4) dargestellt.

Mit dem Erreichen des Endzustandes 2 ist aber unter gegebenen Versuchsbedingungen die nach außen in Arbeit umsetzbare, ursprünglich vom Gas mitgebrachte Energieausbeute erschöpft.

Das $\int_{v_1}^{v_2} dL$ aus (51) kann nicht aus $(L_2 - L_1)$ entwickelt werden, es hat als solches gar keinen bestimmten Wert. Die Arbeit hängt ja nicht von den Grenzen 1 und 2, also dem Zustand des Gases in diesen ab, sondern vom Weg, der vom Punkt 1 nach 2 gewählt wurde. Dies zeigt ja schon die Fläche unter dem beispielsweise eingezeichneten Linienzug (Z) von 1 nach 2 an. Die Arbeit L ist also vom Wegverlauf 1–2 abhängig, d. h., dL ist kein vollständiges Differential, sie ist keine Zustandsgröße. Das gleiche gilt somit auch für die der Arbeit äquivalente Wärmemenge dQ. Dies wird dadurch zum Ausdruck gebracht, daß für das entwickelte Integral $\int_1^2 dL$ geschrieben wird: $L_{1,2}$.

Beispiel 5: Die Abhängigkeit des (Arbeits-)Integrals vom Weg findet ein anschauliches Beispiel im Marschieren in einer Felsenlandschaft. Auch hier kann auf verschiedenen Wegen von einem Punkt 1 nach einem Punkt 2 gegangen werden. Je nach dem im Terrain verfolgten Weg um und über die Felsenbildungen hat der Wanderer bis zum Punkt 2 verschiedene körperliche Anstrengungen vollbracht, aber doch immer im Punkt 2 nur die Ortshöhe 2 gegen 1 überwunden.

Daher ist für die Flächenbestimmung des Integralwertes von (52) und (53) noch die Kenntnis des funktionalen Zusammenhanges zwischen P und v, also die Weggleichung notwendig (vgl. IIIA3).

Im Beispiel 5 ist also noch eine zusätzliche Beschreibung des zu wählenden Weges notwendig.

Anmerkung: 1. In der technischen Thermodynamik werden die *vom Gas geleistete Arbeit und die vom Gas aufgenommenen Wärmemengen positiv gezählt und umgekehrt negativ.* Dies ist entgegen der Gepflogenheit der Physik oder chemischen Thermodynamik.

2. Die absolute Gas- und Nutzarbeit können auch durch mittlere, über den ganzen Kolbenhub s konstante Gasdrücke P_m je Kolbenflächeneinheit angegeben werden.

Diese Drücke sind in der Technik des Kolbenmaschinenbaues nicht nur als Rechnungswert, sondern auch als Beurteilungswert für die innere Maschinenleistung sehr wichtig.

Die Verwandlung der Fläche (1 2 3 4) in ein Rechteck ergibt dann den mittleren Druck P_m. Ebenso kann mit der Fläche der absoluten Gasarbeit verfahren werden (Bild 13a).

3. Auch der im Kolbenmaschinenbau durch „Indizieren" der Maschine dargestellte Zusammenhang zwischen dem Arbeitsmittel im Zylinder und dem Kolbenhub (also dem eingeschlossenen Volumen) stellt einen geschlossenen Linienzug (01234) dar (Bild 13b). Die mittlere Diagrammhöhe ist der „mittlere indizierte Druck $P_{m,i}$", meist in kg/cm² angegeben. Dieser Linienzug ist aber nicht mit der durch die Zustandsänderungen (1 2 3 4) in Bild 13a dargestellten zu vergleichen. Hier wird eine Zustandsänderung *derselben*, während des ganzen Vorganges *unveränderlichen* Gasmenge betrachtet. Im Indikatordiagramm der Kolbenmaschine hingegen *strömt* im Füllungsabschnitt F ständig Gas oder Dampf in den Zylinderraum zu, im Auspuff- und Ausschubabschnitt A hingegen *ab*. Es *ändert sich* also *dauernd die arbeitende Gasmenge*. Abschnitt 0—1 und 3—4 von Bild 13b sind also keine Zustandsänderungen, sondern nur die Abbildung aufeinanderfolgender Zustände verschiedener Gasmengen. Hierin liegt der immer zu beachtende große Unterschied zwischen dem Indikator- und dem P, v-Diagramm (IIIC6gh). Die Abschnitte $1 \cdots 2$ und $3 \cdots 4$ sind hingegen auch hier Zustandsänderungen, aber keine umkehrbaren (IIIC1).

Nach dem Gesetz von der Erhaltung der Energie muß die von einem Gas in irgendeiner Form (Wärme oder Arbeitsleistung) abgegebene Energie einer ebensolchen Abnahme des vom Gas innegehabten Energiezustandes entsprechen. Die dem Zustand eines Gases, oder allgemein irgendeines Körpersystems, innewohnende, also die darin selbst befindlichen, beobachtbar-wahrnehmbaren Energien aller Formen (freie oder latente Wärme, chemische Energie usw.) werden im Begriff seiner „Inneren Energie (U bzw. u)" eingeschlossen.

Die in der Temperatur zum Ausdruck kommende Eigenwärme des Systemzustandes ist der leichtest zu übertragende Anteil der Inneren Energie. Da auch allgemein mit einer Wärmebewegung dQ nicht nur die als mechanische Arbeit L erscheinende Energieabgabe des Systems verbunden ist, so läßt sich der I. Hauptsatz in seiner allgemeinsten Fassung schreiben:

$$du = dQ - A \cdot dL. \qquad (54a)$$

Tritt, neben der Wärmezufuhr dQ an das Gas, nach außen *nur* noch die äußere, vom Gas geleistete Arbeit dL zutage, so ist $dL = P\,dv$ entsprechend (51), und daher lautet für diesen Fall (54a) als Ausdruck des I. Hauptsatzes für umkehrbare Zustandsänderungen (siehe unter IIIC1)

$$dQ = du + A\,P\,dv. \qquad (54b)$$

Nachdem im Abschnitt IIB2d die innere Energie u aus molekular-theoretischen Betrachtungen erklärt wurde, wurde sie nunmehr damit auch aus den Folgerungen des I. Hauptsatzes abgeleitet.

Die Innere Energie u hängt also nur von dem Zustand des Gases ab, welcher durch zwei seiner Zustandsgrößen bestimmt ist.

Es ist also in allgemeinster Schreibweise

$$\left.\begin{aligned} u &= u_1(P, T), \quad \text{oder da} \quad v = v(P, T) \quad \text{ist, auch} \\ u &= u_2(v, T), \quad \text{oder auch} \quad u = u_3\,(P, v). \end{aligned}\right\} \tag{55}$$

Es ist somit u, *wie* P, v, T *selbst, auch eine Zustandsgröße*. Als solche bildet sie aber dann auch ein vollständiges Differential

$$du = \left(\frac{\partial u}{\partial T}\right)_v dT + \left(\frac{\partial u}{\partial v}\right)_T dv. \tag{56}$$

Aus $dQ = c\,dT$ der Grundgleichung der Wärmelehre (2a) in Verbindung mit (55) ergibt sich

$$dQ = c\,dT = du + A\,P\,dv.$$

Für eine Zustandsänderung $v =$ konst. wird daraus $du = c_v (dT)_v$ oder

$$c_v = \left(\frac{\partial u}{\partial T}\right)_v. \tag{57}$$

Wird du aus (56) in (54b) eingesetzt, so ergibt sich

$$dQ = \left(\frac{\partial u}{\partial T}\right)_v dT + \left[\left(\frac{\partial u}{\partial v}\right)_T + A\,P\right] dv, \tag{58}$$

und mit c_v aus (57) wird

$$dQ = c_v\,dT + \left[\left(\frac{\partial u}{\partial v}\right)_T + A\,P\right] dv. \tag{59}$$

Aus dem klassischen Versuch von JOULE für die Expansion vollkommener Gase aus einem Raum nach einem zweiten, luftleeren (IIIC6hα_3), ergibt sich, daß die Temperatur konstant bleibt, also *die Innere Energie ist nur von der Temperatur abhängig.*

Es ist daher

$$\left(\frac{\partial u}{\partial v}\right)_T = 0. \tag{60}$$

(Thermodynamischer Nachweis unter IIID4.)

Mit (60) lautet (59) für ideale Gase

$$dQ = c_v\,dT + A\,P\,dv \tag{61a}$$

und mit (56)

$$dQ = du + A\,P\,dv. \tag{61b}$$

Dies ist die Wärmegleichung für elementare Zustandsänderungen.

Aus (56) ergibt sich daher

$$u = \int c_v\,dT + u_0 \tag{62}$$

mit u_0 als einer Konstanten, der inneren Energie im absoluten Nullpunkt.

Nach neueren Forschungen der Relativitäts- und Quantentheorie ist die Energie gleich der betrachteten Masse mal dem Quadrat der Lichtgeschwindigkeit (Satz von der Trägheit der Energie). Darnach sind Masse und Energie gleichwertig und können ineinander verwandelt werden (VIIIA4).

Im allgemeinen, und vor allem in der technischen Thermodynamik, hat man es nur mit Energieänderungen zu tun. Daher kann der Zählnullpunkt auf einen beliebigen Ausgangspunkt gelegt werden. Als solcher wird 0° C oder 0° K gewählt. Im weiteren Verfolg wird daher unter u immer nur der Energieunterschied gegenüber diesen Zählnullpunkten verstanden.

Für eine Zustandsänderung unter konstantem Volumen gilt daher für ein vollkommenes Gas

$$u = \int c_v \, dT. \tag{63}$$

Nehmen wir nun nicht das Gas mit seinem Energieinhalt als einmal vor uns gestellte Menge hin, sondern wir lassen es uns nun auch anliefern und laufend an uns vorbeifließen. Wir fragen nun, welche Energie führt das Gas jetzt insgesamt an uns vorbei? Wir fragen damit also auch nach den eingeschlossenen Bereitstellungs- und Transportkosten, ausgedrückt im Energiemaßstab.

Wir denken uns dazu nach Nusselt durch ein wärmedichtes Rohr (F), reibungs- und wirbelfrei, das sekundliche Gasgewicht G mit der Geschwindigkeit w durch den Querschnitt I strömend (Bild 14). Es wird nun ein Kolben im Querschnitt II eingebaut gedacht, der die Wirkung der rechts von ihm liegenden Gassäule auf die links neu zuströmende ersetzen soll. Dazu muß eine Stangenkraft K dem Strömungsdruck $P \cdot F$ das Gleichgewicht halten. Dabei muß sich der Kolben so entgegen Richtung K bewegen, als ob er in dem ursprünglichen Gasstrom frei mitschwimmen würde. Durch den gedachten Einbau seines solchen Kolbens wird also die Gasgeschwindigkeit w im Querschnitt I nicht beeinflußt.

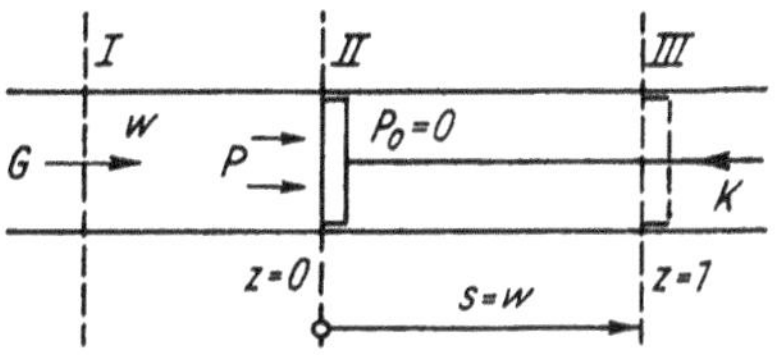

Bild 14. Energie strömender Flüssigkeiten

In der Zeiteinheit, von $z = 0$ bis $z = 1$, bewegt sich der Strömungsquerschnitt, wie der Kolben, um die Strecke w von II nach III. Die Energie des fließenden Flüssigkeitszylinders $\overline{\text{II, III}}$ setzt sich aus der inneren Energie ($G \cdot u$) und aus der kinetischen Energie ($G \cdot w^2/2\,g$) zusammen zu: $G \cdot (u + A \cdot w^2/2\,g)$. Außerdem aber mußte der Kolben, um für das nachströmende Flüssigkeitselement Raum zu schaffen, von II nach III entgegen der Stangenkraft K um w verschoben werden. Es wurde dabei die Arbeit geleistet: $K \cdot w = P \cdot F \cdot w = P \cdot V$. Dies ist die Verdrängungs- oder Durchschiebearbeit, *sie ist auch eine Zustandsgröße.*

Der gesamte Energiefluß ist daher

$$E = G \cdot (u + A \cdot w^2/2\,g + A \cdot P \cdot v), \tag{64}$$

also gleich der Energie der strömenden Gassäule + der Verdrängungsarbeit. Aus Zweckmäßigkeitsgründen wird nun gesetzt

$$u + A \cdot P \cdot v = i. \tag{65}$$

Diese Größe i wird Enthalpie, Wärmeinhalt oder Gibbsche Wärmefunktion genannt.

Ist die Zuströmgeschwindigkeit w klein ($w < 40$ m/s), so ist

$$E \approx G \cdot i \quad \text{bzw.} \quad E \approx i \quad \text{für} \quad G = 1 \text{ kg}. \tag{66}$$

Mit diesem Enthalpiewert stellt sich also jede vor uns tretende Gas- oder Flüssigkeitsmenge vor. Auch die *Enthalpie i ist* eine eindeutige Funktion der Zustandsgrößen, z. B.

$$i = i(P, T) \tag{67}$$

und daher selbst *eine Zustandsgröße.*

Die innere Energie u, die Enthalpie i und die noch zu besprechende Entropie s (IIIC6) bilden die kalorischen Zustandsgrößen.

Auch die Enthalpie i tritt in der technischen Thermodynamik nur als Differenzwert in den Rechnungen auf. Ihr Nullpunkt wird wie für u gewählt.

Bildet man aus (65) das Differential

$$di = du + A\,P \cdot dv + A\,v \cdot dP$$

und führt daraus du in (54b) ein, so erhält man nunmehr

$$dQ = di - A\,v \cdot dP, \tag{68}$$

eine andere Ausdrucksform des I. Hauptsatzes.

Wird nun, wie zuvor, wieder die Grundgleichung der Wärmelehre $dQ = c \cdot dT$ eingeführt; $dQ = c\,dT = di - A\,v \cdot dP$, und jetzt eine Zustandsänderung bei $P =$ konst. betrachtet, so wird jetzt $di = c_p (dT)_p$ oder

$$c_p = \left(\frac{\partial i}{\partial T}\right)_p; \tag{69a}$$

das heißt:

Die Enthalpie i bedeutet für isobare Zustandsänderungen dasselbe wie die innere Energie u für isochore.

Es ist demnach *eine spezifische Wärme bei konstantem Volumen und bei konstantem Druck* zu unterscheiden. Die Unterscheidung erfolgt durch den Index v bzw. p zum Zeichen der spezifischen Wärme. Schon bei der Herleitung der Gasgleichung wurde das unterschiedliche Verhalten des Gases bei der Erwärmung unter konstantem Volumen und Druck beobachtet, das sich in der mit der Volumenvergrößerung geleisteten äußeren Arbeitsleistung zeigte.

Je nach der Mengeneinheit, auf welche die spezifischen Wärmen bezogen werden, sind bei einem Gas zu unterscheiden: spezifische Wärmen bezogen auf 1 kg, bezeichnet mit c_v bzw. c_p und kurz spezifische Wärmen genannt;

spezifische Wärmen bezogen auf 1 Mol, also auf M kg Gas, die ein Volumen $\mathfrak{V}_N = 22{,}4$ Nm^3 einnehmen; sie sind $M c_v = \mathfrak{C}_v$ bzw. $M c_p = \mathfrak{C}_p$ und werden Molekularwärmen genannt;

schließlich bezogen auf die Menge von 1 Nm^3 Gas; sie sind $\overline{\mathfrak{C}}_v = \mathfrak{C}_v/22{,}4$ bzw. $\overline{\mathfrak{C}}_p = \mathfrak{C}_p/22{,}4$ und ohne besondere Namen.

Mit (31), (41) und (44) ergeben sich dann folgende viel gebrauchte Beziehungen:

$$\left.\begin{aligned} \frac{c_p}{A\,R} &= \frac{\varkappa}{\varkappa - 1} = \frac{\mathfrak{C}_p}{\mathfrak{R}_{cal}} \\ \frac{c_v}{A\,R} &= \frac{1}{\varkappa - 1} = \frac{\mathfrak{C}_v}{\mathfrak{R}_{cal}} \end{aligned}\right\} \tag{70}$$

speziell ist für ideale Gase (31):

$$\varkappa_{1\text{-}atomig} = 1{,}66$$
$$\varkappa_{2\text{-}atomig} = 1{,}4$$
$$\varkappa_{3\text{-}atomig} = 1{,}3\,.$$

Diese spezifischen Wärmen zeigen, entsprechend dem molekularen Aufbau des Gases und seiner Molekeln selbst, für die einzelnen Freiheitsgrade verschiedene Energieaufnahmen mit der Temperatur, daher auch eine verschiedene Temperaturabhängigkeit (IIB2 und IIID1).

Aus (69a) ergibt sich nun

$$i = \int c_p\,d\,T + i_0\,. \tag{69b}$$

Die Gleichung (68) kann auch geschrieben werden

$$d\,Q = d\,i - A \cdot v \cdot d\,P = c_p \cdot d\,T - A \cdot v \cdot d\,P\,. \tag{71}$$

$v \cdot d\,P$ ist aber der Flächenstreifen zwischen einem Elementarabschnitt der Zustandslinie (1; 2) und der Ordinatenachse P im P, v-Diagramm (Bild 15). Es gilt also

$$-\int_1^2 v \cdot d\,P = +\int_2^1 v \cdot d\,P = L_t\,. \tag{72}$$

Das negative Vorzeichen rührt daher, daß bei der Expansion $1 \to 2$ in Richtung der negativen P-Achse Arbeit geleistet wird ($L_t = +$).

L_t wird die Technische Arbeit genannt, die also in einer laufend zuströmenden Gasmenge verfügbar ist.

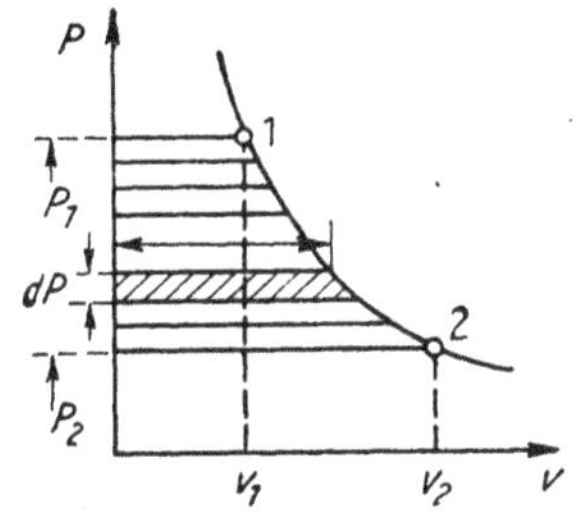

Bild 15. Technische Arbeit L_t im P, v-Diagramm

Die Auswertung von $\int_2^1 v \cdot d\,P$ (Bild 15) ergibt

$$L_t = L_{1,2} + P_1 \cdot v_1 - P_2 \cdot v_2\,. \tag{73}$$

Die Enthalpie ist für technische Rechnungen von großer Bedeutung. Eigene Rechentafeln wurden zur raschen und übersichtlichen Erledigung der Rechenarbeit entworfen, die i, s-Diagramme. Von diesen haben die ersten dieser Art, jene des Wasserdampfes, die MOLLIER-Tafeln (1904) ganz besondere Bedeutung im Dampfturbinenbau, während im Verbrennungsmotorenbau und im Gasturbinenbau jene von PFLAUM und LUTZ-WOLF immer größere Bedeutung gewinnen (IIID2b und IX3).

Die Bedeutung von i als Rechengröße:

Mit der absoluten Gasarbeit $L_{1,2}$ und der Nutzarbeit L_N [(52), (53) und Bild 13a] ist bei der vorgegebenen Zustandsänderung 1–2 der ausnutzbare Energievorrat aus dem Zustand der einmal angelieferten Gasmenge erschöpft. In der Technik müssen aber laufend neue Gasmengen zur technischen Arbeitsleitung herangeführt werden.

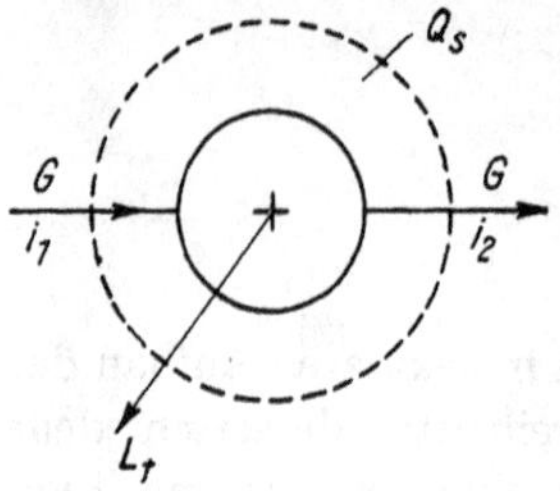

Bild 16. Technische Bedeutung von i.

Das Gasgewicht G mit der Enthalpie i_1 ($\approx E_1$) strömt der Kraftmaschine K zu und muß, um dem nachfolgenden Gas Platz zu machen, auch laufend abfließen (i_2) (Bild 16). In der Kraftmaschine wurde dabei die technische Arbeit L_t geleistet, und gleichzeitig wurden die Wärmeverluste Q_s gedeckt.

Nach dem Energiesatz gilt nach (71) mit (72)

$$A \cdot L_t = G \cdot (i_1 - i_2) - Q_s. \qquad (74)$$

Sind keinerlei Wärmeverluste vorhanden ($Q_s = 0$), so ist $A \cdot L_t = G \cdot (i_1 - i_2)$. Die technische Arbeit ist also hier gleich der Abnahme der Enthalpie.

Auf dieser Anwendung von i, der raschen Ermittlung der technischen Arbeit, beruht der große Wert von i als Rechnungsgröße. Verluste werden zur Annäherung an die Arbeitsweise der wirklichen Maschine durch den Gütegrad erfahrungsgemäß eingeschätzt (vgl. IIIC6hβ und VIAa).

3. DIE WICHTIGSTEN ZUSTANDSÄNDERUNGEN UND IHRE DARSTELLUNG IM P, v-DIAGRAMM

Durch Verbindung von (50a), (61) und (70), also von $P \cdot dv + v \cdot dP = R \cdot dT$ mit $dQ = c_v \cdot dT + A \cdot P \cdot dv$ und $c_v/A \cdot R = 1/(\varkappa - 1)$ erhält man einen Zusammenhang zwischen der elementaren Änderung des Gaszustandes (P, v, T) in Verbindung mit einer Wärmebewegung dQ auf diesem Elementarabschnitt. Insbesondere ist dieser Zusammenhang ausgedrückt in den Zustandsgrößen P, v, welche den Verlauf der Zustandslinie im P, v-Diagramm beschreiben:

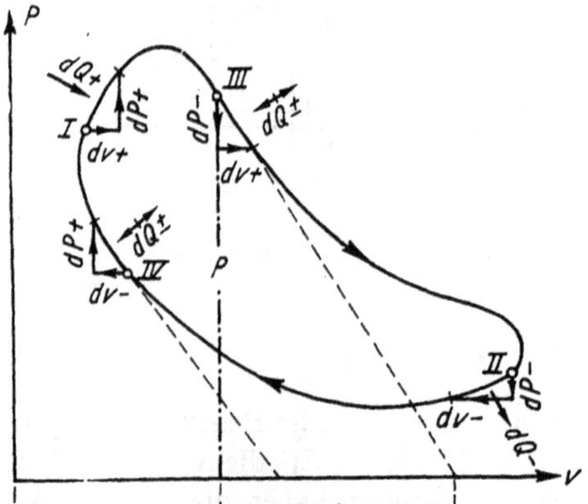

Bild 17. Zur Beurteilung der Wärmebewegung im Elementarabschnitt des P, v-Diagrammes

$$\frac{1}{A}\frac{dQ}{dv} = \frac{v}{\varkappa - 1}\left(\frac{dP}{dv} + \varkappa\frac{P}{v}\right). \qquad (75)$$

Aus dieser Gleichung läßt sich ersehen, welcher Art die Wärmebewegung (Zufuhr oder Entziehung) im Zusammenhang mit der Volumenänderung dv des Gases auf diesem Elementarabschnitt der Zustandslinie ist (Bild 17).

Das Vorzeichen von dQ (75) ist bestimmt durch dv auf der linken Seite (75) und den Klammerausdruck $\left(\frac{dP}{dv} + \varkappa \frac{P}{v}\right)$. Bei der durch den Pfeil festgelegten Richtung des Ablaufes der Zustandsänderung ist im Elementarabschnitt anschließend an

Punkt I: dv pos., dP pos., also auch dQ pos. (Wärmezufuhr).

Punkt II: dv neg., dP neg., der Ausdruck $\left(\frac{dP}{dv} + \varkappa \frac{P}{v}\right)$ pos.; aber da dv neg., so ist in diesem Elementarabschnitt dQ neg. (Wärmeentzug aus dem Gas).

Punkt III, Ausdehnung: dv pos., dP neg.; für den Klammerausdruck ist das Kriterium verschieden, je nachdem:

α) $\left|\frac{dP}{dv}\right| < \left|\varkappa \frac{P}{v}\right|$, daher $\left(\frac{dP}{dv} + \varkappa \frac{P}{v}\right)$ pos., und mit dv pos. wird daher auch dQ pos. (Wärmezufuhr).

β) $\left|\frac{dP}{dv}\right| > \left|\varkappa \frac{P}{v}\right|$, daher $\left(\frac{dP}{dv} + \varkappa \frac{P}{v}\right)$ neg., und mit dv pos. wird daher auch dQ neg. (Wärmeentzug).

Punkt IV, Verdichtung: dv neg., dP pos.; für den Klammerausdruck ist das Kriterium verschieden, je nachdem:

α) $\left|\frac{dP}{dv}\right| < \left|\varkappa \frac{P}{v}\right|$, daher $\left(\frac{dP}{dv} + \varkappa \frac{P}{v}\right)$ pos., und mit dv neg. wird daher auch dQ neg. (Wärmeentzug);

β) $\left|\frac{dP}{dv}\right| > \left|\varkappa \frac{P}{v}\right|$, daher $\left(\frac{dP}{dv} + \varkappa \frac{P}{v}\right)$ neg., und mit dv neg. wird daher auch dQ pos. (Wärmezufuhr).

Aus Bild 17 ist aber zu ersehen, daß $\left|\frac{dP}{dv}\right| = \left|\frac{P}{s}\right|$ ($s =$ Subtangente) ist. Es kann also die Bedingung $\left|\frac{dP}{dv}\right| \lesseqgtr \left|\varkappa \frac{P}{v}\right|$ auch geschrieben werden

$$\frac{P}{s} \lesseqgtr \varkappa \frac{P}{v} \quad \text{oder} \quad \frac{v}{s} \lesseqgtr \varkappa = \frac{c_p}{c_v}. \tag{76}$$

Zusammengefaßt gilt dann das Kriterium:

$$\left.\begin{array}{l} \text{für Ausdehnung } (dv \text{ pos.}) \text{ und } \frac{v}{s} \lesseqgtr \varkappa \text{ wird} \begin{cases} dQ \text{ pos.} \triangleq \text{Wärmezufuhr} \\ dQ \text{ neg.} \triangleq \text{Wärmeentzug} \end{cases} \\ \text{für Verdichtung } (dv \text{ neg.}) \text{ und } \frac{v}{s} \lesseqgtr \varkappa \text{ wird} \begin{cases} dQ \text{ neg.} \triangleq \text{Wärmeentzug} \\ dQ \text{ pos.} \triangleq \text{Wärmezufuhr.} \end{cases} \end{array}\right\} \tag{77}$$

Dieses einfache Kriterium bedeutet, daß aus den endlichen Werten v/s des betrachteten Gases mit dem Wert ϰ auf beliebig kleinsten Elementarabschnitten, also punktweise, die Tendenz der Wärmebewegung dQ während einer beliebigen Zustandsänderung dieses Gases verfolgt werden kann.

a) Zustandsänderung bei konstanter Temperatur (Isotherme)

Aus der allgemeinen Gasgleichung $P \cdot v = R \cdot T$, für 1 kg Gas angeschrieben gemäß (40), folgt für zwei Zustände (1; 2) bei $T =$ konst.

$$P_1 \cdot v_1 = P_2 \cdot v_2 = P \cdot v = \text{konst.} \tag{78a}$$

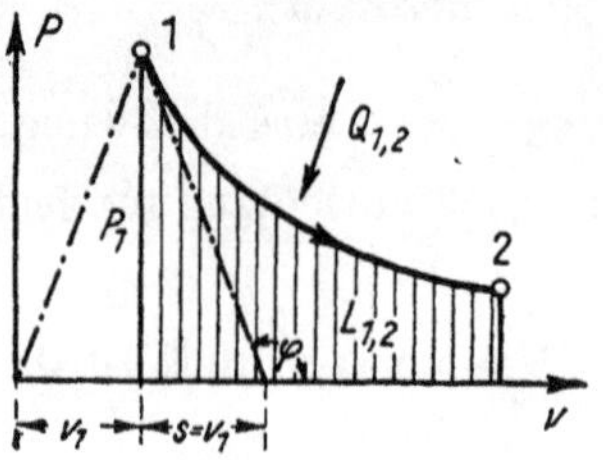

Bild 18. Isothermische Zustandsänderung

Diese Beziehung wurde auch bereits mit dem Gesetz von BOYLE, MARIOTTE gefunden [32a)]. Aus (78a) ergibt sich über

$$v \cdot dP + P \cdot dv = 0 \tag{78b}$$

$$\operatorname{tg} \varphi = dP/dv = -P/v, \tag{79a}$$

was nach (76) besagt, daß

$$s = v, \quad \text{also} \quad v/s = 1 \tag{79b}$$

wird (Bild 18). Die Kurvengleichung der Isotherme im P, v-Achsenkreuz folgt also einer gleichseitigen Hyperbel.

Damit wird die Aufgabe, durch einen Punkt 1 eine Isotherme zu legen, wie folgt gelöst (Bild 19): Ziehe durch Punkt 1 die Vertikale $\overline{1a}$ und die Horizontale $\overline{1x}$. Die Strahlen von 0 gezogen schneiden $\overline{1a}$ in den Punkten 2′; 3′; ···, die Linie $\overline{1x}$ in den Punkten 2″; 3″; ··· Die Horizontale durch 2′; 3′; ··· und die Vertikale durch 2″; 3″; ··· schneiden sich in den Punkten 2; 3; ··· der gesuchten Isotherme.

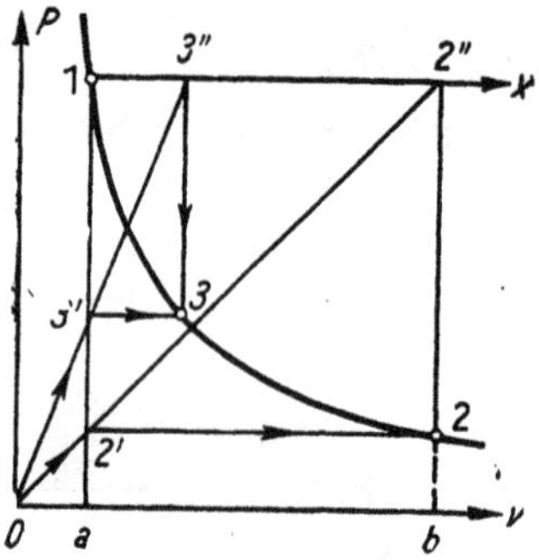

Bild 19. Konstruktion der Isotherme

Beweis: $\overline{b2''} : \overline{a2'} = \overline{0b} : \overline{0a}$, oder da diese die Drücke P_2, P_1 und die Volumen v_2, v_1 darstellen, gilt $P_2 : P_1 = v_1 : v_2$.

Aus (61) $dQ = c_v \cdot dT + A \cdot P \cdot dv$ ergibt sich mit $dT = 0$

$$dQ = A \cdot P \cdot dv = A \cdot dL, \tag{80a}$$

das heißt:

Die zugeführte Wärmemenge dQ dient nur und vollständig zur Leistung der äußeren Arbeit dL (Bild 18).

Für die endlichen Grenzen 1; 2 wird damit unter Beachtung, daß hier $P_2 = P_1 \cdot v_1/v_2$ eingeführt werden kann,

$$Q_{1,2} = A \cdot L_{1,2} = A \int_1^2 P \cdot dv = A \cdot P_1 \cdot v_1 \int_1^2 \frac{dv}{v} = A \cdot P_1 v_1 \cdot \ln \frac{v_2}{v_1} \tag{80b}$$

oder ausgedrückt durch P_1, P_2

$$Q_{1,2} = A \cdot L_{1,2} = A \cdot P_1 \cdot v_1 \cdot \ln \frac{P_1}{P_2}. \tag{80c}$$

Andererseits bedeutet $dT = 0$ auch $c_v \cdot dT = du = 0$, also:

Die innere Energie u bleibt bei der isothermischen Zustandsänderung konstant.

Bei der isothermischen Verdichtung ist die äußere Arbeit $L_{1,2}$ zuzuführen und die ihr äquivalente Wärmemenge $Q_{1,2}$ aus dem Gas abzuführen, sie sind also beide negativ.

b) Zustandsänderung ohne Wärmezu- oder -abfuhr (Adiabate)

Aus der Wärmegleichung für elementare Zustandsänderungen [(61)] $dQ = c_v dT + A \cdot P \cdot dv$ ergab sich:

$$\frac{1}{A}\frac{dQ}{dv} = \frac{v}{\varkappa - 1}\left(\frac{dP}{dv} + \varkappa\frac{P}{v}\right)$$

als (75).

Mit $dQ = 0$ wird daraus die Differentialgleichung der adiabatischen Zustandsänderung

$$\frac{dP}{P} + \varkappa\frac{dv}{v} = 0, \quad \text{also} \quad \frac{dP}{dv} = -\varkappa\frac{P}{v} = \operatorname{tg}\varphi. \tag{81a}$$

Die Adiabate verläuft also $\varkappa$mal steiler als die Isotherme.

Durch Integration bei $c_v =$ konst. zwischen den endlichen Grenzen 1 und 2 ergibt sich aus $\frac{dP}{P} + \varkappa\frac{dv}{v} = 0$

$$\ln P + \varkappa \ln v = \ln \text{konst.} \tag{81b}$$

oder entlogarithmiert

$$P v^{\varkappa} = \text{konst.} \tag{81c}$$

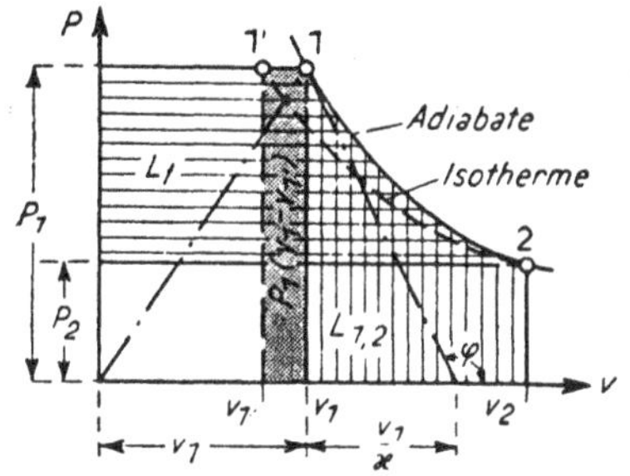

Bild 20. Adiabatische Zustandsänderung

die Kurvengleichung der Adiabate (Bild 20). Der Wert $\varkappa = v/s$ ergibt sich nach Ziehen der Tangente gemäß Bild 17,20.

Der Temperaturverlauf folgt durch Einsetzen von $T_2/T_1 = P_2 v_2 / P_1 v_1$ in (81c)

$$\left.\begin{aligned} \frac{T_2}{T_1} &= \left(\frac{v_1}{v_2}\right)^{\varkappa-1} \\ \text{oder mit} \quad v_2/v_1 &= (P_1/P_2)^{1/\varkappa} \\ \frac{T_2}{T_1} &= \left(\frac{P_2}{P_1}\right)^{\frac{\varkappa-1}{\varkappa}}. \end{aligned}\right\} \tag{82}$$

Eine andere Form der Differentialgleichung der Adiabate ergibt sich aus (81a), wenn dort dP/P vermittels $\frac{dP}{P} = \frac{dT}{T} - \frac{dv}{v}$ nach (50b) eliminiert wird, zu

$$\frac{dT}{T} + (\varkappa - 1)\frac{dv}{v} = 0. \tag{81d}$$

Durch Integration bei $\varkappa =$ konst. und entlogarithmieren erhält man

$$T_2 v_2^{\varkappa-1} = T_1 v_1^{\varkappa-1} = \text{konst.} \tag{81e}$$

bzw. die Formen (82).

Konstruktion der Adiabate (Bild 21): Winkel α beliebig annehmen und berechnen von β nach: $\operatorname{tg}\beta = (1 + \operatorname{tg}\alpha)^{\varkappa} - 1$. Um durch Punkt 1 eine Adiabate zu legen, ziehe $11'$, unter 45° dann $1'\overline{2'}$ und durch $\overline{2'}$ eine Horizontale. Ebenso ziehe vertikal $1\overline{1''}$, unter 45° dann $\overline{1''}2''$ und durch $2''$ eine Vertikale. Der Schnittpunkt dieser mit der zuvor gezogenen Horizontalen durch $\overline{2'}$ ergibt den nächsten Punkt 2 der Adiabate.

Beweis: Aus $\Delta\,[1''\,\overline{1''}\,2'']$ ergibt sich $1''\,\overline{1''} = 1''\,2'' = v_2 - v_1$

Aus $\Delta\,[01''\,\overline{1''}]$ ergibt sich $\operatorname{tg}\alpha = (v_2 - v_1)/v_1$, also $v_2 = v_1\,(1 + \operatorname{tg}\alpha)$

Aus $\Delta\,[1'\,\overline{2'}\,2']$ ergibt sich $2'\,\overline{2'} = 1'\,2' = P_1 - P_2$

Aus $\Delta\,[02'\,\overline{2'}]$ ergibt sich $\operatorname{tg}\beta = (P_1 - P_2)/P_2$, also $P_1 = P_2\,(1 + \operatorname{tg}\beta)$.

Da Punkte 1 und 2 auf einer Adiabate liegen, müssen sie der Gleichung $P_1 v_1^{\varkappa} = P_2 v_2^{\varkappa}$ genügen. Diese Werte für v_2 und P_1 eingesetzt, ergeben $(1 + \operatorname{tg}\beta) = (1 + \operatorname{tg}\alpha)^{\varkappa}$.

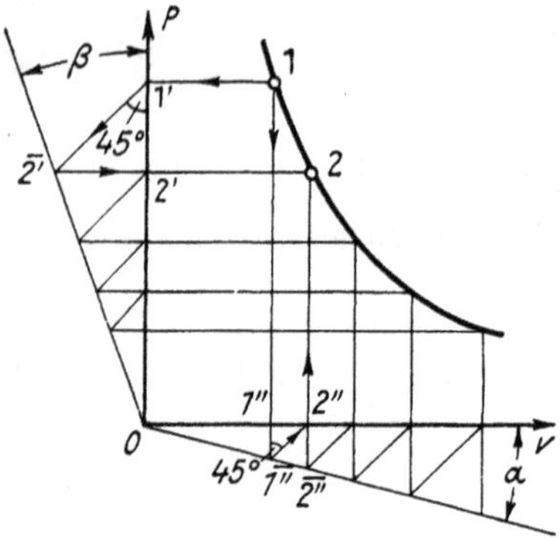

Bild 21. Konstruktion der Adiabate

Die absolute Gasarbeit wird wieder dargestellt durch die Fläche unter der Zustandslinie. Aus der Wärmegleichung für elementare Zuständsänderungen (61) und $dQ = 0$ wird

$$dL = P \cdot dv = -\frac{c_v}{A} \cdot dT. \qquad (83\,\text{a})$$

Daraus ergibt sich für die endlichen Grenzen 1; 2 unter Annahme konstanter spezifischer Wärme c_v durch Integration

$$L_{1,2} = \frac{c_v}{A}(T_1 - T_2). \qquad (83\,\text{b})$$

Durch Einführung von $T_1 = P_1 v_1/R$, $T_2 = P_2 v_2/R$ und $\frac{c_v}{AR} = \frac{1}{\varkappa - 1}$ wird

$$L_{1,2} = \frac{1}{\varkappa - 1}(P_1 v_1 - P_2 v_2) \qquad (83\,\text{c})$$

und durch Einführung von $P_1 v_1^{\varkappa} = P_2 v_2^{\varkappa}$ ergeben sich die Formen

$$\left.\begin{aligned} L_{1,2} &= \frac{P_1 v_1}{\varkappa - 1}\left(1 - \frac{T_2}{T_1}\right) \\ L_{1,2} &= \frac{P_1 v_1}{\varkappa - 1}\left[1 - \left(\frac{P_2}{P_1}\right)^{\frac{\varkappa - 1}{\varkappa}}\right] \\ L_{1,2} &= \frac{P_1 v_1}{\varkappa - 1}\left[1 - \left(\frac{v_1}{v_2}\right)^{\varkappa - 1}\right]. \end{aligned}\right\} \qquad (83\,\text{d})$$

Auch hier geht bei der adiabatischen Verdichtung ($P_2 > P_1$) die absolute Gasarbeit $L_{1,2}$ als zuzuführende Arbeit aus den vorstehenden Gleichungen negativ hervor (Bild 43).

Die Gleichung (83a) bedeutet aber für den inneren Energiezustand des Gases $A P \cdot dv = -c_v dT = -du$ nach (61) oder für die endlichen Grenzen 1; 2

$$A L_{1,2} = c_v(T_1 - T_2) = u_1 - u_2. \qquad (84)$$

Dies bedeutet aber:

Die absolute Gasarbeit wird bei der adiabatischen Zustandsänderung allein aus der Änderung der inneren Energie des Gases gedeckt.

Es stellt also mithin im P, v-Diagramm die Fläche $L_{1,2}$ auch gleichzeitig das äquivalente Abbild dieser Energieänderung dar.

Die technische Arbeit L_t wurde dargestellt durch die Fläche zwischen der Zustandslinie und der Ordinatenachse (Bild 15) als $L_t = -\int v \cdot dP$. Für die adiabatische Zustandsänderung ergibt sich aus (71) und (72) mit $dQ = 0$

$$A L_t = A \int_2^1 v \cdot dP = i_1 - i_2, \tag{85}$$

das heißt:

Die technische Arbeit L_t wird bei der adiabatischen Zustandsänderung allein aus der Änderung der Enthalpie des Gases gedeckt.

Die flächenhafte Darstellung von L_t im P, v-Diagramm ist daher bei der adiabatischen Zustandsänderung auch ein Abbild dieser Enthalpieänderung (Bild 20).

Nach (73) ist mit (83 c)

$$L_t = L_{1,2} + P_1 v_1 - P_2 v_2 = \varkappa L_{1,2}. \tag{86}$$

Zieht man durch Punkt 2 die Isotherme T_2, so schneidet diese die Drucklinie P_1 im Punkt 1'. Nach dem Hyperbelgesetz der Isotherme ist $P_1 v_{1'} = P_2 v_2$. Gleichzeitig ist aber nach dem Bild 20, $P_1 v_1 = P_1 v_{1'} + P_1 (v_1 - v_{1'})$, also ist $L_t - L_{1,2} = P_1 (v_1 - v_{1'})$. Entsprechend der Herkunft dieser Energiebeträge aus

$$A (L_t - L_{1,2}) = \Delta i - \Delta u$$

ist also

$$P_1 (v_1 - v_{1'}) = \frac{\Delta i - \Delta u}{A} = \frac{c_p - c_v}{A} (T_1 - T_2) = R (T_1 - T_2) \tag{87}$$

die durch Tönung hervorgehobene flächenhafte Darstellung dieser thermischen Energiebeträge (vgl. auch Bild 43). Wird nun $(T_1 - T_2) = 1°$ gesetzt, so stellt dieser dann sich ergebende Flächenstreifen $P_1 (v_1 - v_{1'}) = R \cdot 1°$ die zeichnerische Deutung der Gaskonstanten R im P, v-Diagramm als mechanische Arbeit dar; vgl. (42).

c) *Polytropische Zustandsänderung*

Bei der isothermischen Zustandsänderung wurde die gesamte Arbeit durch einen vollkommenen Wärmeaustausch (also ohne den sonst dazu erforderlichen Temperatursprung, vgl. Abschn. V) mit der Umgebung gedeckt. Bei der adiabatischen Zustandsänderung hingegen war jeder Wärmeaustausch ausgeschlossen, es wurde die Arbeitsleistung nur aus der inneren Energieänderung des Gases selbst gedeckt.

Die polytropische Zustandsänderung hingegen zieht zum Arbeitsumsatz eine innere Energieänderung wie auch eine äußere Wärmezufuhr heran. Die gemeine Polytrope verläuft also zwischen Adiabate und Isotherme (Bild 22).

Bei der polytropischen Zustandsänderung findet somit eine gesteuerte Wärmebewegung dQ statt, bei welcher in jedem Bahnelement der endlichen Zustandsänderung (1; 2) der gleiche Anteil ψ zur Änderung der inneren Energie u, der Rest $(1 - \psi)$ zur Arbeitsleistung dient. Es gilt also nach (61) aus $AL_{1,2} = c_v(T_1 - T_2) + Q_{1,2}$ für die gesamte Wärmebewegung

$$Q_{1,2} = c_v(T_2 - T_1) + AL_{1,2} = \psi Q_{1,2} + (1 - \psi) Q_{1,2}. \tag{88a}$$

Gemäß der Voraussetzung anteiliger Wärmeverwendung zur Änderung der Inneren Energie ist

$$Q_{1,2} = \frac{c_v}{\psi} \cdot (T_2 - T_1) = c\,(T_2 - T_1), \tag{88b}$$

worin der Einführung von $c_v/\psi = c$ der Charakter einer anteiligen spezifischen Wärme zukommt.

Andererseits ist aber nach (88a)

$$AL_{1,2} = (1 - \psi)Q_{1,2} = (c - c_v)(T_2 - T_1) = (c_v - c)(T_1 - T_2) \tag{88c}$$

oder mit $T_1 = P_1v_1/R$, $T_2 = P_2v_2/R$ und $AR = c_p - c_v$ wird

$$L_{1,2} = \frac{c_v - c}{AR}(P_1v_1 - P_2v_2) = \frac{c_v - c}{c_p - c_v}(P_1v_1 - P_2v_2). \tag{89a}$$

Setzt man nun durch Vergleich von (89a) mit (83c) der adiabatischen Zustandsänderung

$$\frac{c_v - c}{c_p - c_v} = \frac{1}{n-1}, \quad \text{also} \quad n = \frac{c_p - c}{c_v - c}, \tag{90a}$$

so ergibt sich durch Einführung von $c_p/c_v = \varkappa$

$$c = c_v \frac{n - \varkappa}{n-1}. \tag{90b}$$

Damit wird nun

$$L_{1,2} = \frac{1}{n-1}(P_1v_1 - P_2v_2). \tag{89b}$$

Die Kurveneigenschaften dieser P, v-Linien sind also dieselben wie jene der Adiabaten, wenn deren Wert $\varkappa$ durch n ersetzt wird. Also ist die Kurvengleichung der Polytrope

$$P \cdot v^n = \text{konst.} \tag{91}$$

Damit ergeben sich auch die analogen Formeln wie für die Adiabate für die Polytrope

$$\frac{T_2}{T_1} = \left(\frac{v_1}{v_2}\right)^{n-1} = \left(\frac{P_2}{P_1}\right)^{\frac{n-1}{n}}, \tag{92}$$

$$\left.\begin{aligned} L_{1,2} &= \frac{P_1v_1}{n-1}\left[1 - \left(\frac{P_2}{P_1}\right)^{\frac{n-1}{n}}\right] \\ L_{1,2} &= \frac{P_1v_1}{n-1}\left[1 - \left(\frac{v_1}{v_2}\right)^{n-1}\right] \\ L_{1,2} &= \frac{P_1v_1}{n-1}\left[1 - \frac{T_2}{T_1}\right] \end{aligned}\right\} \tag{89c}$$

und das Verhältnis

$$\frac{Q_{1,2}}{A L_{1,2}} = \frac{c\,(T_2 - T_1)}{(c - c_v)\,(T_2 - T_1)} = \frac{\varkappa - n}{\varkappa - 1} \tag{93}$$

$$L_{t,pol} = n \cdot L_{1,2}. \tag{94}$$

Je nach dem Wert des Exponenten n zeigt die Polytrope einen verschiedenen Verlauf (Bild 22).

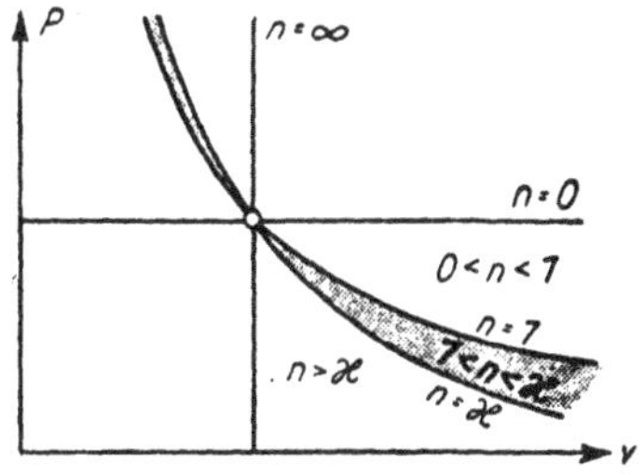

Bild 22. Kurven P, v^n = *konst.* mit verschiedenen Exponenten n

Die Darstellung der Wärmebewegung und der Arbeitsumsätze zeigt Bild 44. Die abzuführende Wärmemenge $Q_{1,2}$ findet dort ihre äquivalente Darstellung in der Fläche [124 *da*].

Die logarithmische Darstellung der Gleichung $Pv^n = C(\text{onst})$; $\ln P + n \cdot \ln v = \ln C$, stellt in einem logarithmischen Achsenkreuz die Gleichung einer Geraden dar. Der Richtungsfaktor

$$n = \operatorname{tg} \varphi = \frac{\ln P_1 - \ln P_2}{\ln v_2 - \ln v_1}$$

ist aus zwei benachbarten Punkten 1; 2 berechenbar.

Beim zeichnerischen Auftragen einer gegebenen P, v-Kurve in einem solchen logarithmischen Achsenkreuz zeigt die Abweichung von einer Geraden das Auftreten eines anderen n-Wertes an (Bild 23). Für die Isotherme $n = 1$ ist die Gerade unter 45° geneigt. In diesem Achsenkreuz läßt sich auch eine logarithmische Polytropentafel darstellen. (Vgl. Schüle, Leitfaden der Technischen Wärmelehre, S. 117, Springer-Verlag 1928, Grammel, Ing. Arch. Bd. 2 [1931], S. 353.)

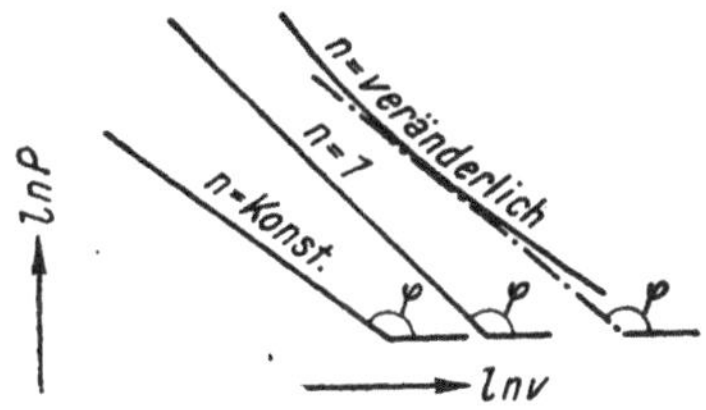

Bild 23. Logarithmische Darstellung polytropischer Kurven

Die Konstruktion der Polytrope ist wie für die Adiabate (Bild 21), wobei $\operatorname{tg}\beta = (1 + \operatorname{tg}\alpha)^n - 1$ ist.

d) Zustandsänderung bei konstantem Volumen (Isochore) (Bild 24)

Die allgemeine Gasgleichung $Pv = RT$ nach (40) für zwei Zustände 1; 2 angeschrieben, ergibt mit $v_1 = v_2$

$$\frac{P_2}{P_1} = \frac{T_2}{T_1}; \tag{95}$$

das heißt:

Die Drücke verhalten sich wie die absoluten Temperaturen.

Die Zustandslinie im P, v-Diagramm ist eine Vertikale. Arbeit wird keine geleistet, also ist die Wärmezufuhr $Q_{1,2}$ für diese Zustandsänderung gemäß (61) und (62) mit $L_{1,2} = 0$

$$Q_{1,2} = \int_1^2 c_v \cdot dT = u_2 - u_1 \tag{96a}$$

oder mit $c_v =$ konst., $\varkappa = c_p/c_v$ wird

$$Q_{1,2} = \frac{A \cdot v_1}{\varkappa - 1}(P_2 - P_1). \tag{96b}$$

Diese Wärmemenge ist im mechanischen Maß (Q/A) durch die senkrecht schraffierte Fläche unter der Adiabate von 2–3, dem Schnittpunkt dieser Adiabate durch 2 mit der Isotherme durch 1, dargestellt.

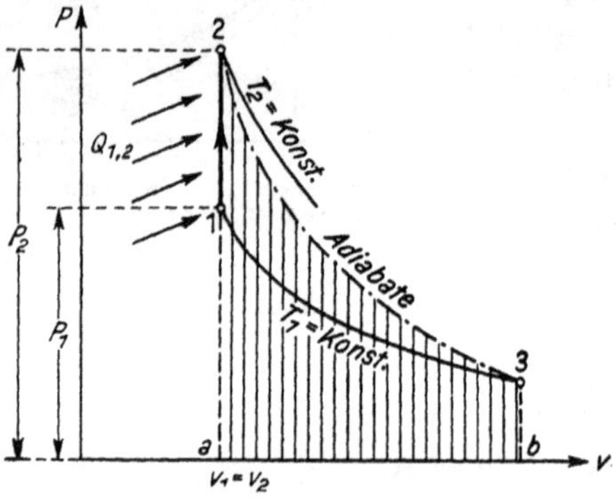

Bild 24. Isochore Zustandsänderung

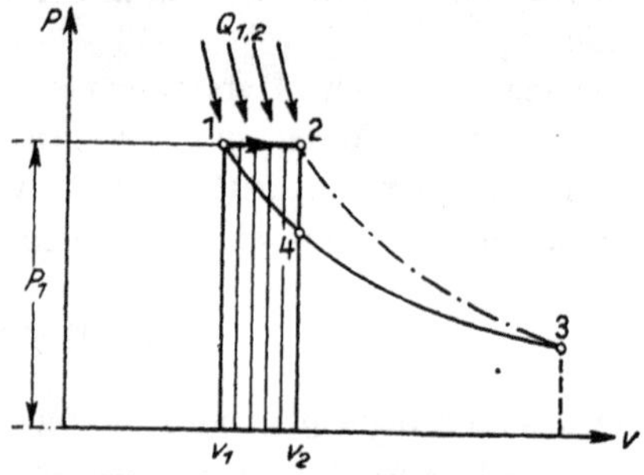

Bild 25. Isobare Zustandsänderung

e) Zustandsänderung bei konstantem Druck (Isobare) (Bild 25)

Wie unter d) ergibt sich hier

$$v_2/v_1 = T_2/T_1, \tag{97}$$

also:

Diese Beziehung ist bereits als Gesetz von Gay-Lussac bekannt [(36)].

Die Wärmezufuhr ist ($c_p =$konst.)

$$Q_{1,2} = \int_1^2 c_p \, dT = i_2 - i_1 = \frac{\varkappa}{\varkappa - 1} \cdot A \cdot P_1 \cdot (v_2 - v_1) = \frac{\varkappa}{\varkappa - 1} \cdot A \cdot L_{1,2}. \tag{98}$$

Die Volumen verhalten sich wie die absoluten Temperaturen.

Die Zustandslinie im P, v-Diagramm ist eine Parallele zur v-Achse, die absolute Gasarbeit $L_{1,2}$ ist durch die Fläche $[v_1 12 v_2]$ unter der Zustandslinie dargestellt.

Eine Erweiterung der Besprechungen der unter a) bis e) behandelten besonderen Zustandsänderungen erfolgt im Zusammenhang mit dem Wärmediagramm im Abschnitt IIIC6fβ.

f) Ermittlung des Temperaturverlaufes aus der P, v-Kurve (Bild 26)

Aus der im P, v-Diagramm, auch nur zeichnerisch, gegebenen Zustandslinie eines Gases ergibt sich durch Umkehrung der Hyperbelkonstruktion (siehe unter a) durch einen Punkt 1 die Linie $1x$ als eine gekrümmte, nach oben oder unten geneigte Linie. Im Fall die vorgelegte Zustandslinie eine Isotherme ist, wird die rückwärts konstruierte Linie $1x$ wieder horizontal.

Die Ermittlung der Temperatur T_1 für den Ausgangspunkt 1 liefert den Temperaturmaßstab T auf der Ordinate neben P, z. B. nach der Gasgleichung

$$Pv = RT \text{ ergibt sich } T_2 = \frac{T_1}{P_1} \cdot \frac{P_2 v_2}{v_1}.$$

Eine horizontale Tangente an diese T, v-Linie zeigt also an, daß in diesem Abschnitt die Zustandslinie Pv^n = konst. mit einem Exponenten $n = 1$ verläuft. Bei der Auswertung der Dampfmaschinen-Indikatordiagramme ist die T, v-Linienkonstruktion als Charakteristik von DOERFEL bekannt. Sie dient dazu, aus dem Verlauf der Kompressionslinie den Punkt trockener Sättigung abzuschätzen, und daraus das Kompressionsdampfgewicht zu berechnen.

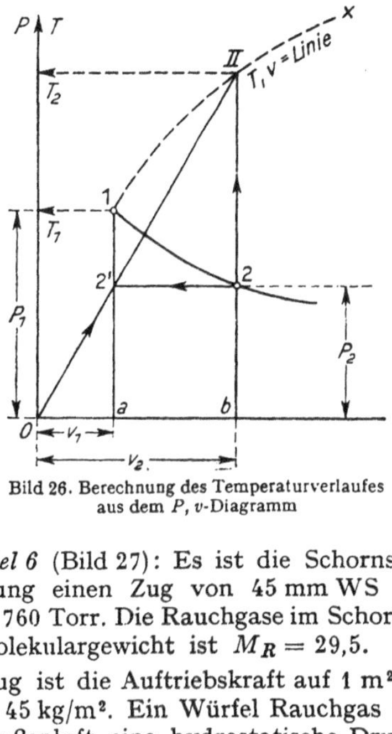

Bild 26. Berechnung des Temperaturverlaufes aus dem P, v-Diagramm

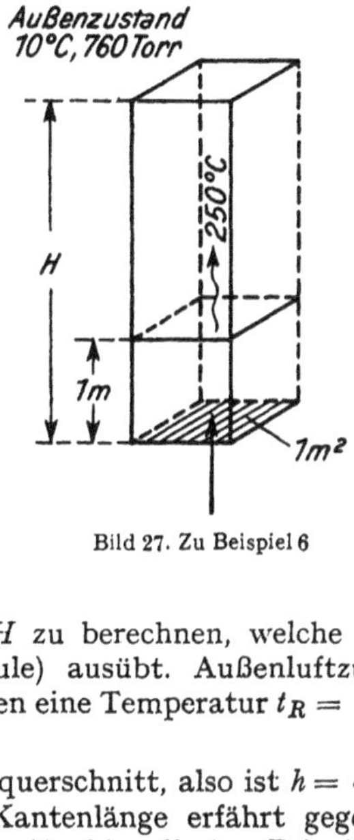

Bild 27. Zu Beispiel 6

Beispiel 6 (Bild 27): Es ist die Schornsteinhöhe H zu berechnen, welche in der Feuerung einen Zug von 45 mm WS (Wassersäule) ausübt. Außenluftzustand 10° C, 760 Torr. Die Rauchgase im Schornstein haben eine Temperatur $t_R = 250$ °C, ihr Molekulargewicht ist $M_R = 29{,}5$.

Der Zug ist die Auftriebskraft auf 1 m² Rauchgasquerschnitt, also ist $h = 45$ mm WS $= 45$ kg/m². Ein Würfel Rauchgas von 1 m Kantenlänge erfährt gegenüber der Außenluft eine hydrostatische Druckdifferenz (Archimedisches Prinzip) von $(\gamma_L - \gamma_R)$. Also muß für die gesamte Rauchgassäule H gelten

$$(\gamma_L - \gamma_R) \cdot H = h.$$

Darin ist γ_L (bei 10° C 760 Torr) $= 1{,}293 \cdot 273/283 = 1{,}248$ in kg/m³

$$\gamma_R\begin{pmatrix}250\\760\end{pmatrix} = \frac{M_R}{22{,}4} \cdot \frac{273}{523} = 0{,}686 \text{ in kg/m}^3,$$

daraus ergibt sich die erforderliche Schornsteinhöhe

$$\boldsymbol{H} = \frac{45}{1{,}248 - 0{,}686} = \mathbf{80{,}2\ m.}$$

Beispiel 7 (Bild 28): Eine Luftblase vom Volumen $V_{00} = 1$ cm³ löst sich vom Grund eines Teiches ($\gamma_{fl} = 1$ kg/dm³) aus der Tiefe von $h = 1{,}2$ m und steigt hoch. Der Außenzustand der Luft (p_0, t_0, γ_0) ist 15° C, 760 Torr, Wassertemperatur 15° C.

Frage (a): Welches aneinander backende Sandgewicht G_s kann von der Luftblase V_{00} vom Boden hochgetragen werden?

(b): Welche Wärmemenge mußte dabei aus dem Wärmevorrat des Teichwassers zur Leistung dieser Arbeit entzogen werden?

(c): Welches Sandgewicht könnte die leer aufsteigende Blase gerade noch an der Oberfläche tragen?

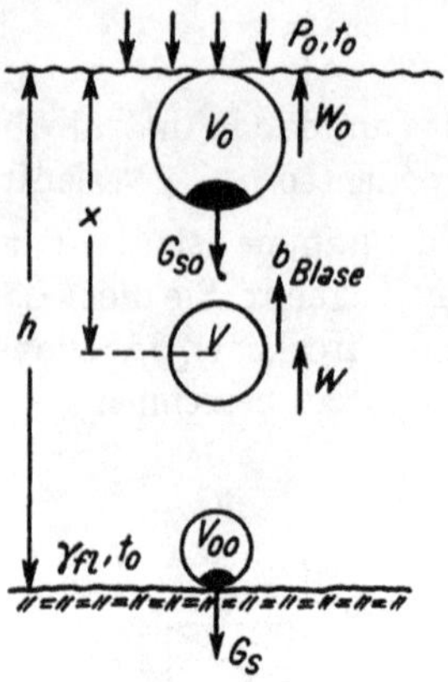

Bild 28. Zu Beispiel 7

Der relativen Kleinheit der Blase und ihrer ebenso kleinen Steiggeschwindigkeit wegen ist für einen vollständigen Wärmeaustausch zwischen dem Wasser und der Luftblase genügend Zeit, die Zustandsänderung der Luftblase während des Aufsteigens erfolgt daher isothermisch.

Für eine beliebige Wassertiefe x gilt also

$$P \cdot V = P_{00} \cdot V_{00} = P_0 \cdot V_0$$

oder $P/\gamma = P_0/\gamma_0 = P_{00}/\gamma_{00}$,

darin ist $P = P_0 + \gamma_{fl} \cdot x$, speziell am Boden $P_{00} = P_0 + \gamma_{fl} \cdot h$.
Nach Einsetzen der Zahlenwerte wird

$$P_0 = 10330 \text{ kg/m}^2; \quad \gamma_0 = 1{,}293 \cdot 273/288 = 1{,}225 \text{ in kg/m}^3 \left(\tfrac{15}{760}\right);$$

$$P_{00} = 10330 + 1000 \cdot 1{,}2 = 11530 \text{ in kg/m}^2;$$

$$\gamma_{00} = 1{,}295 \cdot 11530/10330 = 1{,}365 \text{ in kg/m}^3.$$

Zu (a): Das Sandgewicht $G_s \leqq V_{00} \cdot \gamma_{fl} - G_{Blase}$

das Blasengewicht $G_{Blase} = V_{00} \cdot \gamma_{00} = 0{,}000001 \cdot 1{,}365 = 0{,}001365$ g.

Also ist $\boldsymbol{G_s} \leqq (1{,}0 - 0{,}001365) = \mathbf{0{,}9986}$ **g**.

Zu (b): Die beim Aufsteigen der Luft-Sandblase geleistete Arbeit ist $(G_s + G_{Blase}) \cdot h = 1{,}2/1000$ kg/m, dem entspricht an Wärme $\boldsymbol{Q} = 1{,}2/1000 \cdot 427 = \mathbf{0{,}281 \cdot 10^{-5}}$ **kcal.**

Zu (c): Das zulässige Sandgewicht, das eben unter der Oberfläche von der Blase noch getragen wird, ist $G_{s0} = V_0 \cdot \gamma_{fl} - G_{Blase}$, worin $V_0 = \frac{P_{00} \cdot V_{00}}{P_0}$ ist, und nach Einsetzen der Zahlenwerte ist $\boldsymbol{G_{s0}} = \mathbf{1{,}1166}$ **g.**

Zusatz: Berechnung der Geschwindigkeit w_0, mit der die Blase $V_{00} = 1$ cm³ ohne Sandgewicht G_s unter den obigen äußeren Bedingungen und ohne Berücksichtigung der sonst sehr wesentlichen Strömungswiderstände die Oberfläche erreichen würde. Für die Blase in der Höhe x gilt:

Der Auftrieb $A = V \cdot \gamma_{fl} - G_{Blase} =$ Kraft, welche die Blase nach oben treibt $= m_{Blase} \cdot b_{Blase}$. Also ist die Beschleunigung der Blase

$$b_{Blase} = \frac{V \cdot \gamma_{fl} - G_{Blase}}{G_{Blase}} \cdot g.$$

Nach den Lehren der Mechanik gilt allgemein $w \cdot dw = b \cdot ds$, wenn w die Geschwindigkeit, b die Beschleunigung und s den Weg bezeichnet. Es gilt also auf den Vorgang der aufsteigenden Blase angewendet $w \cdot dw = b_{Blase} \cdot (-dx)$ (Minuszeichen, da x mit dem Steigen abnimmt).

Mit $V = P_0 V_0/(P_0 + \gamma_{fl} \cdot x)$; $G_{Blase} = V_0 \cdot \gamma_0$ und b_{Blase} wie oben, ergibt sich

$$w \cdot dw = \left(-\frac{P_0 \cdot \gamma_{fl}}{\gamma_0} \cdot \frac{dx}{P_0 + \gamma_{fl} \cdot x} + dx\right) g .$$

Aus $\int\limits_{x=h}^{x=0} w \cdot dw$ ergibt sich nun

$$w_0^2 = 2g\left[\frac{P_0}{\gamma_0} \ln \frac{P_0 + \gamma_{fl} \cdot h}{P_0} - h\right]$$

und daraus nach Einsetzen der Zahlenwerte $\boldsymbol{w = 134{,}2}$ **m/s.**

Beispiel 8 (Bild 29): In einen Zylinder, ausgefüllt mit einem zweiatomigen idealen Gas vom Umgebungszustand P_0, t_0 (760 Torr, 20° C) fällt ein reibungsfrei geführter Stempel G von einer Höhe H (10 m) sauber passend in den Zylinder vom Volumen $V_A = 15{,}7\ \text{cm}^3$ ($D = 20$ mm, $L = 50$ mm) herein. Bis zum Abbremsen des fallenden Stempels wird das Gas im Zylinder, vom ursprünglichen Umgebungszustand (P_0, t_0), auf $^1/_{10}$ seines Anfangsvolumens V_A verdichtet.

Frage: Wie groß ist bei adiabatischer Verdichtung die Endtemperatur t_E und der Enddruck P_E im Zylinder?

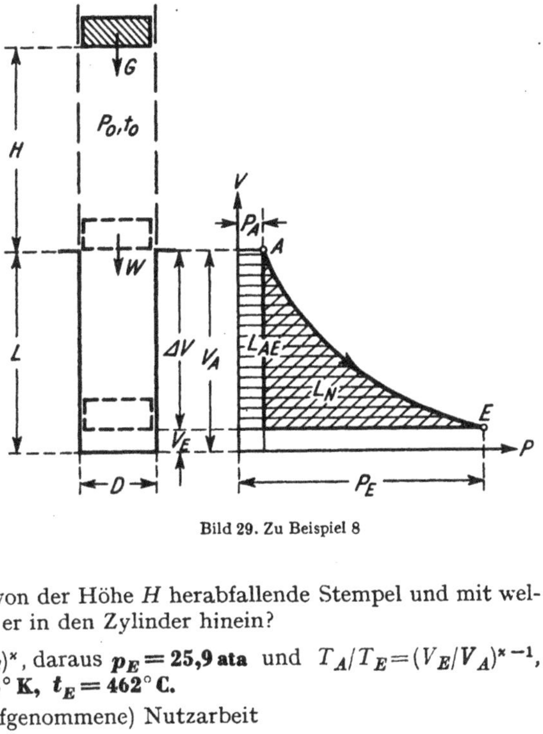

Bild 29. Zu Beispiel 8

Welches Gewicht G hatte der von der Höhe H herabfallende Stempel und mit welcher Geschwindigkeit w schoß er in den Zylinder hinein?

Nach (48) ist $P_E/P_A = (V_A/V_E)^\varkappa$, daraus $\boldsymbol{p_E = 25{,}9}$ **ata** und $T_A/T_E = (V_E/V_A)^{\varkappa - 1}$, daraus mit $\varkappa = 1{,}4$, $\boldsymbol{T_E = 735°}$ **K,** $\boldsymbol{t_E = 462°}$ **C.**

Nach (53) ist die (vom Gas aufgenommene) Nutzarbeit

$$L_N = L_{EA} - (P_0 \cdot \Delta V) .$$

Nach (83d) ist

$$L_{AE} = \frac{P_A V_A}{\varkappa - 1} \cdot \left[1 - \left(\frac{V_A}{V_E}\right)^{\varkappa - 1}\right],$$

also nach Einsetzen der Zahlenwerte wird $L_{AE} = -0615$ kg m. Das negative Vorzeichen kommt, da $|L_{AE}|$ vom Gas aufgenommen wurde. Also ist $L_N = -0{,}469$ kg m. Die vom Gas aufgenommene Nutzarbeit $|L_N|$ entspricht nach dem I. Hauptsatz der vom hereinfallenden Gewicht G abgegebenen Energie $m w^2/2 = G \cdot H$. Also ergibt sich daraus das Gewicht $\boldsymbol{G = 0{,}0469}$ **kg.**

Die Geschwindigkeit beim Hineinfallen ist aus $w = \sqrt{2\,g\,H}$ $\boldsymbol{w = 14{,}1}$ **m/s.**

Man erkennt, wie schon durch das Hineinfallen des Gewichtes mit relativ kleiner Geschwindigkeit $w = 14$ m/s recht hohe Temperaturen $t = 462°$ C erzeugt werden.

Darauf beruht das pneumatische Feuerzeug und auch die Erzeugung kurzzeitig hoher Temperaturen durch RAMSAUER, zur Untersuchung des Verhaltens des Gases bei höchsten Temperaturen. Es werden dafür Geschosse in Rohre mit $w \approx 1000$ m/s eingeschossen und durch das zu untersuchende Gas im Rohr abgebremst.

B. MISCHUNGEN VOLLKOMMENER GASE

1. ZUSTANDSGLEICHUNGEN, SPEZIFISCHE WÄRME

Für die Zustandsgleichungen von Mischungen vollkommener Gase, die keine chemische Reaktion miteinander eingehen, gilt:

Die Einzelgase verhalten sich im Gemisch so, als ob jedes Gas für sich allein in diesem Gemischraum vorhanden wäre (es gelten also die Gasgesetze von BOYLE, GAY-LUSSAC).

Der Gemischdruck ist gleich der Summe der Drücke (Teildrücke) der Einzelgase in der Mischung (Gesetz von DALTON).

Für jedes Einzelgas, z. B. 1 und 2, gilt nach (40), (43) und (15):

$P_1 V = G_1 \cdot R_1 \cdot T$ und $P_2 V = G_2 R_2 T$, nach Summierung also

$$(P_1 + P_2) \cdot V = T \cdot (G_1 R_1 + G_2 R_2) \tag{99}$$

und daraus

$$P = P_1 + P_2. \tag{100}$$

Der *Gesamtdruck ist gleich der Summe der Teildrücke.*

Wie für das Einzelgas kann auch für die Gasmischung ein spezifisches Volumen

$$v_m = \frac{V}{G_1 + G_2}, \quad \text{allgemein } v_m = \frac{V}{\sum G_i} \tag{101}$$

und eine mittlere Gaskonstante

$$R_m = \frac{G_1 R_1 + G_2 R_2}{G_1 + G_2}, \quad \text{allgemein } R_m = \frac{\sum G_i R_i}{\sum G_i} \tag{102}$$

erklärt werden.

Durch Einsetzen in (99) ergibt sich die Gasgleichung für die Mischung (für 1 kg Mischung angeschrieben)

$$P v_m = R_m T. \tag{103}$$

Die Zusammensetzung einer Gasmischung kann angegeben werden:

a) *Nach Raumteilen* $\mathfrak{v}_i$, welche die Einzelgase i bei gleichem, aber beliebigem Druck und beliebiger, gleicher Temperatur gegenüber der Summe dieser Einzelräume V_i einnehmen

$$\mathfrak{v}_i = \frac{V_i}{\sum V_i} \tag{104}$$

und $\Sigma \mathfrak{v}_i = 1$.

Damit ergibt sich das Gesamtgewicht der Raumeinheit der Mischung vom Zustand P, T, das spezifische Gewicht,

$$\gamma_m = \frac{1}{v_m} = \mathfrak{v}_1 \gamma_1 + \mathfrak{v}_2 \gamma_2 + \cdots = \sum \mathfrak{v}_i \gamma_i \text{ in kg/m}^3. \tag{105a}$$

Nach der Regel von Avogadro (IIB2c) enthalten alle Gase bei gleicher Temperatur und gleichem Druck in gleichen Räumen die gleiche Anzahl von Molekülen. Speziell nimmt die Gasmenge eines Mol bei 0° C und 760 Torr den Raum ein $\mathfrak{B} = \mathfrak{B}_N = 22{,}4\ \text{Nm}^3 = \frac{M}{\gamma_N} = M v_N$; dazu IIB1a.

Also gilt auch für die Gasmischung beim Norm-Zustand (0° C, 760 Torr)

$$22{,}4\, \gamma_{N,m} = M_m \tag{105b}$$

oder

$$\frac{M_m}{\gamma_{N,m}} = M_m v_{N,m} = 22{,}4\ \text{Nm}^3. \tag{105c}$$

Da auch für jedes Einzelgas $M_i v_{N,i} = 22{,}4$ gilt, so verhalten sich die spezifischen Gewichte γ_i der Einzelgase i wie ihre Molekulargewichte M_i, also

$$\gamma_{N,i} / M_i = \text{konst.} \tag{106}$$

Nach (105b) ergibt sich dann

$$M_m = 22{,}4\, \gamma_{N,m} = 22{,}4 \sum \mathfrak{v}_i \gamma_{N,i} = \sum \mathfrak{v}_i M_i. \tag{107}$$

b) *Nach den Gewichtsanteilen* $\mathfrak{g}_i$ der Einzelgase i im Gesamt-Mischungsgewicht $G_m = \sum G_i$

$$\mathfrak{g}_i = \frac{G_i}{\sum G_i}, \tag{108}$$

wobei natürlich auch hier $\sum \mathfrak{g}_i = 1$ ist.

Aus (102) wird

$$R_m = \mathfrak{g}_1 R_1 + \mathfrak{g}_2 R_2 + \cdots = \sum \mathfrak{g}_i R_i \tag{109a}$$

oder auch weiter

$$R_m = \sum \mathfrak{g}_i R_i = \frac{848}{M_m}. \tag{109b}$$

Der Zusammenhang zwischen Raum- und Gewichtsteilen ist gegeben durch

$$\mathfrak{g}_i = \frac{\mathfrak{v}_i \gamma_i}{\gamma_m} = \frac{\mathfrak{v}_i \gamma_i}{\sum \mathfrak{v}_i \gamma_i} = \frac{\mathfrak{v}_i M_i}{\sum \mathfrak{v}_i M_i} = \mathfrak{v}_i \frac{R_m}{R_i}. \tag{110}$$

c) Die *physikalische Chemie* rechnet α) mit den Molenbrüchen x_i, welche nach der Regel von Avogadro auch den Raumanteilen $\mathfrak{v}_i$ entsprechen.

$$x_i = \frac{n_i}{\sum n_i} = \mathfrak{g}_i \frac{R_i}{R_m} = \mathfrak{v}_i, \tag{111}$$

worin n_i die Anzahl der Mole (Molzahlen) der an der Mischung beteiligten Einzelgase i sind. Auch hier gilt $\sum x_i = 1$.

β) Mit den molaren Konzentrationen c_i

$$c_i = \frac{n_i}{V} = \frac{n_i}{n_i \mathfrak{V}} = \frac{1}{\mathfrak{V}}, \tag{112}$$

d. i. die Anzahl der Mole je Volumeneinheit der Mischung. Auch hier ist $\sum c_i = 1$, und $\mathfrak{V}$ ist das Mol-Volumen beim Zustand des Gases i.

So schreibt sich damit z. B. die Beziehung (15)

$$P_i = \frac{n_i}{V} \mathfrak{R} T = c_i \mathfrak{R} T.$$

Von dieser Rechnungsart wird erst im Abschnitt VIII Gebrauch gemacht.

Die Berechnung der Teildrücke P_i. Aus der Zustandsgleichung für die Einzelgase i, $P_i = G_i R_i T/V$, und jener der Gasmischung $G = \sum G_i$; $P = G R_m T/V$ folgt mit $G_i/\sum G_i = \mathfrak{g}_i$ der Teildruck

$$P_i = \mathfrak{g}_i \frac{R_i}{R_m} P. \tag{113a}$$

Denkt man sich das Einzelgas i bei gleicher Temperatur T auf den Gesamtdruck P der Mischung gebracht, in dem es das Volumen V_i einnimmt, so gilt für das Einzelgas $P V_i = G_i R_i T$, und für dasselbe Einzelgas innerhalb der Mischung im Mischraum V nach früher $P_i V = G_i R_i T$. Daraus folgt $P V_i = P_i V$, oder mit Einführung der Raumanteile

$$P_i = \frac{V_i}{V} P = \mathfrak{v}_i P. \tag{113b}$$

Die spezifische Wärme von Gasmischungen. Für ein Gas i, mit der spezifischen Wärme c_i, mit dem Gewichtsanteil $\mathfrak{g}_i$ in der Mischung ist zur Erwärmung um 1° die Wärmemenge $\mathfrak{g}_i c_i$ kcal zuzuführen. Die Erwärmung sämtlicher Gasanteile $\sum \mathfrak{g}_i = 1$, also der gesamten Gewichtseinheit der Mischung, um 1° ist dann entsprechend der Definition die spezifische Wärme der Gasmischung

$$c_m = \sum \mathfrak{g}_i c_i. \tag{114}$$

Für die idealen Gase und die diesen in ihrem Verhalten nahekommenden vollkommenen Gase sind die spezifischen Wärmen, je nach ihrem molekularen Aufbau, nur von der Temperatur abhängig (IIB2d).

Für die *wirklichen Gase* sind die spezifischen Wärmen nur für einatomige Gase, genügend weitab von der Verflüssigung, temperaturunabhängig. Für alle anderen wirklichen Gase besteht eine Temperaturabhängigkeit. Für sie wird ein lineares Gesetz in Ansatz gebracht, das gelegentlich durch Hinzufügen eines quadratischen Gliedes verfeinert wird (IIID1).

Die Gleichung (114) ist jedoch auch für diese wirklichen Gase beliebiger Temperaturabhängigkeit brauchbar.

Infolge dieser verschiedenen Abhängigkeit der spezifischen Wärmen von der Temperatur werden bei Gasmischungen die einzelnen Gase zweckmäßig gruppenweise zusammengefaßt in:

Mischungen von zweiatomigen Gasen,

Mischungen von zweiatomigen mit mehratomigen Gasen und

Mischungen der letzteren mit CO_2, H_2O usw., den technischen Feuergasen.

Die jeweiligen Gesetzmäßigkeiten der Gase werden der anteiligen Gasmenge entsprechend gemäß Abschnitt IIID1 eingeführt.

Auch eine mittlere spezifische Wärme der Gasmischung läßt sich, genau wie für das Einzelgas, erklären.

Ebenso ist zu unterscheiden zwischen der spezifischen Wärme bei konstantem Volumen und bei konstantem Druck, für welche sich die Beziehungen ergeben, z. B. bezogen auf 1 kg Mischgas:

$$\left.\begin{aligned} c_{vm} &= \sum \mathfrak{g}_i c_{vi} = \frac{\sum \mathfrak{v}_i (M_i c_{vi})}{M_m} = \frac{\sum \mathfrak{v}_i \mathfrak{C}_{vi}}{M_m} \\ c_{pm} &= \sum \mathfrak{g}_i c_{pi} = \frac{\sum \mathfrak{v}_i (M_i c_{pi})}{M_m} = \frac{\sum \mathfrak{v}_i \mathfrak{C}_{pi}}{M_m} \end{aligned}\right\} \qquad (115\,a)$$

oder bezogen auf 1 Mol Mischgas sind die Mol-Wärmen:

$$\left.\begin{aligned} \mathfrak{C}_{v,m} &= M_m \cdot c_{vm} = \sum \mathfrak{v}_i \mathfrak{C}_{vi} \\ \mathfrak{C}_{p,m} &= M_m \cdot c_{pm} = \sum \mathfrak{v}_i \mathfrak{C}_{pi}. \end{aligned}\right\} \qquad (115\,b)$$

Zu all diesen Berechnungen bedient man sich weitgehend der graphischen Darstellungen, von denen die *Feuergastafeln* von besonderem technischem Interesse sind.

Die kalorischen Zustandsgrößen u, i von Gasmischungen.

Da jedem Einzelgas eine innere Energie u und eine Enthalpie i zugehört, so müssen sich natürlich diese Größen auch für die Gasmischung erklären lassen. Nach den Mischungsgesetzen breiten sich alle Gase im Gemischraum aus, als ob jedes Gas für sich allein im Gemischraum vorhanden wäre. Da aber dabei keine Arbeit geleistet wird, so bleibt die *Innere Energie u bei der Mischung konstant.* Durch Anwendung der Mischungsregel (6) ist daher die Innere Energie der Mischung von $G = \sum G_i$ in kg

$$U_m = \sum U_i = \sum G_i c_{vi} T_i = G c_{vm} T = G \sum \mathfrak{g}_i u_i. \qquad (116\,a)$$

Ebenso gilt für die Enthalpie der Mischung

$$I_m = \sum I_i = \sum G_i c_{pi} T_i = G c_{pm} T = G \sum \mathfrak{g}_i i_i. \qquad (117\,a)$$

Bezogen auf 1 Mol der Mischung ist ebenso

$$\mathfrak{U}_m = \sum \mathfrak{v}_i \mathfrak{U}_i, \qquad (116\,b)$$

$$\mathfrak{I}_m = \sum \mathfrak{v}_i \mathfrak{I}_i. \qquad (117\,b)$$

2. VERMISCHUNGSTEMPERATUR UND VERMISCHUNGSDRUCK

Mehrere Räume V_i, gefüllt mit beliebigen Gasarten R_i, c_{vi} verschiedener Zustände P_i, T_i, werden miteinander verbunden.

Aus (117) ergibt sich für die Mischungstemperatur

$$T = \frac{\sum G_i c_{vi} T_i}{\sum G_i c_{vi}}. \tag{118a}$$

Durch Einführung von $G_i = \frac{P_i V_i}{R_i T_i}$ aus der Gasgleichung wird

$$T = \frac{\sum P_i V_i \frac{c_{vi}}{R_i}}{\sum \frac{P_i V_i}{T_i} \frac{c_{vi}}{R_i}}. \tag{118b}$$

Nun ist nach (44a) für alle Gase $M R = \mathfrak{R} = 848$ m kg/Mol grd, und speziell für zweiatomige Gase ist $c_{vi}/R_i =$ konst., daher schreibt sich (118b) für *Gemische zweiatomiger Gase*

$$T = \frac{\sum P_i V_i}{\sum \frac{P_i V_i}{T_i}}. \tag{119a}$$

Ein Sonderfall ergibt sich daraus, wenn P_i für alle Gase gleich ist, zu

$$T = \frac{\sum V_i}{\sum \frac{V_i}{T_i}}. \tag{119b}$$

Für den Mischungsdruck ergibt sich aus (119a) durch Einführung von $G_i R_i = P_i V_i / T_i$ für die Einzelgase und $PV/G R_m = T$ für die Mischung, die Beziehung

$$P \cdot V = \sum P_i V_i, \tag{120}$$

also der *Vermischungsdruck ist unabhängig von der Temperatur T_i der Einzelgase.*

Beispiel 9: Zusammensetzung der Luft; 21 Raumteile O_2, 79 Raumteile N_2. Aus den Mol-Gewichten $M_{O_2} = 32$; $M_{N_2} = 28$ ergibt sich:

Nach (45) die Gaskonstante

$$R_{O_2} = 848/32 = 26{,}49 \text{ in m kg/kg grd}$$
$$R_{N_2} = 848/28 = 30{,}26 \text{ in m kg/kg grd.}$$

Aus $M \cdot v = \mathfrak{V} = 22{,}4$ nach (43a) ergibt sich mit $\gamma = 1/v$

$$\gamma_{O_2} = 32/22{,}4 = 1{,}43 \text{ in kg/Nm}^3$$

und

$$\gamma_{N_2} = 28/22{,}4 = 1{,}25 \text{ in kg/Nm}^3.$$

Das spezifische Gewicht der Mischung ist nach (105a)

$$\gamma_m = \sum \mathfrak{v}_i \cdot \gamma_i = 0{,}21 \cdot 1{,}43 + 0{,}79 \cdot 1{,}25 = 1{,}287 \text{ in kg/Nm}^3.$$

Das Molekulargewicht der Mischung ist nach (105b)

$$M_m = 22{,}4 \cdot \gamma_m = 22{,}4 \cdot 1{,}287 = 28{,}85\,.$$

Nach (109b) ist

$$R_m = \frac{848}{M_m} = 29{,}4\,.$$

Die Zusammensetzung der Luft in Gewichtsteilen $\mathfrak{g}_i$ ist nach (110b)

$$\mathfrak{g}_{O_2} = \frac{\mathfrak{v}_{O_2} \cdot \gamma_{O_2}}{\gamma_m} = 0{,}21 \cdot 1{,}43/1{,}287 = 0{,}233$$

$$\mathfrak{g}_{N_2} = 0{,}79 \cdot 1{,}25 = 0{,}767.$$

Die Teildrücke in der Mischung sind nach (113b)

$$P_{O_2}/P = 0{,}21\,; \quad P_{N_2}/P = 0{,}79.$$

Beispiel 10: Für eine Mischung von 1000 $\mathrm{Nm^3}$ Luft von t_1° C mit 1150 $\mathrm{Nm^3}$ Luft von $t_2 = 20$° C und gleichem Druck ergab sich eine Mischungstemperatur von $t_m = 500$° C. Welche Temperatur t_1 hatten die 1000 $\mathrm{Nm^3}$ Luft vor der Mischung?
Nach (119b) ist

$$T_m = \sum V_i \Big/ \sum \frac{V_i}{T_i}\,,$$

darin sind V_i die Gasvolumen in ihrem Mischungszustand, also $V_1 = 1000 \cdot T_1/273$, und $V_2 = 1150 \cdot 293/273 = 1233$ in $\mathrm{m^3}$.
Aus

$$(500 + 273) = \frac{1000,\ T_1/273 + 1233}{1000/273 + 1233/293}$$

ergibt sich $\boldsymbol{T_1 = 1323° \mathrm{K}}$ also $\boldsymbol{t_1 = 1050° \mathrm{C}}$.

$\mathrm{Nm^3}$-Angaben sind auch gleichwertig Gewichtsangaben. In (119) wurde für zweiatomige Gase c_{vi}/R_i konstant eingeführt. Daher kann die hier einfache Mischungsregel nach (6) sinngemäß verwendet werden, nämlich

$$773\,(1000 + 1150) = T_1 \cdot 1000 + 293 \cdot 1150,$$

woraus sich wieder ergibt

$$\boldsymbol{T_1 = 1323° \mathrm{K}, \quad t_1 = 1050° \mathrm{C}.}$$

C. DER II. HAUPTSATZ DER WÄRMELEHRE

1. UMKEHRBARE UND NICHTUMKEHRBARE VORGÄNGE

Zustandsänderungen eines Körpers können in der einen Richtung und dann, zurückverlaufend, wieder in den Anfangszustand aller beteiligten oder in Mitleidenschaft gezogenen Körper zurückführen; sie sind dann *umkehrbar*. Bleibt aber irgendwo ein unausgeglichener Rest, d. h. sie können aus sich selbst heraus den Ausgangszustand nicht wieder herstellen, sind sie *nichtumkehrbar*. Die geleistete Arbeit bei einem nichtumkehrbaren Vorgang ist immer kleiner als bei einem umkehrbaren. Außerdem bedarf der nichtumkehrbare Vorgang zur Einleitung der Bewegungsrichtung eines endlichgroßen Anstoßes.

In der Mechanik sind alle Vorgänge bei fehlender Reibung, Wirbelbildung irgendwelcher Art (Luftwiderstand) usw. umkehrbar.

Beispiel 11 (Bild 30): a) Eine Kugel, bei fehlender Reibung und sonstigen Widerständen, aus der labilen Lage im oberen Scheitelpunkt eines Rohres durch kleinsten Anstoß herausgebracht, bewegt sich durch das Rohr über den tiefsten Punkt und aufsteigend auf der anderen Seite wieder in ihre labile Ausgangslage. Die beim Herunterrollen in kinetische Energie umgesetzte potentielle der labilen Lage wird aufsteigend wieder zum Aufbau der ursprünglichen Lageenergie verbraucht: $G \cdot h_0 = m \cdot v_0^2/2$. Es findet also bei zwei gegenläufigen Vorgängen nach dem Energieerhaltungsgesetz eine vollständige Umwandlung der potentiellen Energie in kinetische und zurück in potentielle des Ausgangszustandes statt.

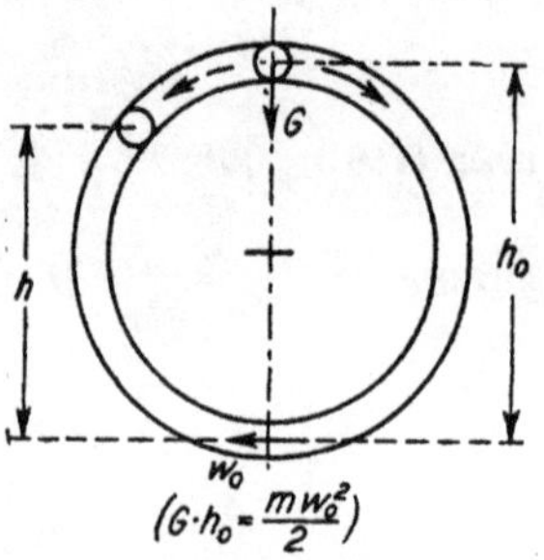

Bild 30. Mechanische, umkehrbare und nichtumkehrbare Vorgänge; Kugel im Ringrohr (zu Beispiel 11)

„Am Schluß ist wieder alles, als ob nichts gewesen wäre!"

Zur Einleitung der Bewegung genügt hier der kleinste äußere Anstoß in der einen oder anderen Richtung zur Störung des labilen Zustandes, alles andere läuft dann von selbst ab.

Dieser Vorgang ist also umkehrbar oder reversibel.

b) Beim Vorhandensein von Reibung wird auf dem ganzen Weg Reibungsarbeit verbraucht. Es findet also nach außen eine erfahrungsgemäß nicht wieder einbringbare Energieangabe statt, deren Begründung sich mit dem II. Hauptsatz ergeben wird (IIIC5). Dies bedeutet, daß jetzt die Geschwindigkeit v im tiefsten Punkt kleiner ist als zuvor v_0. Diese kinetische Energie wird also nur mehr bis zum Aufsteigen der Kugel auf eine Höhe $h < h_0$ ausreichen, wobei im Aufstiegsweg auch noch weiter Reibungsarbeit verbraucht wird. Zum Wiederherstellen der ursprünglichen labilen Lage ist also ein neuer, nur von außen möglicher Energiezuschuß notwendig, der aber dann in der Umgebung irgendwo fehlt.

Der gesamte Energiehaushalt an allen Beteiligten ist also gestört. *„Der Ausgangszustand wird nicht erreicht, als ob nichts geschehen wäre!"*

In der Mechanik wird dieser zur Wiederherstellung des ursprünglichen Ausgangszustandes notwendige Energiezuschuß durch den „Mechanischen Wirkungsgrad" erfaßt.

Aber auch die Einleitung der Bewegungsrichtung erfordert jetzt eine endliche Kraft K, nämlich die zur Überwindung der Bewegungswiderstände in der Ausgangsstellung. Im Beispiel der im Rohr rollenden Kugel ist dieser endliche äußere Anstoß durch das Moment der rollenden Reibung ausgedrückt (Bild 31, $\mathfrak{M} = f_0 \cdot G < K \cdot R$).

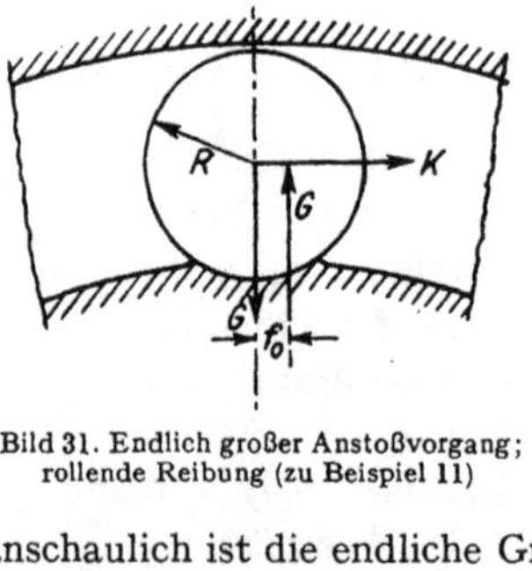

Bild 31. Endlich großer Anstoßvorgang; rollende Reibung (zu Beispiel 11)

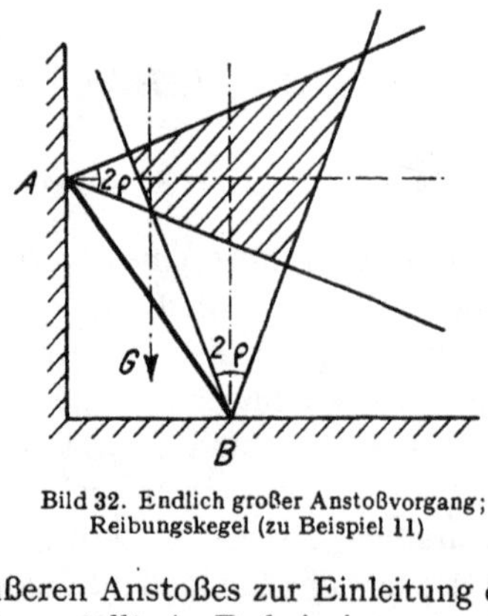

Bild 32. Endlich großer Anstoßvorgang; Reibungskegel (zu Beispiel 11)

Sehr anschaulich ist die endliche Größe eines äußeren Anstoßes zur Einleitung der Bewegungsrichtung durch die Reibungskegel dargestellt (z. B. bei einem an der Wand angelehnten Stab, Bild 32. Solange die Wirkungslinie von G innerhalb des von den Reibungskegeln umschlossenen Raumes liegt, rutscht die Stange nicht ab).

Alle diese Vorgänge sind nichtumkehrbar oder irreversibel!

Da es in der Natur keine Bewegungsvorgänge ohne Reibungserscheinungen irgendwelcher Art gibt, so gibt es auch keine umkehrbaren Vorgänge.

Es seien nun umkehrbare und nichtumkehrbare Zustandsänderungen in der Thermodynamik an Hand der Ausdehnung eines Gases in einem Zylinder betrachtet (Bild 33).

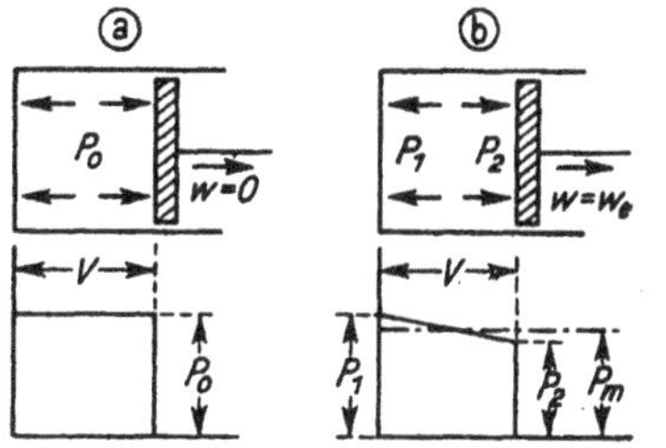

Bild 33.
Kolbenbewegung und Gasdruck im Zylinder;
(a) $w = 0$; unendlich langsame Kolbenbewegung ≙ umkehrbarer Vorgang;
(b) $w = w_e$; endlich große Kolbengeschwindigkeit ≙ nichtumkehrbarer Vorgang

Bei der Erklärung der absoluten Gasarbeit (IIIA2) wurde in Bild 13 eine Einrichtung gezeigt, bei welcher die Kraft P auf den Kolben in jeder Stellung mit der Stangenkraft K und dem Umgebungsdruck $P_0 \cdot F$ auf der Kolbenrückseite im indifferenten Gleichgewicht steht. Dabei wurde besonders betont, daß bei einer kleinen Verschiebung des Kolbens um dV über den ganzen Gasraum derselbe Druck herrscht (Bild 13a und 33a). Die dann geleistete Arbeit war $dL = P \cdot dV$. Umgekehrt wird bei rückläufiger Kolbenverschiebung dieselbe Arbeit wieder an das Gas zurückgegeben. Dieser Vorgang ist also umkehrbar.

Nun erfolge aber die Kolbenbewegung mit endlicher Geschwindigkeit w_e. Damit das am Kolben haftende Gas diesem folgen kann, müssen sich die Gasteilchen mit veränderlicher Geschwindigkeit in den vom Kolben freigegebenen Raum hineinbewegen (Bild 33b). Für jede Bewegungsänderung ist aber nach dem dynamischen Grundgesetz eine Kraft erforderlich, um die Teilchen zu beschleunigen. Diese Kraft muß aber aus der Gasenergie selbst kommen. Es muß daher aus der Energie des Gasraumes ein Druckgefälle in Richtung der Kolbenbewegung zur Erzeugung der Geschwindigkeit geschaffen werden. Auch löst die Gasströmung Wirbel aus. Dadurch wird aber die Kraft P_1 am Deckel größer als jene P_2 am Kolbenboden. Die Gaskraft befindet sich also in jeder Momentanstellung des Kolbens nicht mehr mit der Kolbenkraft im indifferenten Gleichgewicht. Die Fläche unter der Linie $P_1 \rightarrow P_2$ ist nun kleiner als zuvor und ergibt einen mit P_m bezeichneten mittleren Druck über dem Gasraum der Momentanstellung. Es ist

$$P_m \cdot V < P \cdot V. \tag{121}$$

Bei der rückläufigen Bewegung ist nun wieder ein solches Druckgefälle nach der anderen Seite notwendig ($P_2 > P_1$), um die Gasteilchen aus dem kolbenbestrichenen Raum zu verdrängen. Beide Arbeiten sind also nicht gleich, das Wiedererreichen der Ausgangslage erfordert einen Zuschuß von außen.

Auch hier erfordert somit schon die Einleitung der Bewegung eine endliche Kraft zur Beschleunigung der Gasmassenteilchen. Dafür ist jetzt wieder eine, je nach Kolbengeschwindigkeit andere Formgebung der Kurvenscheibe erforderlich; das indifferente Gleichgewicht ist gestört.

Dieser Vorgang ist also **nichtumkehrbar**.

Die allgemeinste Form des I. Hauptsatzes (54a) konnte daher im umkehrbaren Fall geschrieben werden als (54b). $dQ = du + A\,dL = du + A\,P\,dv$.

Im zweiten, nichtumkehrbaren Falle mußte jedoch (54a) geschrieben bleiben, $dQ = du + A\,dL$. Hier schließt eben $A\,dL$ äquivalente Wärmemengen auch anderer, als rein umkehrbar verwandelter Art ein. Es kann z. B. dL dazu verwendet werden um Reibungswärme in einer Wand oder im Gas zu erzeugen, welche sich diesem wieder mitteilt (vgl. IIIC6hα).

Andere Beispiele nichtumkehrbarer Vorgänge in der Thermodynamik sind:

Der Wärmeaustausch.

Die Drosselung der Gase, d. i. die Expansion ohne Arbeitsleistung.

Das Überströmen in andere Räume (betriebstechnisch angewendet in den Vorkammermaschinen usw.).

Die Diffusion, d. h. die Durchdringung eines Stoffes durch einen anderen und die Verteilung in diesem.

Der Ablauf chemischer Reaktionen usw.

Die Abweichungen der Naturvorgänge von der Umkehrbarkeit sind unterschiedlich. Den Maßstab für die Wertung dieser Unvollständigkeit gibt die „Entropie" (IIIC6).

2. KREISPROZESSE. CARNOT-PROZESS

Bei der Erklärung der absoluten Gas- und Nutzarbeit (IIIA2) ergab sich, daß diese nur einmal von der vorgegebenen Gasmenge geleistet werden kann und mit dem Erreichen des Endzustandes die Arbeitsfähigkeit des ursprünglich bereitgestellten Gases erschöpft ist. Der Vorgang ist also nicht wiederholbar. Der rückläufige Vorgang würde bestenfalls bei Umkehrbarkeit nur zur Erreichung des ursprünglichen Ausgangszustandes auf dem gleichen Weg führen, und die zuvor abgegegebene Arbeit würde dabei wieder zugeführt werden müssen.

Es ergibt sich daher die Frage, wie müßten Wärme- und Arbeitsumsätze geleitet werden, um das Arbeitsgas wieder in den Ausgangszustand zurückzubringen, wobei dennoch eine Nutzarbeit übrigbleibt. Es ist also ein anderer Rückweg zu dem Ausgangszustand zu suchen. Ein solcher Vorgang wäre dann mit dem Arbeitsmedium wiederholbar. Die vom Arbeitsmedium durchgeführten Zustandsänderungen umfassen dann einen geschlossenen Linienzug, es wird ein „**Kreisprozeß**" ausgeführt.

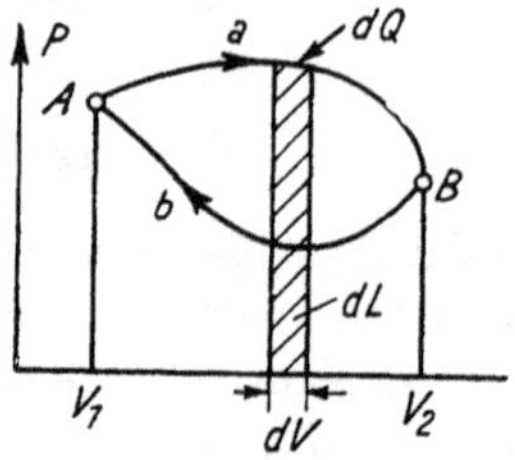

Bild 34. Kreisprozeß

Der Kreisprozeß wird mit einer einheitlichen, physikalisch unveränderlichen Arbeitsgasmenge (1 kg, G kg oder kmol) durchgeführt.

Der Kreisprozeß für G kg Arbeitsgas sei dargestellt durch den geschlossenen Linienzug $AaBbA$ (Bild 34). Auf dem Weg a wird längs eines Bahnelementes die Arbeit $dL = P \cdot dV$ gewonnen, beim Rückweg längs b entsprechend von außen zugeführt. Gleichzeitig wird in jedem Bahnelement die Wärmemenge $dQ = dU + A \cdot P \cdot dV$ zu- oder abgeführt. Bei dem gezeichneten Verlauf des Kreisprozesses wird die beim Hingang mit der Volumenzunahme $V_1 \rightarrow V_2$ gewonnene Arbeit größer als die beim Rückgang $V_2 \rightarrow V_1$ zum Wiedererreichen des Ausgangszustandes 1 aufgewendete sein.

Die Summierung der Arbeitselemente dL über den geschlossenen Linienzug ergibt für 1 kg als Arbeitsgewinn die eingeschlossene Fläche mit dem Arbeitswert

$$L_N = \oint P \cdot dv. \tag{122}$$

In gleicher Weise ergibt die Summierung der auf den einzelnen Bahnelementen zu- oder abgeführten Wärmemengen dQ den Wärmeumsatz bei dem Kreisprozeß, und zwar gemäß (61b)

$$\oint dQ = \oint du + A \oint P \cdot dv. \tag{123}$$

Anmerkung: Das Integralzeichen mit dem Kreis $\oint$ ist nur eine mathematische Kurzschreibweise für die Vorschrift, daß die Integration längs eines, durch irgendwelche Vorschriften (Gleichungen), festgelegten Weges im fortlaufend gleichen Umfahrungssinn des Linienzuges durchzuführen ist. $\oint$ wird ein Kurven- oder Linienintegral genannt.

In (123) ist $\oint du = 0$, da die innere Energie als Zustandsgröße nur von dem Augenblickszustand, nicht aber von dem Weg abhängt, auf dem das Gas in diesen Zustand gelangt. Dieser Zustand ist aber zu Anfang und Ende des Kreisprozesses derselbe; vgl. die Ausführungen zu (55). Daher ergibt sich aus (122) und (123)

$$\oint dQ = A \oint dL; \tag{124}$$

das heißt:

die während des Kreisprozesses geleistete Arbeit ist der verbrauchten Wärmemenge gleichwertig.

Es sei Q_0 die Summe aller zugeführten Wärmemengen, $|Q_u|$ der absolute Betrag der Summe aller abgeführten Wärmemengen während des Kreisprozesses, dann ist

$$A \cdot L_N = Q_0 - |Q_u|, \tag{125}$$

und das Verhältnis

$$\frac{A \cdot L_N}{Q_0} = \eta_{th} \tag{126}$$

ist der thermische Wirkungsgrad des Kreisprozesses.

Wird der Kreisprozeß in umgekehrter Richtung durchlaufen, so ist die Arbeit L hineinzustecken, also negativ, und die gleichwertige Wärmemenge $|Q_0| - Q_u$ ist dem Gas während des Prozesses zu entziehen (Kälteprozeß).

Ein solcher Kreisprozeß ist nun selbst umkehrbar, wenn er sich aus elementaren, umkehrbaren Zustandsänderungen zusammensetzt, anderenfalls ist er nichtumkehrbar. In diesem Fall bleibt, wenn der Prozeß einmal nach der einen und dann nach der anderen Richtung durchlaufen wird, irgendwo, und sei es in der Umgebung, eine Veränderung zurück (IIIC1).

Je nach der Vorschrift, die den begrenzenden Linien des Kreisprozesses gemacht werden, sind verschiedene ausgezeichnete Kreisprozesse denkbar. Zur systematischen Übersichtlichkeit werden die Begrenzungsvorschriften so gemacht, daß endliche Abschnitte bestimmter Vorschriften für die Wärmezufuhr streng getrennt werden von ebensolchen für die Wärmeabfuhr. Dazwischen werden Zustandsänderungen ohne jegliche Wärmebewegung (Adiabaten) eingeschaltet (IIIC6g).

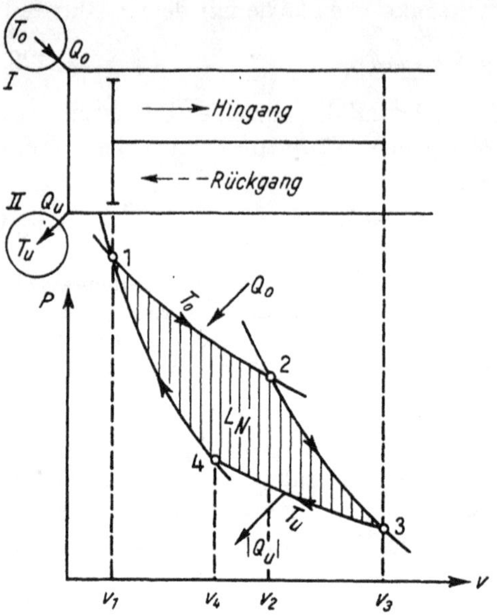

Bild 35. CARNOT-Prozeß

Bei einem arbeitleistenden Prozeß (Kraftmaschinenprozeß), wie er auch im Bild 34 betrachtet wurde, ist die obere Prozeßgrenze *a* jene der Wärmezufuhr Q_0, die untere *b* jene der Wärmeabfuhr $|Q_u|$.

Ein ausgezeichneter Prozeß, auch historischer Bedeutung, ist der CARNOT-Prozeß (1824). Er hat für die Untersuchung von Wärmevorgängen eine grundsätzliche, wissenschaftliche Bedeutung (Bild 35).

Die *obere Prozeßgrenze* ist hier gegeben durch den Wärmespeicher I mit der konstanten Temperatur T_0, von welchem dem Arbeitsgas im Zylinder im ersten Teil des Hinganges ($1 \to 2$) eine Wärmemenge Q_0 zugeführt wird. Daran schließt sich eine *seitliche adiabatische Begrenzung* ($2 \to 3$) an. Die *untere Prozeßgrenze* ist wieder durch einen Wärmespeicher II mit der konstanten Temperatur $T_u < T_0$ gegeben. Im ersten Teil des Rückganges ($3 \to 4$) wird an den Speicher II eine Wärmemenge $|Q_u|$ abgegeben. Daran schließt sich die *linksseitige Adiabatenbegrenzung* ($4 \to 1$) an, welche im Punkt 4 so einsetzt, daß mit ihr der Ausgangspunkt 1 wieder erreicht wird.

Für die vier Prozeßabschnitte gilt nun (für 1 kg Arbeitsgas angesetzt):

Abschnitt $1 \to 2$: Wärmezufuhr Q_0 bei $T_0 =$ konst. gemäß (80b).

$$Q_0 = A \cdot L_1 = A \int_1^2 P \cdot dv = A \cdot R \cdot T_0 \int_1^2 \frac{dv}{v} = A \cdot R \cdot T_0 \cdot \ln \frac{v_2}{v_1}. \quad (127)$$

Abschnitt $3 \to 4$: Wärmeabfuhr $|Q_u|$ bei $T_u =$ konst. gemäß (80b).

$$|Q_u| = \left| A \cdot R \cdot T_u \cdot \ln \frac{v_3}{v_4} \right|. \quad (128)$$

Für die seitlichen Adiabaten gilt (82).

Abschnitt $2 \to 3$:

$$\frac{T_u}{T_0} = \left(\frac{v_2}{v_3}\right)^{\varkappa-1}. \tag{129}$$

Abschnitt $4 \to 1$:

$$\frac{T_u}{T_0} = \left(\frac{v_1}{v_4}\right)^{\varkappa-1}. \tag{130}$$

Damit sich der Kreisprozeß schließt, muß die Bedingung erfüllt sein

$$\left(\frac{T_u}{T_0}\right)^{1/\varkappa-1} = \frac{v_2}{v_3} = \frac{v_1}{v_4}, \quad \text{also} \quad \frac{v_2}{v_1} = \frac{v_3}{v_4}. \tag{131}$$

Damit ergibt sich nun

$$A \cdot L_N = Q_0 - |Q_u| = Q_0\left(1 - \frac{T_u}{T_0}\right), \tag{132}$$

und für das Verhältnis des Wärmeumsatzes ergibt sich die CARNOTsche Funktion

$$\frac{Q_0}{|Q_u|} = \frac{T_0}{T_u}. \tag{133}$$

Der *thermische Wirkungsgrad des* CARNOT-*Prozesses* ist daher

$$\eta_{th} = \frac{Q_0 - |Q_u|}{Q_0} = \frac{A \cdot L_N}{Q_0} = \frac{T_0 - T_u}{T_0} = 1 - \frac{T_u}{T_0}. \tag{134}$$

Aus (133) folgt die noch wichtig werdende allgemeine Beziehung

$$\text{(algebraische)} \sum \frac{Q}{T} = 0. \tag{135}$$

Diskussion von (134):

$T_u/T_0 = 0$, also $T_u = 0$ ergibt $\eta_{th} = 1$. Dieser Fall ist an sich unmöglich, da es so kalte Kühlkörper ($T_u = 0$) nicht geben kann (IIIC5, VIIIA4, Bild 122). Um diese herzustellen, ist immer ein Temperaturgefälle notwendig, daher muß immer $\eta_{th} < 1$ sein.

$T_0 = T_u$ ergibt $\eta_{th} = 0$, d. h. der größte Wärmevorrat ohne Temperaturgefälle kann nicht nutzbar gemacht werden!

Die Umkehrung des CARNOT-Prozesses ergibt den Kreisprozeß der „Wärmepumpe". Bei diesen wird Wärme aus einem Behälter II niederer Temperatur $T_u < T_0$ nach einem Behälter I höherer Temperatur T_0 gefördert. In dem besonderen Fall, daß die höhere Temperatur T_0 jene der Umgebung ist, stellt der Prozeß jenen der „Kältemaschine" vor.

3. CARNOT-PROZESS FÜR BELIEBIGE KÖRPER

Der Wirkungsgrad des CARNOT-*Prozesses ändert sich nicht, wenn an Stelle eines idealen Gases ein wirkliches Gas, ein flüssiger oder fester Körper tritt.* Denn wäre dies der Fall, so brauchte nur der gesamte CARNOT-Prozeß in kleine Abschnitte unter gleichzeitigem Wechsel des Arbeitsmediums zerlegt zu werden, bei welchen sich eine größere Arbeitsausbeute erzielen ließe. In einem späteren Abschnitt würde der umgekehrte Mediumwechsel vorgenommen, wobei ein unverbrauchter Rest übrigbliebe. So wäre dann zum Schluß mehr Arbeit zu erhalten, als ursprünglich hereingesteckt wurde. Dies würde aber nach dem II. Hauptsatz unmöglich sein (IIIC5).

Aus dieser Überlegung läßt sich nun weiter der Schluß ziehen, daß der für ideale Gase abgeleitete Entropiebegriff auch für beliebige Körper Gültigkeit hat (IIIC6).

4. THERMODYNAMISCHE TEMPERATURSKALA

In (133), der CARNOT-Funktion $Q_0/|Q_u| = T_0/T_u$ wird die Wärmemenge und die Temperatur ins Verhältnis gesetzt. Der *umkehrbare* CARNOT-*Prozeß* zwischen den Temperaturen T_0 und T_u *ergibt mit dem meßbaren Wärmeverhältnis* $Q_0/|Q_u|$ *ein Temperaturmaß.* Der Maßstabfaktor, die Meßbasis, wird erhalten, wenn der Temperaturunterschied $(T_0 - T_u)$ für einen umkehrbaren CARNOT-Prozeß zwischen dem Eis- und Verdampfungspunkt des Wassers willkürlich 100° gesetzt wird. Die unbekannte absolute Temperatur des Eispunktes T_u ergibt sich dann aus $T_{100} = T_u + 100$, und $T_u/(T_u + 100) = |Q_u|/Q_0$ zu

$$T_u = 100 \cdot \frac{|Q_u|}{Q_0 - |Q_u|}. \tag{136}$$

Mit den kalorimetrischen Messungen für Q_0 und $|Q_u|$ ergibt sich $T_u = 273{,}16\,°\mathrm{K}$.

In dieser Temperaturskala kann nun durch ähnliche Wärmemessungen Q_0, $|Q_u|$ jeder beliebige Körper eingeschlossen werden. Also, auch ohne die Kenntnis des Vorhandenseins gasförmiger Stoffe kommt man zu derselben Temperaturskala, wie sie aus dem Verhalten der vollkommenen Gase abgeleitet wurde; die Übereinstimmung ist vollkommen; dazu (35).

Diese thermodynamische oder KELVINsche Temperaturskala ist also von den Stoffeigenschaften des Arbeitskörpers im CARNOT-Prozeß unabhängig. Der eindeutige Nullpunkt $T_0 = 0°$ ist nach der obigen Ausgangsgleichung (133) durch $Q_0 = 0$ bestimmt.

5. DER II. HAUPTSATZ DER WÄRMELEHRE

Der I. Hauptsatz der Wärmelehre ist nur die Ausdehnung des Energieerhaltungssatzes auf Wärmevorgänge. Mit ihm stände es im Einklang, daß bei zwei im Wärmeaustausch stehenden Körpern der kältere, unter weiterer Temperaturerniedrigung, Wärme an den wärmeren, unter weiterer Temperatursteigerung, abgibt. Ja, selbst mechanische Bewegungen der Körper durch ihre plötzliche und grundlose Abkühlung wären möglich, z. B. könnte ein Stein unter Abkühlung in die Höhe steigen, wie er jetzt, beim Zubodenfallen, sich und seine Unterlage erwärmt und eine Formänderung erfährt. Der I. Hauptsatz sagt damit nichts darüber aus, ob in jedem Fall eine vorhandene Wärmemenge in mechanische Arbeit umgesetzt werden kann oder ob eine bevorzugte Ablaufsrichtung in der Natur vorhanden ist. Für mechanische und elektrodynamische Vorgänge ist eine solche Aussage auch nicht notwendig, sie ist im Energieerhaltungsgesetz selbst vereint.

Bei den Wärmevorgängen tritt aber ein der Mechanik unbekannter Begriff, die Temperatur, hinzu, der sich allein aus den Gesetzen der Mechanik, dem Energiesatz und den Impulssätzen, nicht ableiten läßt. Es mußte daher ja auch bei der kinetischen Theorie (IIB2) auf die Gasgesetze (IIIA1) vorgegriffen werden, um durch Vergleich den Zusammenhang mit dem Temperaturbegriff herzustellen [(16)].

Es ist daher jetzt zu untersuchen, wie sich die Wärme selbst zu ihrer Rückverwandlung verhält.

Bei Vorgängen, bei denen die Wärme als Körper- oder gestrahlte Wärme in Erscheinung tritt, zeigt sich, daß dieser Vorgang einem Endzustand, einem thermodynamischen Gleichgewicht, entgegenstrebt. Die Wärme, charakterisiert durch die Temperatur, geht von dem wärmeren Körper unmittelbar unter Wirkung des Temperaturgefälles auf den kälteren Körper über, bis mit der Temperaturgleichheit der thermische Gleichgewichtszustand erreicht ist. Aber die Erfahrung zeigt nie den umgekehrten Verlauf, d. h. ein kleinster Anstoß leitet nicht die Umkehrung zum Wiederherstellen des ursprünglichen Ausgangszustandes ein.

Die Ablaufrichtung ist einseitig, der Vorgang ist nicht umkehrbar.

In dieser Folgerung des Beispieles ist bereits der Sinn des II. Hauptsatzes enthalten, der von CLAUSIUS (1850) zuerst erklärt und formuliert wurde:

„Wärme kann nie von selbst von einem Körper niederer Temperatur auf einen höherer übergehen."

Mit der Zeit hat der II. Hauptsatz durch Forscher wie THOMSON (1851), BOLTZMANN, PLANCK, CARATHEODORY verschiedene Formen, in die Tiefe gehende präzise Formulierungen erhalten, welche grundsätzlich nichts Neues hinzufügen oder in seiner Aussage schmälern. So faßt z. B. PLANCK den II. Hauptsatz dahin:

„Es ist unmöglich, eine periodisch wirkende, arbeitsleistende Kältemaschine (Perpetuum mobile II. Art) zu bauen, d. h. eine Maschine zu bauen, die in der Lage ist, den großen Wärmevorrat unserer Umgebung restlos in Arbeit zu verwandeln."

Der Endzustand der in der Natur immer nichtumkehrbar ablaufenden Vorgänge ist also durch gewisse Eigenschaften von dem Anfangszustand unterschieden. Ja, da der Vorgang von selbst gegen das Ende zu abzulaufen bestrebt ist, ist der Endzustand gegenüber dem ausgezeichneten Ausgangszustand also wahrscheinlicher. Er besitzt die größere „Thermodynamische Wahrscheinlichkeit".

BOLTZMANN (1866) faßte dies dahin zusammen und arbeitet so den Kern des II. Hauptsatzes heraus:

„Die Natur strebt aus einem unwahrscheinlichen dem wahrscheinlichen Zustand zu."

Es handelt sich also jetzt darum, diesen sich einstellenden wahrscheinlichen Zustand zu werten und seinen inneren Ursachen dazu nachzuspüren.

Beispiel 12: Zum einseitigen Ablauf der Naturvorgänge aus dem Alltag. a) Nach Beendigung der Arbeit am Schreibtisch wird dieser an allen bei der Arbeit beteiligten Dingen und in ihrer Beschaffenheit nicht so verlassen werden, wie alles zu Beginn angetroffen wurde, selbst wenn die äußere häusliche Ordnung der räumlichen Lage der Dinge sorgsamst wiederhergestellt würde. Papier-, Bleistift- und Zigarettenverbrauch usw., Abnutzung der Bücher, persönliches Ruhe- und Hungerbedürfnis bleiben zurück.

b) Ein in einen Bach geworfenes Holz wird sich nach einiger Zeit kaum an derselben Stelle wiederfinden, sondern wahrscheinlich stromabwärts.

c) Mit jedem Spaziergang ist, neben der Ermüdung, die Zeit weitergerückt und eine Abnutzung des Schuhwerkes eingetreten.

Gerade die Abnutzung und der Verbrauch beinhalten die Aussage des II. Hauptsatzes.

6. DIE ENTROPIE

Es war CLAUSIUS, welcher dieses natürliche Streben nach einer bestimmten Ablaufrichtung aus thermodynamischen Betrachtungen durch eine wichtige mathematische Größe zu erklären fand, der er den Namen „Entropie (Verwandlungwert)" gab. Diese Entropie ergibt sich, wie es ja die zuvor beschriebene Wertung eines Naturzustandes erwarten läßt, als eine Zustandsgröße, genau wie die Innere Energie und die Enthalpie. *Die Entropie zählt* mit diesen beiden *zu den kalorischen Zustandsgrößen.* Die Einheit der Entropie heißt 1 Clausius = 1 kcal/kmol grd oder 1 kcal/kg grd.

Zusammenfassend vorwegnehmend ergibt sich mit diesem Wertmaßstab der Entropie:

Bei umkehrbaren Kreisprozessen bleibt die Entropie unverändert, bei jedem nichtumkehrbaren nimmt sie zu.

Die Entropie ist das einzige objektive Merkmal für eine Richtung des Ablaufes der Zeit (EDDINGTON). Dieses Merkmal wäre auch für Wesen ohne Zeit- und Entwicklungsbegriff vorhanden und ermöglichte ihm allein durch die Größe der Entropie ein Früher oder Später festzustellen.

Da es in der Natur keine nichtumkehrbaren Vorgänge gibt, so gibt CLAUSIUS dem II. Hauptsatz die Fassung:

„Die Entropie der Welt strebt einem Höchstwert zu."

Dieser Grenzzustand, der keinerlei Unterschiede und nur einen vollkommenen Temperaturausgleich kennt, wird als „Wärmetod" der Welt bezeichnet. Da aber dann gleichfalls der Zeitbegriff fehlt, so verliert sich dieser Grenzzustand ins Zeitlose, und verliert damit seinen physikalischen Sinn.
In diese Überlegungen über den Grenzzustand treten nun in neuerer Zeit die Erscheinungen der radioaktiven Kernzertrümmerung ein.

Insbesondere sei auf folgende kurz zusammenfassende Schriften über die Entropie und den II. Hauptsatz hingewiesen:

Hausen, H., „Der II. Hauptsatz der Thermodynamik". Zeitschrift Brennstoff, Wärme, Kraft (BWK). Springer-Verlag u. VDI, Düsseldorf 1950 (Bd. 2), Nr. 1, 2, 3.

Während der Drucklegung erschien vom gleichem Verfasser in gleicher Zeitschrift (1951, Nr. 2): Ideales Gasgesetz und Nernstsches Wärmetheorem.

Schmidt, E., „Der III. Hauptsatz der Wärmelehre". VDI-Zeitschrift 1950 (Bd. 92), Nr. 1.

Sass, F., „Die Entropie des Ingenieurs". Zeitschrift Konstruktion. Springer-Verlag 1949, Nr. 5.

Die Entropie-Polemik im „Electrician". Wiedergegeben in Stodola, „Dampf- und Gasturbinen". Springer-Verlag 1924. S. 1093.

a) Das Wesen der Entropie aus der Gastheorie erklärt

Die Gastheorie erklärt den Wärmezustand aus dem wahrscheinlichen, mittleren molekularen Energiezustand vermittels dynamischer Begriffe und der dafür geltenden Gesetze. BOLTZMANN (1866) gab der Entropie nun ebenfalls aus dieser molekularen Energieverteilung eine Deutung, die von PLANCK bis zur letzten Konsequenz ausgebaut wurde.

Ihr sei nun der Anschaulichkeit halber über das Wesen der Entropie zunächst gefolgt:

Im Raum V befindet sich ein (ideales) Gas mit einer Inneren Molekularenergie U.

Die Verteilung dieser Energie auf die einzelnen Molekeln ist bestimmt durch ihre Anzahl $= (V/n \cdot \mathfrak{N}_L)$, deren Ortskoordinaten im Raum V und ihre Geschwindigkeit nach Größe und Richtung also durch ihren raumgebundenen Impulsvektor (= Masse × Geschwindigkeitsvektor).

Die raumgebundene Darstellung der Impulsvektor-Komponenten nach den drei Raumrichtungen nennt man „Impulsraum".

Die Verteilung der Energie U auf die einzelnen Molekeln im Raum V, also die Ausfüllung des Impulsraumes, läßt verschiedene Möglichkeiten, „Komplexionen", zu. Diese Komplexionen sind aber gegeneinander nicht alle gleich wahrscheinlich.

Beispiel 13: Zur Erklärung der Wahrscheinlichkeit eines Zustandes. Die Aufgabe ist, 4 Kugeln, die mit den Nummern 1 bis 4 gekennzeichnet sind, auf zwei Räume I und II zu verteilen und zu untersuchen, welche Anzahl von Zusammenstellungen der Kugeln dabei bestehen und wie groß die Häufigkeit ihres Eintretens ist.

Die 4 Kugeln lassen sich zunächst wie folgt nebeneinander anreihen:

Ausgangszustand	1; 2; 3; 4	Umstellung zu: 1; 3; 4; 2 nach 1; 2; 3; 4	Umstellung zu: 1; 4; 2; 3 nach 1; 3; 4; 2
Vertauschungen:			
Vorrücken nach	2; 3; 4; 1	3; 4; 2; 1	4; 2; 3; 1
links und hinten	3; 4; 1; 2	4; 2; 1; 3	2; 3; 1; 4
anstellen	4; 1; 2; 3	2; 1; 3; 4	3; 1; 4; 2
Ausgangszustand	4; 3; 2; 1	Umstellung zu 4; 1; 3; 2 nach 4; 3; 2; 1	Umstellung zu 4; 3; 1; 2 nach 4; 3; 2; 1
Vorrücken nach	3; 2; 1; 4	1; 3; 2; 4	3; 1; 2; 4
links und hinten	2; 1; 4; 3	3; 2; 4; 1	1; 2; 4; 3
anstellen	1; 4; 3; 2	2; 4; 1; 3	2; 4; 3; 1

Andere Möglichkeiten der Aneinanderreihung der 4 Kugeln gibt es nicht. Daher ist die Anzahl der möglichen Kombinationen der Reihenanordnung $24 = 4 \cdot 3 \cdot 2 \cdot 1 = 4!$ (Fakultät) oder allgemein bei N Kugeln $N!$

Der Fall, daß die Kugeln 1, 2, 3 im Raumteil I, die Kugel 4 in jenem II ist, läßt sich durch folgende Zusammenstellungen verwirklichen:

In Kammer I:	1; 2; 3	und aus 1; 2; 3 zu:	1; 3; 2
Vorrücken	2; 3; 1	↔	3; 2; 1
	↓3; 1; 2		↓2; 1; 3

Es sind also für Kammer I: $6 = 3 \cdot 2 \cdot 1 = 3!$, für Kammer II: $1 = 1!$ Fälle der Reihenfolgen möglich.

Der Fall, daß die Kugeln 1; 2 im Raumteil I, die Kugeln 3; 4 in jenem II sind, ist verwirklicht durch die Anordnungen

für Kammer I: $\left.\begin{matrix}1;2\\2;1\end{matrix}\right\}$ das sind 2 Arten, für Kammer II: $\left.\begin{matrix}3;4\\4;3\end{matrix}\right\}$ das sind 2 Arten

Insgesamt daher $2! \cdot 2!$ Anordnungen beider Kammern.

Allgemein ergibt sich daher aus vorstehenden beiden Fällen für N_1 bestimmte Kugeln im Raum I und dem Rest $N_2 = N - N_1$ im Raum II, daß $N_1! \cdot N_2!$ Anordnungen möglich sind.

Aus den überhaupt möglichen $N!$ Anordnungen der Kugelreihe N ergeben sich daher allgemein für eine Aufteilung im Verhältnis N_1/N der N Kugeln $W = N!/N_1!N_2!$ verschiedene Aufteilungsarten der Kugeln auf die Räume I, II (ohne Vertauschung innerhalb der Räume).

Z. B. $N = 4$ und $N_1 = 3$ ergibt $W = 4$, und zwar (1; 2; 3), (2; 3; 4), (1; 3; 4) und (1; 2; 4);
$N_1 = 2$ ergibt $W = 6$, und zwar (1; 2), (1; 3), (1; 4), (2; 3), (2; 4) und (3; 4)

und deren Vertauschungen im Raum.

Da aber keine Kugel gegenüber der anderen ausgezeichnet ist, so ist es für die Raumausfüllung, oder das Raumgewicht, in I und II gleichgültig, in welcher gegenseitigen Anordnung die Kugeln in den Räumen liegen. Maßgebend ist nur, daß jede Kugel mit jeder zur Verwirklichung eines Verteilungszustandes auf beide Kammern zusammenkommt. In welcher Reihenfolge sie dann in den Räumen selbst angehäuft sind, also die Vertauschungen im Raumteil selbst, sind für dieses Kugelspiel gleichgültig.

So ist die Anzahl der Komplexionen bei $N = 4$ Kugeln und ihrer Verteilung auf zwei Kammern I, II wie folgt

Verteilungsverhältnis
$$N_1/N = 0/4 \mathrel{\hat{=}} W = 24/4 \cdot 3 \cdot 2 \cdot 1 = 1$$
$$N_1/N = 1/4 \mathrel{\hat{=}} W = 24/1\,(3 \cdot 2) = 4$$
$$N_1/N = 2/4 \mathrel{\hat{=}} W = 24/(2 \cdot 1)\,(2 \cdot 1) = 6$$
$$N_1/N = 3/4 \mathrel{\hat{=}} W = 24/(3 \cdot 2)\,1 = 4$$
$$N_1/N = 4/4 \mathrel{\hat{=}} W = 24/4 \cdot 3 \cdot 2 \cdot 1 = 1$$

insgesamt bestehen also $16 = 2^4$ Verteilungsanordnungen oder allgemein, bei N Kugeln und ihrer Verteilung auf zwei Kammern, 2^N Verteilungsarten.

Die Wahrscheinlichkeit des Eintretens eines Zustandes ist gegeben durch die Anzahl der Komplexionen W, die zu seiner Verwirklichung führen. Setzt man diese in Beziehung zur wahrscheinlichsten, der gleichmäßigen Verteilung W_m auf beide Räume, also zu W/W_m, so erhält man für verschiedene Kugelanzahlen von 2; 4; 10; 100; 1000 das Bild 36.

Die Wahrscheinlichkeit, daß eine von der wahrscheinlichsten Verteilung abweichende Verteilung auftritt, nimmt mit abnehmender beteiligter Kugelanzahl N zu. Z. B. ist die Wahrscheinlichkeit, daß alle Kugeln nur auf eine Kammer verteilt sind:

bei $N = 2$ Kugeln	$W/W_m = 0{,}5$
$N = 4$ Kugeln	$= 0{,}25$
$N = 10$ Kugeln	$= 0{,}004$
$N = 100$ Kugeln	$= 9 \cdot 10^{-30}$
$N = 1000$ Kugeln	≈ 0

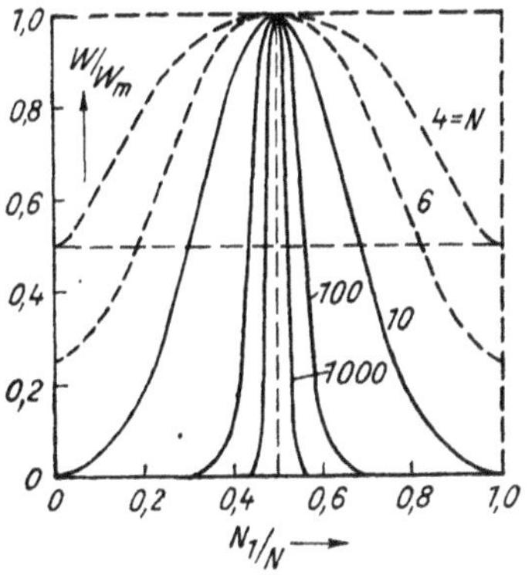

Bild 36. Häufigkeitskurven (zu Beispiel 13)

Es ist nun aber zu beachten, daß der Energieübergang im Mikrozustand nicht kontinuierlich erfolgt, sondern sprunghaft, quantenhaft, mit endlichen Energiebeträgen. Dies ist eine Gesetzmäßigkeit, welche die klassische Statistik nicht kennt.

Es wird also jener Verteilungszustand der wahrscheinlichste sein, der die größte Anzahl solcher Komplexionen auf sich vereint.

Diese Anzahl der Komplexionen, welche den vorgegebenen Zustand betont verwirklicht, nennt man die Thermodynamische Wahrscheinlichkeit W des Zustandes.

Boltzmann schloß nun aus der einseitigen Ablaufrichtung nichtumkehrbarer Vorgänge auf einen Zusammenhang

$$S = f(W) \tag{137}$$

zwischen der thermodynamischen Wahrscheinlichkeit W und der mit der zunehmenden Nichtumkehrbarkeit größer werdenden Entropie S. Er fand dafür eine logarithmische Gesetzmäßigkeit.

Planck nahm die Untersuchungen von Boltzmann zur Ermittlung des funktionalen Zusammenhanges erneut auf. Planck rechnet aber mit den Molekeln gegenüber Boltzmann, der in seiner mathematischen Behandlung nur einen Kunstgriff sah, mit Molen rechnet. Dadurch erhielt bei Planck die Entropie einen ganz bestimmten, absoluten und positiven Wert in der Beziehung

$$S = k \cdot \ln W. \tag{138}$$

In Worten:

Die Entropie ist der natürliche Logarithmus der Wahrscheinlichkeit der mikroskopischen Struktur des Zustandes.

Darin ergibt sich k als identisch mit der Boltzmann-Konstanten, der auf eine Molekel bezogenen Gaskonstanten.
[$k = 3{,}2964 \cdot 10^{-27}$ kcal/grd, im mechanischen Maß $1{,}379 \cdot 10^{-16}$ erg/grd; Vergleiche zu (20b), (29) und (44d)].

Schwierigkeiten zur Berechnung von S brachte die Ermittlung der Zahl W, die nur für die einfachsten, typischen Gebilde gelungen ist.

Diese Beziehung (138) ist von grundsätzlicher Bedeutung. Sie führt in der Theorie der Wärmestrahlung (IVC) zum Energieverteilungsgesetz im Normalspektrum und in der chemischen Thermodynamik zum Wärmesatz von NERNST, dem III. Hauptsatz der Wärmelehre (VIIIA4).

Die Wahrscheinlichkeitsbetrachtungen zeigen, daß Abweichungen von der wahrscheinlich häufigsten Ansammlung der Komplexionen, welche die Ablaufrichtung thermodynamischer Vorgänge bestimmen, um so seltener und unwahrscheinlicher sind, je größer die Anzahl der daran beteiligten Molekelenergiebeträge sind. Das bedeutet aber umgekehrt gleichzeitig, daß bei kleiner Beteiligung auch dem II. Hauptsatz entgegen ablaufende Vorgänge einzutreten möglich sind (Bild 36, Beispiel 13).

b) *Die Entropie als Zustandsgröße*

Die Entropie als Zustandsgröße knüpft an den CARNOT-Prozeß an. Die CARNOTsche Funktion in der Form von (135) $\sum Q/T = 0$, für einen elementaren, umkehrbaren CARNOT-Prozeß (1 2 3 4), zwischen den Temperaturgrenzen $T_0 > T_u$

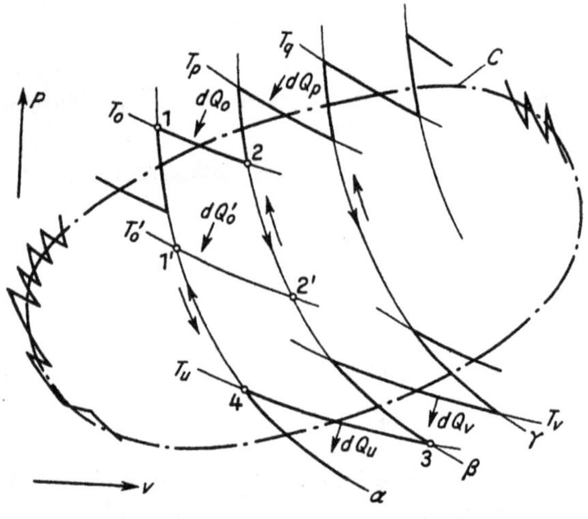

Bild 37. Beliebiger Kreisprozeß durch elementare CARNOT-Prozesse umrandet

(Bild 37) und den seitlich begrenzenden Adiabaten α, β angeschrieben, lautet in algebraischer Schreibweise für die Wärmevorgänge (gekennzeichnet durch den übergesetzten Strich)

$$\frac{d\overline{Q}_0}{T_0} + \frac{d\overline{Q}_u}{T_u} = 0 . \qquad (139)$$

Für einen Kreisprozeß (1 1′ 2′ 3 4 1′ 1), welchem also vor dem Übergang von der Adiabate α auf jene β eine adiabatische Zustandsänderung 1 1′ bis auf die Temperatur T_0' vorgeschaltet wird, ergibt sich

$$\frac{d\overline{Q}_0'}{T_0'} + \frac{d\overline{Q}_u}{T_u} = 0 . \qquad (140)$$

Der Vergleich von (139) mit (140) liefert

$$\frac{d\bar{Q}_0'}{T_0'} = \frac{d\bar{Q}_0}{T_0}. \tag{141}$$

In Worten:

Die Übergangshöhe zwischen den vorgegebenen Adiabaten α, β ist gleichgültig und ergibt immer denselben Wert $d\bar{Q}_0/T_0$ für den Adiabatenübergang.

Aus dieser Differenzbildung folgt, daß *jeder Adiabate ein bestimmter Wert* (Q/T) *zugeordnet* ist, welchen CLAUSIUS die Entropie S (bzw. s oder $\mathfrak{S}$) nennt. Es ist daher die Elementaränderung

$$d\,s = \frac{dQ}{T}. \tag{142}$$

Eine Adiabate wird daher auch Isentrope genannt.

Die Entropie hängt also nur davon ab, auf welcher Adiabate sich der durch (P, T, v) vorgegebene Körperzustand befindet. Die Entropie s ist daher eine Zustandsgröße, genau wie schon früher die innere Energie u und die Enthalpie i als eine solche erkannt wurden. Sie alle zählen zu den kalorischen Zustandsgrößen.

Ein beliebig umrandeter, umkehrbarer Kreisprozeß nach der Kurve C kann nun durch Aneinanderfügen solcher Elementar-Prozeßstreifen α, β, γ, $\cdots$ zerlegt werden, deren obere und untere Prozeßgrenzen T_0, T_p, T_q, $\cdots$ bzw. T_u, T_v, $\cdots$ sich zickzackförmig an die Kurve C anschmiegen (Bild 37). Die innerhalb liegenden Adiabatenabschnitte werden immer in dem angrenzenden Streifen gegensinnig durchlaufen, einmal als Expansion, im Nachbarstreifen als Kompressionslinie; sie heben sich also in ihrer Gesamtheit heraus. Übrigbleibt daher nur der stark umrandete Zickzack-Linienzug. Die elementare Entropieänderung dQ/T zwischen den Adiabatenstreifen längs der Kurve C für den umschlossenen Kreisprozeß summiert, ergibt dann

$$\oint_C \frac{dQ}{T} = 0. \tag{143}$$

Das Linienintegral längs der geschlossenen Kurve C wird das „CLAUSIUSsche Integral" genannt, es bildet mit den Kern der Wärmelehre.

Folgerungen aus $\oint \frac{dQ}{T} = 0$ (Bild 38):

Aus

$$\oint \frac{dQ}{T} = \int_{A \to C}^{B} \frac{dQ}{T} + \int_{B \to D}^{A} \frac{dQ}{T} = 0$$

folgt nach Umkehrung der Grenzen

$$\int_{A \to C}^{B} \frac{dQ}{T} = \int_{A \to D}^{B} \frac{dQ}{T},$$

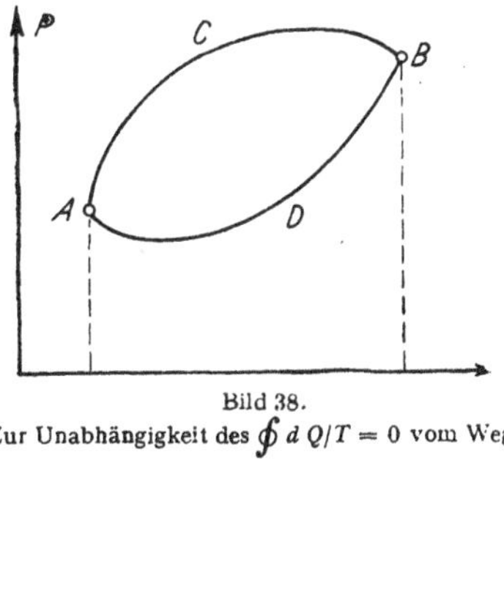

Bild 38.
Zur Unabhängigkeit des $\oint d\,Q/T = 0$ vom Weg

also unabhängig vom gewählten Weg $A \rightarrow B$, allgemein:

$$\int_A^B \frac{dQ}{T} = \text{konst.} \tag{144}$$

Diese Unabhängigkeit vom Weg ist sehr wichtig für die abschnittsweise Bestimmung von dQ/T aus den leichtest versuchsmäßig meßbaren $\Delta \overline{Q}$-Werten irgendeiner umkehrbaren Zustandsänderung des betrachteten Körpers und zur Aufstellung der Zustandsgleichungen (IIID4).

c) Das Clausius*sche Integral bei nichtumkehrbaren Vorgängen*

Schon bei der Besprechung nichtumkehrbarer Vorgänge wurde gefunden, daß die bei einer Zustandsänderung aus einem bereitgestellten Energiezustand einer Gasmenge im nichtumkehrbaren Vorgange erreichbare Arbeit kleiner ist als bei umkehrbar durchgeführter Zustandsänderung [(121)]. Um nun den Vorgang wiederholbar zu machen, muß nach früherem ein Kreisprozeß durchgeführt werden. Es soll nun untersucht werden, welches Verhalten das Clausius-Integral $\oint dQ/T$ bei einem nichtumkehrbaren Kreisprozeß zeigt.

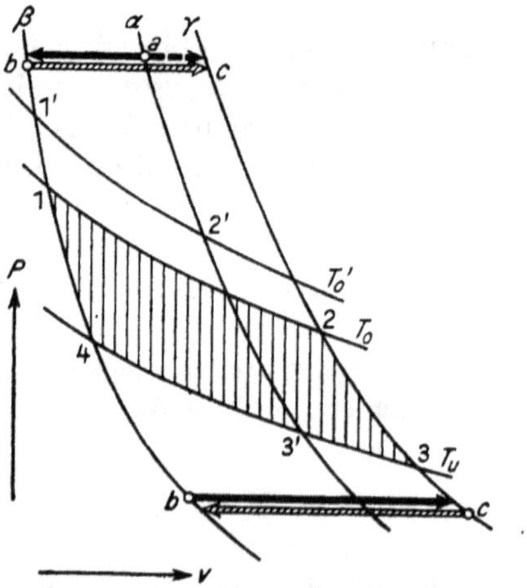

Bild 39a. Das Clausius'sche Integral bei nichtumkehrbaren Vorgängen; schematisch im P, v-Diagramm

$a \rightarrow b$ Adiabatenrücksprung des Speichers I durch seine Wärmeabgabe $|Q_0|$ bei T_0';
$b \rightarrow c$ Adiabatenvorsprung des Arbeitsmediums durch seine Wärmeaufnahme Q_0 bei T_0;
$c \rightarrow b$ Adiabatenrücksprung des Arbeitsmediums durch seine Wärmeabgabe $|Q_u|$ bei T_u;
$b \rightarrow c$ Adiabatenvorsprung des Speichers II durch seine Wärmeaufnahme Q_u bei T_u;
$a \rightarrow c$ insgesamt verbleibender Adiabatenvorsprung durch den nichtumkehrbaren Temperatursprung $T_0' \rightarrow T_0$ an der oberen Begrenzung

1234 ≙ umkehrbarer Carnot-Prozeß des Arbeitsmediums
($a \rightarrow c$) wäre gleich null, bei auch umkehrbarem Vorgang an der oberen Begrenzung; damit rückte Eckpunkt 1 nach 1'; 2 nach 2' und 3 nach 3'

Bei der Durchführung des Carnot-Prozesses (Bild 35) erfolgt jetzt die Wärmeaufnahme Q_0 aus Speicher I der Temperatur T_0' durch das Arbeitsmedium der Kraftmaschine über einen Temperatursprung $(T_0' - T_0)$, also über einen zwischengeschalteten nichtumkehrbaren Vorgang. Die Wärmeabfuhr $|Q_u|$ vom

Arbeitsmedium nach einem unteren Prozeßspeicher II mit der Temperatur T_u erfolgt aber ohne Temperatursprung, also, wie auch der gesamte sonstige Kreisprozeß des Arbeitsmediums in der Kraftmaschine, umkehrbar (Bild 39a).

Das Medium im Arbeitszylinder nimmt dieselbe Wärmemenge Q_0 auf, die der Speicher *I* abgibt. Da die zugeführte Wärmemenge positiv, die abgegebene negativ gezählt wird, so ist das Vorzeichen der Wärmebewegung bei der Betrachtung der Speicher und dem Arbeitsmedium jeweils entgegengesetzt. Am Zustand des Speichers I erfolgt mit seiner Wärmeabgabe Q_0 demnach ein Adiabatenrücksprung um $|Q_0|/T_0'$ von dem (relativen) Ausgangswert der Adiabate α zu jener β, da nach IIIC6b jeder Adiabate ein bestimmter Wert Q/T zukommt.

Für das Arbeitsmedium ist der Adiabatensprung an seiner oberen Grenzkurve T_0 jedoch Q_0/T_0, das ist von der (relativen) Ausgangsadiabate β nach jener γ. Das es nur auf die Demonstrierung der relativen Verhältnisse ankommt, wurde der Ausgangszustand für den Adiabatenwert des Arbeitsmediums auf den Adiabatenwert β des Endzustandes des Speichers I gelegt. Da nun $T_0' > T_0$ ist, so ist $|Q_0|/T_0' < Q_0/T_0$, der Adiabatensprung ist also für das Arbeitsmedium um das Temperaturverhältnis T_0'/T_0 vergrößert, mit dem der Temperatursprung für die Wärmezufuhr Q_0 erfolgt.

Nachdem der weitere Prozeß umkehrbar ist, erfolgt an der unteren Grenzkurve T_u eine umkehrbar-isotherme Wärmeentziehung, wie beim CARNOT-Prozeß, durch den Speicher II (ohne Temperatursprung). Das Arbeitsmedium erfährt durch seine Wärmeabgabe $|Q_u|$ an den Speicher II einen Adiabatenrücksprung $|Q_u|/T_u = Q_0/T_0$ von der Adiabate γ zurück nach jener β. Dieser vollständig umkehrbare Teilvorgang für das Arbeitsmedium fällt daher im Rahmen aller an diesem Kreisprozeß Beteiligten für die Entropieänderung heraus.

Gleichgroß wie der Adiabatenrücksprung $|Q_u|/T_u$ des Arbeitsmediums ist der Adiabatenvorsprung des unteren Speichers II durch seine Wärmeaufnahme Q_u und führt diesen von seinem (relativen) Anfangswert β nach der Adiabate γ.

Für das gesamte System, bestehend aus den beiden Speichern und dem Arbeitsmedium, besteht also die Entropiebilanz

$$-\frac{|Q_0|}{T_0'} + \frac{Q_u}{T_u} + \underbrace{\frac{Q_0}{T_0} - \frac{|Q_u|}{T_u}}_{} = \frac{Q_u}{T_u} - \frac{|Q_0|}{T_0'} = +\Delta S\,.$$

d. i. Anteil von: Speicher I Speicher II Arbeitsmedium: $\frac{Q_0}{T_0} = \frac{|Q_u|}{T_u}$

Es verbleibt also ein positiver Rest, eine Entropievermehrung bestehen, entsprechend der Adiabatenverschiebung von α nach γ.

Daraus folgt der Satz: In einem geschlossenen System (umfassend alle irgendwie an dem Vorgang beteiligten Stoffe) nimmt bei einem nichtumkehrbaren Vorgang die Entropie des Systems zu

$$\Delta S > 0\,. \tag{145a}$$

Im Grenzfall der Umkehrbarkeit des Vorganges bleibt die Entropie konstant ($\Delta S = 0$).

CLAUSIUS faßt diese Charakterisierung eines Prozesses durch die grundlegende Beziehung zusammen

$$\oint \frac{dQ}{T} \leqq 0. \tag{145b}$$

In dieser Beziehung ist dabei die Integration nur auf das Arbeitsmedium zu beschränken unter der Einführung der Temperaturen der Wärmespeicher für die Begrenzung des Arbeitsprozesses des Arbeitsmediums.

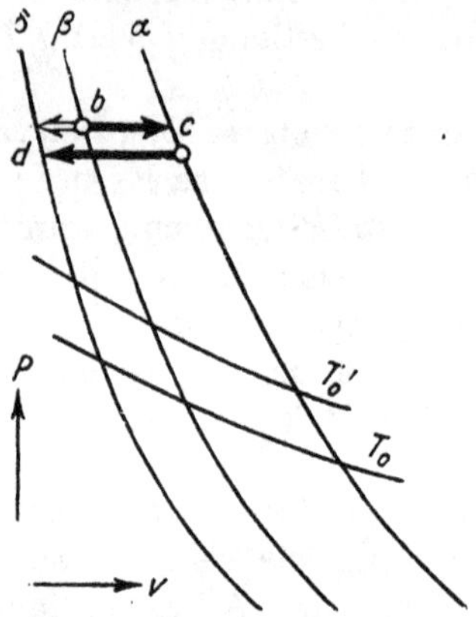

Bild 39b. Auf Arbeitsmedium allein ausgedehnter nichtumkehrbarer Vorgang von Bild 39a

Auf den nichtumkehrbaren Vorgang des vorher gebrachten Beispieles, des Temperatursprunges beim Wärmeübergang aus dem Speicher I an das Arbeitsmedium an der oberen Prozeßgrenze angewendet, bedeutet die Fassung (145b) von CLAUSIUS (Bild 39b): Mit dem Einsetzen der Speichertemperatur T_0' wird der Adiabatensprung $\beta \to \alpha$ des Arbeitsmediums durch die Wärmeaufnahme $Q_0; \int \frac{dQ}{T} = \frac{Q_0}{T_0'}$.

Beim rückläufigen Vorgang auf umkehrbar-isothermem Wege gäbe das Arbeitsmedium nun aber diese Wärmemenge Q_0 bei der nun als Prozeßgrenze zu betrachtenden Speichertemperatur T_0 ab. Es macht also das Arbeitsmedium jetzt einen Adiabatenrücksprung $\int \frac{dQ}{T} = \frac{|Q_0|}{T_0} > \frac{|Q_0|}{T_0'}$ von α nach δ $(T_0' > T_0)$.

In dem $\oint dQ/T$, auf den vor- und rückläufigen Vorgang des Arbeitsmediums ausgedehnt, überwiegt also der negative Anteil $|Q_0|/T_0$ den positiven Q_0/T_0'. Daher ist $\oint dQ/T < 0$. Das bedeutet, daß der Adiabatenrücksprung nicht auf den Ausgangswert β zurückführt.

Dieses Beispiel wird vermittels des Wärmediagrammes im Abschnitt IIIC6h erneut dargestellt.

Erfolgt aber der Wärmeübergang vom Speicher I auf das Arbeitsmedium ohne Temperatursprung, so erreicht das Arbeitsmedium bei dem rückläufigen Vorgang der Wärmeabgabe mit dem Adiabatenrücksprung $|Q_0|/T_0'$, gleich jenem des Vorsprunges Q_0/T_0', die Ausgangsadiabate β, also denselben Entropiewert, und es ist jetzt $\oint dQ/T = 0$.

So, wie sich der CARNOT-Prozeß auch auf andere Körper ausdehnen läßt, so ergibt sich auch durch einen Übergang, wie in IIIC3 beschrieben, daß der *Entropiebegriff auch für wirkliche Gase, Flüssigkeiten und feste Körper gilt.*

d) Die Differentialgleichung der Entropie

Für eine umkehrbare Zustandsänderung ergibt sich $ds = dQ/T$ nach (142). Durch Einführung des I. Hauptsatzes für elementare Zustandsänderungen

(54b) gilt $dQ = du + A \cdot P \cdot dv$, wobei gemäß (51) die Umkehrbarkeit gekennzeichnet ist durch $dL = P \cdot dv$. Damit ergibt sich nun

$$ds = \frac{du + A \cdot P \cdot dv}{T} \tag{146a}$$

die Differentialgleichung der Entropie.

Eine andere Form leitet sich aber auch aus (68) $dQ = di - A \cdot v \cdot dP$ ab zu

$$ds = \frac{di - A \cdot v \cdot dP}{T}. \tag{146b}$$

e) Die Entropie der vollkommenen Gase

Aus (146a) folgt mit $P \cdot v = R \cdot T$ und $A \cdot R = c_v (\varkappa - 1)$

$$ds = c_v \frac{dT}{T} + A R \frac{dv}{v} = c_v \left[\frac{dT}{T} + (\varkappa - 1) \frac{dv}{v}\right]. \tag{146c}$$

Ebenso folgt aus (146b)

$$ds = c_p \frac{dT}{T} - A R \frac{dP}{P} = c_p \left[\frac{dT}{T} - \frac{\varkappa - 1}{\varkappa} \cdot \frac{dP}{P}\right]. \tag{146d}$$

Die Integration von (146c) ***unter Annahme konstanter spezifischer Wärmen*** bezogen auf 1 kg Gas ergibt

$$s = c_v [\ln T + (\varkappa - 1) \ln v] + s_1$$

oder

$$s = c_v \ln (T \cdot v^{\varkappa - 1}) + s_1. \tag{147a}$$

In T und P bzw. in P und v ausgedrückt oder wieder direkt aus (146d) entwickelt, ist

$$s = c_p \cdot \ln \left(T \cdot P^{-\frac{\varkappa - 1}{\varkappa}}\right) + s_2 \tag{147b}$$

$$s = c_v \cdot \ln (P \cdot v^{\varkappa}) + s_3. \tag{147c}$$

Die Gleichung bestätigt zunächst das schon unter IIIC6 gefundene Resultat, daß die Entropie längs einer Adiabate ($P \cdot v^{\varkappa} =$ konst.) einen konstanten Wert hat, d. h. die Adiabate ist auch eine ISENTROPE (142).

Aus der allgemeinen Gleichung (146c) für die Entropie, z. B. diesmal für 1 Mol angeschrieben, ist

$$\mathfrak{S} = \int_0^T \mathfrak{C}_v \cdot \frac{dT}{T} + \mathfrak{R}_{cal} \cdot \ln \mathfrak{V} + \mathfrak{S}_0 \tag{147d}$$

oder ausgehend von (146d)

$$\mathfrak{S} = \int_0^T \mathfrak{C}_p \frac{dT}{T} - \mathfrak{R}_{cal} \cdot \ln P + \mathfrak{S}_0'. \tag{147e}$$

Die Entropie setzt sich also, abgesehen von den Konstanten $\mathfrak{S}_0$ bzw. $\mathfrak{S}_0'$, aus zwei Teilen zusammen, dem ersten, nur von der Temperatur abhängigen Teil, der Entropiefunktion, und dem zweiten, vom Volumen bzw. Druck abhängigen Teil.

Der Entropieverlauf setzt also die Kenntnis der Abhängigkeit der spezifischen Wärmen von der Temperatur voraus.

Offen bleibt immer noch die Frage, wie groß die Integrationskonstante ist.

Bei den bisherigen Betrachtungen wurde immer nur mit Entropieunterschieden gerechnet. So tritt auch in den meisten Fällen die Entropie als Rechnungswert nur in Erscheinung. Daher kann der Zählnullpunkt der Entropie für diese Zwecke beliebig gewählt werden. Er wird dafür auf 0° C oder 0° K gelegt (wobei in der Technik bisher wegen der Genauigkeit der Bestimmung der spezifischen Wärmen meist von 0° C an gezählt wird).

Der III. *Hauptsatz der Wärmetheorie* (VIIIA4) zeigt, daß sich im absoluten Temperatur-Nullpunkt die Entropie aller homogenen, kristallisierten Körper (d. s. feste und flüssige) dem Wert Null nähert. Damit erhält dann die Integrationskonstante einen bestimmten Wert und die Entropie wird damit grundsätzlich berechenbar.

f) Die Entropie als Rechengröße und das Wärmediagramm

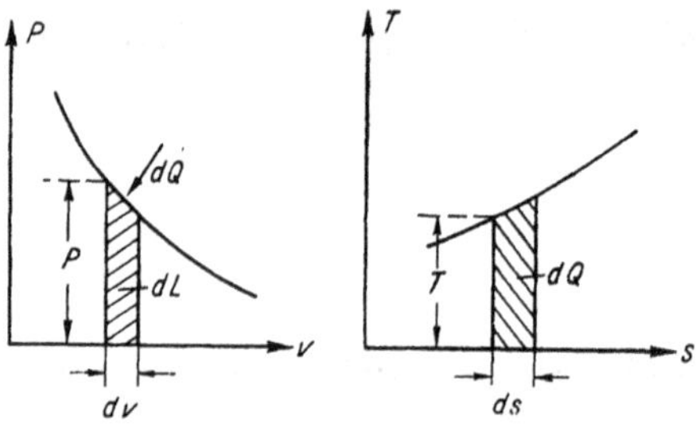

Bild 40. Flächenhafte Abbildung von Arbeit und Wärme im P, v- und T, s-Diagramm

Mit der Einführung der Entropie $T \cdot ds = dQ$ wird ein Zusammenhang gefunden, der in einem T, s-Achsenkreuz die kleinen Wärmemengenänderungen dQ als einen Flächenstreifen von der Höhe T über der elementaren Entropieänderung ds darstellen läßt. Ganz im Einklang mit dem I. Hauptsatz, daß Wärme und Arbeit gleichwertig sind, ist also nun zur Arbeitsfläche $dL = P \cdot dv$ im P, v-Diagramm eine ebensolche flächenhafte Darstellung der dafür zu- oder abgeführten Wärmemenge $dQ = T \cdot ds$ in dem T, s-Diagramm gefunden (Belpaire 1874) (Bild 40). Es entspricht dem Druck als treibendes Element die Temperatur (intensitive Koordinate), dem Weg als Folge seiner Wirkung die Entropie (kapazitive Koordinate) bei der Wärme.

Die Abbildung eines Kreisprozesses führt daher auch im T, s-Diagramm zu einem geschlossenen Linienzug, dessen umschlossene Fläche die geleistete Arbeit L im Wärmemaß ausdrückt $A \cdot L_N = Q_0 - |Q_u|$.

Der thermische Wirkungsgrad $\eta_{th} = \frac{A \cdot L_N}{Q_0}$ wird ausgedrückt durch das Flächenverhältnis (Bild 41).

In Bild 41 ist gestrichelt auch der Carnot-Prozeß eingezeichnet, welcher zwischen denselben Temperaturgrenzen T_0 und T_u die gleiche Arbeit $A L_N$ ergibt wie der Prozeß $ACBDA$. Der Flächenvergleich $A L_N$ mit der beim Carnot-Prozeß dazu an der oberen Temperaturgrenze T_0 zuzuführenden Wärmemenge

$Q_{0,C}$ ergibt einen thermischen Wirkungsgrad $\eta_{th,C}$ welcher größer ist als jener $\eta_{th,w}$ des angenommenen wirklichen Prozesses $ACBDA$, denn $Q_{0,C} < Q_{0,w}$ und $|Q_{u,C}| < |Q_{u,w}|$, also ist mit $AL_N = Q_{0,C} - |Q_{u,C}| = Q_{0,w} - |Q_{u,w}|$

$$\eta_{th,C} = \frac{A\,L_N}{Q_{0,C}} > \frac{A\,L_N}{Q_{0,w}} = \eta_{th,w}\,.$$

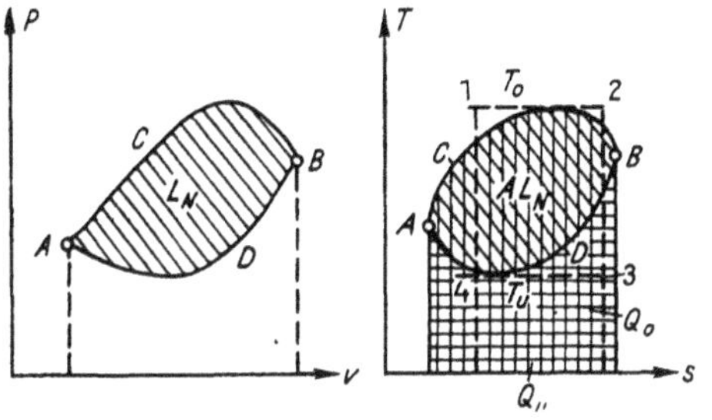

Bild 41. Kreisprozesse im P, v- und T, s-Diagramm

Der CARNOT-Prozeß ergibt also bei gegebenen Temperaturgrenzen den besten Wirkungsgrad, d. h. die größtmögliche Umwandlung von Wärme in Arbeit.

Damit ist aber nicht gesagt, daß der CARNOT-Prozeß für alle in den Maschinen verwirklichten Arbeitsprozesse als der ideale Vergleichsprozeß herangezogen werden darf. Ein solcher idealer Vergleichsprozeß muß vielmehr den wirklichen Arbeitsverhältnissen in der Maschine auch im Grenzfall seiner Idealisierung noch zumutbar bleiben (vgl. IIIC6g).

α) Das charakteristische Kurvennetz des T, s-Diagrammes

Nach (147a) ist bei konstanter spezifischer Wärme die Entropie, bezogen auf 1 kg Gas,

$$s = c_v\,[\ln T + (\varkappa - 1)\ln v] + s_1\,.$$

Für *konstantes Volumen* v ist dann

$$s_v = c_v \ln T + C_1 \tag{148a}$$

mit

$$C_1 = c_v\,(\varkappa - 1)\ln v + s_1\,. \tag{148b}$$

Für *konstanten Druck* P gilt

$$s_p = c_p \ln T + C_2 \tag{149a}$$

mit

$$C_2 = -\,c_p \frac{\varkappa - 1}{\varkappa} \ln P + s_2\,. \tag{149b}$$

Die s_v = konst.-Linien (Isochoren) und die s_p = konst.-Linien (Isobaren) sind nach (148a) und (149a) logarithmische Linien, von welchen die s_v-Linien steiler verlaufen als die s_p-Linien.

Für verschiedene Werte v und P gehen die einzelnen s_v- und s_p-konst.-Linien durch Parallelverschieben zur s-Achse um den Unterschied der C_1- bzw. C_2-Konstanten auseinander hervor.

$$s_1 - s_2 = A\,R \ln \frac{v_1}{v_2} \quad \text{bzw.}\ A\,R \ln \frac{P_2}{P_1}\,. \tag{149c}$$

Sie können daher direkt nach v bzw. P beziffert werden (Bild 42).

Die Tangenten an die s_v- bzw. s_p-Linien stellen in ihren Subtangentenabschnitten die spezifischen Wärmen c_v bzw. c_p dar. Es ist ja für den Punkt mit der Ordinate

T nach (148a) die s_v-Linie: $ds_v = c_v\, dT/T$, also der Subtangentenabschnitt $T\, ds_v/dT = c_v$ (vgl. Beispiel im Punkt M, Bild 42). Ebenso ist der Subtangentenabschnitt unter der s_p-Linie $c_p = T \frac{d s_p}{d T}$.

Die Flächen unter den nach links verlaufenden s_v- und s_p-Linien stellen die bei den Zustandsänderungen v- und $P =$ konst. zugeführten Wärmemengen

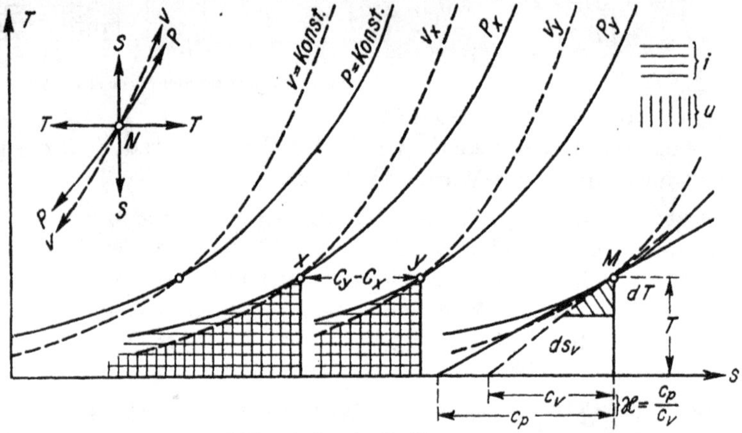

Bild 42. Aufbau des T, s-Diagrammes

dar, also $u = \int c_v \cdot dT + u_0$ bzw. $i = \int c_p \cdot dT + i_0$ gemäß (62) und (69b), die innere Energie u und die Enthalpie i, gezählt von einem gewählten Nullpunkt. Diese Flächen sind für irgendeinen Temperaturwert T für alle Werte von v bzw. P jeweils gleichgroß, genau wie die von ihnen dargestellten Werte u und i.

Sind die *spezifischen Wärmen c_v und c_p und damit auch die $\varkappa$-Werte veränderlich,* so weichen auch die s_v- und s_p-Linien von dem logarithmischen Verlauf etwas ab (vgl. IX2). Aber auch dann gehen sie durch Parallelverschieben auseinander hervor, und es sind die Flächen unter den s_v- bzw. s_p-Linien für irgendeine Temperatur T gleich, da für Gase nur eine Temperaturabhängigkeit von c_v und c_p besteht (vgl. IIID1).

β) Die Abbildung wichtiger Zustandsänderungen im T, s-Diagramm

Wie im P, v-Diagramm gewinnt auch im T, s-Diagramm die Darstellung ausgezeichneter Zuständsänderungen ein besonderes Interesse.

Die isothermische Zustandsänderung ($T =$ konst.) ist schon entsprechend der Koordinatenwahl durch eine Parallele zur Abszissenachse dargestellt. Die Entropieänderung für eine isothermische Zustandsänderung von 1 nach 2′ (Bild 43 z. B. Verdichtung) ist nach (147a) mit $T =$ konst.

$$s_{2'} - s_1 = A\, R \ln \frac{v_{2'}}{v_1}, \tag{150a}$$

oder mit $v_{2'}/v_1 = P_1/P_2$ ist

$$s_{2'} - s_1 = A\, R \ln \frac{P_1}{P_2}. \tag{150b}$$

Bei der isothermischen Zustandsänderung ist die gesamte Gasarbeit $L_{1,2'}$ als Wärme zu- (Ausdehnung) oder abzuführen (Verdichtung). Mit $Q_{1,2'} = A L_{1,2'}$ ist $Q_{1,2'} = T\,(s_{2'} - s_1)$ durch die Fläche (1 2′ b a] im T, s-Diagramm dargestellt.

Die adiabatische Zustandsänderung ergibt mit $dQ = T \cdot ds = 0$, also $ds = 0$

$$s_2 - s_1 = 0, \quad \text{also} \quad s = \text{konst.} \tag{151}$$

(Bild 43, adiabatische Verdichtung $1 \to 2$).

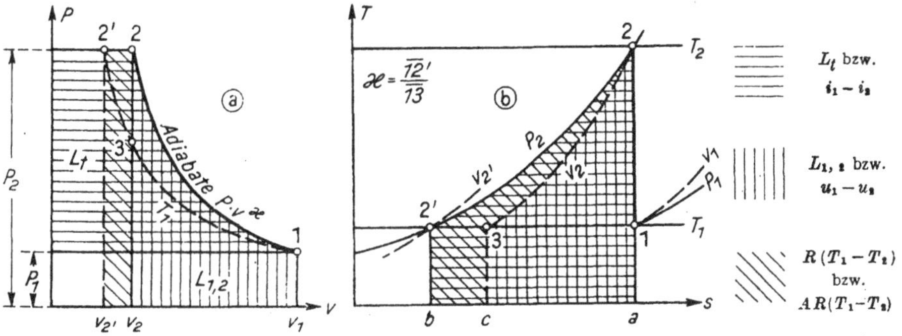

Bild 43. Abbildung der adiabatischen Zustandsänderung im P, v- und T, s-Diagramm

Die *Entropie bleibt konstant,* daher wurde die adiabatische Zustandsänderung auch isentropische Zustandsänderung genannt. Diese Identität kommt jetzt bildlich klar zum Ausdruck (vgl. IIIC6be).

Da bei der adiabatischen Zustandsänderung keine Wärme an das Gas von außen zugeführt oder von dem Gas nach außen abgeführt wird ($dQ = 0$), so entspricht der adiabatisch geleisteten Arbeit auch nicht unmittelbar eine flächenhafte Darstellung im T, s-Diagramm. Die absolute Gasarbeit $L_{1,2}$ und die Betriebsarbeit L_t werden hier nur aus der Änderung der inneren Energie und der Enthalpieänderung gedeckt [(84) und (85)]. Innere Energie u und Enthalpie i werden aber nach oben Gesagtem (Bild 42) durch die Flächen unter den s_v- bzw. s_p-Linien abgebildet.

Die Änderung der inneren Energie $u_1 - u_2$ ist daher im T, s-Diagramm durch die Fläche [1 2 3 c a] unter der Linie $v_2 =$ konst. von 2 bis 3 dargestellt (senkrecht schraffiert). Diese Fläche ist daher auch gleichzeitig das Abbild der äquivalenten Gasarbeit $L_{1,2}$ im Wärmemaß.

Anmerkung: Eigentlich entspricht $u_1 - u_2$ dem Flächenunterschied zwischen der unter der v_2-Linie vom Punkt 2 nach links verlaufenden Fläche und der unter der v_1-Linie vom Punkt 1 nach links verlaufenden Fläche. Nachdem aber diese Flächen vom Punkt 3 ab und vom Punkt 1 ab einander gleich sind (vgl. Punkte X, Y in Bild 42), so heben sich diese Zipfel auf, und es bleibt nur die senkrecht schraffierte Fläche übrig.

Ganz ebenso ist die Änderung der Enthalpie bei der adiabatischen Zustandsänderung $i_1 - i_2$ durch die Fläche [1 2 2′ b a) unter der $P_2 =$ konst.-Linie, vom Punkt 2 ab, dargestellt (waagrecht schraffiert).

Nach (65) mit $P \cdot v = RT$ ist $di = du + A\,R \cdot dT$, und für die endlichen Grenzen 1; 2 ist

$$A\,R\,(T_1 - T_2) = (i_1 - i_2) - (u_1 - u_2) = \Delta i - \Delta u \quad \text{nach (87)}.$$

Dieser Wärmebetrag ist im T, s-Diagramm dargestellt durch die Fläche [c 3 2 2′ b]. Für $(T_1 - T_2) = 1°$ ergibt sich so eine flächenhafte Darstellung von $A\,R$, der Gaskonstanten im Wärmemaß.

In Bild 43 a sind die äquivalenten Wärme- und Arbeitsumsätze im P, v-Diagramm dargestellt, was hier nur durch Verzeichnen verschiedener Hilfslinien zur flächenhaften Trennung möglich ist, gegenüber der viel einfacheren Abbildung im T, s-Diagramm (Bild 43 b).

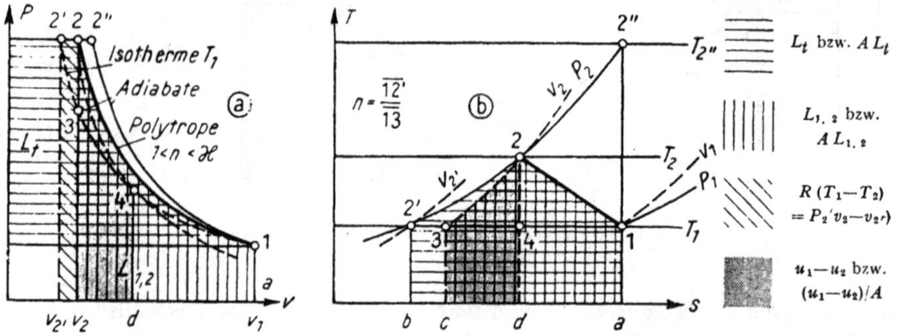

Bild 44. Abbildung der polytropischen Zustandsänderung im P, v- und T, s-Diagramm.
$Q_{1,2} = [1\,2\,4\,\mathrm{d\,a}]$ Fläche $[2'\,2\,4\,\mathrm{d\,c\,b}] = i_1 - i_2$ bzw. $\dfrac{i_1 - i_2}{A}$

Bei der polytropischen Zustandsänderung ist $dQ \neq 0$. Für den Fall des Exponenten der polytropischen Zustandsänderung $1 < n < \varkappa$ zeigt Bild 44 die flächenhafte Abbildung der Wärme- und Arbeitsumsätze im T, s- und P, v-Diagramm dargestellt.

Der z. B. bei der Verdichtung von 1 nach 2 abzuführenden Wärmemenge $Q_{1,2} = \dfrac{\varkappa - n}{\varkappa - 1}\,A\,L_{1,2}$ nach (93) entspricht die Fläche [1 2 4 d a].

Der absoluten Gasarbeit $L_{1,2}$, im P, v-Diagramm dargestellt durch die Fläche unter der polytropischen Zustandsänderung 1 2 (senkrecht schraffiert), entspricht im T, s-Diagramm die Fläche unter [1 2 3] (senkrecht schraffiert).

Der Betriebsarbeit L_t, im P, v-Diagramm dargestellt durch die Fläche zwischen der Zustandslinie und der Ordinatenachse, entspricht im T, s-Diagramm die Fläche unter [1 2 2′] (waagrecht schraffiert).

Die gleichzeitig bei der polytropischen Zustandsänderung eintretende Änderung der inneren Energie und der Enthalpie und der Wärmemenge $Q_{1,2}$ sind im Bild 44 näher bezeichnet.

Im Punkt Y von Bild 42 sind die Richtungen eingezeichnet, in welchen die einzelnen ausgezeichneten Zustandsänderungen im T, s-Diagramm zu verfolgen sind.

So anschaulich die flächenhafte Darstellung der Wärmebewegungen im T, s-Diagramm auch ist, so ist sie doch für technische Rechnungen, besonders im Turbinenbau, nicht immer handlich genug. In der Technik handelt es sich ja um die Verarbeitung der Enthalpiegefälle aus dem laufend der Maschine zugeführten Arbeitsmittel gemäß (74) und der Bestimmung der sich daraus ergebenden Abmessungen für den Bau der Maschine. Es hat sich nach einem glücklichen Gedanken von MOLLIER (1906) als sehr praktisch erwiesen, die Enthalpie i als Ordinate zur Entropie s aufzutragen. Damit entstanden die i, s-Diagramme (vgl. IIID2b für Wasserdampf und IX3 für Gase).

Für allgemeine technische Rechnungen ist die Entropie für Luft und Gase nicht so von Bedeutung wie für Dämpfe. Auch wird in allgemeinen technischen Rechnungen mit den T, s- und i, s-Diagrammen die Entropie selbst nur mit ihrer Richtungstendenz für Kraft- oder Arbeitsmaschinenprozesse (wachsend, konstant, abnehmend) gewertet, während ihr relativer Größenwert im thermodynamischen Wirkungsgrad (η_{td}), auch Gütegrad (η_g) genannt, erscheint (IIIC6hβ).

g) *Technische und motorische Prozesse und ihre Darstellung im P, v- und T, s-Diagramm*

Die zur wiederholbaren Umwandlung von Wärme in Arbeit (und umgekehrt) in der Technik zur praktischen Durchführung kommenden Arbeitsprozesse weichen in ihren einzelnen Abschnitten verschieden stark von einer Umkehrbarkeit ab. Dies gilt besonders für die technisch notwendigen Abschnitte des Stoffwechsels und der Gemischbildung bei den Motoren und Verbrennungsvorgängen (IIIA2 S. 31, Anmerkung 3). Dennoch lassen sich aber ideale Grenzfälle dieser wirklichen Arbeitsprozesse denken, gegenüber welche dann der wirkliche, schon allein durch seine nichtumkehrbaren Einzelabschnitte, ungünstigere Ergebnisse zeigen muß und so gewertet werden kann. Diese Wertung geschieht in der Technik durch den „Gütegrad η_g" (IIIC6hβ).

Eine solche Idealisierung des wirklichen Arbeitsvorganges hat aber zur wesentlichen Voraussetzung, daß sie auch im Gedankenexperiment immer noch der wirklichen Maschine *zumutbar* bleibt. So ist z. B. bei einer Kolbenmaschine durch ihren unveränderlichen, nur beschränkt ausführbaren, endlichen Hub auch das Ausdehnungsverhältnis des Arbeitsgases im Zylinder begrenzt. Es kann ihr also gerechterweise auch im Idealfall kein Vergleichsprozeß mit unbeschränkt weiter Expansion vorgelegt werden. Bei der Kolbendampfmaschine ist ebenso berechtigterweise mit einem Restraum zwischen dem Kolbenboden und dem Zylinderdeckel, also mit einem schädlichen Raum bei einer Idealmaschine zu rechnen. Andere Idealisierungsvorschriften ergeben sich z. B. bei den Verbrennungsmotoren durch die Vorgänge bei der Zündung des Kraftstoff-Luft-Gemisches. All diesen Verhältnissen unabänderlicher Gegebenheiten muß auch der Idealprozeß Rechnung tragen.

Um nun die wirkliche Maschine auf ihre verbesserungsfähigen Unzulänglichkeiten hin abzuschätzen, untersuchen und auch planvoll vorausberechnen zu können, haben sich in der Technik verschiedene, den wirklichen Arbeitsverhältnissen zumutbare und gerechtwerdende technische oder motorische Kreisprozesse entwickelt. Die wichtigsten dienen als Vergleichsprozeß für:

Kolbenverdichter und Kreiselverdichter,

OTTO-Motoren, das sind Verpuffungs- oder gemischverdichtende Motoren mit Fremdzündung (folgend unter α),

DIESEL-Motoren, das sind luftverdichtende Motoren mit Selbstzündung, und zwar

Gleichdruckmotoren, das klassische Dieselverfahren (folgend unter β),
Gemischte Verfahren der Motoren mit Strahleinspritzung oder unterteilten Brennräumen, auch SEILIGER-Prozeß genannt,

Gasturbinen mit offenem (BROWN-BOVERI-) und geschlossenem Kreislauf (ACKERET-KELLER-Verfahren) (folgend unter γ, Beispiel 61),

Dampfmaschinenprozeß nach CLAUSIUS-RANKIN, VDI-HEILMANN und DOERFEL.

Der ideale Grenzfall kennt natürlich nur umkehrbare Vorgänge in seinem Kreisprozeß, ausgeführt von einer gleichbleibenden Menge unveränderlicher physikalisch-chemischer Eigenschaften.

Das T, s-Diagramm selbst läßt nur umkehrbar von dem Arbeitsmedium von außen aufgenommene oder nach dort abgegebene Wärmemengen darstellen. Daraus ergibt sich für die Idealisierung der wirklichen Prozesse neben der Forderung ihrer mechanisch-konstruktiven Zumutbarkeit in ihrem Verlauf:

Die innere Wärmeentwicklung, wie die bei der Verbrennung entwickelte Wärmemenge, wird durch eine äußere Wärmezufuhr an das Arbeitsmedium ersetzt gedacht.

Der Stoffwechselvorgang, d. i. der bei den wirklichen Arbeitsprozessen notwendige Austausch der Verbrennungsgase gegen eine neue Ladung von Luft oder einem Luft-Kraftstoff-Gemisch, wird durch einen umkehrbaren Wärmeentzug aus dem in seiner Beschaffenheit unveränderlich gedachten Arbeitsgas im unteren Prozeßabschnitt, in den sonst der Stoffwechsel eingeschaltet ist, ersetzt (vgl. z. B. Bilder 45, 46, 47).

Drosselungen, Wärmeverluste durch Austausch zwischen dem Arbeitsmittel und den Wandungen, unprogrammäßige oder unvollständige Wärmezufuhr, wie sie bei dem wirklichen Verbrennungsvorgang auftreten, sowie Gewichtsverluste durch undichte Ventile, Kolben oder durch die Einsteuerung u. ä. sind im gedachten Idealfall als Unzulänglichkeiten ausgeschlossen.

α) Den Vergleichsprozeß des OTTO-Motors, d. i. ein gemischverdichtender Motor, zeigt Bild 45.

Als Kolbenmaschine unterliegt dieser Idealprozeß für eine zumutbare Idealisierung zunächst einem beschränkten Hub, d. h. die Expansion muß auch im Idealfall mit Hubende abgebrochen werden. Die Weiterführung der Expansion von Punkt 3 bis zum Gegendruck P_4 im Punkt 3_0 ergibt in der Fläche $[33_04]$ den Verlust durch unvollständige Expansion.

Die Idealisierung der inneren Wärmeentwicklung durch die Verbrennung des im Punkt 1 verdichteten Gemisches im Arbeitszylinder, wird durch eine äußere Wärmezufuhr Q_0 bei konstantem Volumen ersetzt (Bild 45a und 45c, d, Linie $\overline{12}$).

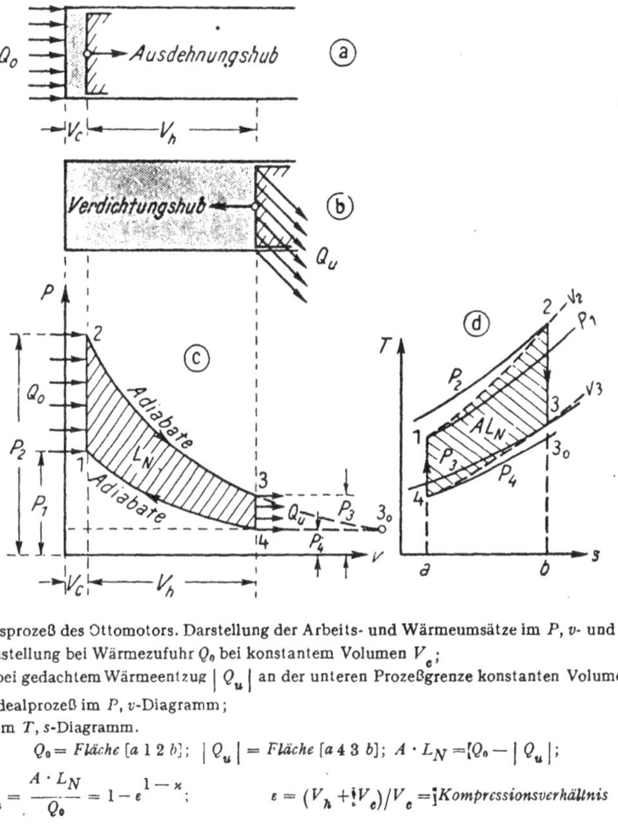

Bild 45. Vergleichsprozeß des Ottomotors. Darstellung der Arbeits- und Wärmeumsätze im P, v- und T, s-Diagramm
(a) Kolbenstellung bei Wärmezufuhr Q_0 bei konstantem Volumen V_c;
(b) desgl. bei gedachtem Wärmeentzug $|Q_u|$ an der unteren Prozeßgrenze konstanten Volumens;
(c) Otto-Idealprozeß im P, v-Diagramm;
(d) desgl. im T, s-Diagramm.

$Q_0 =$ *Fläche* $[a\,1\,2\,b]$; $|Q_u| =$ *Fläche* $[a\,4\,3\,b]$; $A \cdot L_N = [Q_0 - |Q_u|]$;

$\eta_{th} = \frac{A \cdot L_N}{Q_0} = 1 - \varepsilon^{1-\varkappa}$; $\varepsilon = (V_h + V_c)/V_c =$ *Kompressionsverhältnis*

Diese Idealisierung ist durch die chemisch-physikalischen Vorgänge im verdichteten Gemisch im Zylinder begründet, das bereits im Augenblick der Zündung fertig und ungleichmäßig aufbereitet ist und unterschiedlichen Wandeinflüssen usw. unterliegt.

Die Idealisierung des Stoffwechsels am Hubende erfolgt durch einen Wärmeentzug Q_u aus dem Arbeitsgas bei konstantem Volumen (Bild 45b und 45c, d, Linie $\overline{34}$).

Unter Annahme konstanter spezifischer Wärme ergibt sich für 1 kg Arbeitsgas in diesem Prozeß:

die zugeführte Wärmemenge $Q_0 = Q_{1,2} = c_v(T_2 - T_1)$

die abgeführte Wärmemenge $|Q_u| = |Q_{3,4}| = c_v(T_3 - T_4)$

damit die Nutzarbeit $A\,L_N = Q_0 - |Q_u|$

und der thermische Wirkungsgrad $\eta_{th} = \frac{A\,L_N}{Q_0} = 1 - \frac{T_3 - T_4}{T_2 - T_1} = 1 - \varepsilon^{1-\varkappa}$,

worin $\varepsilon = \frac{v_c + v_h}{v_c} = \frac{v_4}{v_1} = \left(\frac{P_1}{P_4}\right)^{1/\varkappa}$.

Berechnungsgang aus dem Diagramm für die seitlichen Begrenzungen, die adiabatischen Zustandsänderungen, (IIIA3b) gilt $P_1 v_1^\varkappa = P_4 v_4^\varkappa$ und $P_2 v_2^\varkappa = P_3 v_3^\varkappa$ und da $v_1 = v_2$ und $v_3 = v_4$ ist, so ist

$$P_1/P_4 = P_2/P_3 = \varepsilon^\varkappa \quad \text{und} \quad P_1/P_4 = (T_1/T_4)^{\frac{\varkappa}{\varkappa-1}} = (T_2/T_3)^{\frac{\varkappa}{\varkappa-1}},$$

also $T_1/T_4 = T_2/T_3 = (T_2 - T_1)/(T_3 - T_4) = \varepsilon^{\varkappa-1}$ und damit $\eta_{th} = 1 - \varepsilon^{1-\varkappa}$.

β) Der Gleichdruckprozeß, das idealisierte Arbeitsverfahren der Einblasedieselmotoren (Bild 46).

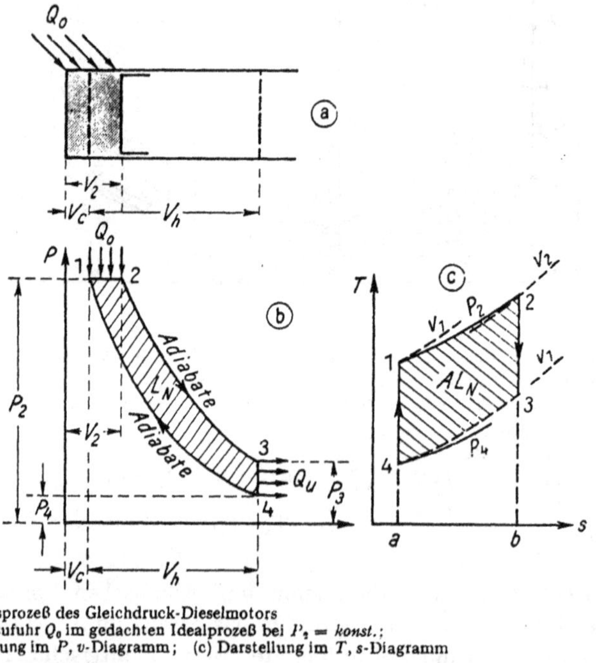

Bild 46. Vergleichsprozeß des Gleichdruck-Dieselmotors
(a) Wärmezufuhr Q_0 im gedachten Idealprozeß bei P_2 = *konst.*;
(b) Darstellung im P, v-Diagramm; (c) Darstellung im T, s-Diagramm

V_c = *Kompressionsraumvolumen*; $(V_2 - V_c)$ = *Kolbenweg während der Wärmezufuhr* Q_0 *bei* P_1 = *konst.*;
$\varphi = V_2/V_c$ = *Füllungsverhältnis*; $\varepsilon = (V_h + V_c)/V_c$ = *Kompressionsverhältnis*;

$$Q_0 = \text{Fläche } [a\,1\,2\,b]; \quad |Q_u| = \text{Fläche } [a\,4\,3\,b]; \quad Q_0 - |Q_u| = A \cdot L_N;$$

$$\frac{Q_0 - |Q_u|}{Q_0} = \frac{A \cdot L_N}{Q_0}; \qquad \eta_{th} = 1 - \varepsilon^{1-\varkappa} \frac{\varphi^\varkappa - 1}{\varkappa(\varphi - 1)}$$

Beim Dieselmotor findet die Gemischbildung erst am Ende der Verdichtung statt. Beim Einblasedieselmotor erfolgt insbesondere das Einbringen des Brennstoffes, seine Zerstäubung und Vermischung mit der komprimierten Luft im Zylinder vermittels Druckluft von etwa 60 at. Diese Brennstoffwolke mischt sich mit der im Zylinder befindlichen, verdichteten und damit erhitzten Luft, wird von dieser erwärmt und zündet bereits kurz nach beginnender Einblasung. Die Verbrennung schreitet fort, wobei die Einblasung zunächst noch andauert, der Kolben legt also in dieser Zeit schon einen Weg $v_2 - v_c$ zurück.

Die Idealisierung dieser Verbrennungsperiode im Zylinder geschieht durch eine äußere Wärmezufuhr bei konstantem Druck an die verdichtete Luft (das alleinige Arbeitsmedium).

Diese Zustandsänderung bei konstantem Druck an der oberen Prozeßgrenze, der Wärmezufuhr, ist dadurch berechtigt, daß die zeitliche Gemischbildung (für welche die Einblaseluft Energieträger ist) so geleitet gedacht werden kann (und sich bei den langsamlaufenden Motoren auch weitgehend verwirklichen läßt), daß mit der Wärmeentwicklung durch die fortschreitende Verbrennung des eingebrachten Brennstoffes keine Drucksteigerung eintritt, solange die Verbrennung, also die Wärmeentwicklung, andauert.

Anmerkung: Bei der direkten Brennstoffeinspritzung, genannt kompressorloses Verfahren, ist der Energieträger zur Zerstäubung und Gemischbildung der zerstäubte Brennstofftropfen selbst. Die Mechanik dieses Vorganges, zwingt für die zumutbare Idealisierung die äußere Wärmezufuhr nach einer Gleichraum- und daran anschließenden Gleichdrucklinie vorzulegen. Er wird daher auch gemischter oder SEILIGER-Prozeß genannt.

Über die Entwicklung der Idealprozesse von Verbrennungsmotoren aus ihrem Verbrennungsablauf siehe: Oppitz, A., Kolbenmaschinen, Fachband zu Winters Studienführer, Heidelberg 1950.

Mit Einführung des Begriffes des Füllungsverhältnisses $\varphi = \frac{v_2}{v_c}$, wobei v_2 das Volumen ist, bis zu welchem die Gleichdruckverbrennung stattfindet, ist der thermische Wirkungsgrad

$$\eta_{th} = \frac{Q_0 - |Q_u|}{Q_0} = 1 - \varepsilon^{1-\varkappa} \cdot \frac{\varphi^{\varkappa} - 1}{\varkappa(\varphi - 1)}.$$

γ) Der offene Gasturbinenprozeß mit Wärmeregeneration (Bild 47).

Hier findet die Expansion in einer Turbine statt. Diese unterliegt keiner baulichen Beschränkung in der Fortführung der Expansion. Daher ist hier die Expansion bis zu dem möglichen Gegendruck P_A im Idealfall vorzulegen.

Das Arbeitsschema (Bild 47a): Durch einen Kompressor wird Außenluft vom Zustand A angesaugt und auf den Zustand B verdichtet. Diese verdichtete Luft wird in einem Wärmeaustauscher bei konstantem Druck erwärmt. Die dafür zuzuführende Wärmemenge entstammt den Abgasen der Turbine, welche vor ihrem Austritt ins Freie diesen Austauscher durchströmen. Die verdichtete Luft nimmt also am Anfang des Prozesses dieselbe Wärmemenge auf, welche die heruntergearbeiteten Verbrennungsgase vor ihrer endgültigen Entlassung aus dem Vorgang noch abgeben können.

Die verdichtete und vorgewärmte Luft vom Zustand C wird nun der Brennkammer zugeführt. Hier erfolgt bei konstantem Druck die Mischung mit dem Brennstoff und die Verbrennung desselben in der verdichteten, vorgewärmten Luft C. Hier steigt die Temperatur bei konstantem Druck entsprechend den Verbrennungsverhältnissen (VIIB3).

Diese gespannten, heißen Verbrennungsgase vom Zustand D beaufschlagen die Turbine, in der sie auf den Zustand E expandieren. Die von der Turbine dabei geleistete technische Arbeit dient einmal zum Antrieb des Luftverdichters, der Rest steht als Nutzarbeit im Generator zur Verfügung. Vor dem Austritt ins

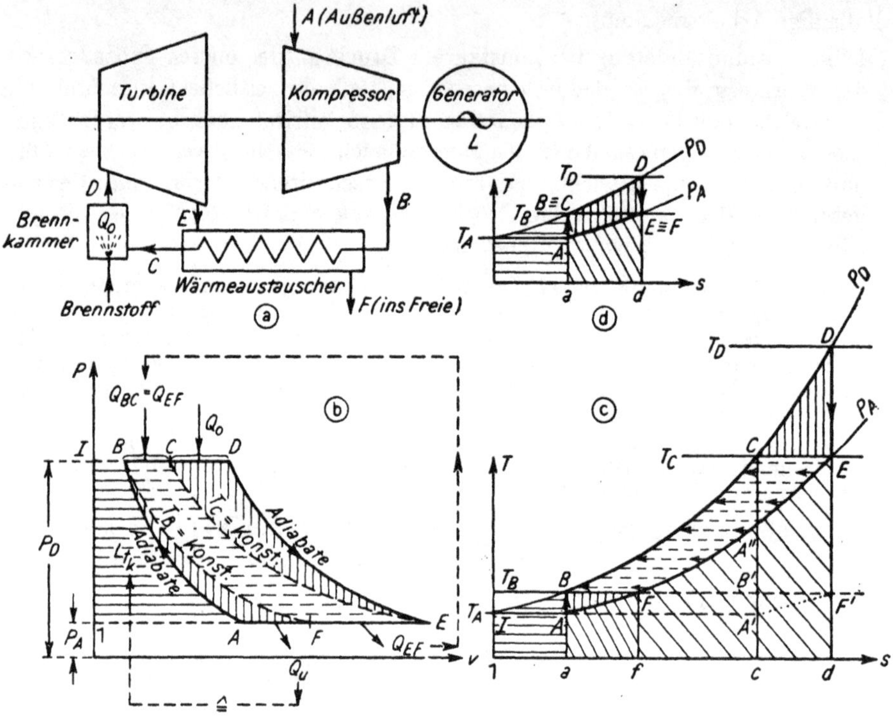

Bild 47. Offener Gasturbinenprozeß mit Wärmeregeneration
(a) Arbeitsschema;
(b) Darstellung des Idealprozesses im P, v-Diagramm;
(c) Darstellung des Idealprozesses im T, s-Diagramm;
(d) Offener Gasturbinenprozeß ohne Wärmeaustauscher zwischen denselben Druckgrenzen. Darstellung im T, s-Diagramm.
Erläuterungen:
[$cCDd$] $\triangleq$ äußere Wärmezufuhr Q_0 bei konstantem Druck P_D, entsprechend der bei der Verbrennung entwickelten Wärmemenge in der Brennkammer;
[$dEFf$] $\triangleq$ im Wärmeaustauscher abgegebene Wärmemenge $|Q_{EF}|$ bei konstantem Druck P_A;
[$fFAa$] $\triangleq$ nach außen umkehrbar abgeführte Wärmemenge $|Q_u|$ bei konstantem Druck P_A, entsprechend der mit den Abgasen der Turbine ins Freie entweichenden Wärmemenge im wirklichen Prozeß (Stoffwechsel);
[$1IBa$] $\triangleq$ umkehrbare Wärmezufuhr bei konstantem Druck P_D, die gleich der Erhöhung der Enthalpie bei der adiabatischen Verdichtung von A nach B entsprechend L_{tK} ist;
[$1IBa$] = [$fFAa$];
[$aBCc$] $\triangleq$ im Wärmeaustauscher aufgenommene Wärmemenge Q_{BC} bei konstantem Druck P_D;
$Q_{BC} = [aBCc] = [dEFf] = Q_{EF}$;

$$\eta_{th} = \frac{Q_0 - |Q_u|}{Q_0} = \frac{[ABCDEFA]}{[cCDd]} = \frac{[A'CDF'A']}{[cCDd]} = 1 - \left(\frac{P_A}{P_D}\right)^{\frac{\varkappa-1}{\varkappa}} \cdot \frac{T_B}{T_c}.$$

Beim offenen Prozeß *ohne Wärmeaustauscher* [Bildteil (*d*)] ist die Nutarbeit L_N die senkrecht schraffierte Fläche

[$ABDE$] und mit $T_B = T_c$ ist $\eta_{th,oWA} = 1 - \left(\frac{P_A}{P_D}\right)^{\frac{\varkappa-1}{\varkappa}}$

Freie durchströmen die Abgase der Turbine noch den schon zuvor erwähnten Wärmeaustauscher.

Die Idealisierung dieses Arbeitsprozesses und seine Darstellung im P, v- und T, s-Diagramm zeigen Bild 47b, c.

Zunächst bleibt das Arbeitsmittel gleichbleibender Menge im ganzen Kreislauf geschlossen in unveränderlicher, physikalischer und chemischer Beschaffenheit, erhalten gedacht.

Der Verbrennungsvorgang in der Brennkammer wird durch eine äußere Wärmezufuhr Q_0 bei konstantem Druck an das Arbeitsmittel erfolgend gedacht.

Die Expansion in der Turbine erfolgt adiabatisch, die Kompression im Verdichter erfolgt, bei fehlender Kühlmöglichkeit während der Luftverdichtung im Verdichter der wirklichen Anlage, ebenfalls adiabatisch. Bei bestehender Kühlmöglichkeit hingegen ist der dann zumutbare Grenzfall die Isotherme. Im vorliegenden Falle sei adiabatische Verdichtung angenommen (Axialverdichter ohne Zwischenkühler).

Der Wärmeaustausch im Wärmeaustauscher entspricht im Idealfall einem umkehrbar geführten Wärmeentzug aus dem Arbeitsmittel bei konstantem Druck P_A, nach dessen Expansion in der Turbine, und einer ebenso umkehrbar geführten Wärmeaufnahme durch das Arbeitsmittel bei konstantem Druck $P_D > P_A$ nach seiner Verdichtung.

Auch der Stoffwechselvorgang, d. h. die Entlassung der Abgase vom Zustand F ins Freie und das Ansaugen frischer Luft vom Zustand A wird idealisiert. Dies geschieht durch einen umkehrbaren Wärmeentzug $|Q_u|$ aus dem Arbeitsmittel bei konstantem Außendruck P_A auf dem Prozeßabschnitt $\overline{FA}$.

Die einzelnen Phasen dieses Idealprozesses sind in Bild 47b und c erklärt. Die Nutzarbeit L_N dieses Prozesses, die nach außen durch den Generator verfügbar ist, ist dargestellt durch die Fläche $[ABCDEFA]$.

Da die Flächen unter den kongruenten $P =$ konst.-Linien nach den allgemeinen Ausführungen über das T, s-Diagramm gleich sind, so kann die Linie $\overline{FA}$ auch nach $\overline{F'A'}$ verschoben werden, womit die Fläche $[BCEF]$ gleich jener $[B'CEF']$ wird. Man erkennt jetzt klar, daß die Einschaltung des Wärmeaustauschers dem Einschieben eines CARNOT-Prozesses in den Gasturbinenprozeß gleichkommt. Im einzelnen ergibt sich (mit konstanten spezifischen Wärmen):

$$Q_0 = c_p(T_D - T_C); \quad |Q_u| = |Q_{F'A'}| = c_p(T_B - T_A).$$

Der thermische Wirkungsgrad ist daher:

$$\eta_{th} = \frac{Q_0 - |Q_u|}{Q_0} = 1 - \frac{|Q_u|}{Q_0} = 1 - \frac{T_B - T_A}{T_D - T_C} = 1 - \frac{T_A}{T_C} \cdot \frac{T_B/T_A - 1}{T_D/T_C - 1}.$$

Infolge der adiabatischen Verdichtung $\overline{AB}$ und der adiabatischen Entspannung $\overline{DE}$ mit dem gleichen Druckverhältnis P_D/P_A ist:

6*

$$\frac{T_D}{T_C} = \left(\frac{P_D}{P_A}\right)^{\frac{\varkappa-1}{\varkappa}} = \frac{T_B}{T_A}, \quad \text{woraus sich ergibt: } T_B = T_A\left(\frac{P_D}{P_A}\right)^{\frac{\varkappa-1}{\varkappa}},$$

$$T_D = T_C\left(\frac{P_D}{P_A}\right)^{\frac{\varkappa-1}{\varkappa}}, \quad \text{also} \quad \frac{T_A}{T_C} = \frac{T_B}{T_D} \quad \text{und} \quad \frac{T_B}{T_D} = \frac{T_B}{T_C}\cdot\left(\frac{P_A}{P_D}\right)^{\frac{\varkappa-1}{\varkappa}}.$$

Es kann daher für η_{th} weiter geschrieben werden:

$$\eta_{th} = 1 - \frac{T_A}{T_C} = 1 - \frac{T_B}{T_D} = 1 - \left(\frac{P_A}{P_D}\right)^{\frac{\varkappa-1}{\varkappa}} \cdot \frac{T_B}{T_C}.$$

η_{th} hängt also von P_D/P_A und T_B/T_C des Wärmeaustauschers ab.

Fehlt der Wärmeaustauscher in diesem Kreislauf (vgl. IX4, Beispiel 61), so stellt dieser Gasturbinenprozeß den Joule-Prozeß zwischen denselben Druckgrenzen P_D und P_A dar (Bild 47d). Die Nutzarbeit L_N dieses Prozesses ist dargestellt durch die Fläche [$ABDEA$]. Die in der Brennkammer jetzt zugeführte Wärmemenge Q_0 bildet die Fläche [$aBDd$] ab.

Für $T_B = T_C$ ergibt sich hier aus obiger η_{th}-Gleichung

$$\eta_{th,\,o\,WA} = 1 - \left(\frac{P_A}{P_D}\right)^{\frac{\varkappa-1}{\varkappa}} = 1 - \frac{T_A}{T_B}$$

nur abhängig von $P_D/P_A = \left(\frac{T_B}{T_A}\right)^{\frac{\varkappa}{\varkappa-1}}$.

Nachdem $T_B/T_C \leqq 1$ ist, so ist immer bei gleichem P_D/P_A; $\eta_{th} > \eta_{th,\,o\,WA}$. Allerdings spielt sich der Prozeß mit Wärmeaustauscher zwischen größeren Temperaturgrenzen T_D und T_A ab und ermöglicht eine vergrößerte Wärmezufuhr Q_0 in der Brennkammer und damit eine vergrößerte Nutzleistung L_N. Ein anderes Bild gäbe wieder dieser Vergleich zwischen gleichen Temperaturgrenzen.

Für $\varkappa = 1$ ergibt sich $\eta_{th,\,C} = 1 - \frac{T_B}{T_C}$ des Carnot-Prozesses.

Ausführliches über Gasturbinenprozesse enthalten:

Friedrich, R., Gasturbinen mit Gleichdruckverbrennung. Verlag Braun, Karlsruhe 1949.

Stodola, A., Dampf- und Gasturbinen. Springer-Verlag 1924.

δ) Wegen der Darstellung und Behandlung anderer technischer und motorischer Prozesse sei neben den ausführlichen Lehrbüchern der technischen Thermodynamik speziell auf die Arbeiten verwiesen von:

Marx, G., Arbeitsprozesse der Brennkraftmaschinen. Die Technik 1947, Nr. 1, S. 7.

Plank, R., Vergleich thermodynamischer Kreisprozesse. VDI 1948, Nr. 1, S. 19.

h) *Entropievermehrung technisch wichtiger Vorgänge, Abbildung wirklicher Prozesse im T, s-Diagramm, Gütegrad*

α) Entropievermehrung technisch wichtiger Vorgänge

Das Entropiediagramm bildet zunächst nur die bei umkehrbaren Zustandsänderungen von außen zu- oder nach dort abgegebenen Wärmemengen flächenhaft ab. Veränderungen durch die im Arbeitsmittel enthaltene Wärmeenergie erscheinen nicht unmittelbar in diesem Diagramm.

So ließ sich bei der adiabatischen Zustandsänderung, für die $ds = dQ/T = 0$ ist, die Arbeit $\int_1^2 P \cdot dv$ nicht durch eine äquivalente Wärmemenge unmittelbar darstellen (IIIB6fβ und Bild 43). Nur dadurch, daß die einer Zustandsänderung des Arbeitsmittels bei konstantem Volumen umkehrbar zuzuführende Wärmemenge $Q_{1,2}$ der Änderung der inneren Energie des Arbeitsmittels gleich ist und aus dieser wieder die bei der adiabatischen Zustandsänderung geleistete Arbeit allein bestritten wird, erscheint hier im T, s-Diagramm eine, diese Arbeit äquivalent abbildende Wärmemenge als Fläche.

Bei der isothermischen Zustandsänderung hingegen erscheint die der äußeren Arbeitsleistung äquivalente, dafür von außen zuzuführende Wärmemenge in unmittelbarem Zusammenhang mit der Abbildung der Zustandsänderung. Dies entspricht der flächenhaften Darstellung im T, s-Diagramm gemäß: $dQ = T \cdot ds \triangleq dL = P \cdot dv$.

Auch bei nichtumkehrbaren Vorgängen läßt sich die Änderung der Zustandsgrößen des Arbeitsmittels durch Messung verfolgen. Es sei dazu nur an den Drosselvorgang erinnert. Wird Druck und Temparatur vor und hinter der Drosselstelle gemessen, so können daher die Werte in dem P, v-Diagramm eingetragen werden. Diese Zustandspunkte lassen sich aber dann auch in das T, s-Diagramm eintragen.

Es soll hier zunächst nochmals zusammengefaßt werden: Die Entropie eines Körpers ist eine Zustandsgröße desselben. Als solche ist sie daher nur von dem Augenblickszustand abhängig, in dem sich der Körper befindet, unabhängig davon, wie er in diesen gekommen ist, ob auf umkehrbarem oder nichtumkehrbarem Wege. Ja, der nichtumkehrbare Weg ist meist gar nicht genau zu bestimmen und physikalisch rechnungsmäßig zu beschreiben, da er unter wechselnden inneren Gleichgewichtsstörungen verläuft.

Für die Entropievermehrung bei Änderung des Körperzustandes ist es daher auch gleichgültig, ob der Körper durch umkehrbare oder nichtumkehrbare Vorgänge seinen Zustand geändert hat.

Diese Unabhängigkeit vom Weg ist von großer Wichtigkeit für die versuchsmäßige Bestimmung der Zustandsgrößen.

Es wird sich daher zur Bestimmung der Entropievermehrung nichtumkehrbarer Vorgänge immer darum handeln, wenigstens im Gedankenexperiment einen umkehrbaren Weg zu suchen, welcher von dem vorgegebenen Ausgangszustand nach dem bekannten, meßbaren Endzustand führt, der damit auch rechnerisch zu verfolgen ist. Sein Endergebnis gibt dann die Entropievermehrung des umkehrbaren Vorganges an, welche beim nichtumkehrbaren Weg aber nicht mehr rückgängig gemacht werden kann und daher als bleibende Entropieänderung zu buchen ist.

α_1) W ä r m e ü b e r t r a g u n g u n t e r T e m p e r a t u r s p r u n g. Dieser Fall wurde bereits für den nichtumkehrbaren CARNOT-Prozeß für die Wärmezufuhr vom oberen Speicher an das Arbeitsmittel eingeschaltet (IIIB6c und Bild 39).

Führen wir zunächst den umkehrbaren CARNOT-Prozeß $\overline{1234}$ zwischen der oberen Temperaturgrenze T_0' und der unteren T_0 durch (Bild 48). Durch die Wärmeaufnahme Q_0 an der oberen Prozeßgrenze T_0' erfährt das Arbeitsmedium eine Entropiezunahme Q_0/T_0'. An der unteren Grenze T_0 hingegen durch die Wärmeentziehung $|Q_u|$ erfährt es wieder eine Entropieabnahme $|Q_u|/T_0$. Der obere Speicher hingegen erfuhr eine Entropieabnahme $|Q_0|/T_0'$ und der untere Speicher eine Entropievermehrung Q_u/T_0.

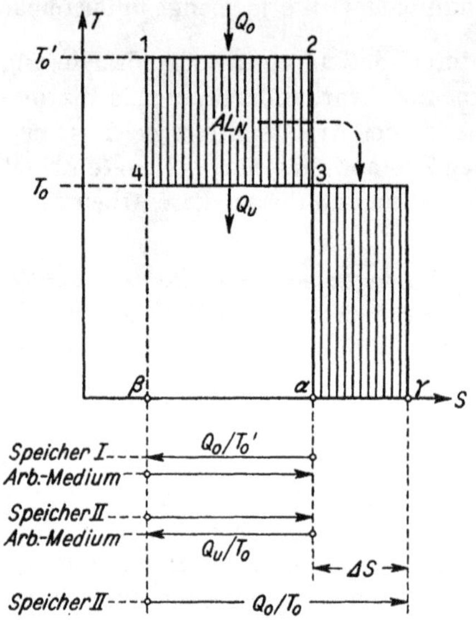

Bild 48. Entropievermehrung bei Reibung und Temperatursprung

Nach dem II. Hauptsatz ist für einen geschlossenen, umkehrbaren Kreisprozeß, ausgedehnt über Arbeitsmedium und Speicher

$$\Delta S = \frac{Q_0}{T_0'} - \frac{|Q_u|}{T_0} - \frac{|Q_0|}{T_0'} + \frac{Q_u}{T_0} = 0.$$

Dabei wird die Arbeit L_N, gleichwertig der Wärmemenge $Q_0 - |Q_u|$ z. B. im Anheben eines Gewichtes nach außen nutzbar verwendbar nach $Q_0 = |Q_u| + A L_N$.

Dieser CARNOT-Prozeß unter Zuführung der gespeicherten Arbeit L_N rückläufig durchgeführt, führt wieder zu dem Ausgangszustand zurück.

Es wird nun aber die dem oberen Speicher entzogene Wärmemenge $|Q_0|$ nicht erst an das Arbeitsmedium abgegeben, welches selbst damit einen umkehrbaren Kreisprozeß ausführt, dabei die Nutzarbeit L_N verfügbar läßt und dann erst den Anteil $|Q_u|$ an den unteren Speicher abgibt. Nun wird vielmehr jetzt die gesamte vom oberen Speicher abgegebene Wärme Q_0 direkt als Wärme über eine masselose Wärmebrücke dem unteren Speicher bei seiner Temperatur T_0 zugeleitet. Dieser erfährt dadurch jetzt eine Entropiezunahme $Q_0/T_0 = \frac{|Q_u| + A L_N}{T_0}$. An diesem Prozeß sind jetzt nurmehr die Speicher allein beteiligt, das Arbeitsmedium mit seinem CARNOT-Prozeß fällt jetzt heraus. Daher ist hier

$$\Delta S = -\frac{|Q_0|}{T_0'} + \frac{Q_0}{T_0} = + \frac{A L_N}{T_0} > 0, \tag{152}$$

also eine Entropiezunahme zu verzeichnen.

Da die Wärmespeicher selbst keine Arbeit leisten können, sondern nur das von diesem bediente und hier jetzt ausgeschaltete Arbeitsmedium, so stellen die Wärmeflächen auch keine äquivalente Arbeiten dar, sondern sind nur die Abbildung der inneren Wärmezustände der Speicher.

Die Rolle des oberen Speichers kann in diesem Sinne genau so auch ein Gas übernehmen. Damit ist auch die Wärmeübertragung vom Gas an eine Wand, als unteren Speicher, erfaßt und umgekehrt.

α_2) Die Reibung erfährt eine ganz ähnliche Betrachtung (Bild 48). Auch hier denken wir uns zunächst einen umkehrbar geführten Kreisprozeß $\overline{1234}$ zwischen den Temperaturgrenzen T_0' und T_0 durchgeführt, der die Nutzarbeit L_N, z. B. im Anheben eines Gewichtes, erübrigt.

Es wird nun aber diese gespeicherte Arbeit $L_N = G \cdot h$ in Wärme verwandelt, was nach dem I. Hauptsatz immer möglich ist. Sinkt also das Gewicht infolge seiner potentiellen Energie $G \cdot h$ unter Entwicklung von Reibungswärme $Q_r = A L_N = A \cdot G \cdot h$ herunter und wird diese Wärmemenge unmittelbar an den unteren Speicher T_0 abgegeben, so erfährt dieser jetzt noch eine zusätzliche Entropiezunahme

$$\Delta S = \frac{Q_r}{T_0} = \frac{A L_N}{T_0}.$$

Es lautet damit jetzt die Entropiebilanz

$$\Delta S = -\frac{|Q_0|}{T_0'} + \frac{Q_u}{T_0} + \frac{Q_r}{T_0} = +\frac{Q_r}{T_0}. \tag{153}$$

Der Wärmeübergang durch Temperatursprung und der Reibungsvorgang ergeben also ganz die gleiche Behandlung. Es wäre auch für die Wärmeleitung der Schluß denkbar, daß, anstatt der direkten Wärmebrücke nach dem unteren Speicher unter Ausschaltung des Arbeitsmittels, diese Wärme über denselben Reibungsvorgang aus der Nutzarbeit nach dem unteren Speicher zugeführt wird.

α_3) Drosselungsvorgang. Hier handelt es sich um die Beobachtung, daß beim Hindurchströmen eines Gases, Dampfes oder einer Flüssigkeit durch eine Querschnittsverengung die Drücke im Rohrteil hinter dieser Drosselstelle andere sind als im Rohrteil vor derselben.

Der Energiefluß in einer strömenden Flüssigkeit wurde bereits im Abschnitt IIIA2 behandelt und führte dort zur Erklärung des Begriffes der Enthalpie (Bild 14). Der gesamte Energiefluß des strömenden Gases ist nach (64) für 1 kg Gas: $E = u + A Pv + A w^2/2g = i + A \cdot w^2/2g$.

Es sei nun in die Rohrleitung eine Drosselstelle eingebaut und der Rohrquerschnitt vor und hinter derselben verschieden (Bild 49). Auch hier wird je ein Kol-

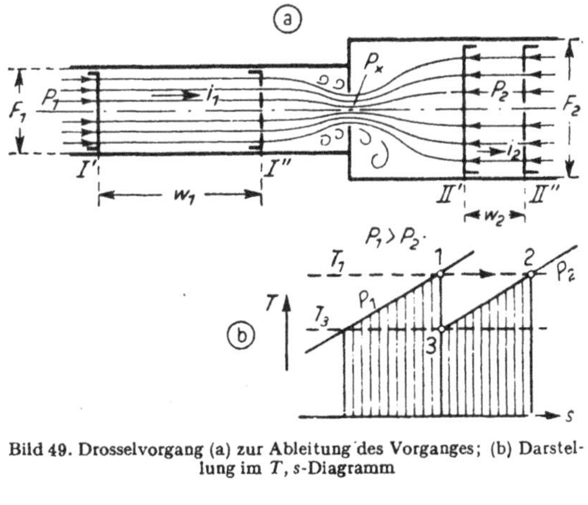

Bild 49. Drosselvorgang (a) zur Ableitung des Vorganges; (b) Darstellung im T, s-Diagramm

ben eingebaut gedacht, durch den der Strömungszustand des Gases zwischen den beiden Kolben nicht gestört wird. Durch die Rohrleitung oder Drosselstelle finde keinerlei Wärmeaustausch mit der Umgebung nach außen statt. Dann gilt nach der obigen Gleichung für E:

$$i_1 + A w_1^2/2g = i_2 + A w_2^2/2g.$$

Kann auch diesmal die Strömungsgeschwindigkeit wegen ihrer Kleinheit (< 40 m/s) vernachlässigt werden, so wird $i_1 = i_2$. *Der Drosselvorgang wird also durch einen Vorgang $i =$ konst. abgebildet.*

Aus der allgemeinen Wärmegleichung in der Form (68) $dQ = di - Av \cdot dP$ folgt mit $di = 0$ nun $dQ = -Av \cdot dP$.

Auf die endlichen Anfangs- und Endzustände 1, 2 ausgedehnt, ergibt die Integration

$$Q_{1,2} = -A\int_{P_1}^{P_2} v\,dP.$$

In der mathematischen Deutung sagt diese Gleichung aus, daß infolge des beim Drosselvorgang negativen Wertes von dP der Wert $Q_{1,2}$ positiv wird, also eine Wärmezufuhr stattfand und dadurch die Arbeit $-\int_{P_1}^{P_2} v\,dP$ gewonnen wurde ($P_1 > P_2$).

Wärmezufuhr $Q_{1,2}$ und geleistete Arbeit, entsprechend der laufend gewinnbaren technischen Arbeit L_t [gemäß (74) mit $Q_s = 0$], sind aber beim physikalischen Vorgang der Drosselung ausgeschlossen. Diese geleistete Arbeit wird vielmehr in Reibungswärme im Gas selbst umgesetzt und ist daher dem nichtumkehrbaren Vorgang als zugeführt anzurechnen (vgl. IIIB1).

Damit wird der allgemeine Ausdruck der Entropie $ds = dQ/T$ für den nichtumkehrbaren Vorgang wie unter α_1 geschrieben

$$ds = A\,dL/T.$$

Auf die endlichen Grenzen 1, 2 ausgedehnt, wird daher die Entropievermehrung

$$\Delta s = -A\int_{P_1}^{P_2} \frac{v}{T}\,dP.$$

Wird der Drosselvorgang für ein ideales Gas betrachtet, so folgt durch Einführung der Gasgleichung $Pv = RT$

$$\Delta s = -AR\int_{P_1}^{P_2} dP/P = AR \ln P_1/P_2. \tag{154}$$

Durch diesen Wert Δs ist aber auch die Entropiezunahme bei einer isotherm-umkehrbaren Zustandsänderung beschrieben, die für ein ideales Gas gleichwertig einer Zustandsänderung $i =$ konst. ist. Hier ist aber die unter der Linie $T =$ konst. liegende Fläche das Abbild der, mit dieser Wärmezufuhr bei der isotherm-umkehrbaren Zustandsänderung geleisteten äußeren Arbeit.

Bei dem nichtumkehrbaren Drosselvorgang hingegen ist dieser Linienzug nur eine Abbildung aufeinanderfolgender kleinster Drosselungen *nach Herstellung* des neuen, inneren Gleichgewichtszustandes. Für die Entwicklung der flächenhaften Darstellung Bild 49b wird auf Beispiel 38 verwiesen (Bild 101).

Der physikalische Vorgang der Drosselung ist dadurch natürlich nicht beschrieben. Er setzt sich im großen betrachtet aus einer adiabatischen Expansion von einem Druck knapp vor, auf einen Druck knapp hinter der Drosselstelle (VIA), einem Wärmeaustauschvorgang (IV) und beim Überströmen aus abgeschlossenen Räumen in diesen aus Mengenzustandsänderungen zusammen (VIB).

α_4) Mischung zweier Gase verschiedener chemischer Beschaffenheit. Chemisch verschiedene Gase 1, 2, die sich in einem durch eine Trennwand unterteilten Raum $V = V_1 + V_2$ befinden, zeigen auch bei gleichem Druck und gleicher Temperatur das Bestreben, sich nach Entfernen der Wand selbsttätig über den ganzen Raum auszubreiten und zu vermischen, sie diffundieren. Die Gesetze, welche für den Mischungszustand von Gasen galten, wurden bereits im Abschnitt IIIB besprochen. Bei gleicher Gastemperatur T der Einzelgase bleibt danach die Temperatur konstant [(119)].

Die Ausdehnung der Einzelgase von ihrem ursprünglichen Räumen V_1 bzw. V_2 auf den Gesamtraum V erfolgt daher isothermisch, wobei aber keine äußere Arbeit geleistet wird.

Nicht aber ist der umgekehrte Vorgang, das Eigenstreben nach einer Trennung der so gemischten Gase vorhanden. Die Ablaufrichtung ist also einseitig bevorzugt. Der Vorgang ist nicht umkehrbar und daher allgemein mit einer Entropiezunahme verbunden.

Um die Entropievermehrung zu berechnen, muß erst die bei einem isotherm-umkehrbar geführten Mischungsvorgang mögliche Arbeitsleistung berechnet werden.

Diese beim umkehrbaren Vorgang zu leisten mögliche Arbeit verbleibt beim nichtumkehrbaren Vorgang, bei dem keine Wärme von außen zugeführt und auch keine Arbeit geleistet wird, als Wärme im Gas. Das Äquivalent dieser umkehrbar-möglichen Arbeit ergibt damit die Entropiezunahme

$$\Delta S = \frac{A\,L}{T}. \tag{155}$$

Um den Mischungsvorgang umkehrbar verfolgen zu können, wurden die halbdurchlässigen oder semipermeablen Wände von VAN T'HOFF eingeführt. Dies sind Trennwände aus Stoffen, die jeweils nur für ein Gas durchlässig sind, für alle anderen aber undurchlässig. Solche halbdurchlässige Wände bestehen nicht nur im Gedankenexperiment, sondern sie gibt es auch für einige Stoffe in der Natur. So sind z. B. glühendes Platinblech und Palladiumblech nur für Wasserstoff durchlässig, eine Wasserhaut läßt NH_3- und SO_2-Gase gut diffundieren, die in Wasser leicht löslich sind, schwerer lösliche Gase, wie Wasserstoff, diffundieren hingegen hier nur sehr langsam.

Diese semipermeablen Wände sind also gleichsam physikalische Katalysatoren, um die natürliche Ablaufstendenz des Prozesses auf einem Weg zu bevorzugen, ohne selbst aber an dem ganzen Vorgang beteiligt zu sein (VIIIB3).

In einem Zylinder befinden sich nun zwei unabhängig voneinander zu bewegende Kolben aus solchen halbdurchlässigen Stoffen (Bild 50). In der Aus-

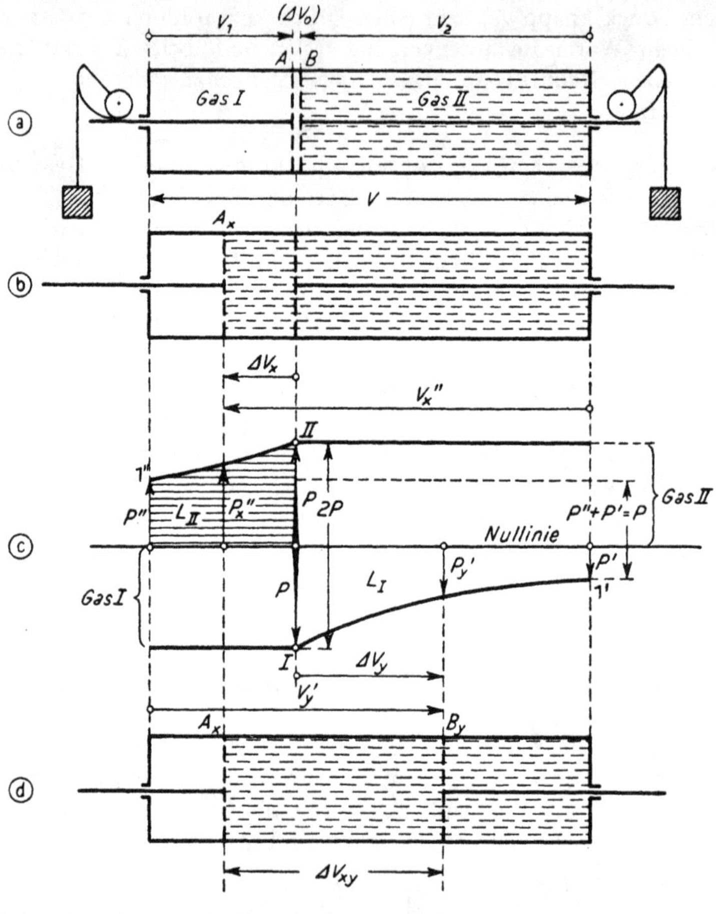

Bild 50. Umkehrbare Vermischung von Gasen. (a) Ausgangszustand; (b), (d) Zwischenzustände; (c) Druckverlauf im Einzelgas während der Vermischung

gangsstellung liegen sie bis auf einen verschwindend kleinen Zwischenraum (ΔV_0) gegeneinander. Der Kolben *A* ist nur für das Gas I (Druck *P*, Temperatur *T*) im linken Raum V_1, jener *B* für das Gas II (*P*, *T*) im rechten Raum V_2 durchlässig.

In dem verschwindend kleinen Raum (ΔV_0) strömen also beide Gase zusammen. Nach dem Gesetz von DALTON wird sich dort ein Mischraumdruck 2 *P* einstellen. Auf jeden Kolben wirkt also ein Überdruck *P*, der die Kolben auseinander zu drängen sucht (Bild 50c).

Im P, V-Diagramm (Bild 50c) werden die Zustandsänderungen der Einzelgase während des umkehrbar geführten Mischungsvorgangs verfolgt. Der Druckverlauf des Gases I wird dazu von der Nullinie nach unten, jener des Gases II nach oben angetragen. Beide Richtungen sind aber von der Nullinie aus positiv zu zählen, ihre Ordinaten addieren sich also für den Zustand im Mischraum.

So stellt also $\overline{\mathrm{I} - \mathrm{II}} = 2\,P$ den Gesamtdruck im verschwindend kleinen Mischraum (ΔV_0) der Ausgangsstellung dar.

Wird nun der Kolben A langsam nach links verschoben (Stellung A_x, Bild 50b), so ändert sich an dem, dem Gas I zugänglichen Rauminhalt V_1 nichts, sein Teildruck bleibt ungeändert $P = 0\mathrm{I}$. Der dem Gas II zugängliche Raum wird hingegen um den Mischraum ΔV_x vergrößert. Das Gas II dehnt sich also aus seinem Anfangsraum V_2 auf $V_2 + \Delta V_x = V_x''$ aus. Die Temperatur bleibt durch isotherm-umkehrbaren Wärmeaustausch mit der Umgebung konstant. Es ist also $P_x'' \cdot V_x'' = P \cdot V_2$. Der Druck im Mischraum ΔV_x ist jetzt $(P + P_x'')$.

Wird nun der Kolben B nach rechts verschoben (Stellung B_y, Bild 50d), so ändert sich jetzt an dem Gasraum für Gas II nichts, da es ja durch den Kolben A, der seine Lage behält, nicht hindurch kann. Es bleibt daher sein Teildruck P_x''.

Dem Gas I hingegen steht jetzt ein Volumen $V_1 + \Delta V_y = V_y'$ zur Verfügung. Es dehnt sich auf diesem Raum ebenfalls isothermisch aus, also $P_y' \cdot V_y' = P \cdot V_1$.

In dieser Zwischenstellung A_x des Kolbens A, und B_y des Kolbens B, herrscht also im Gemischraum $\Delta V_x + \Delta V_y = \Delta V_{xy}$ der Gesamtdruck $(P_x'' + P_y')$.

Haben beide Kolben ihre äußere Endlage erreicht, so sind beide Gase im Gemischraum $(V_1 + V_2) = V$. Der umkehrbar geführte Mischvorgang ist beendet. Das Gas I hat dabei den Teildruck P' (Punkt 1'), das Gas II den Teildruck P'' (Punkt 1''). Der Gesamtdruck im Mischraum V ist jetzt

$$P = P' + P''. \tag{156}$$

Die Teildrücke errechnen sich aus

$$\left.\begin{aligned} P' &= P\frac{V_1}{V} \\ P'' &= P\frac{V_2}{V}. \end{aligned}\right\} \tag{157}$$

Jedes der Gase hat dabei die im Anheben ihrer Gewichte gespeicherte Arbeit L_{I} bzw. L_{II} geleistet, insgesamt also die Arbeit

$$L = L_{\mathrm{I}} + L_{\mathrm{II}} = P\,V_1 \ln\frac{V}{V_1} + P\,V_2 \ln\frac{V}{V_2}. \tag{158 a}$$

Durch Senken der Gewichte und damit Zuführung der Arbeit L erfolgt auf umgekehrtem Weg die völlige Entmischung und damit die Wiederherstellung des Ausgangszustandes.

Durch diese Einführung der halbdurchlässigen Wände wird also der Mischungsvorgang umkehrbar durchführbar.

Dieser Gedanke war äußerst fruchtbar und wird später gestatten, chemische Reaktionen im Gedankenexperiment umkehrbar durchzuführen und damit die maximale Arbeit chemischer Reaktionen zu bestimmen (VIIIA1b).

Durch Einführen der Raumanteile $\mathfrak{v}_i$ der Mischungsteilnehmer (IIIB1) $\mathfrak{v}_I = V_1/V$ für Gas I, $\mathfrak{v}_{II} = V_2/V$ für Gas II läßt sich die Gleichung (158a) auch schreiben

$$L = P \cdot V \cdot (\mathfrak{v}_I \cdot \ln 1/\mathfrak{v}_I + \mathfrak{v}_{II} \cdot \ln 1/\mathfrak{v}_{II}). \quad (158b)$$

Die zur isotherm-umkehrbaren Vermischung aus der Umgebung zuzuführende Wärmemenge ist

$$Q = A L.$$

Bei dem nichtumkehrbaren Mischungsvorgang wird, wie eingangs gesagt, weder Wärme von außen zugeführt noch Arbeit geleistet. Diese im umkehrbaren Vorgang erscheinende Arbeit L dient bei der nichtumkehrbaren Vermischung dazu, daß sich die Moleküle des einen zwischen denen des anderen Gases hindurchzwängen. Die dabei erzeugte Reibungswärme wird wieder von der Gasmischung selbst aufgenommen. Die innere Energie bleibt ungeändert und damit die Temperatur konstant. Die Entropiezunahme ist daher

$$\Delta S = \frac{A L}{T}. \quad (159)$$

β) Abbildung wirklicher technischer Arbeitsprozesse im T, s-Diagramm, und die Wertung durch den Gütegrad

Der technische Wert des T, s-Diagramms liegt nicht allein in seinem Gebrauch als Rechentafel (vgl. IIID2b und IX2), sondern auch darin, daß es die nichtumkehrbaren Vorgänge in der wirklichen Maschine abbilden läßt. Es gibt somit ein anschauliches Bild der Arbeits- und Wärmeumsätze in den einzelnen Abschnitten des wirklichen Vorganges. Wenn auch nicht immer bis in alle Einzelheiten, so erlaubt der Vergleich dieses in das T, s-Diagramm übertragenen wirklichen Arbeitsvorganges mit dem zumutbaren, idealen Grenzfall doch die Beurteilung der Güte der wirklichen Maschine, also ihre Kennzeichnung durch einen Gütegrad η_g, auch thermodynamischer Wirkungsgrad η_{td} (auch innerer Wirkungsgrad) genannt.

Der Grund der Brauchbarkeit des T, s-Diagrammes für diese Zwecke liegt darin, daß allein die Übertragung der aus den meßbaren Einzelzuständen des Arbeitsmittels in der wirklichen Maschine in ein Koordinatensystem P, v oder T, s, wie es das P, v- oder T, s-Diagramm darstellt, noch nichts über die Umkehrbarkeit aussagt. Sie sind eine meßbare Wirklichkeit irgendeiner Menge irgendeines Arbeitsmittels in verschiedenen Punkten des Arbeitsprozesses in der Maschine, unabhängig davon, wie die Zustände verursacht sind.

Erst die flächenhafte Deutung der im T, s-Diagramm zur Darstellung kommenden Wärmemengen aus den Linienzügen gemessener Werte oder aufgenommener Diagramme (Indikatordiagramme) erfordert Klarheit darüber, daß das T, s-Diagramm dafür folgende Grundlagen hat:

a) Gleichbleibende Menge und physikalisch-chemische Beschaffenheit des Arbeitsmittels während des ganzen Kreisprozesses (vgl. dazu IIIA, Anmerkung Punkt 3, Beispiel 24).

b) Nur die als Wärme umkehrbar von außen zugeführten oder nach dort abgegebenen Energiemengen erscheinen flächenhaft. Bei nichtumkehrbaren Vorgängen haben diese Flächen je nach Art des Vorganges verschiedene Bedeutung (vgl. vorstehenden Abschnitt). Aber nichtumkehrbare Vorgänge sind im T, s-Diagramm nicht immer im einzelnen zu zergliedern und darzustellen, weil das T, s-Diagramm eben nur umkehrbar von außen zu- oder nach dort abgeführte Energiemengen abbildet.

Wird in das T, s-Diagramm z. B. das an der Kolbenmaschine aufgenommene Indikatordiagramm übertragen, so muß wenigstens für einen Punkt desselben auch die Temperatur bekannt sein. Meist läßt sich diese für den Beginn der Kompression angenähert einschätzen. Bei Dampfmaschinen läßt sich der Punkt trockener Sättigung aus der DOERFELschen Charakteristik der Kompressionslinie einschätzen (vgl. IIIA3f). Damit kann die Übertragung in das T, s-Diagramm vorgenommen werden (Bild 51).

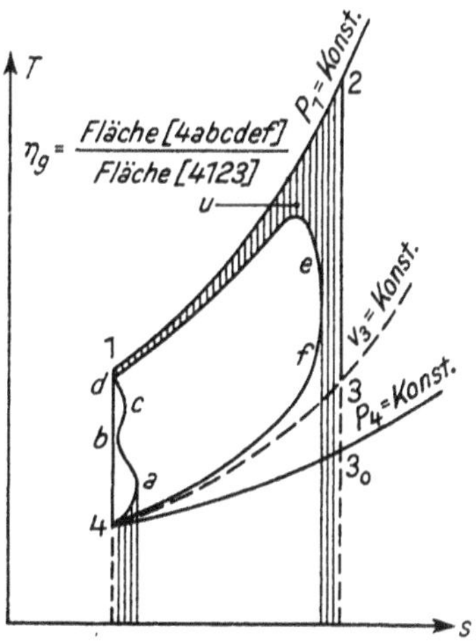

Bild 51. Übertragung des wirklichen Diagramms eines Einblasedieselmotors in das T, s-Diagramm und Wertung des Gütegrades gegenüber dem Idealprozeß Bild 46.

Flächenabschnitt u = Verlust durch unvollständige Wärmeentwicklung, die bis in die Expansion andauert, und durch Wärmeabgabe an die Wandungen. Die Idealisierung des wirklichen Prozesses, in dem dieselbe Stoffmenge $(G + G_{rest})$ einen Kreisprozeß ausführt, ergibt wohl dieselbe Nutzarbeit, jedoch ist der Zustand in den einzelnen Punkten der Mengenzustandsänderungen nicht derjenige der tatsächlichen. Die Flächen unter oder über diesen Abschnitten stimmen daher mit den tatsächlich zu- oder abgeführten Wärmemengen nicht überein! In diesem Sinne ist auch Flächenabschnitt u zu beurteilen.

Fläche unter $4a$ ≙ Wärmeaufnahme aus der Wandungswärme;

Fläche unter ab ≙ Wärmeabgabe an die Wandung aus der Kompressionswärme;

Fläche unter bc ≙ Aufwärmen des eingebrachten Brennstoff-Luft-Gemisches und beginnende Wärmeentwicklung der Reaktion;

Fläche unter cd ≙ Beginn der Zündung und Wärmeentwicklung durch die Verbrennung;

Fläche [$4\ 3\ 3_0$] ≙ Verlust durch unvollständige Expansion

Dieses wirkliche Diagramm wird von dem Idealdiagramm des zumutbaren Vergleichsprozesses umschlossen, wie er sich aus dem an der Maschine gemessenen Brennstoff- bzw. Dampfverbrauch und dem Heizwert bzw. der Enthalpie des Eintrittsdampfes ergibt. Die beispielsweise Deutung der Flächen unter dem Linienzug des wirklichen Diagrammes, und zwischen diesem und dem Idealdiagramm, ist Bild 51 beigeschrieben.

Das Verhältnis der Fläche des wirklichen Diagrammes zu jener des idealen bezeichnet den Gütegrad η_g oder thermodynamischer Wirkungsgrad η_{td}.

Der Gütegrad zeigt also an, wieviel von der ideal in Arbeit umsetzbaren möglichen Wärme $Q_0 - |Q_u|$ im wirklichen Prozeß in Arbeit umgesetzt wurde.

Kennzeichnet also der thermische Wirkungsgrad $\eta_{th} = \frac{Q_0 - |Q_u|}{Q_0}$ den möglichen Wärmeumsatz eines Idealprozesses überhaupt, so beschreibt der Gütegrad

$$\eta_g = \frac{L_{N,\,wirkl.}}{L_{N,\,ideal}} \tag{160}$$

den Ausnutzungsgrad dieses ideal-möglichen ausnutzbaren Wärmegefälles $Q_0 - |Q_u|$.

Das Verhältnis der indizierten Arbeit $L_i = Q_i/A$, d. i. der vom Indikatordiagramm der wirklichen Maschine umrandeten Fläche zur insgesamt zugeführten Wärmemenge Q_0 ergibt also einen inneren thermischen Wirkungsgrad der wirklichen Maschine, den indizierten Wirkungsgrad

$$\eta_i = \eta_{th} \cdot \eta_g . \tag{161}$$

Berücksichtigt man noch den mechanischen Wirkungsgrad η_{mech}, also die äußeren Arbeitsverluste, welche durch Reibung bis zur außen verfügbaren Nutzleistung entstehen, so ergibt sich der wirtschaftliche Wirkungsgrad

$$\eta_w = \eta_i \cdot \eta_{mech} = \eta_{th} \cdot \eta_g \cdot \eta_{mech} . \tag{162}$$

Dieser hat wieder die Bedeutung eines äußeren thermischen Wirkungsgrades der wirklichen Maschine.

Vermittels des indizierten oder wirtschaftlichen Wirkungsgrades läßt sich auch der Brennstoffverbrauch b_i bzw. b_e berechnen. Dieser wird gemessen in Mengeneinheiten (kg oder Nm^3) des verwendeten Brennstoffes je Stunde, bezogen auf die indiziert oder effektiv damit erreichte Leistung N_i bzw. N_e, wenn h_u bzw. $\mathfrak{h}_u$ der Heizwert des Brennstoffes ist (vgl. über Heizwert VIIB1).

Es entsprechen 1 PS h (*Pferdekraftstunde*) = 632 kcal bei jeder Art von Wärme- und Arbeitsumsatz. Die zugeführte Wärmemenge Q_0 aus dem Brennstoffverbrauch und dem Heizwert berechnet ist

$$Q_0 = b_i \cdot h_u \left[\frac{\text{kg}_{\text{Brennstoff}}}{\text{Stunde, PS}_\text{i}} \cdot \text{kcal/kg}_{\text{Brennstoff}} = \text{kcal/PS}_\text{i}\,\text{h} \right].$$

Also gilt für

$$\eta_i = \frac{Q_0 - |Q_u|}{Q_0} = \frac{Q_i}{Q_0} = \frac{632}{b_i \cdot h_u} \tag{163}$$

oder aus dem Brennstoffverbrauch, bezogen auf die nach außen abgegebene Leistung N_e, berechnet ist

$$\eta_w = \frac{632}{b_e \cdot h_u} . \tag{164}$$

Die Entropievermehrung kommt also bei technischen Prozessen im Gütegrad η_g zum Ausdruck (vgl. IIIC6fβ Schluß).

i) Erkenntnistheoretische Ableitung des Entropiebegriffes und der absoluten Temperaturskala nach PLANCK

(Absolute Temperatur als integrierender Faktor)

PLANCK leitet den Entropiebegriff und die absolute Temperaturskala aus rein erkenntnistheoretischen Überlegungen zur Auffindung eines Wertmessers für die thermodynamische Wahrscheinlichkeit zweier Zustände ab.

Es ist die Frage zu entscheiden: ,,Unter welchen Bedingungen ist ein Prozeß möglich, um ein beliebiges Körpersystem von einem Zustand Z nach einem anderen Z' zu bringen, ohne daß irgendwelche Veränderungen außerhalb des Systems zurückbleiben. Dabei soll kein Verlust an Materie oder Energie stattfinden.''

Für die beiden Zustände Z, Z' können nun die Fälle eintreten:

α) Zustand Z ist völlig gleichwertig Zustand Z', d. h. der Vorgang ist umkehrbar, die Wahrscheinlichkeit beider Zustände ist gleich groß.

β) Zustand Z kann wohl in Z', nicht aber umgekehrt unter den Bedingungen keiner bleibenden Veränderungen außerhalb des Systems übergehen, d. h. Zustand Z' ist wahrscheinlicher als Zustand Z, oder es ist Zustand Z' wahrscheinlicher als Z.

Für ein einfaches System seien die Zustände Z, Z' durch die Zustände nur eines Körpers, z.B. eines Gases in einem Zylinder, unterschieden. Das Gas befindet sich, durch entsprechend geformte Kurvenscheiben, in jeder Kolbenstellung im indifferenten Gleichgewicht mit einem, von der Kolbenbewegung von der Höhe h auf h' angehobenen Gewicht G (ähnlich Bild 13, wenn $P_0 = 0$ wäre).

Der Zustand des Gases ist zu jeder Zeit beschrieben durch das Volumen V und die Temperatur t in irgendeiner beliebigen, empirisch gefundenen Temperaturzählung $P = P(t, v)$, ebenso auch die innere Energie $U = u(t, v)$.
Den Energieaustausch für beide Zustände des Systems, bezogen auf die Mengeneinheit, beschreibt die Verbindung

$$A \cdot G \cdot (h - h') = u' - u \,. \tag{165}$$

Unter Durchführung des Gedankenexperimentes bei einer umkehrbar-adiabatischen Zustandsänderung von Z nach Z' gilt mit $dQ = 0$ nach (61b)

$$du + A \cdot P \cdot dv = 0 \,, \tag{166}$$

wobei nach (58) auch gilt

$$\left(\frac{\partial u}{\partial t}\right)_v dt + \left[\left(\frac{\partial u}{\partial v}\right)_t + A \cdot P\right] dv = 0 \,. \tag{167}$$

Nach (51) u. f. ist aber die linke Gleichungsseite kein vollständiges Differential. Die Mathematik zeigt aber, daß sich immer eine Funktion der unabhängigen Veränderlichen des unvollständigen Differentials finden läßt, welche als ,,Integrierender Nenner'' das unvollständige Differential zu einem vollständigen macht. Im vorliegenden Falle ergibt sich mit einem integrierenden Nenner $N(t, v)$ das vollständige Differential

$$ds = \frac{du + A \cdot P \cdot dv}{N(t, v)} = 0. \tag{168}$$

Die Funktion s der beiden unabhängigen Veränderlichen t, v, welche die Zustandseigenschaften des Körpers beschreibt, ist also damit selbst eine Zustandsgröße, genau wie u. Sie ist bis auf die Integrationskonstante, also einem Wert in dem noch unbekannten Zählnullpunkt, eindeutig bestimmt, genau wie die noch unbestimmte, empirisch gewählte Temperaturskala für t.

Diese Zustandsgröße s wird vorgreifend, und in später festgestellter Identität, „Entropie" genannt.

Unter diesen unendlich vielen möglichen integrierenden Nennern $N \cdot f(s)$ wird ein beliebiger positiver, $N > 0$ herausgewählt. Nunmehr läßt sich die Gleichung (168) integrieren und ergibt

$$s = \text{konst.} \tag{169}$$

Da dieser Wert der betrachteten vorgeschriebenen umkehrbar-adiabatischen Zustandsänderung von Z nach Z' zugeordnet ist (es war $dQ = 0$ vorausgesetzt), kommt jeder Adiabate ein bestimmter Wert s zu, der nur abhängig ist von t und v bzw. u und v [vgl. Ergebnis unter IIIC6b, (142)].

Die weitere Diskussion dieses Gedankenexperimentes liefert nun das *Ergebnis:*

(Siehe Planck, M. z. B. „Einführung in die Theorie der Wärme" Bd. V, § 40 u. f. zu „Einführung in die theoretische Physik", 1930).

α) Die eingeführte Entropiefunktion ist der thermodynamischen Wahrscheinlichkeit im gleichen Sinne eindeutig zugeordnet, in dem sie mit dieser gleichbleibt, größer oder kleiner wird.

β) Die Entropiefunktion ist bei einem nichtumkehrbaren Vorgange im Endzustand größer als im Ausgangszustand (vgl. IIIC6c).

Die Ausdehnung dieses Gedankenexperimentes auf die Verhältnisse zweier und mehrerer in einem abgeschlossenen System betrachteter Körper zwischen den gegebenen Zuständen Z und Z' ergibt die *wichtigen Erkenntnisse:*

α) Die absolute Temperatur eines Körpers ist diejenige positive Temperaturfunktion seiner empirisch gewonnenen Temperaturgleichung [z. B. $(T_{Dampfpunkt} - T_{Eispunkt}) = 100$], welche als integrierender Nenner das unvollständige Differential $(du + A \cdot P \cdot dv)$ zu einem vollständigen macht.

β) Jeder in der Natur stattfindende physikalische oder chemische Prozeß verläuft in dem Sinne, daß die Summe der Entropien aller durch den Prozeß veränderten Körper unverändert bleibt oder vergrößert wird; oder kurz: Die Entropie ist ein Maß der thermodynamischen Wahrscheinlichkeit.

Beispiel 14: Eine Kraftmaschine, die verlustlos nach dem CARNOT-Prozeß arbeitet, leistet 1000 PS mit einem thermischen Wirkungsgrad $\eta_{th} = 0{,}45$. Die untere Grenztemperatur $t_u = 20°$ C. Welches ist die obere Grenztemperatur t_o und welche Wärmemenge Q_o muß dieser Idealmaschine zugeführt werden?

Nach (134) ist $\eta_{th} = \frac{T_o - T_u}{T_o}$, daraus ergibt sich

$$T_o = \frac{T_u}{(1 - \eta_{th})} = \frac{293}{1 - 0{,}45} = 533\,°\mathrm{K} \equiv \mathbf{t_o = 260\,°\,C.}$$

Nach IIIB6hβ entspricht 1 PS h = 632 kcal.

Nach (134) ist $\eta_{th} = \frac{A L_N}{Q_o}$, also daraus $\mathbf{Q_0 = 1\,400\,000}$ **kcal.**

Beispiel 15 (Bild 52): Ein Kühlraum soll auf $t_u = -10°$ C gehalten werden, bei einer Außentemperatur $t_o = +15°$ C. Der fortzuschaffende stündliche Wärmeeinfall in den Kühlraum beträgt $Q_u = 5000$ kcal/h. Wie groß ist die theoretische Leistung einer nach CARNOT arbeitenden Kältemaschine und wie groß ist ihre Leistungsziffer ε?

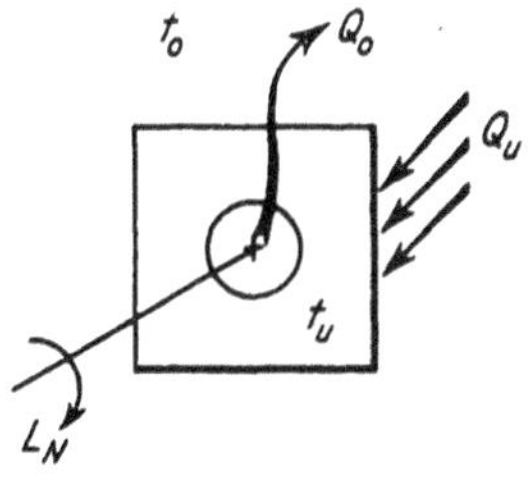

Bild 52. Zu Beispiel 15

Nach (132) ist $|Q_o| = Q_u + |A L_N|$.
Nach (133) ist $|Q_o|/Q_u = T_o/T_u$. Daraus ergibt sich

$$|Q_o| = 5000 \cdot 288/263 = 5470 \text{ in kcal/h}.$$

Nach (134) ist $\eta_{th} = \frac{T_o - T_u}{T_o} = \frac{A L_N}{Q_o}$ woraus sich ergibt $|A L_N| = 476$ kcal/h oder $N = 476/632 = \mathbf{0{,}765}$ **in PS.**

Die Leistungsziffer dient zur Beurteilung der Kälteleistung und ergibt sich

$$\text{zu } \varepsilon = \frac{T_u}{T_o - T_u} = 263/25 = \mathbf{10{,}5}.$$

Beispiel 16 (Bild 53): Es vermischen sich bei gleichem Druck (1 ata) und gleicher Temperatur ($t = 20°$ C): $V_1 = 13$ l H_2 mit $V_2 = 25$ l N_2. Wie groß ist der Arbeitsverlust durch den Mischvorgang, wie groß ist die Entropiezunahme, und wie groß sind die Teildrücke?

Nach IIIB6hα3 ist die bei isotherm-umkehrbarer Ausdehnung geleistete Arbeit

$$L_{H_2} = 10000 \cdot 0{,}013 \ln \frac{38}{13} = \mathbf{139 \text{ in kg m}};$$

$$L_{N_2} = 10000 \cdot 0{,}025 \ln \frac{38}{25} = \mathbf{104{,}6 \text{ in kg m}}.$$

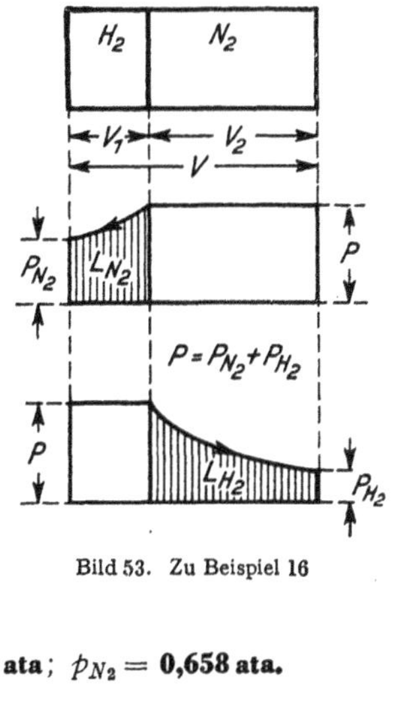

Bild 53. Zu Beispiel 16

Damit wird für den nichtumkehrbaren Mischvorgang

$$\Delta S = \frac{\frac{1}{427}(139 + 104{,}6)}{293} = \mathbf{0{,}1946 \cdot 10^{-2} \text{ in kcal/grd.}}$$

Die Teildrücke ergeben sich nach (120) zu $p_{N_2} = \mathbf{0{,}342}$ **ata**; $p_{N_2} = \mathbf{0{,}658}$ **ata.**

Beispiel 17: Heizwert $h_u = 10\,000$ kcal/$kg_{Brennstoff}$, gemessener Brennstoffverbrauch $b_i = 0{,}14$ kg/PS_i h, daher ist $\eta_i = \frac{632}{0{,}14 \cdot 10\,000} = 0{,}45$ nach (163).

Der thermische Wirkungsgrad des zumutbaren idealen Prozesses mit einer Wärmezufuhr $Q_0 = b_i \cdot h_u = 0{,}14 \cdot 10\,000 = 14\,000$ kcal/PS_i h sei errechnet worden zu $\eta_{th} = 0{,}534$.

Die indizierte Leistung wird aus der Fläche des Indikatordiagramms mit Berücksichtigung der Drehzahl n der Maschine errechnet.

Dann ist nach (161) der Gütegrad dieser Maschine $\eta_g = \frac{\eta_i}{\eta_{th}} = \frac{0{,}45}{0{,}534} = \mathbf{0{,}843}$.

Wurde der Brennstoffverbrauch auch bezogen auf die effektive Leistung (nach außen verfügbare Leistung, z. B. gemessen mit einem Torsionsdynamometer) mit $b_e = 0{,}174$ kg/PS_e h gemessen, so ist daraus der mechanische Wirkungsgrad

$$\eta_{mech} = \frac{b_i}{b_e} = \mathbf{0{,}805}.$$

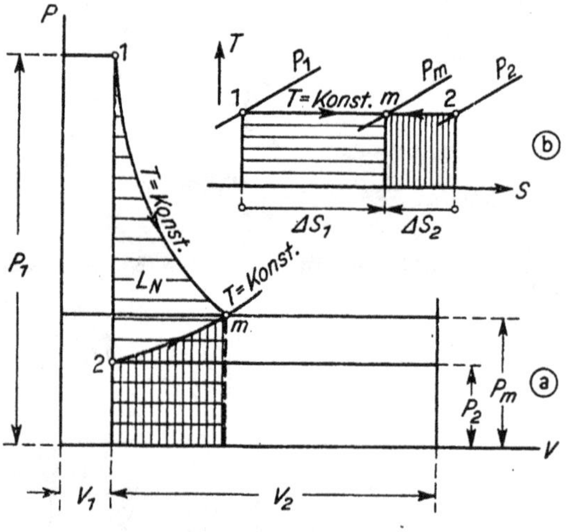

Bild 54. Zu Beispiel 18

Beispiel 18 (Bild 54): Überschleußen von Luft aus einem Behälter höheren in einen niederen Druckes bei Temperaturausgleich (praktische Anwendung z. B. bei Auffüllen der Anlaßluftflaschen der Motoren aus der Hochdruckflasche).

Behälter 1: $V_1 = 1\ m^3$ Inhalt
$p_1 = 70$ ata
$t_1 = 20°$ C

Behälter 2: $V_2 = 6\ m^3$ Inhalt
$p_2 = 15$ ata
$t_2 = 20°$ C

Umgebungstemperatur 20° C.

Frage: Gemeinsamer Mischungsdruck beider Räume und Entropiezunahme, wenn beide Behälter bis zum vollständigen Ausgleich in Verbindung bleiben?

Der Mischungsdruck ergibt sich nach (120) zu

$$p_m = \frac{\sum p_i \cdot V_i}{\sum V_i} = \frac{70 \cdot 1 + 15 \cdot 6}{1 + 6} \text{ ata} = \mathbf{22{,}9\ ata.}$$

Die Mischungstemperatur bleibt konstant 20° C.

Die Luft beider Behälter, eine isotherm-umkehrbare Zustandsänderung auf den Mischungsdruck P_m durchgeführt gedacht, läßt eine Nutzarbeit L_N gewinnen zu

$$L_N = P_1 \cdot V_1 \ln P_1/P_m - P_2 \cdot V_2 \ln P_m/P_2 = 420\,000 \text{ kg m}.$$

Beim nichtumkehrbaren Ausgleich ist diese Nutzarbeit in der Entropiezunahme zu buchen, also ist diese

$$\Delta S = \frac{420\,000}{427 \cdot 293} = \mathbf{3{,}35\ in\ kcal/grd.}$$

Beispiel 19: In einer Leitung wird ein strömendes, ideales Gas von $p_1 = 10$ ata durch eine Drosselstelle auf $p_2 = 8$ ata abgedrosselt. Ein Wärmeaustausch mit der Umgebung findet nicht statt. Wie groß ist die Entropiezunahme?
Die Strömungsgeschwindigkeit in der Leitung wird vernachlässigt. Bei einem idealen Gas ist $i =$ konst. $\equiv T =$ konst. Daher ist nach (IIIB6hα_3)

$$\Delta \mathfrak{S} = A\,\mathfrak{R} \cdot \ln P_1/P_2 = 1{,}986 \cdot \ln 10/8 = \mathbf{0{,}444 \text{ in } \frac{kcal}{Mol\ grd}}\,.$$

(Hinsichtlich der Drosselung wirklicher Gase siehe IIID1a: JOULE-THOMSON-Effekt.)

D. WIRKLICHE GASE UND DÄMPFE, PHASENUMWANDLUNG, ZUSAMMENHANG DER ZUSTANDSGRÖSSEN

Zwischen den Grenzzuständen der idealen festen Körper und der idealen Gase liegen die nichtidealen festen Körper, die Flüssigkeiten, Dämpfe und die wirklichen Gase, geordnet nach wachsendem Unordnungsgrad (IIA). Vom molekular-theoretischen Standpunkt ist eine scharfe Grenzziehung zwischen den Aggregatzuständen nicht gerechtfertigt, wie die verschiedenen Übergänge der plastischen Körper zeigen.

1. VERHALTEN DER WIRKLICHEN GASE

a) JOULE-THOMSON-*Effekt, spezifische Wärmen der wirklichen Gase*

Die idealen Gase, welchen bei kleinen Drücken die wirklichen Gase in ihrem Verhalten nahekommen und daher als vollkommene Gase bezeichnet werden, sind ein gedachter Grenzfall. Hier finden Molekülabstand und Eigenvolumen keine Berücksichtigung [IIB1a und IIIA1, Anmerkung zu (36)]. Dieser Grenzfall ist dadurch ausgezeichnet, daß diese Gase der Gasgleichung $P \cdot v = R \cdot T$ folgen [(40)]. Für diese vollkommenen Gase ergab sich aus den Ausführungen der kinetischen Gastheorie (IIB2d), daß ihre spezifische Wärme je nach ihrem molekularen Aufbau nur abhängig von der Temperatur ist, nicht aber vom Volumen und damit gleichbedeutend vom Druck. Es war $\left(\frac{\partial u}{\partial v}\right)_T = 0$ nach (60).

Die wirklichen Gase zeigen nun gegenüber dem idealen Verhalten $P \cdot v = R \cdot T$ Abweichungen, welche grundsätzlich gültig in Bild 55 für Kohlendioxyd wiedergegeben sind. Die Abweichung von dem idealen Verhalten wird um so größer, je näher der Gaszustand jenem der Verflüssigung kommt (IIID2). Im Minimum dieser Kurvenzüge konstanter Temperatur ergibt die Verbindung aller dieser Punkte die BOYLE-Kurve „min $(pv)_t$". Sie endet bei $P = 0$ im BOYLE-Punkt.

Diese Temperatur, für die das wirkliche Gas dem Gesetz von BOYLE-MARIOTTE ($Pv =$ konst.) bei $P = 0$ folgt, ist die BOYLE-Temperatur. Hier

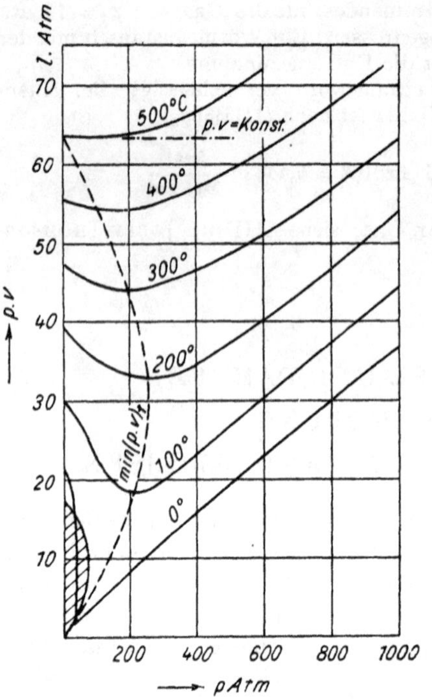

Bild 55. Pv, T-Diagramm von Kohlenoxyd; Kurve min $(pv)_t$ ist die BOYLE-Kurve. BOYLE-Temperatur $t = 500°$ C überdeckt etwa den Bereich von $p = 0$ bis $p = 100$ Atm. Der schräg schraffierte Zipfel entspricht dem flüssigen Zustand

verläuft die $T=$konst.-Linie im Pv, P-Diagramm (Bild 55) in einem großen Bereich horizontal (z. B. für CO_2 ist die BOYLE-Temperatur 500° C über den Bereich von 0 bis etwa 100 at, für Luft liegt sie etwa bei 54° C, für H_2 bei etwa $-166°$ C).

Unterhalb des BOYLE-Punktes findet sich auch für $P > 0$ auf jeder Isotherme nochmals ein Punkt mit dem Wert $P \cdot v$ ihres $P = 0$-Punktes. Alle diese Punkte ergeben die **Idealkurve**.

Mit der Abweichung der Gasgleichung realer Gase ist auch ein anderes Verhalten der Energieumsetzungen bei Volumen- und Druckänderungen verbunden. Es ist hier

$$\left(\frac{\partial u}{\partial v}\right)_T \neq 0; \qquad (170)$$

das heißt:

Die innere Energie ist auch eine Funktion des Volumens (210 a).

Damit sind aber auch die spezifischen Wärmen (c_v bzw. $\mathfrak{C}_v$) von Temperatur *und* Druck abhängig. Ihr grundsätzliches Verhalten ist durch Bild 56 für Ammoniak, und Bild 63 für Wasserdampf dargestellt.

Es ist hier also auch $(c_p - c_v)$ nicht mehr konstant und gleich $A\,R$ [siehe (219)]. Das bei den idealen Gasen vernachlässigte Wechselspiel zwischen den anziehenden und abstoßenden Kräften und das Eigenvolumen der Moleküle äußert sich bei den wirklichen Gasen je nach Temperatur- und Druckgebiet in verschiedener Richtung. Expandiert ein wirkliches Gas ohne Arbeitsleistung, so tritt eine positive oder negative Temperaturänderung ein, der

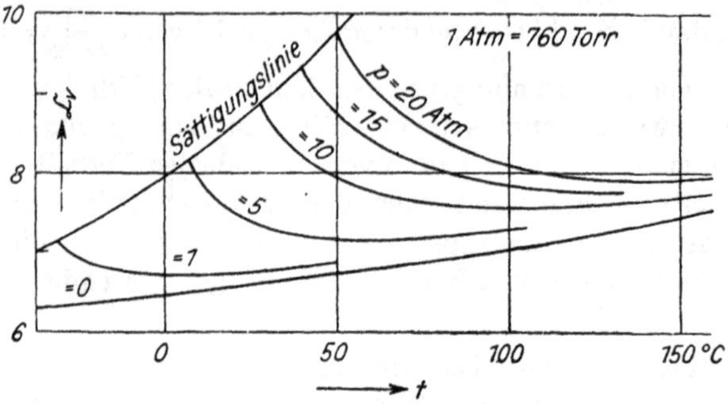

Bild 56. Molekularwärmen $\mathfrak{C}_v$ in Abhängigkeit von der Temperatur und für verschiedene Drücke für Ammoniak

JOULE-THOMSON-Effekt (1852). Der Umkehrpunkt dieses Effektes wird die Inversionstemperatur genannt. Sie liegt bei kleinen Drücken etwa in der Größenordnung der doppelten BOYLE-Temperatur (z. B. für H_2 ist die BOYLE-Temperatur 107° K, die Inversionstemperatur etwa 222° K).

Bei den meisten wirklichen Gasen findet bei der arbeitslosen Entspannung (Drosselung) in den technisch gebräuchlichen Druck- und Temperaturgebieten eine Abkühlung statt. Die Entropietafeln der Gase und Dämpfe gestatten in einfacher Weise diesen Kühleffekt bei der Drosselung zu entnehmen (IIIC6h, IIID2b und IX3).

Der Kühleffekt wird damit erklärt, daß bei der adiabatischen Expansion zum Loslösen der Moleküle aus den Kraftfeldern ihrer Nachbarn Energie notwendig ist, also ein Verlust an kinetischer Energie eintritt, der sich in einer Temperaturverminderung äußert.

Für überhitzte Dämpfe (IIID2) zeigen die Drosselversuche eine etwa dem Druckgefälle proportionale Temperaturerniedrigung.

Die wirklichen Gase sind ihrem Wesen nach nur überhitzte Dämpfe, die sich mit dem Überhitzungszustand dem vollkommenen Gaszustand immer mehr nähern. Dies berechtigt somit, den gefundenen Ansatz der Proportionalität grundsätzlich für den JOULE-THOMSON-Effekt zu machen

$$\Delta t = \delta \, \Delta p . \tag{171}$$

Darin ist

$$\delta = \left(\frac{\partial T}{\partial P}\right)_i \tag{172}$$

der differentiale JOULE-THOMSON-Koeffizient (für kleine Druckgefälle, meist auf eine Atmosphäre bezogen). Der JOULE-THOMSON-Koeffizient gibt also die Neigung der $i =$ konst.-Linie im P, T-Diagramm an.

Die Ableitung von δ aus den allgemeinen Zusammenhängen der Zustandsgrößen untereinander wird unter IIID4 gebracht und ergibt dort unter (221)

$$\delta = \left(\frac{\partial T}{\partial P}\right)_i = A \, \frac{T\left(\frac{\partial v}{\partial T}\right)_p - v}{c_p} .$$

Der JOULE-THOMSON-Effekt nimmt mit steigender Temperatur und wachsendem Druck ab und wird schließlich negativ (IIID4d). Die zu den verschiedenen Temperaturen und Drücken gehörenden Punkte, für die $\delta = 0$ ist, bilden die Inversionskurve.

Für die Abhängigkeit von Temperatur und Druck ergaben die Versuche die Beziehung

$$\delta = (a - b\,p)\left(\frac{273}{T}\right)^2 . \tag{173}$$

Für ein endliches Drosselgefälle $(p_1 - p_2)$ ergibt sich mit diesem Wert durch Integration von (171) der integrale JOULE-THOMSON-Effekt

$$\Delta T = T_1 - T_2 = T_1 - \sqrt[3]{T_1^3 - 3 \cdot 273^2 \cdot a\,(p_1 - p)_2 + \frac{3}{2} \cdot b \cdot 273^2\,(p_1^2 - p_2^2)} . \tag{174}$$

Darin sind a und b von der Stoffart abhängige Beizahlen. Sie sind z. B. für Luft

$$a = 0{,}268; \quad b = 0{,}00086,$$

für O_2 sind sie

$$a = 0{,}313; \quad b = 0{,}00085.$$

Beispiel 20: Luft 60 at, 15° C wird auf 30 at abgedrosselt.

Nach (173): $\delta = (0{,}268 - 0{,}00086 \cdot 60) \cdot \left(\frac{273}{288}\right)^2 = 0{,}1946$, also nach (171): $\Delta t = 0{,}1946 \cdot 30 = \mathbf{5{,}83° \, C}$, oder nach der genaueren Gleichung (174):

$$\Delta T = 288 - \sqrt[3]{288^3 - 3 \cdot 273^2 \cdot 0{,}268 \cdot 30 + \frac{3}{2} 0{,}00086 \cdot 273^2 (60^2 - 30^2)} = \mathbf{7{,}2° \, C}.$$

Am einfachsten ist die Ermittlung mit dem i, s-Diagramm des betreffenden Gases oder Dampfes (siehe Beispiel 23).

Auf der Wirkung dieses Joule-Thomson-Effektes beruht die Luftverflüssigung von Linde (1896); dazu Bild 57. Mit der nach diesem Verfahren überhaupt erst möglich gewordenen Erzeugung tiefer und tiefster Temperaturen wurde die Erforschung des Verhaltens der Stoffe bei tiefen Temperaturen eingeleitet (VIIIA4).

Den Eintritt des Joule-Thomson-Effektes läßt auch grundsätzlich die Diskussion der van der Waalsschen Gleichung erklären für Gase, deren Verhalten sie annähernd wiedergibt (H_2, O_2, CO_2) (IIID4).

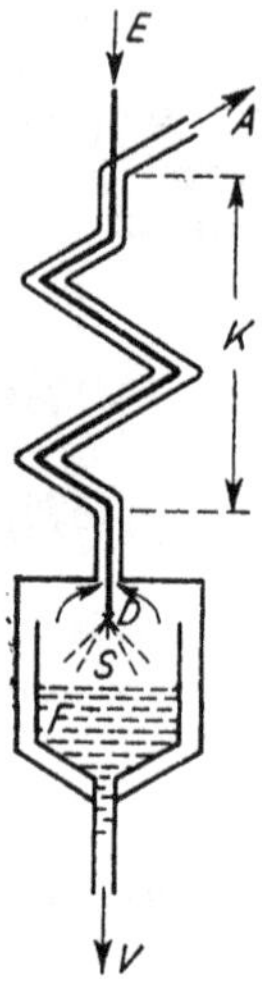

Bild 57. Prinzipschema der Luftverflüssigung nach C. Linde.
E ≙ Eintritt der verdichteten Luft;
D ≙ Drosselstelle mit ausblasendem Luftdampfstrahl S;
F ≙ Auffanggefäß, von Luftdampf umspült, für die sich ausscheidenden Lufttröpfchen;
A ≙ Absaugen der expandierten, nicht verflüssigten Luft;
V ≙ Ablauf der verflüssigten Luft;
K ≙ Vorkühler der verdichteten Luft durch die expandierte, nicht verflüssigte

Für die wirklichen Gase sind die spezifischen Wärmen nur für 1-atomige Gase, genügend weit oberhalb der Verflüssigung, unabhängig von der Temperatur.

Für 2-atomige Gase besteht nur eine Temperaturabhängigkeit, und diese wird durch ein lineares Gesetz

$$c = c_0 + b \cdot t \tag{175}$$

ersetzt,

$$\left.\begin{aligned} \mathfrak{C}_{p,\,t} &= (M \cdot c_p)_t = 6{,}88 + 0{,}00106 \cdot t \\ \mathfrak{C}_{v,\,t} &= (M \cdot c_v)_t = 4{,}88 + 0{,}00106 \cdot t. \end{aligned}\right\} \tag{176a}$$

Gemäß der Erklärung der mittleren spezifischen Wärme zwischen 0° und t° (IC) ist auch

$$\left.\begin{aligned} |\mathfrak{C}_p|_0^t &= |M \cdot c_p|_0^t = 6{,}88 + 0{,}00053 \cdot t \\ |\mathfrak{C}_v|_0^t &= |M \cdot c_v|_0^t = 4{,}88 + 0{,}00053 \cdot t. \end{aligned}\right\} \tag{176b}$$

Bei mehratomigen Gasen stimmt der lineare Verlauf, auch in größerer Entfernung von der Verflüssigungsgrenze, noch weniger.

Für technische Rechnungen werden auch hier lineare Gesetze angenommen.

Eine größere Genauigkeit und Annäherung wird durch Hinzunahme eines quadratischen Gliedes „$b_1 \cdot t^2$" zu (175) erreicht.

Die wahren und mittleren spezifischen Wärmen sind in den Handbüchern in Tabellenform zusammengestellt. Die heute genauesten Werte stammen von Justi, „Spezifische Wärme, Enthalpie, Entropie und Dissoziation technischer Gase, Springer-Verlag Berlin 1938" und auf molekular-theoretischer Grundlage errechnet von Wagmann, Rossini und Mitarbeitern, „NBS Journal of Research Bd. 34, Febr. 1945" z. T. bearbeitet von E. Schmidt, „Forschung, 1949, Nr. 1, S. 19" und O. Lutz, „Ing.-Archiv, 1948, S. 377".

Die Druckabhängigkeit wird gleichungsmäßig nicht erfaßt. Für Verbrennungsvorgänge, welche sich, mit Ausnahme der motorischen Verbrennung, in den Feuerungen in der Nähe der Atmosphäre abspielen, wird die Druckabhängigkeit vernachlässigt und nur jene von der Temperatur berücksichtigt.

b) Van der Waalssche Gleichung

Die Abweichung von dem Charakter der Gasgleichung $P \cdot v = R \cdot T$ wird durch verschiedene Korrekturglieder in ihrer grundsätzlichen Tendenz erfaßt.

Die mathematische Verschmelzung des Gas- und flüssigen Zustandes wurde erstmals durch die van der Waalssche Zustandsgleichung (1873) versucht

$$\left(P + \frac{a}{v^2}\right)(v - b) = R \cdot T. \tag{177}$$

Die Korrekturglieder a und b in (177) sind positive, dem jeweiligen Gas eigentümliche Konstanten, wie die Gaskonstante R.

Und zwar berücksichtigt a die zwischen den Molekülen wirkenden anziehenden Kräfte. Diese vermindern den Druck auf die begrenzenden Wandungen je kleiner der mittlere Molekülabstand und je größer die Molekelzahl ist, dem der Faktor $1/v^2$ Rechnung trägt. Damit ist a/v^2 der Kohäsionsdruck, der bei verdichteten Gasen den Außendruck ganz wesentlich übersteigen kann. Der Binnendruck

$$\frac{1}{A} \cdot \left(\frac{\partial u}{\partial v}\right)_T \quad (210\,\text{a}),$$

auch Innerer Druck genannt, darf aber nicht allgemein dem Kohäsionsdruck gleichgesetzt werden, dies trifft nur zu, wenn die van der Waalssche Gleichung das wirkliche thermische Verhalten des Gases auch wiedergibt.

Das Korrekturglied b, Kovolumen genannt, berücksichtigt das Eigenvolumen der Moleküle. $(v - b)$ ist also der zur Molekelbewegung verfügbare freie Raum.

Die Annäherung des wirklichen Gases an das Verhalten des idealen steigt mit der Bedingung: $P \gg a/v^2$ und $v \gg b$.

Die Übereinstimmung der van der Waalsschen Gleichung sinkt mit steigendem Druck. Dies ist darauf zurückzuführen, daß die Moleküle durch ihren inneren Aufbau kein nach allen Richtungen gleiches elastisches Verhalten bei den Zusammenstößen zeigen.

Die schematischen P, v-Kurven nach der VAN DER WAALSschen Gleichung bei $T =$ konst. zeigt Bild 58. Dort sind auch die charakteristischen Gebiete kurz erklärt.

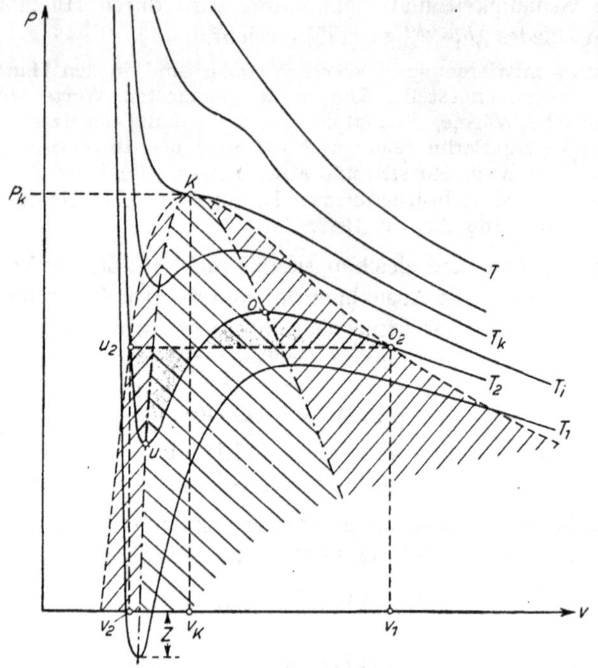

Bild 58. Isothermen nach der VAN DER WAALSschen Zustandsgleichung.
P_k, v_k, T_k sind die Zustandsgrößen im kritischen Punkt K. Dieser Zustand kann sowohl als Dampf wie als Flüssigkeit angesprochen werden. P, v-Linie hat in K horizontale Wendetangente.
Kurvenstück $u \cdots o$ jeder Isotherme entspricht einem labilen Gleichgewichtszustand; er ist physikalisch unmöglich, da hier der Druck mit dem Volumen abnehmen würde.
[/// $(u_2 \cdots u)$] = Gebiet der überhitzten Flüssigkeit;
[/// $(o \cdots o_2)$] = Gebiet des unterkühlten Dampfes.
Beide Gebiete sind metastabil. Sie fallen bei Vorhandensein von Keimen der fremden Phase sofort auf das Zweiphasensystem zusammen.
Grund für das Auftreten metastabiler Gebiete: Es ist eine gewisse Kraft notwendig, um zur Verdampfung die Molekeln aus ihren Kraftfeldern herauszulösen, und umgekehrt bei der Verflüssigung, um die abstoßenden Kräfte zu überwinden. ▨ stabiles Zweiphasengebiet;
$(u_2 \cdots o_2)$ wird aus der Flächengleichheit beiderseits der s-förmigen Kurve erhalten. Diese Linie entspricht der Verflüssigung bei konstantem Druck, bei welcher Gleichgewicht zwischen Flüssigkeit und Dampf besteht (vgl. Bild 62).
Über T_k-Linie hinaus ist das Gebiet des permanenten Gaszustandes.
Z = Zugspannung in der Flüssigkeit

Die VAN DER WAALSsche Gleichung ist vom 3. Grade. Eine ausgezeichnete Lösung bildet der kritische Punkt K, in dem alle drei Wurzeln dieser Gleichung zusammenfallen und reell sind. Aus den versuchsmäßig bestimmbaren Werten für diesen Punkt lassen sich daher die Konstanten R, a und b bestimmen zu

$$R = \frac{8}{3} \cdot \frac{P_k \cdot v_k}{T_k}; \quad a = 3 \cdot P_k \cdot v_k^2; \quad b = \frac{v_k}{3}. \tag{178}$$

Anmerkung: Wir erinnern dazu an die Lehren der Algebra, daß sich jedes Polynom $g(x)$ in die Gestalt zerlegen läßt

$$g(x) = (x - \alpha) \cdot (x - \beta) \cdot (x - \gamma) \cdots = 0;$$

darin sind $\alpha, \beta, \gamma \cdots$ die Wurzeln der Gleichung.

Fallen speziell, wie hier schon durch die physikalische Diskussion von (177) erkannt, im kritischen Punkt K (horizontale Wendetangente) die drei Wurzeln zusammen, so schrumpft die obige Gleichung zusammen auf $(x-\alpha)^3 = 0$, also

$$(x-\alpha)^3 = x^3 - 3x^2\alpha + 3x\alpha^2 - \alpha^3 = 0 .$$

Durch Koeffizientenvergleich mit der nach Potenzen von v entwickelten Gleichung (177) ergeben die Wurzeln $\alpha_{1,2,3}$ für R, a, b die Werte in (178).

Werden die Werte aus (178) in die VAN DER WAALSsche Gleichung (177) eingesetzt, so erhält man eine Gleichung, in der alle Zustandsgrößen P, v, T auf den Zustand P_k, v_k, T_k im kritischen Punkt K bezogen sind:

$$P_k = \frac{a}{27 \cdot b^2}, \quad v_k = 3b, \quad T_k = \frac{8a}{27 \cdot b \cdot R}. \tag{179a}$$

Mit der Bezeichnung

$$P_r = \frac{P}{P_k}, \quad v_r = \frac{v}{v_k}, \quad T_r = \frac{T}{T_k} \tag{179b}$$

lautet dann die Gleichung (177)

$$\left(P_r + \frac{3}{v_r^2}\right) \cdot (3v_r - 1) = 8 \cdot T_r , \tag{179c}$$

die reduzierte VAN DER WAALS-Gleichung genannt wird.

Das Bild 58 bleibt in seiner Darstellung also erhalten, wenn man sich dort statt P, v, T die reduzierten, dimensionslosen Größen P_r, v_r, T_r geschrieben denkt. Hierin beruht gerade der Wert dieser dimensionslosen Darstellung, daß sich aus den Versuchswerten R, a, b nach (178) nachprüfen läßt, ob sich die Zustandslinien verschiedener Substanzen gleichverhalten, daß dann also die Zustandslinien durch entsprechende Wahl des Maßstabes zur Deckung kommen.

Dies ist das Theorem der übereinstimmenden Zustände. Eine sonstige Erweiterung der Aussagen der VAN DER WAALS-Gleichung bringt diese reduzierte Form jedoch nicht.

Andere Darstellungen mit noch mehr Gliedern stammen von K. ONNES, A. WOHL, R. PLANK u. a.

Während sich Flüssigkeiten und Gase durch die leichte Beweglichkeit ihrer Teilchen in ihrem Druck-, Volumen- und Temperaturverhalten grundsätzlich durch eine gemeinsame Zustandsgleichung darstellen lassen (z. B. die VAN DER WAALSsche Gleichung), so sind dennoch die Flüssigkeiten mit den festen Körpern enger verwandt. Diese Verwandtschaft begründet sich:

durch die mit einem vorgegebenen Volumen verbundene Ausbildung einer eigenen Oberfläche,

durch die geringe Komprimierbarkeit und Wärmeausdehnung (daher werden Flüssigkeiten auch „Kondensierte Stoffe" genannt), und

durch die nur geringen Unterschiede ihrer spezifischen Wärmen, die hier maßgebend durch die Schwingungs-, nicht aber durch die Translationsbewegung bestimmt ist und die sich im Schmelzpunkt kaum unterscheiden.

2. DÄMPFE, INSBESONDERE WASSERDAMPF

Dämpfe sind Gase in der Nähe ihrer Verflüssigung. Man unterscheidet: gesättigte und überhitzte Dämpfe.

Gesättigte Dämpfe befinden sich in einem labilen Zustand. Schon kleinste Temperatursenkungen bei konstant bleibendem Druck lassen den Dampf in den flüssigen Zustand zusammenfallen.

Überhitzte Dämpfe hingegen erfordern dazu je nach dem Grad der Überhitzung eine endliche Temperaturerniedrigung.

Im Sättigungszustand sind Flüssigkeit und der über ihrem Spiegel befindliche Dampf miteinander im Gleichgewicht.

Alle wirklichen Gase rücken vom Zustand hoher Temperatur und geringer Drücke, mit ihrer Annäherung an das Verhalten der vollkommenen Gase, bei niederen Temperaturen und hohen Drücken in den überhitzten Dampfzustand ein. Mit Erreichen des gesättigten Dampfzustandes lassen sie sich schließlich verflüssigen. Bei vielen Gasen läßt sich auch der feste Zustand erreichen (z. B. Wasserdampf, Kohlensäure usw.).

Gas- und flüssige Phase der Stoffe unterscheiden sich durch eine klar ausgebildete Grenzfläche, zu deren beiden Seiten derselbe Stoff verschiedene physikalische Eigenschaften aufweist, wie Dichte, innere Energie, Lichtbrechung usw. (IIA).

Ein ausgezeichneter Zustand besteht im sogenannten kritischen Punkt. Hier ist bei einem bestimmten Druck und einer bestimmten Temperatur der Zustand des Stoffes ebensogut als Dampf wie als Flüssigkeit anzusprechen. Hier besteht kein Unterschied in ihren physikalischen Eigenschaften.

Ein anderer ausgezeichneter Punkt im Verlauf der Phasenumwandlung, wie man die verschiedenen Erscheinungsformen auch nennt, ist der Tripelpunkt. In diesem Zustand (gegeben z. B. durch Druck, Temperatur), sind alle drei Phasen gleichzeitig miteinander im Gleichgewicht (IIID3).
Auch Lösungen sind in verschiedenen Phasen möglich (IIIE).

a) Dampferzeugung

Dieser Vorgang sei am Wasserdampf als dem technisch wichtigsten Dampf erklärt. Beim Wasserdampf wird der Vorgang und alle Zustandsgrößen vom Zustand 0° C und dem zugehörenden Sättigungsdruck 0,00623 ata gezählt.

In einem nach dem umgebenden Raum (Absolutdruck P_0 kg/m²) offenen Zylinder liegt mit einem Gewicht G kg belastet ein dichter, reibungsfrei beweglicher Kolben satt auf dem Zylinderboden auf. Er übt auf den Boden unter der Gewichtsbelastung und dem Umgebungsdruck den absoluten Druck P kg/m² aus (Bild 59).

Aus der Umgebung P_0 wird 1 kg Wasser mit dem spezifischen Volumen v_0 und der Temperatur $t_0 = 0°$ C unter Anheben des Kolbens in den Zylinder gedrückt.

Die dabei von außen geleistete Arbeit ist im Wärmemaß

$$A \cdot L_{sp} = A\,(P - P_0) \cdot v_0 \text{ in kcal/kg} \tag{180}$$

der Speisungsaufwand.

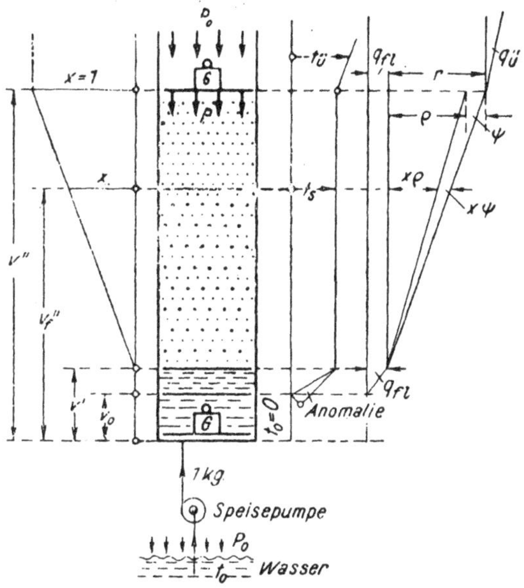

Bild 59. Vorgang der Dampferzeugung

In diesem Zustand P, v_0, t_0 wird dem Wasser nun Wärme zugeführt. Dadurch nimmt das Wasservolumen von v_0 mit gleichzeitiger Temperatursteigerung zu. Hier zeigt jetzt die weitere Beobachtung, daß bei *einer* Temperatur t_s trotz Wärmezufuhr die Temperatur nicht mehr steigt, wohl aber sich der Kolben langsam vom Flüssigkeitsspiegel abhebt. Die Dampferzeugung beginnt. In diesem Temperaturhaltepunkt t_s, der Siede- oder Verdampfungstemperatur, ist das Volumen der siedenden Flüssigkeit gleich v'.

Die bis dorthin bei konstantem Druck P zugeführte Wärmemenge ist die Flüssigkeitswärme

$$q_{fl} = \int_0^{t_s} c_p \cdot dt = |c_p|_0^{t_s} \cdot t_s \text{ in kcal/kg.} \tag{181}$$

In den niederen Temperaturbereichen (bis etwa 150° C) ist $|c_p|_0^{t_s} \approx 1$, also damit

$$q_{fl} \approx t_s \quad \text{gezählt in kcal/kg.} \tag{182}$$

Anmerkung: Das Wasser zeigt bei seiner Erwärmung eine bei anderen Flüssigkeiten nicht zu beobachtende Eigenheit. Sein Volumen nimmt trotz steigender Temperatur zunächst etwas ab und steigt erst dann ständig auf v'. Dieses Volumenminimum liegt für 760 Torr bei + 4° C. Diese Erscheinung, die Anomalie des Wassers, wird durch das Vorhandensein kleiner Mengen anderer Molekülarten (H_4O_2, H_6O_3), neben den überwiegenden H_2O, erklärt.

Beginnt der Verdampfungsversuch nicht mit Wasser von 0° C, sondern mit solchem einer höheren Temperatur (Vorwärmung des Speisewassers), so ist diese, schon vom zugeführten Wasser mitgebrachte Flüssigkeitswärme von jener q_{fl}, der von 0° C zuzuführenden, abzuziehen.

Von der Siedetemperatur t_s an hebt sich der Kolben ständig, der Dampfanteil steigt, der Wasseranteil nimmt ab, *die Temperatur t_s bleibt aber konstant.* In dem Augenblick, in welchem alles Wasser verdampft ist, also sich der Dampf nicht mehr über dem geschlossenen Wasserspiegel befindet, wird nun wieder eine

Temperaturzunahme über t_s beobachtet. Dieser Augenblickszustand eben vollständiger Verdampfung ist der Zustand trockener Sättigung des Dampfes. Der Dampf nimmt hier das Volumen v'' ein.

Bezeichnet man allgemein für einen Zwischenzustand während der Dampferzeugung als Dampfgehalt x das Verhältnis des reinen trockenen Dampfes zu dem Gewicht von Dampf und Wasser, also auf den Verdampfungsversuch mit 1 kg angewendet,

$$x = \frac{\text{verdampftes Wassergewicht}}{\text{ursprüngliches Wassergewicht} = 1\,\text{kg}}, \tag{183}$$

so ist $x = 0$ zu Beginn der Verdampfung und $x = 1$ bei trockener Sättigung. Der Anteil $(1 - x)$ ist die Dampfnässe oder Feuchtigkeit.

In diesem Zustand x bezeichnet man den Dampf als feucht. Sein spezifisches Volumen ist

$$v_f'' = x v'' + (1 - x)\, v'. \tag{184a}$$

Da aber $(1 - x) v'$ bei den technisch vorkommenden Werten x klein gegenüber $x v''$ ist, so kann man überschlägig auch setzen

$$v_f'' \approx x v''. \tag{184b}$$

Dementsprechend sind die spezifischen Gewichte

$$\begin{aligned} &\text{des trockenen Dampfes} \quad \gamma'' = 1/v'' \\ &\text{des feuchten Dampfes} \quad \gamma_f'' = \gamma''/x\,. \end{aligned} \tag{185}$$

Die Wärmemenge, welche bis zur vollständigen Verdampfung zuzuführen ist, ist die Verdampfungswärme r. Es zeigt sich jedoch, daß diese wesentlich größer ist als der bei der Volumenvergrößerung von v' auf v'' bei $P =$ konst. geleisteten Arbeit entspricht. Die Wärme muß sich aber irgendwo als Arbeit wiederfinden.

Die der Volumenvergrößerungsarbeit äquivalente Wärmemenge

$$\psi = A\,P\,(v'' - v') \tag{186}$$

ist die äußere Verdampfungswärme.

Der Rest, die innere Verdampfungswärme,

$$\varrho = r - \psi \tag{187}$$

wurde zur Lösung des inneren Molekülverbandes verbraucht. Die anziehenden Kräfte (VAN DER WAALSsche Kräfte) zwischen der gegenseitigen Lage der Moleküle in der engen Bindung des Wassers mußten für die losere des Dampfes überwunden werden (IIA, Bild 5). Diese Arbeit verbleibt demnach als Spannungsenergie im Dampf.

Für feuchten Dampf ist zur Volumenvergrößerung und zur Trennung des Molekülverbandes nur der Anteil x der in Dampf verwandelten Wassermenge erforderlich, daher ist die Verdampfungswärme des feuchten Dampfes

$$r_f = x r = x[A\,P(v'' - v') + \varrho]. \tag{188}$$

Die insgesamt zur Dampferzeugung aus dem eingebrachten Wasser erforderliche Wärmemenge ist die **Erzeugungswärme** λ. Sie ist für trockenen Dampf

$$\lambda = q_{fl} + r = q_{fl} + \psi + \varrho \tag{189a}$$

für feuchten Dampf

$$\lambda_f = q_{fl} + x r = q_{fl} + x(\psi + \varrho). \tag{189b}$$

Dieser Erzeugungswärme λ wäre allerdings noch der Speisungsaufwand $A L_{sp}$ nach (180) hinzuzuzählen; denn um das Wasser in den Druckraum hereinzubringen, war ja auch Arbeit von außen zuzuführen. Damit würde die **gesamte Erzeugungswärme**

$$\bar{\lambda} = \lambda + A L_{sp}. \tag{189c}$$

Da jedoch im technischen Dampfkesselbetrieb dieser Speisungsaufwand nur mittelbar, oft überhaupt nicht demselben Dampferzeuger entnommen wird und außerdem von den Wirkungsgraden der Speisepumpe und ihrem Antrieb belastet ist, so wird er für die Dampferzeugung nicht in Ansatz gebracht. Bei einer Wärmebilanz der ganzen Anlage hingegen erscheint er natürlich.

Dieser Verdampfungsversuch bei verschiedenen Drücken durchgeführt zeigt nun folgendes Ergebnis (Bild 60):

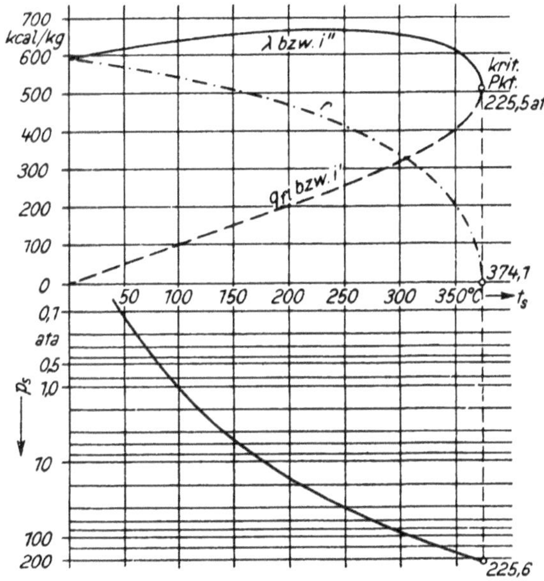

Bild 60. Flüssigkeits-, Verdampfungs- und Erzeugungswärmen, Zusammenhang zwischen Druck und Temperatu. im Naßdampfgebiet

α) Jedem Druck ist eindeutig nur eine bestimmte Verdampfungstemperatur t_s zugeordnet und umgekehrt. Sie steigt mit dem Druck. Nun ist zu verstehen, daß gesättigter Dampf bei der kleinsten Temperatursenkung unter konstantem Druck sofort in Flüssigkeit zusammenfällt. Der Zusammenhang zwischen Druck und Verdampfungstemperatur wird **Dampfdruckkurve** genannt (Bild 61 oder 60 unten).

β) Die Verdampfungswärme r wird bei einem bestimmten Druck p_{kr} und demnach nach a) einer zugeordneten bestimmten Temperatur t_{kr} null. Bei diesem Zustand ist die Flüssigkeitswärme q_{fl} gleich der Erzeugungswärme λ (Bild 60). Dieser Zustand bezeichnet den kritischen Punkt des Stoffes, der als Wasser oder Dampf angesprochen werden kann. Er liegt für Wasser bei $p_{kr} = 225{,}5$ ata; 374,1° C; $v_{kr} = 3{,}04 \cdot 10^{-3}$ m³/kg. Das Verhältnis v_{kr}/v_0, also des kritischen Volumens v_{kr} zum Volumen v_0 in der Nähe des Erstarrungspunktes des Stoffes, liegt für die meisten technisch wichtigen Stoffe bei etwa 3 ... 2,5.

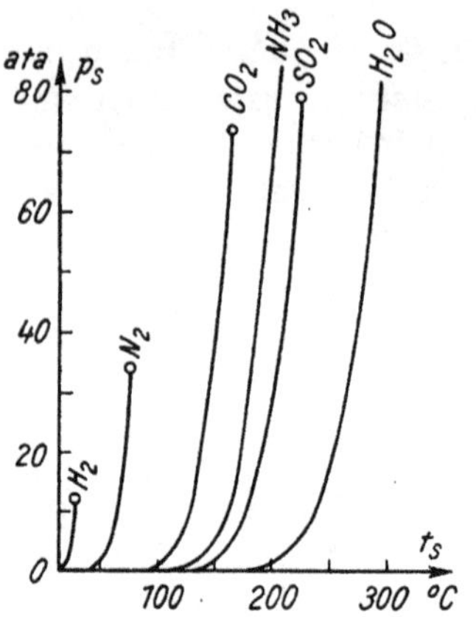

Bild 61. Dampfdruckkurven verschiedener Stoffe

Diese charakteristischen Ergebnisse der Dampferzeugung aus einer Flüssigkeit zeigen sich grundsätzlich für alle Stoffe. Die Dampfdruckkurve für verschiedene technisch wichtige Stoffe zeigt Bild 61.

In Bild 62 sind die Ergebnisse der Dampferzeugung für Wasserdampf im Druck-Volumen-(P, v-)Diagramm zusammengestellt. Die Linienzüge u, o der markanten Haltepunkte, dem Zustand mit Erreichen der Siedetemperatur t_s und am Ende der Verdampfung treffen sich im kritischen Punkt K. Der aufsteigende linke Ast u bildet die untere Grenzkurve ($x = 0$), der absteigende rechte o die obere Grenzkurve ($x = 1$).

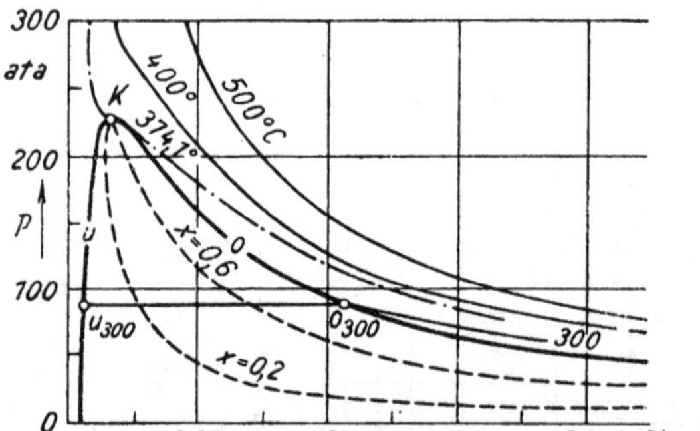

Bild 62. P, v-Diagramm des Wasserdampfes: u ≡ untere Grenzkurve, o ≡ obere Grenzkurve, K = kritischer Punkt, ($u_{300} \cdots o_{300}$) = Verdampfungslinie bei $p = 90$ ata [entspricht Linie ($u_2 \cdots o_2$) in Bild 58]

Im Naßdampfgebiet, d. i. zwischen den beiden Grenzkurven, fallen die P = konst.-Linien mit den t = konst.-Linien zusammen. Die Linien konstanten Dampfgehaltes x teilen diese.

Im überhitzten oder Heißdampfgebiet, d. i. außerhalb der oberen Grenzkurve, fällt besonders nahe der Grenzkurve die Ähnlichkeit des Verlaufes der t = konst.-Linien mit den VAN DER WAALSschen Kurven in Bild 58 auf.

Die weitere Wärmezufuhr nach vollständiger Verdampfung des Wassers, d. i. mit Erreichen der trockenen Sättigung, führt in das Überhitzungsgebiet. Diese Überhitzungswärme ist

$$q_{ü} = \int_{T_s}^{T_{ü}} c_p \, dT. \tag{190}$$

Die insgesamt bis zur Überhitzung zuzuführende Wärmemenge ist daher $q_{fl} + r + q_{ü}$.

Die spezifische Wärme überhitzter Dämpfe zeigt neben der Abhängigkeit von der Temperatur auch eine starke Druckabhängigkeit, wie sie Bild 63 für Wasserdampf und Bild 56 für Ammoniak zeigt. Die Linienzüge nehmen ihren Ausgang von der spezifischen Wärme an der oberen Grenzkurve (Sättigungslinie).

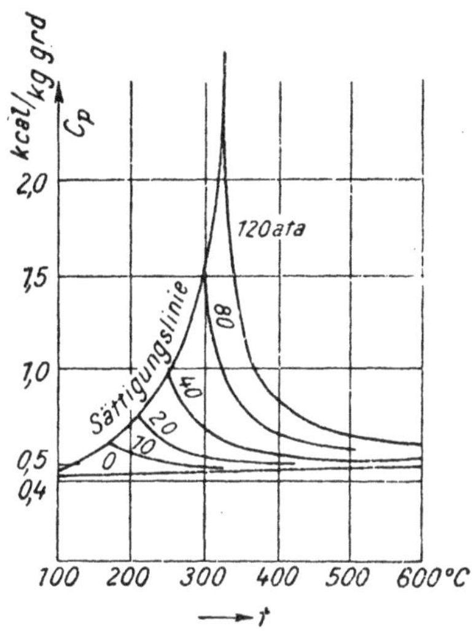

Bild 63. Spezifische Wärmen des Wasserdampfes

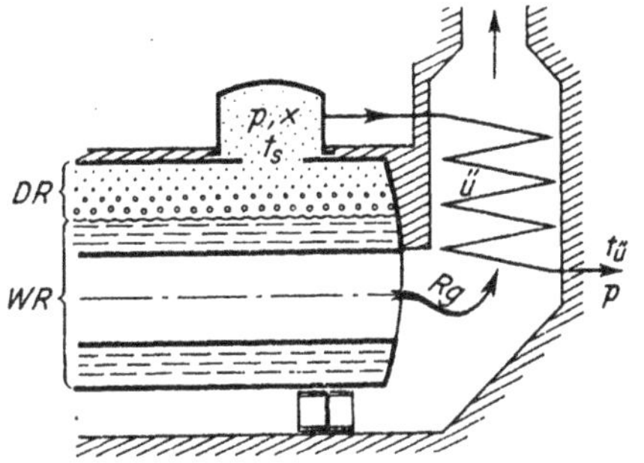

Bild 64. Technische Dampferzeugung im Dampfkessel: $DR \triangleq$ Dampfraum mit Dampfdom; $WR \triangleq$ Wasserraum, $Ü \triangleq$ Überhitzer; $Rg \triangleq$ Rauchgasstrom

Die technische Dampferzeugung erfolgt laufend in den Dampfkesseln entsprechend der von irgendeinem Dampfverbraucher gefragten Dampfmenge (Bild 64). Im Dampfkessel selbst, über dem Wasserspiegel, ist der Dampf nicht nur wegen der Anwesenheit des Wassers gesättigt, sondern durch die mechanische Spritzwassermenge des siedenden Wassers meist sogar reichlich feucht. Der Dampfdom zur Dampfentnahme wird daher angeordnet, um diesem groben Wassergehalt Zeit zum teilweisen Zurückfallen in den Wasserspiegel zu geben. Zur Überhitzung wird der Dampf dem Einfluß des Wasserspiegels entzogen und durch den Überhitzer geleitet. In ihm erfolgt die Trocknung und Überhitzung durch weitere Wärmezufuhr.

b) *Kalorische Zustandsgrößen der Dämpfe, Wärmediagramme T, s- und i, s-* (MOLLIER)

Nach den früheren Erklärungen wird jene Wärmeenergie, die in der Anregung des innermolekularen Energiezustandes des Stoffes enthalten ist, als innere Energie u bezeichnet. Ihre Erhöhung bedeutete Wärmezufuhr, ihre Verminderung Wärmeabgabe [(14) und (54a)].

Die Enthalpie i ist definiert durch die Beziehung $i = u + A\,Pv$ (65).

Die Entropie s ist wieder erklärt durch $s = \int dQ/T$ gemäß (142).

Für den Wasserdampf ergibt sich mit der Zählung von dem gewählten Nullpunkt:

Die Innere Energie des Wassers im Zählnullpunkt, dem Ausgangszustand der Dampferzeugung, ist $u_0' \approx 0$, die Zunahme derselben mit Erreichen der Siedetemperatur ist $u' \approx q_{fl}$ nach (182).

Bei der Dampferzeugung verbleibt im Dampf die Flüssigkeitswärme q_{fl} und der Anteil ϱ, welcher der Lösung des Molekülverbandes dient. Daher ist die innere Verdampfungswärme

des trocken gesättigten Dampfes $u'' = q_{fl} + \varrho$, (191a)

des feuchten Dampfes $u_f'' = q_{fl} + x \cdot \varrho$. (191b)

Die Enthalpie $i' = \int_0^{t_s} c_p \, dt$ des siedenden Wassers weicht bei Temperaturen unter 200° C nur wenig von u' bzw. q_{fl} ab, erst darüber machen sich die Unterschiede in den Einerstellen bemerkbar.

Für trockenen Dampf ist

$$i'' = u'' + A P v''. \tag{192a}$$

Durch Umformung ergibt sich daraus

$$i'' = q_{fl} + \varrho + A P(v'' - v') + A P v', \tag{192c}$$

darin ist zusammenzufassen $q_{fl} + \varrho + A P(v'' - v') = \lambda$, die Erzeugungswärme, und $A P v' \approx A L_{sp}$ der Speisungsaufwand. Für überschlägige Rechnungen kann also auch $i'' \approx \lambda$ gesetzt werden.

Für feuchten Dampf ist

$$i_f'' = u_f'' + x \cdot A P v''. \tag{192b}$$

Für überhitzten Dampf ist [wie in (190)]

$$i_{ü}'' - i'' = \int_{T_s}^{T_u} c_p \, dT = q_{ü}. \tag{193}$$

Die Entropie s, ohne die man bei einfachen Rechnungen mit vollkommenen Gasen auskommt, gewinnt gerade bei den Dämpfen für technische Rechnungen große Wichtigkeit.

Gerade für die versuchsmäßige Ermittlung der Entropie ist wesentlich, daß die Entropie als Zustandsgröße unabhängig von dem Weg ist, auf dem der Dampf in einen bestimmten Zustand gelangt (vollständiges Differential), so daß dafür der bequemste Versuchsweg gewählt werden kann.

Alle thermischen und kalorischen Zustandsgrößen sind den neuesten Versuchsergebnissen entsprechend in den Dampftabellen der Handbücher zusammengestellt.

Für die Entropievermehrung vom Zählnullpunkt (für Wasserdampf 0° C; 0,00623 ata) ergibt sich für flüssiges Wasser

$$s' = \int \frac{dQ}{T} = \int_0^{T_s} c \cdot \frac{dT}{T} = c \cdot \ln \frac{T_s}{273{,}16} \text{ in kcal/kg grd}, \tag{194}$$

da man c für technische Zwecke genau genug konstant setzen kann. s' folgt also einem logarithmischen Gesetz.

In einem T, s-Achsenkreuz, dem Wärmediagramm des Dampfes, verläuft also s' nach einer logarithmischen Linie (Bild 65). Die Fläche unter dieser Kurve ist gemäß $dq = T \cdot ds'$ die Enthalpie i', oder praktisch gleich der Flüssigkeitswärme q_{fl}.

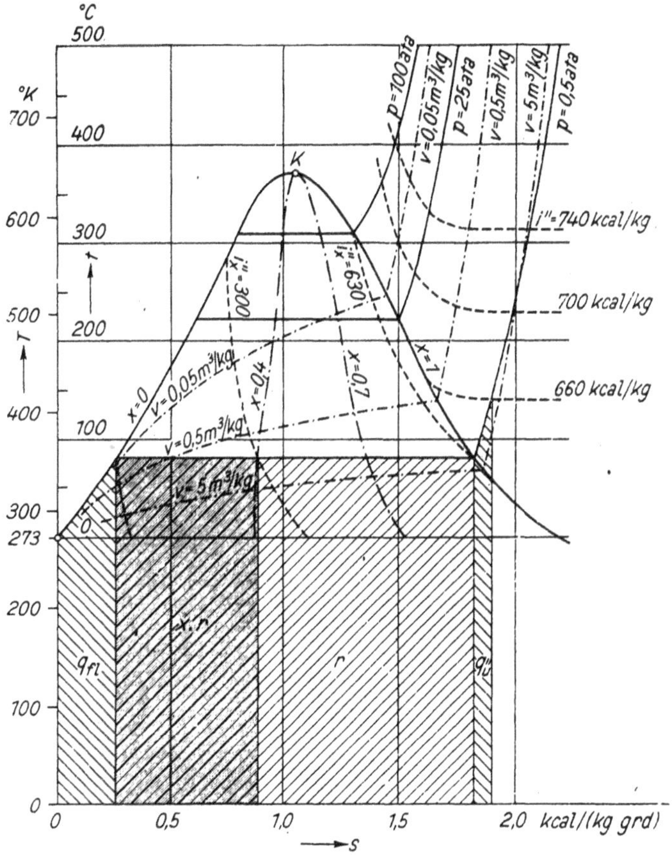

Bild 65. T, s-Diagramm des Wasserdampfes

Während der Verdampfung bleibt die Temperatur T_s konstant; die zugeführte Wärmemenge dabei ist r. Die Entropievermehrung ist daher

$$s'' - s' = r/T_s. \tag{195a}$$

Die Verbindung der s'-Werte und der s''-Werte bilden einen geschlossenen Linienzug, der sich im kritischen Punkt mit horizontaler Tangente vereint. Der Bereich zwischen diesen Kurvenästen, der unteren und oberen Grenzkurve, umgrenzt das Naßdampfgebiet. Hier verlaufen die $T_s =$ konst.-Linien deckend mit den zugehörigen Sättigungsdrucklinien.

Für feuchten Dampf (x) ist sinngemäß

$$s_f'' - s' = x\,r/T_s. \tag{195b}$$

Da $(s_f'' - s')$ proportional dem Dampfgehalt x ist, so teilen die $x = \text{konst.}$-Linien die $T_s = \text{konst.}$-Linien zwischen den Grenzkurven verhältig. Die Rechteckfläche unter diesen T_s-Streckenabschnitt stellt die Verdampfungswärme xr dar.

Für das Überhitzungsgebiet gilt für den Entropieverlauf bei konstantem Druck unter der Annahme konstanter spezifischer Wärme wieder

$$s_ü'' - s'' = c_p \ln (T_ü/T_s). \tag{196}$$

Nun ist aber nach früherem c_p druck- und temperaturabhängig (Bild 63). Dadurch weicht der Verlauf von dem logarithmischen Gesetz ab und muß punktweise aus den Versuchswerten aufgezeichnet werden. In jüngerer Zeit ist allerdings versucht worden c_p als eine $f(P, T)$ auszudrücken.

Auch hier stellt wieder die Fläche unter dem Kurvenabschnitt die Überhitzungswärme $q_ü$ dar.

Dieses T, s-Diagramm läßt sich noch durch Einzeichnen der $v'' = \text{konst.}$-Linien ergänzen. Diese verlaufen im Naßdampfgebiet schräg nach rechts oben, im Überhitzungsgebiet etwas steiler als die Linien konstanten Druckes. Um das lästige Ausplanimetrieren der Flächen zur Bestimmung von i'' zu ersparen, können auch Linien konstanter Enthalpie eingetragen werden. Alle diese Verfeinerungen des T, s-Diagramms machen aber das Diagramm bei der für technische Rechnungen erforderlichen Stufenteilung ihrer Werte so verwirrend und unübersichtlich, daß es dann praktisch unbrauchbar wird.

Gerade die Berechnungen des Dampfturbinenbaues verlangen aber nach der Kenntnis des sogenannten Wärmegefälles $(i_1 - i_2)$. Aus diesem ist dann die adiabatische technische Arbeit $L_{t,ad}$ (IIIA2), vermittels des thermodynamischen Wirkungs- η_{td} oder Gütegrades η_g (IIB6hβ) die wirkliche technische Arbeit $L_{t,w} = L_{t,ad} \cdot \eta_g$, und schließlich die Dampfgeschwindigkeit $w = \sqrt{2g\,(i_1 - i_2)}$ zu berechnen (VI1bc).

Diesem technischen Bedürfnis schuf der glückliche Gedanke von MOLLIER (1906) Abhilfe, der als Koordinatensystem direkt die Enthalpie i und die Entropie s wählte. Damit wurde das i, s- oder MOLLIER-Diagramm geschaffen (Bild 66). Auch für die technischen Rechnungen mit Gasen findet es immer mehr Anwendung (IX3).

Der kritische Punkt liegt hier nicht mehr im Maximum der Grenzkurve, sondern auf deren linken, ansteigenden Ast. Zwischen den Grenzkurven liegt wieder das Gebiet des feuchten Dampfes, dessen Linien konstanten Druckes und konstanter Temperatur als Gerade schräg aufwärts verlaufen und durch die $x = \text{konst.}$-Linien verhältig geteilt werden. Im Überhitzungsgebiet haben die Linien konstanten Druckes logarithmischen Linien ähnlichen Verlauf, die $T = \text{konst.}$-Linien sind von der Grenzkurve an erst stark, dann schwächer ansteigende Linien. Die Linien $v = \text{konst.}$ verlaufen etwas steiler als die $p = \text{konst.}$-Linien.

T, s- wie i, s-Diagramme sind in Ausschnitten für die technisch wichtigen Bereiche in großen Maßstäben käuflich oder direkt den Lehrbüchern der technischen Wärmelehre beigegeben.

Besonders anschaulich läßt das MOLLIER-Diagramm auch die Drosselung des Dampfes mit der dabei eintretenden Temperaturabsenkung verfolgen (Beispiel 23).

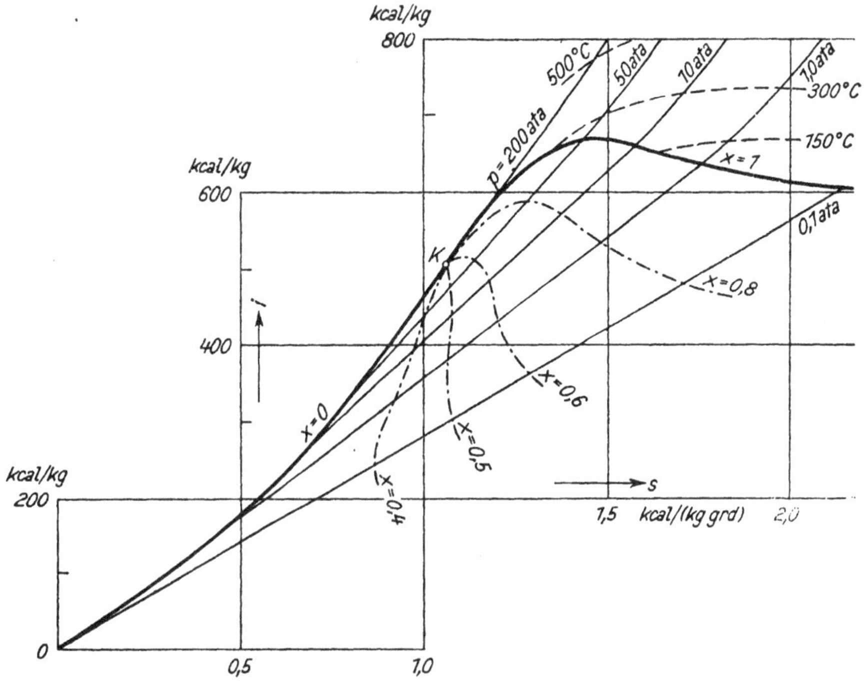

Bild 66. i, s-(MOLLIER-)Diagramm des Wasserdampfes. Die (v = konst.)-Linien haben nur wenig stärkere Neigung als die (p = konst.)-Linien, daher sind sie hier weggelassen

c) *Zustandsgleichungen*

Die verschiedenen Zustände der wirklichen Gase mit ihren Übergangsformen bis zur Verflüssigung durch eine Zustandsgleichung zu erfassen, stützt sich als tragendes Gerüst auf die ideale Gasgleichung $Pv = RT$. Die Abweichungen des betrachteten Stoffes gegenüber dieser Gleichung wird durch Korrekturglieder berücksichtigt. Die grundsätzliche Darstellung dafür bildet die VAN DER WAALSsche Gleichung (IIID1b).

In sinngemäßer Weise geschieht auch die Aufstellung der Zustandsgleichung für den Wasserdampf. Die Verfeinerung der Korrekturglieder durch ihre Abhängigkeit von P, v oder T ist je nach dem Fortschreiten der Versuchstechnik und der gewünschten Genauigkeit ihrer Darstellung verschiedenen Wandlungen unterworfen.

Schon die VAN DER WAALSsche Gleichung verlor im Gebiet teilweiser Verflüssigung, dem Naßdampfgebiet, über den Bereich u bis o im Bild 58 vollständig ihren Sinn.

Andere Gleichungen begrenzter Gültigkeit je nach Stoffart und Erfassungsbereich stammen von CLAUSIUS und CALLENDAR.

Zur möglichst genauen Wiedergabe der Zustandsgrößen in ihrem Zusammenhang, wie sie für systematische Rechnungen oder die Aufstellung von Tafeln notwendig sind, wird das Gebiet der Überhitzung, der Grenzkurven und des Naßdampfes durch getrennte Gleichungen erfaßt.

Die einfachste Gleichung für überhitzten Wasserdampf, in der sich auch noch die Verwandtschaft mit der Gasgleichung deutlich zeigt, ist die Gleichung von R. LINDE

$$P v = 47{,}1\ T - 0{,}16\ P. \tag{197}$$

Darin ist 47,1 die Gaskonstante des Wasserdampfes und 0,16 P das Korrekturglied.

Weitere Gleichungen ähnlicher Art wurden aufgestellt von MOLLIER in Anlehnung an die Münchner Versuche, KNOBLAUCH, RAISCH, HAUSEN (1923) im Zusammenhang mit deren eigenen Versuchen, von KOCH (1937) für die jetzt gültigen deutschen Dampftafeln und KEYES, SMITH, GERRY (1935) für die amerikanischen Dampftafeln.

Im Sättigungsgebiet, d. i. auf der Grenzkurve, besteht Gleichgewicht zweier Phasen. Dieses und seine Temperaturabhängigkeit beschreibt die wichtige Gleichung von CLAUSIUS-CLAPEYRON

$$r = A\,(v'' - v')\,T_s \frac{d P_s}{d T} = (s'' - s')\,T_s. \tag{198}$$

Diese Gleichung gestattet aus den gemessenen Werten der Sättigungstemperatur T_s, der Verdampfungswärme r und der Volumenänderung $(v'' - v')$ die Neigung $d P_s/d T$ der Dampfdruckkurve an der Stelle P_s, T_s zu berechnen. Sie gewinnt besondere Bedeutung im Bereich kleiner Drücke.

Die Herleitung der Gleichung von CLAUSIUS-CLAPEYRON erfolgt durch Vergleich der geleisteten Arbeiten eines elementaren CARNOT-Kreisprozesses, in einem P, v- und einem T, s-Diagramm unter Vernachlässigung kleiner Größen zweiter Ordnung. Die Ableitung aus den allgemeinen Zusammenhängen zwischen den Zustandsgrößen wird unter IIID4e gebracht.

Der Zusammenhang zwischen Druck und Volumen an der Grenzkurve $x = 1$ kann angenähert durch die Gleichung

$$p^{15/16} \cdot v'' = 1{,}7235 \tag{199}$$

(p eingesetzt in kg/cm²) wiedergegeben werden.

Im Naßdampfgebiet sind wohl Druck und Temperatur einander eindeutig zugeordnet; nicht aber ist dadurch schon das spezifische Volumen beschrieben, das durch den Dampfgehalt x bestimmt wird. Es tritt also hier noch die Beziehung (184) hinzu, $v_f'' = x v'' + (1 - x) v'$.

Zwei wichtige Regeln zur Auswertung und zum Abgleichen der Versuchsergebnisse sowie beim Auffinden ausgezeichneter Werte bilden die Regeln von GULDBERG und von L. CAILLETET und E. MATHIAS.

Die Regel von GULDBERG sagt für „Normale Stoffe" aus, daß die absolute Siedetemperatur unter atmosphärischem Druck etwa 2/3 der absoluten kritischen Temperatur ist. (Normale Flüssigkeiten haben übereinstimmende Temperaturkoeffizienten der molekularen Oberflächenspannung. Es zählen eine große Zahl organischer Stoffe dazu.) Auch für Wasserdampf, der nicht mehr zu den normalen Flüssigkeiten zählt, gilt diese Regel noch annähernd, denn es ist:

$$T_s/T_{kr} = 383/(273 + 374) = 0{,}575 < 2/3 = 0{,}666.$$

Die Regel von CAILLETET und MATHIAS gestattet, das kritische Volumen durch Extrapolation zu errechnen. Dazu werden die Sättigungsdichten von Dampf und Flüssigkeit zur Sättigungstemperatur aufgetragen (Bild 67). Dieser Kurvenzug, der unteren und oberen Grenzkurve, trifft sich im kritischen Punkt. Die Verbindungslinie der Halbierungspunkte bildet eine Gerade, die den Kurvenzug im kritischen Punkt schneidet. (*Regel vom geradlinigen Durchmesser.*)

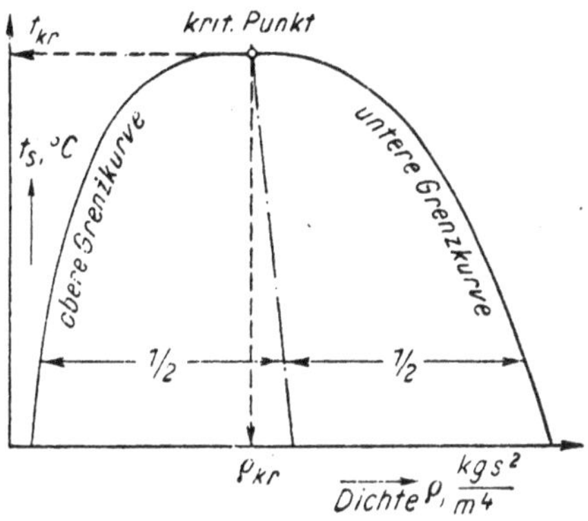

Bild 67. Darstellung zur Regel von CAILLETET und MATHIAS

Auch der Wasserdampf folgt dieser Regel, wenn auch nach den heutigen, genauen deutschen und amerikanischen Versuchen solche Näherungsbestimmungen nicht mehr erforderlich sind.

Beispiel 21: Ein Heißwasser-Druckspeicher von $V = 4$ m³ Inhalt enthält $W = 3500$ kg Wasser von 110,8° C. (a) Welches Dampfgewicht von 10% Feuchtigkeit ist im Speicher enthalten?

(b) Welche Heißdampfmenge D_z von 10 ata; 300° C muß in das Speicherwasser eingeblasen werden, damit die Spannung im Speicher auf 7,5 ata steigt, und welches Dampfgewicht X enthält nunmehr der Speicher, wenn seine Dampfnässe jetzt 5% ist?

Zu (a): Der Speicherwassertemperatur von 110,8° C entspricht nach den Dampftabellen eine Dampfspannung von 1,5 ata. Dafür ist weiter aus den Dampftafeln zu entnehmen:

Spez. Volumen des Wassers $v' = 1{,}052$ dm³/kg, also nimmt das Speicherwasser einen Raum ein von $V' = 3500 \cdot 0{,}001\,052$ m³ $= 3{,}68$ m³, der Rest $V'' = (4 - 3{,}68$ m³) $= 0{,}32$ m³ ist mit Dampf ($x = 0{,}9$) gefüllt. Das spez. Dampfvolumen $v'' = 1{,}18$ m³/kg, also $v_f'' = 0{,}9 \cdot 1{,}18 = 1{,}06$ in m³/kg. Weiter ist zu entnehmen $i' = 110{,}92$ kcal/kg; $i'' = 642{,}8$ kcal/kg, $r = 531{,}9$ kcal/kg. Daraus ergibt sich für $x = 0{,}9$: $r_f = 478$ kcal/kg, $i_f'' = 588{,}9$ kcal/kg.

Das Dampfgewicht im Speicher ist daher

$$D = \frac{V''}{x \cdot v''} = \frac{0{,}32}{1{,}06}\,\text{kg} = 0{,}302\,\text{kg}.$$

Zu (b): Für den Zusatz-Heißdampf ist bei 10 ata, 300° C aus den Dampftabellen (oder den Wärmediagrammen) zu entnehmen: die Enthalpie $i_{ü}'' = 728$ kcal/kg.

Dem Mischungszustand 7,5 ata sind die Werte zugeordnet:

$t_{sM} = 166{,}96°$ C; $v'_M = 1{,}11$ dm³/kg; $v''_M = 0{,}2602$ m³/kg

für $x = 0{,}95$ daher $v''_{fM} = 0{,}95 \cdot 2602$ m³/kg $= 0{,}247$ m³/kg.

$i'_M = 168{,}5$ kcal/kg; $i''_M = 660{,}2$ kcal/kg; $r = 491{,}7$ kcal/kg,

daher für $x = 0{,}95$: $i''_{fM} = 168{,}5 + 0{,}95 \cdot 491{,}7 = 634$ in kcal/kg.

Mit dem noch unbekannten Dampfgewicht X im Raum V nach der Mischung gelten für die Mischung die Gleichungen:

$$v'_M (W + D + D_z - X) + v''_{fM} \cdot X = V \text{ (dem Speicherinhalt)} \qquad (\alpha)$$

$$i'W + i''_f D + i''_ü D_z = i'_M (W + D + D_z - X) + i''_{fM} X. \qquad (\beta)$$

Aus (α) und (β) ergibt sich das zuzusetzende Heißdampfgewicht $D_z = $ **347 kg** und damit aus (α) das Dampfgewicht X im Speicher V nach der Mischung $X =$ **0,618 kg.** Infolge der Kleinheit von D und X kann für praktische Zwecke die Zusatzdampfmenge D_z auch genau genug errechnet werden aus $i'W + i''_ü D_z = (W + D_z)\, i'_M$ und ergibt daraus $D_z =$ **362 kg,** also mit einem Fehler von 4,5%.

Beispiel 22: Die im vorhergehenden Beispiel besprochene Aufladung von Heißwasser-Druckspeichern wird in der Technik dazu benutzt, um bei ihrer Entladung plötzlich auftretende kurzfristige Dampfentnahmen des Betriebes zu befriedigen oder wenigstens so lange abzufangen, bis die Kesselfeuerung sich auf die neue Kesselbelastung eingestellt hat. Sie sind hier unter dem Namen Ruths-Dampfspeicher bekannt. Auch der Wasserraum jedes Kessels übt diese Funktion je nach seinem Wasserrauminhalt aus. Die Speicheraufladung erfolgt in den Zeiten verringerter Dampfentnahme wie oben. Für die Arbeitsweise dieser Ruths-Speicher ein Beispiel: Ein Dampfspeicher enthält $W = 6000$ kg Wasser von Siedetemperatur bei 12 ata. Welche Dampfmenge wird daraus frei, wenn der Speicherdruck durch eine plötzliche Dampfentnahme um $\Delta p = 2$ at sinkt?
Werte zum Ausgangszustand 12 ata: $i'_{12} = 189{,}7$ kcal/kg, $t_{s_{12}} = 187°$ C. Werte nach der Druckabsenkung auf 10 ata: $i'_{10} = 181$ kcal/kg; $t_{s_{10}} = 179°$C; $r_{10} = 481{,}8$ kcal/kg. Frei werdende Wärmemenge aus dem Speicherwasser durch die Druckminderung $Q = (i'_{12} - i'_{10}) \cdot 6000 = 48\,000$ in kcal, damit ist die entwickelte Dampfmenge $D = Q/r_{10} = 48\,000/481{,}8$ kg $=$ **100 kg.**
(Beispiele 21 und 22 sind eigentlich Mengenzustandsänderungen VI2.)

Beispiel 23: Welchen Zustand erreicht Naßdampf ($x = 0{,}98$) von 5 ata bei der Drosselung auf 1 ata?

(a) Lösung vermittels des Mollier-Diagrammes: Suche Ausgangszustand 5 ata $x = 0{,}98$ auf der Tafel auf. Ziehe entsprechend der Forderung der Drosselung bei $i =$ konst. eine Horizontale nach rechts bis zum Schnitt mit der Linie 1 ata. Dort ist dann abzulesen $t = 113°$ C, der Dampf ist überhitzt, $v'' = 1{,}76$ m³/kg. Die Entropievermehrung durch die Drosselung ergibt sich aus dem horizontalen Abstand des Ausgangs vom Endpunkt zu: $s''_5 - s''_1 =$ **0,168 kcal/kg grd.**

(b) Lösung durch Rechnung vermittels der Dampftabellen:

Dem Ausgangszustand 5 ata, $x = 0{,}98$ sind folgende Werte zugeordnet:

$$t_{s,5} = 151{,}1°\text{ C}; \; i''_{f,5} = i'_5 + x \cdot r_5 = 152{,}1 + 0{,}98 \cdot 503 = 645 \text{ in kcal/kg},$$

$$s''_{f_5} = s'_5 + x \cdot r/T_{s_5} = 0{,}4422 + 0{,}98 \cdot 1{,}1875 = 1{,}6022 \text{ in kcal/kg grd.}$$

Der Endzustand muß die gleiche Enthalpie haben, $i''_{f_5} = i''_1$.

Dem Zustand trockener Sättigung bei 1 ata entspricht eine Enthalpie $i'' = 638{,}5$ kcal/kg, also weniger als die geforderten 645 kcal/kg; der Dampf ist daher nach der Drosselung überhitzt.

Die Dampftabellen für überhitzten Wasserdampf ergeben für $i_1'' = 645$ kcal bei 1 ata eine Temperatur $t = 113°$ C und einen Entropiewert von $s_1'' = 1{,}774$ kcal/kg grd. Daher ist die Entropiezunahme $s_1'' - s_{f_5}'' = 1{,}774 - 1{,}622 =$ **0,1718 in kcal/kg grd.**

Beispiel 24: Eine Dampfturbine arbeitet mit Dampf von 12 ata, 310° C vor den Düsen. Der Kondensatordruck ist 0,1 ata. Welchen Gütegrad hat die Turbine, wenn der Dampf am Ende der polytropischen Expansion auf den Kondensatordruck trocken gesättigt ist? (Vgl. VIAaγ.)

Ziehe im Mollier-Diagramm vom Ausgangszustand 12 ata, 310° C eine Vertikale bis 0,1 ata, entsprechend vollständiger, adiabatischer Expansion, wie sie für den zumutbaren Idealprozeß in der Turbine gerecht ist. Das aus der Tafel dafür zu entnehmende Enthalpiegefälle ist $i_{ü,12}'' - i_{f,0,1}'' = 732 - 535$ kcal/kg $= 197$ kcal/kg Dampfdurchsatz.

Der wirkliche Expansionsendpunkt liegt aber bei 0,1 ata auf der oberen Grenzkurve ($x = 1$). In diesem Punkt ist $i_{0,1}'' = 618$ kcal/kg.

So ist der thermodynamische Wirkungsgrad η_{td} (oder der Gütegrad η_g)

$$\eta_{td} = \frac{i_{ü,12}'' - i_{0,1}''}{i_{ü,12}'' - i_{f,0,1}''} = \frac{114}{197} = \mathbf{0{,}578}.$$

3. SUBLIMATION, SCHMELZVORGANG, TRIPELPUNKT

Die Bildung gesättigten Dampfes erfolgt nicht nur über einem Flüssigkeitsspiegel des Stoffes, sondern auch direkt über dessen fester Phase unter Ausschaltung des flüssigen Zustandes. Dieser Vorgang der Dampfbildung wird Sublimation genannt.

Beispiel 25: Verschwinden des Schnees bei anhaltend kaltem Wetter ohne vorhergehendes Schmelzen, und umgekehrt die Schneebildung direkt aus Wasserdampf.

Auch für die *Sublimationsdruckkurve* besteht eine eindeutige Temperaturabhängigkeit wie für die Dampfdruckkurve.

Die *Gleichung von* Clausius-Clapeyron (198) gilt auch *für den Sublimationsvorgang* in der Form

$$r_s = A\,(v_E'' - v''')\,T_E\,\frac{d\,P_E}{d\,T}; \tag{200}$$

darin wurde gesetzt:

v''' Volumen des festen Stoffes (Eis) statt v', dem Flüssigkeitsvolumen in (198),

v_E'' Volumen des gesättigten Eisdampfes statt v'', dem Sattdampfvolumen in (198),

$$\text{Sublimationswärme } r_s = r + q_u \tag{201}$$

mit q_u der Schmelzwärme (Umwandlungswärme) und r der Verdampfungswärme.

Angewendet z. B. auf Wasser ist bei 0° C: $r = 597$ kcal/kg, $q_u = 79{,}7$ kcal/kg und $(v_E'' - v''') \sim (v'' - v')$; $T_E = T_s$.

Die Neigung der Sublimationsdruckkurve (200) im Vergleich zu jener der Dampfdruckkurve (198) ist

$$\frac{d P_E}{d T} \approx \frac{r + q_u}{r} \cdot \frac{d P_s}{d T} = 1{,}132 \cdot d P_s/d T.$$

Sublimations- und Dampfdruckkurve decken sich also nicht, und die Sublimationsdruckkurve verläuft steiler als die Dampfdruckkurve.

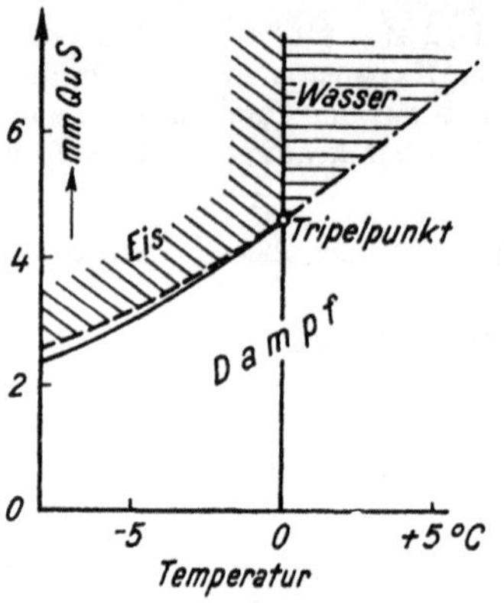

Bild 68. Ausschnitt aus dem Zustandsdiagramm des Wasserdampfes in der Umgebung des Tripelpunktes:
– – – – unterkühlte Flüssigkeit (instabil);
–·–·– Dampfdruckkurve;
—— Sublimationsdruckkurve

In ihrem Schnittpunkt, durch den auch die noch zu besprechende Schmelzdruckkurve geht, ist der Eisdampfdruck P_E gleich dem Flüssigkeitsdampfdruck P_s. Es besteht also Gleichgewicht zwischen allen drei Phasen, Eis, Wasser und Dampf. Dieser charakteristische Punkt ist der Tripelpunkt. Er liegt für Wasser bei 0,0098° C und 0,00623 ata (4,57 Torr). Die nächste Umgebung dieses Tripelpunktes aus der Dampfdruckkurve, Bild 61, vergrößert herausgezeichnet, zeigt Bild 68.

Anmerkung: a) Stoffe, die in verschiedenen Modifikationen vorkommen, wie Schwefel, Wasser im Bereich hoher und höchster Drücke usw., haben infolge der für die Modifikationen verschiedenen Schmelzwärmen auch verschiedene Tripelpunkte.

b) Dem Tripelpunkt sind also genau, wie dem kritischen Punkt, eindeutig bestimmte Wertepaare zugeordnet. Die Festpunkte der Temperaturskale könnten also auch diese zwei charakteristischen Temperaturpunkte bilden. Dadurch würde die nähere Kennzeichnung des Druckes für den gewählten Eis- und Verdampfungspunkt für die Festpunkte der Temperaturskala überflüssig (IB).

Das steilere Ansteigen der Sublimationskurven gegenüber den Dampfdruckkurven ist auch durch die Gleichgewichtszustände klarzumachen. Phasengleichgewicht zwischen der festen und seiner Eisdampfphase und der flüssigen und deren Dampfphase besagt, daß ein ständiger Stoffaustausch zwischen den Phasen stattfindet. Von der einen Phase verdampft ebensoviel, wie von der Dampfphase wieder zurückfällt. Bestehen also zwei Phasen, fest und flüssig, mit ihren unterschiedlichen Sublimations- und Dampfdrücken nebeneinander, so wird die Phase mit dem höheren Dampfdruck einen Gleichgewichtszustand auf diesen herzustellen suchen und so abgebaut, jene mit dem niederen Dampfdruck sucht wieder seinen so dauernd gestörten Gleichgewichtszustand zu halten und nimmt daher ständig aus der Dampfphase Stoff auf.

Die Flüssigkeit unter dem Gefrierpunkt, also die unterkühlte Flüssigkeit, ist aber mit ihrem höheren Dampfdruck instabil, ihre Dampfdruckkurve verläuft also über der Sublimationskurve (Bild 68).

Dem Verdampfungsvorgang aus der Flüssigkeit entspricht für die Umwandlung aus dem festen in den flüssigen Zustand der Schmelzvorgang. Der Verdampfungskurve entspricht also für diesen Umwandlungsvorgang die Schmelzdruckkurve.

Wie beim Verdampfen zur Lösung des innermolekularen Zusammenhanges und zur Volumenvergrößerungsarbeit die Verdampfungswärme r erforderlich ist, so ist für den Schmelzvorgang für die sinngemäße Arbeit die Schmelzwärme q_u notwendig. Der umgekehrte Vorgang tritt beim Erstarren ein.

Für das Schmelzen des Eises (0° C) ist $q_u = 79{,}7$ kcal/kg.

Die Änderung des Schmelzdruckes mit der Temperatur ist stärker als jene des Dampfdruckes. Die Dampfdruckkurve bricht mit Erreichen des kritischen Punktes ab. Für die Schmelzdruckkurve hingegen konnte ein solches Ende, ein *Ineinanderaufgehen* des festen in den flüssigen Zustand, wie im kritischen Punkt des Verdampfungsvorganges, auch für hohe und höchste Drücke noch nicht festgestellt werden.

Wohl aber lassen die Überlegungen auf Grund der neueren Forschungen das grundsätzliche Vorhandensein einer solchen Annäherung beider Zustände wahrscheinlich sein.

Die Gleichung von Clausius-Clapeyron *gilt auch für das Phasengleichgewicht beim Schmelzvorgang.* Hier verbindet sie die Schmelzwärme q_u des Eises mit dem Eisvolumen v''' gemäß

$$q_u = A\,(v' - v''')\,T_u \frac{d\,P_u}{d\,T}. \tag{202}$$

Die *Entropievermehrung beim Erstarrungsvorgang*, bei dem die Wärmemenge q_u bei $T =$ konst. entzogen wird, ist

$$s_u''' = \frac{-q_u}{T_u}. \tag{203}$$

Für Wasser gegenüber dem Zählnullpunkt 0° C ist diese

$$s_0''' = -\frac{79{,}7}{273{,}16} = -0{,}292 \text{ in kcal/kg grd.}$$

Für die weitere Abkühlung des erstarrten Stoffes ist wieder die Kenntnis des Verlaufes der spezifischen Wärme notwendig. Die Entropieänderung unter 0° C bis T° K ist dann

$$s''' = s_0''' - \int_{0^\circ \mathrm{K}}^{273^\circ \mathrm{K}} c\,\frac{d\,T}{T}. \tag{204}$$

Den gesamten Vorgang des Schmelzens und Verdampfens zeigt im T, s-Diagramm für Wasser Bild 69.

Zur Berechnung der absoluten Entropiewerte bedarf es, wie bisher, immer noch der Kenntnis des Verlaufes der spezifischen Wärmen bis zum absoluten Nullpunkt *und in diesem selbst* (darüber siehe unter VIIIA4).

Beispiel 26: Wie groß ist die Entropievermehrung beim Schmelzen von 1 kg Eis von $-3°$ C zu Wasser von der Umgebungstemperatur 15° C? ($c_{Eis} = 0{,}485$ kcal/kg grd; $q_u = 79{,}7$ kcal/kg).

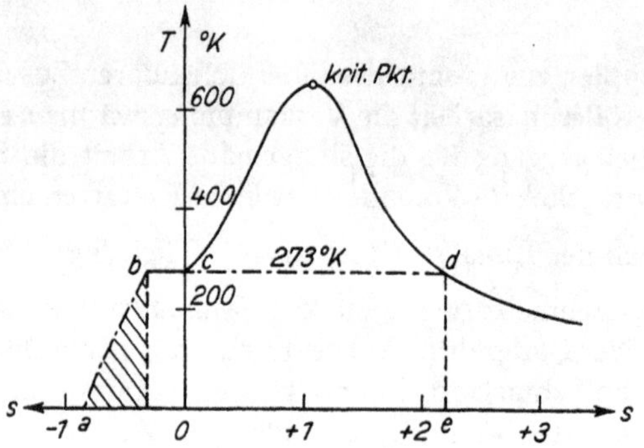

Bild 69. Grenzkurven von Eis und Wasser:

Fläche unter $ab \triangleq \int_0^{273} c\,dT$; Fläche unter $bc \triangleq q_s$ = *Schmelzwärme*; Gebiet unter $abcd \triangleq$ Eiszustand

Für den Schmelzvorgang sind folgende Wärmemengen aus der Umgebung zuzuführen (in kcal/kg):

Zum Erwärmen des Eises auf 0° C $\quad q_{fest} = 0{,}485 \cdot 3 = 1{,}455$

Zum Schmelzen selbst . $\quad q_u = 79{,}7$

Zur Erwärmung des erschmolzenen Wassers auf 15°C $\quad q_{fl} = 1 \cdot 15 = 15$.

Der Umgebung von 15° C wird also insgesamt die Wärmemenge entzogen

$$Q = (1{,}455 + 79{,}7 + 15)\ \text{kcal/kg} = 96{,}155\ \text{kcal/kg}.$$

Damit erfährt die Umgebung eine Entropieabnahme (negativ) von

$$|\Delta s_{umg}| = 96{,}155/288 = 0{,}234\ \text{in kcal/grd}.$$

Das aus dem Eis erschmolzene Wasser erfährt seinerseits durch die Wärmezufuhr eine Entropievermehrung gemäß (146a) $\Delta s = \int_{T_0}^{T} \frac{du + AP \cdot dv}{T}$, wobei die Integration über alle Vorgänge des Prozesses zu erstrecken ist.

Diese Vorgänge umfassen: Die Erwärmung des Eises von der Ausgangstemperatur T_0 bis zur Umwandlungstemperatur T_u (273° K), mit der Entropievermehrung $\int_{T_0}^{T_u} \frac{c \cdot dT}{T}$, bei c_{Eis} = konst. also gleich $0{,}485 \cdot \ln 273/270 = 0{,}00536$.

Den Schmelzvorgang selbst bei der konstanten Umwandlungstemperatur T_u (273°K), also die Entropievermehrung $\frac{q_u}{T_u} = \frac{79{,}7}{273} = 0{,}292$.

Die Erwärmung des Wassers von T_u (= 273° K) auf die Umgebungstemperatur T (= 288° K), also die Entropievermehrung $\int_{T_u}^{T} \frac{c_p \cdot dT}{T}$, welche bei $c_{p,\,Wasser}$ = konst. übergeht in $1 \cdot \ln(288/273) = 0{,}0535$.

Insgesamt lautet also die Gleichung für die Entropievermehrung des Schmelzproduktes

$$\Delta s_{Eiswasser} = \int_{T_u}^{T} \frac{dQ}{T} = \int_{T_0}^{T_u} \frac{c \cdot dT}{T} + \frac{q_u}{T_u} + \int_{T_u}^{T} \frac{c_p \cdot dT}{T} = \mathbf{0{,}35086} \frac{\text{kcal}}{\text{kg grd}}.$$

Die Betrachtung auf alle an dem Schmelzvorgang beteiligten Körper ausgedehnt, d. i. die Umgebung und das Schmelzprodukt, ergibt daher die gesamte Entropiezunahme

$$\Delta s = \Delta s_{Eiswasser} - |\Delta s_{umg}| = + \mathbf{0{,}11686} \text{ kcal/kg grd}.$$

4. ERÖRTERUNG DES ALLGEMEINEN ZUSAMMENHANGES DER ZUSTANDSGRÖSSEN

Zur Beschreibung des Zustandes eines Körpers dienen die thermischen Zustandsgrößen P, v, T und die kalorischen Zustandsgrößen u, i, s in irgendeiner Verbindung miteinander.

Für jeden Körper besteht ein ihm eigentümlicher Zusammenhang zwischen drei dieser Größen. Grundsätzlich besteht der Zusammenhang

$P = P(v, T)$; $v = v(P, T)$; $T = T(P, v)$ nach (46);

$u = u_1(P, t) = u_2(v, T) = \cdots$ nach (55);

$i = i_1(P, T) = \cdots$ nach (67) und $s = s_1(v, T) = \cdots$ nach (142) und (147).

Ebenso lassen sich andere Beziehungen zwischen den einzelnen Zustandsgrößen herstellen.

Der Charakter, Zustandsgröße zu sein, kommt mathematisch dadurch zum Ausdruck, daß sie ein vollständiges Differential bildet. Für die Versuchstechnik zur Ermittlung der tatsächlichen Zahlenwerte dieser Größen – die nicht fragen „Wieso" und „Woher" ist der Stoff in den betrachteten Zustand gekommen –, ist diese mathematische Eigenschaft sehr wertvoll. Es kann so der meßtechnisch bequemste und die genauesten Resultate liefernde Weg zur Herstellung eines beliebigen Zustandes gewählt werden, und dennoch sind die dann ermittelten Werte für jeden anderen Weg nach diesem Zustand richtig und lassen Zwischenwerte errechnen.

Auch die spezifischen Wärmen c_v, c_p, welche an sich im üblichen Sinne keine Zustandsgrößen sind, sind jedoch durch den Zustand des betrachteten Körpers eindeutig bestimmt. Ihr Zusammenhang mit den Zustandsgrößen wurde definiert durch

$$c_v = \left(\frac{\partial u}{\partial T}\right)_v \quad \text{und} \quad c_p = \left(\frac{\partial i}{\partial T}\right)_p \quad \text{nach (57 und 69).}$$

Nicht aber war die Wärmemenge Q eine Zustandsgröße. Ihr Wert war abhängig vom Weg; mathematisch kommt dies zum Ausdruck, daß dQ kein vollständiges Differential ist (IIIA, Beispiel 5).

Den Zusammenhang zwischen den Zustandsgrößen zeigen anschaulich die Zustandsflächen für verschiedene Verkettungen je dreier Zustandsgrößen. Ihr Aussehen ist je nach Wahl der Zustandsgrößen für das räumliche Achsenkreuz natürlich anders, immer sind es aber eindeutig und stetig differenzierbare Flächen.

Die Zustandsfläche für die Zustandsgrößen P, v, T als Achsenkreuz zeigte schon Bild 12. Immer gestattet dieser Zusammenhang aus zwei Größen, die dritte zu bestimmen.

Die Eigenheit der Stoffe wird anschaulich verständlich durch die thermische Zustandsgleichung beschrieben. Für ideale Gase gilt der Zusammenhang $Pv = RT$ mit der Eigenheit der Inneren Energie, für welche $\left(\frac{\partial u}{\partial v}\right)_T = 0$ ist nach (60). Für wirkliche Gase und Dämpfe gilt grundsätzlich die Form der VAN DER WAALSschen Gleichung (IIID1b) bzw. die speziellen Zustandsgleichungen z. B. des Wasserdampfes (IIID2c), für welche $\left(\frac{\partial u}{\partial v}\right)_T \neq 0$ ist nach (170).

Im folgenden sollen nun aus den allgemeinen Zusammenhängen zwischen den Zustandsgrößen einige wichtige Beziehungen abgeleitet und in ihrer Auswirkung auf die Eigenart der wirklichen Gase und Dämpfe besprochen werden, die bisher teilweise unbegründet vorweggenommen wurden. Dabei wird sich auch die Fruchtbarkeit des Entropiebegriffes für die Versuchstechnik erweisen.

a) Nach (59) und (142) ist

$$ds = \frac{c_v\,dT}{T} + \left[\left(\frac{\partial u}{\partial v}\right)_T + AP\right]\frac{dv}{T}. \qquad (205\,a)$$

Um zunächst eine Entscheidung über die Veränderlichkeit von $\left(\frac{\partial u}{\partial v}\right)_T$ im allgemeinen Fall einer beliebigen Zustandsgleichung eines betrachteten Stoffes kennenzulernen, soll von dem funktionalen Zusammenhang $u = u\,(v, T)$ ausgegangen werden.

Nach (56) ist das vollständige Differential davon

$$du = \left(\frac{\partial u}{\partial v}\right)_T dv + \left(\frac{\partial u}{\partial T}\right)_v dT.$$

Nach (57) ist darin $\left(\frac{\partial u}{\partial T}\right)_v = c_v$.

Um das andere Glied zu erklären, wird auch s als eine Funktion von v, T, also

$$s = s\,(v, T), \qquad (206\,a)$$

dargestellt. Das Differential dazu lautet

$$ds = \left(\frac{\partial s}{\partial T}\right)_v dT + \left(\frac{\partial s}{\partial v}\right)_T dv. \qquad (207\,a)$$

(205a) und (207a) sind aber nur identisch gleich, wenn die Koeffizienten von dT und dv gleich sind. Es ist also jetzt zu untersuchen, daß

$$\left.\begin{aligned}&\left(\frac{\partial s}{\partial T}\right)_v = \frac{1}{T}\left(\frac{\partial u}{\partial T}\right)_v\\ \text{und}\quad&\left(\frac{\partial s}{\partial v}\right)_T = \frac{1}{T}\left[\left(\frac{\partial u}{\partial v}\right)_T + A\,P\right].\end{aligned}\right\} \qquad (208\,a)$$

Dazu muß s eliminiert werden. Dazu wird die obere Gleichung bei $T =$ konst. nach v, die untere bei $v =$ konst. nach T differenziert. Dies ergibt aus der oberen Gleichung

$$\frac{\partial^2 s}{\partial T\,\partial v} = \frac{1}{T}\frac{\partial^2 u}{\partial T\,\partial v}$$

und aus der unteren

$$\frac{\partial^2 s}{\partial v\,\partial T} = \frac{1}{T}\left[\frac{\partial^2 u}{\partial v\,\partial T} + A\left(\frac{\partial P}{\partial T}\right)_v\right] - \frac{1}{T^2}\left[\left(\frac{\partial u}{\partial v}\right)_T + A\,P\right]. \qquad (209)$$

Nachdem die Reihenfolge der Differentiation gleichgültig ist und damit die linken Seiten vorstehender Gleichungen (209) einander gleich sind, so sind es auch die rechten, und daraus folgt

$$\left(\frac{\partial u}{\partial v}\right)_T = A\left[T\left(\frac{\partial P}{\partial T}\right)_v - P\right]. \qquad (210\,\mathrm{a})$$

Die Gleichung drückt die Änderung der Inneren Energie u bei einer *isothermischen Zustandsänderung* durch die Zustandsgrößen P, v, T aus. Der Klammerausdruck bezeichnete unter (177 u. f.) schon den Binnendruck.

Folgerungen aus (210a):

α) Für das ideale Gas folgt daraus durch Einsetzen von $P \cdot v = R \cdot T$ in (210a)

$$\left(\frac{\partial u}{\partial v}\right)_T = A\left[\frac{T \cdot R}{v} - P\right] = 0.$$

Dieses Ergebnis wurde früher aus den Versuchen von JOULE als Merkmal der idealen Gase entnommen [(60)].

Für ideale Gase ergibt dies dann die frühere Gleichung (62): $du = c_v dT$.

β) Für wirkliche Gase und vor allem für Dämpfe, welche gegenüber der Gasgleichung $Pv = RT$ Korrektionsglieder zur Beschreibung ihres Zustandes haben, ist nun

$$\left(\frac{\partial u}{\partial v}\right)_T \neq 0.$$

Beispiel 27: Die Einführung der Gleichung von VAN DER WAALS (177) in die Gleichung (210a) ergibt

$$\left(\frac{\partial u}{\partial v}\right)_T = \frac{a}{v^2} \text{ (also } \neq 0)$$

und nach Integration

$$u = \int c_v\, dT - \frac{a}{v}.$$

Die gleichzeitige Änderung der Entropie bei der *isothermischen Zustandsänderung* drückt sich in denselben Meßwerten P, v, T aus durch Einführung von (210a) in die untere (208a) zu

$$\left(\frac{\partial s}{\partial v}\right)_T = A\left(\frac{\partial P}{\partial T}\right)_v. \qquad (211\,\mathrm{a})$$

Wird (210a) in das vollständige Differential für du nach (56) eingesetzt, so erhält man für eine *beliebige Zustandsänderung* den Ausdruck

$$du = c_v\, dT + A\left[T\left(\frac{\partial P}{\partial T}\right)_v - P\right] dv. \qquad (212\,\mathrm{a})$$

Wird in (207a) für $\left(\frac{\partial s}{\partial T}\right)_v$ die obere Gleichung (208a) eingeführt und in dieser selbst wieder $\left(\frac{\partial u}{\partial T}\right)_v = c_v$ gesetzt, das zweite Glied $\left(\frac{\partial s}{\partial v}\right)_T$ von (207a) aus der unteren Gleichung (208a) eingeführt und dabei wieder $\left(\frac{\partial u}{\partial v}\right)_T$ nach (210a) ersetzt, so ergibt sich für eine *beliebige Zustandsänderung:*

$$d s = A \left(\frac{\partial P}{\partial T}\right)_v d v + \frac{c_v}{T} d T \tag{213a}$$

und

$$d Q = A T \left(\frac{\partial P}{\partial T}\right)_v d v + c_v d T. \tag{214a}$$

b) Um die allgemeine Veränderlichkeit $\left(\frac{\partial i}{\partial P}\right)_T$ in den thermischen Zustandsgrößen P, v, T auszudrücken, wird ähnlich wie unter a) vorgegangen.

$dQ = di - A v\, dP$ nach (68) ergibt durch Vereinigung mit $dQ = T\, ds$ nach (142) die Beziehung

$$d s = \frac{d i}{T} - A \frac{v}{T} d P. \tag{215a}$$

Der funktionale Zusammenhang $i = i\,(P, T)$ bildet das vollständige Differential

$$d i = \left(\frac{\partial i}{\partial P}\right)_T d P + \left(\frac{\partial i}{\partial T}\right)_p d T, \tag{216}$$

darin ist $\left(\frac{\partial i}{\partial T}\right)_p = c_p$ nach (69); der Ausdruck für di aus (216) in ds nach (215) eingesetzt, ergibt:

$$d s = \left(\frac{\partial i}{\partial T}\right)_p \frac{d T}{T} + \left[\left(\frac{\partial i}{\partial P}\right)_T - A\, v\right] \frac{d P}{T}. \tag{205b}$$

Wird nun s als eine Funktion von P, T dargestellt, also

$$s = s\,(P, T), \tag{206b}$$

so lautet ihr vollständiges Differential

$$d s = \left(\frac{\partial s}{\partial T}\right)_p d T + \left(\frac{\partial s}{\partial P}\right)_T d P. \tag{207b}$$

Auch hier sind (205b) und (207b) einander gleich, was bedeutet, daß ihre Koeffizienten von dT und dP identisch sein müssen.

$$\left.\begin{aligned} \left(\frac{\partial s}{\partial T}\right)_p &= \frac{1}{T}\left(\frac{\partial i}{\partial T}\right)_p \\ \left(\frac{\partial s}{\partial P}\right)_T &= \frac{1}{T}\left[\left(\frac{\partial i}{\partial P}\right)_T - A v\right]. \end{aligned}\right\} \tag{208b}$$

Nach Differentation nach P bei $T =$ konst. bzw. nach T bei $P =$ konst. ergibt sich durch Elimination von s

$$\left(\frac{\partial i}{\partial P}\right)_T = -A\left[T\left(\frac{\partial v}{\partial T}\right)_p - v\right]. \tag{210b}$$

Diese Gleichung drückt die Änderung der Enthalpie bei einer *isothermischen Zustandsänderung* in den thermischen Zustandsgrößen P, v, T aus.

Die gleichzeitige Änderung der Entropie ergibt sich dabei aus (210b) mit der unteren Gleichung (208b) zu

$$\left(\frac{\partial s}{\partial P}\right)_T = -A\left(\frac{\partial v}{\partial T}\right)_p. \tag{211 b}$$

Die Vereinigung von (210b) mit (215), der Gleichung des vollständigen Differentials di unter Beachtung, daß $\left(\frac{\partial i}{\partial T}\right)_p = c_p$ ist, ergibt für eine *beliebige Zustandsänderung*

$$di = c_p\, dT - A\left[T\left(\frac{\partial v}{\partial T}\right)_p - v\right] dP. \tag{212 b}$$

Wird analog Vorgang unter a) jetzt in (207b) die Gleichung (208b) eingeführt, wobei $\left(\frac{\partial i}{\partial T}\right)_p = c_p$ und $\left(\frac{\partial i}{\partial v}\right)_T$ nach (210b) berücksichtigt wird, so ergeben sich jetzt für eine *beliebige Zustandsänderung* die Beziehungen

$$ds = -A\left(\frac{\partial v}{\partial T}\right)_p dP + \frac{c_p}{T}\, dT \tag{213 b}$$

und

$$dQ = -AT\left(\frac{\partial v}{\partial T}\right)_p dP + c_p\, dT. \tag{214 b}$$

c) Zusammenhang der thermischen Zustandsgrößen mit den spezifischen Wärmen.

Aus der Verbindung von $dQ = du + A\,P\,dv$ nach (54b) mit der Definition der Entropie $dQ = T\,ds$ nach (142) zu $T \cdot ds = du + A\,P \cdot dv$ nach (146a) ergibt sich für $v =$ konst. $dQ_v = c_v (dT)_v$, also

$$c_v = T\left(\frac{ds}{dT}\right)_v \equiv T\left(\frac{\partial s}{\partial T}\right)_v. \tag{217 a)}$$

Ebenso ergibt sich aus der Verbindung von $T \cdot ds = di - Av \cdot dP$ nach (146b) für $P =$ konst. $dQ_p = c_p (dT)_p$, also

$$c_p = T\left(\frac{\partial s}{\partial T}\right)_p. \tag{217 b}$$

Von beiden Beziehungen wurde bereits im T, s-Diagramm Gebrauch gemacht, um die spezifischen Wärmen c_v, c_p auf der s-Achse als Strecke abzugreifen (Bild 42). Die Beziehung gilt ganz allgemein für jedes betrachtete Gas.

Aus (217a) folgt durch Differentiation nach v bei $T =$ konst.

$$\left(\frac{\partial c_v}{\partial v}\right)_T = T\frac{\partial^2 s}{\partial T \cdot \partial v},$$

und aus (211 a) $\left(\frac{\partial s}{\partial v}\right)_T = A\left(\frac{\partial P}{\partial v}\right)_v$ folgt durch Differentiation nach T

$$\frac{\partial^2 s}{\partial v \cdot \partial T} = A\left(\frac{\partial^2 P}{\partial T^2}\right)_v.$$

Aus beiden ergibt sich durch Gleichsetzen

$$\left(\frac{\partial c_v}{\partial v}\right)_T = A\,T\left(\frac{\partial^2 P}{\partial T^2}\right)_v \tag{218 a}$$

die Differentialgleichung von CLAUSIUS.

Ebenso folgt aus (217b) nach Differentiation nach P bei $T = $ konst.

$$\left(\frac{\partial c_p}{\partial P}\right)_T = T\,\frac{\partial^2 s}{\partial T\,\partial P},$$

und die Differentiation von (211b), also von $\left(\frac{\partial s}{\partial P}\right)_T = -A\left(\frac{\partial v}{\partial T}\right)_p$ nach T liefert

$$\frac{\partial^2 s}{\partial P\cdot\partial T} = -A\left(\frac{\partial^2 v}{\partial T^2}\right)_p.$$

Aus beiden ergibt sich wieder durch Gleichsetzen

$$\left(\frac{\partial c_p}{\partial P}\right)_T = -A\,T\left(\frac{\partial^2 v}{\partial T^2}\right)_p. \tag{218 b}$$

Aus (214a) ergibt sich nun durch ihre Anwendung auf eine Zustandsänderung bei $P = $ konst., für welche $dQ_p = c_p\,(d\,T)_p$ und $\left(\frac{d\,v}{d\,T}\right)_p \equiv \left(\frac{\partial\,v}{\partial\,T}\right)_p$ ist,

$$c_p - c_v = A\,T\left(\frac{\partial P}{\partial T}\right)_v\cdot\left(\frac{\partial v}{\partial T}\right)_p. \tag{219}$$

Für ideale Gase, $Pv = RT$, ergibt sich daraus

$$\left(\frac{\partial P}{\partial T}\right)_v\cdot\left(\frac{\partial v}{\partial T}\right)_p = \frac{R}{v}\cdot\frac{v}{T} = \frac{R}{T},$$

also $c_p - c_v = A\,R = $ konst.

Für wirkliche Gase und überhitzte Dämpfe ist $\left(\frac{\partial P}{\partial T}\right)_v$ und $\left(\frac{\partial v}{\partial T}\right)_p$, die Druck- und Volumenänderung bei v bzw. $P = $ konst., bei der Erwärmung $d\,T$ größer als bei idealen Gasen, also noch vielmehr ihr Produkt $\left(\frac{\partial P}{\partial T}\right)_v\cdot\left(\frac{\partial v}{\partial T}\right)_T$ in (219). Daher ist hier $c_p - c_v > A\,R$, wie es unter IIID1 bereits vorwegnehmend erwähnt wurde.

d) Der differentiale JOULE-THOMSON-Koeffizient [(172)] läßt sich ebenfalls aus den allgemeinen Beziehungen zwischen den Zustandsgrößen ableiten. Man stelle sich die Gesamtdrosselung in unendliche kleine Einzeldrosselungen unterteilt vor (Bild 49b), für die alle die Bedingung „$di = 0$" erfüllt sein muß. Mit dieser Forderung lautet dann die Gleichung (212b):

$$d\,T = \frac{A\left[T\left(\frac{\partial v}{\partial T}\right)_p - v\right]}{c_p}\cdot d\,P, \tag{220}$$

und darin ist

$$\delta = \frac{A\left[T\left(\frac{\partial v}{\partial T}\right)_p - v\right]}{c_p} \tag{221}$$

der differentiale JOULE-THOMSON-Koeffizient.

Das Vorzeichen von δ (221) und damit auch jenes für dT (220) hängt nur vom Vorzeichen des Klammerausdruckes im Zähler ab. Mit dP negativ (Drosselung) ergibt (220) mit

$$T\left(\frac{\partial v}{\partial T}\right)_p \gtreqless v, \text{ für } dT \begin{cases} \text{Kühlwirkung } (dT \text{ negativ}) \\ \text{Nullwirkung, Inversionspunkt (IIID1)} \\ \text{Wärmewirkung } (dT \text{ positiv}) \end{cases}$$

Durch Integration von (221) über das gesamte Druckgefälle des Drosselvorganges ($P_1 \rightarrow P_2$) ergibt sich

$$T_2 - T_1 = \Delta T = A \int_{P_1}^{P_2} \frac{T\left(\frac{\partial v}{\partial T}\right)_p - v}{c_p} \cdot dP, \tag{222}$$

der integrale JOULE-THOMSON-Effekt. In dieser Gleichung folgt $\left(\frac{\partial v}{\partial T}\right)_p$ gemäß der speziellen Zustandsgleichung des betrachteten Stoffes keinem einfachen Gesetz mehr, und c_p selbst ist auch noch druck- und temperaturabhängig. Es stellen somit gegenüber diesen genauen Beziehungen (221) und (222) die Gleichungen (173) und (174) nur Annäherungen dar.

e) Die Gleichung von CLAUSIUS-CLAPEYRON gilt sowohl für den Verdampfungs- als auch für den Sublimations- und Schmelzvorgang [(198), (200), (202)]. Ihre Ableitung – neben jener vermittels eines elementaren CARNOT-Prozesses – geht von der Gleichung (58) des I. Hauptsatzes aus. Wird in diese Gleichung (58) die Gleichung (210a) eingeführt, so erhält man

$$dQ = \left(\frac{\partial u}{\partial T}\right)_v dT + A\,T\left(\frac{\partial P}{\partial T}\right)_v dv. \tag{223}$$

Bei den Phasenumwandlungsvorgängen, z. B. bei der Verdampfung, besteht ein eindeutiger Zusammenhang zwischen dem Verdampfungsdruck P_s und der Verdampfungstemperatur T_s, die während des ganzen Vorganges konstant bleibt ($T =$ konst.). Es kann daher hier statt $\left(\frac{\partial P}{\partial T}\right)_v$ geschrieben werden $\frac{dP_s}{dT}$. Die Integration von (223) über den ganzen Verdampfungsvorgang ausgedehnt, vom siedenden Wasser (v') bis zur vollständigen Dampfbildung (v''), für welchen dann auch $\int dQ = r$, der Verdampfungswärme, wird, ergibt daher

$$r = A\,(v'' - v')\,T_s \frac{dP_s}{dT} \tag{224}$$

die CLAUSIUS-CLAPEYRONsche Gleichung.

f) Zusammenfassung der wichtigsten Zusammenhänge aus den allgemeinen Beziehungen *a* bis *e* zwischen den Zustandsgrößen, wie sie für Versuchsplanung und -auswertung sehr wichtig sind:

Änderung der inneren Energie bei isothermischer Zustandsänderung

$$\left(\frac{\partial u}{\partial v}\right)_T = A\left[T\left(\frac{\partial P}{\partial T}\right)_v - P\right]. \tag{210a}$$

Änderung der Enthalpie bei isothermischer Zustandsänderung

$$\left(\frac{\partial i}{\partial P}\right)_T = -A\left[T\left(\frac{\partial v}{\partial T}\right)_p - v\right]. \tag{210 b}$$

Differentialgleichungen von CLAUSIUS

$$\left(\frac{\partial c_v}{\partial v}\right)_T = A\,T\left(\frac{\partial^2 P}{\partial T^2}\right)_v \tag{218 a}$$

$$\left(\frac{\partial c_p}{\partial P}\right)_T = -A\,T\left(\frac{\partial^2 v}{\partial T^2}\right)_p. \tag{218 b}$$

Unterschied der spezifischen Wärmen

$$c_p - c_v = A\,T\left(\frac{\partial P}{\partial T}\right)_v \cdot \left(\frac{\partial v}{\partial T}\right)_p. \tag{219}$$

Differentiale JOULE-THOMSON-Koeffizient

$$\delta = \frac{A\left[T\left(\frac{\partial v}{\partial T}\right)_p - v\right]}{c_p}. \tag{221}$$

Gleichung von CLAUSIUS-CLAPEYRON (für Dampfdruckkurve angeschrieben)

$$r = A\,(v'' - v')\,T_s \frac{d P_s}{d T}. \tag{224}$$

E. GRUNDLAGEN ÜBER LÖSUNGEN

Als Lösungen werden Mischungen homogener Phasen aller Formarten mehrerer Stoffe bezeichnet, bei welchen einer der Bestandteile, das Lösungsmittel, in seiner Menge überwiegt. Mischungen hingegen bestehen aus Stoffen vergleichbarer Mengenverhältnisse.

Feste Lösungen sind in der Technik die Legierungen der Werkstoffe, welche aber in den folgenden Betrachtungen ausgenommen sind.

Nach der Größenordnung der gelösten Partikeln werden unterschieden:

grob-disperse Systeme (Größenordnung der Partikeln 10^{-4} bis 10^{-5} cm),

kolloid-disperse Systeme (Größenordnung der Partikeln 10^{-4} bis 10^{-8} cm),

echte Lösungen oder molekular-disperse Systeme (kleiner als 10^{-8} cm $\approx$ Molekülabmessungen).

Die Konzentration wird angegeben in Mengenanteilen (Gewichtsanteilen, Molenbrüchen) oder in Raumanteilen (Partialdruck bei Gasmischungen, Litermolarität) (IIIB1).

Es gibt Lösungen, bei welchen das Mengenverhältnis ihrer Mischung nicht begrenzt ist (z. B. Wasser—Alkohol), andere wieder haben eine obere Löslichkeitsgrenze des einen Stoffes in dem anderen (z. B. Salze in Wasser). Mit Erreichen der oberen Lösungsgrenze ist die Lösung gesättigt. Die Sättigung ist temperatur- und meist auch druckabhängig.

Bei der Lösung einiger Stoffe tritt auch eine molekulare Veränderung ein, ein Zerfall (elektrolytische Dissoziation, d. i. ein Zerfall in die Ionen, z. B. $AB = A^+ + B^-$), oder eine Assoziation, die Bildung von Doppelmolekülen.

1. OSMOSE UND OSMOTISCHER DRUCK

Das Phänomen des Eindringens und Durchmischens eines Stoffes in einem anderen zur Bildung einer Lösung wird *Osmose* genannt.

An der schon alten Beobachtung der Osmose stellte der Botaniker PFEFFER (1877) das Vorhandensein eines größeren inneren Überdruckes der im Lösungsmittel verteilten Stoffe, den *osmotischen Druck*, fest (z. B. beträgt dieser hydrostatische Überdruck bei einer 6%igen Zuckerlösung etwa 4 at). VAN T'HOFF hat diesem Phänomen die grundlegende physikalische Behandlung gebracht, ihre volle Deutung fand die Osmose erst durch EINSTEIN (1905), als eine Folge der Molekularbewegung, wie sie im großen die BROWNsche Bewegung sichtbar macht (Bild 7). Die Osmose hat demnach ihre Ursache in der auseinanderstrebenden Tendenz zur Vermehrung der Entropie, dem Streben der Verminderung der Energie, welche sich in der Nachgiebigkeit gegen die wirksamen Kräfte äußert.

Sichtbar gemacht wird der osmotische Druck im Innern einer Lösung vermittels halbdurchlässiger Wände. Für wäßrige Lösungen sind dünne Ferrozyankupfermembranen, auf Ton aufgebracht, sehr brauchbare halbdurchlässige Wände (Bild 70). Ein solcher, auf seiner Innenseite überzogener, geschlossener Tonzylinder wird mit einer Lösung aus Rohrzucker in Wasser gefüllt und in ein Wasserbad getaucht. In dem oben offenen Steigrohr steigt die Lösung hoch, trotzdem das Wasserbad und die Lösung im Zylinder infolge des oben offenen Steigrohres unter demselben Umgebungsdruck stehen. Unter Konstanthalten der Temperatur stellt sich nach einiger Zeit eine Steighöhe h ein. Diese entspricht dem osmotischen Druck der Lösung.

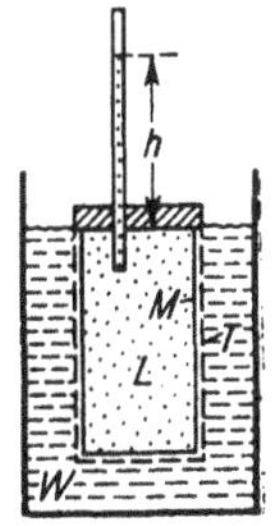

Bild 70. Phänomen des osmotischen Druckes

Es üben also die gelösten Rohrzuckerteilchen einen Druck auf die Wandungen aus. Aber, und dies ist das Paradoxe, dennoch drängt das umgebende Lösungsmittel, das Wasser, weiter bis zum Erreichen des Gleichgewichtszustandes h in den Tonzylinder hinein, der nur für das Wasser durchlässig ist.

Dieser Widerspruch des Eindringens von Flüssigkeit aus einem Raum unter niederem in einen solchen unter höherem Druck klärt sich durch die Betrachtung der innermolekularen Bewegung der Lösungs- und Lösungsmittelteilchen in unmittelbarster Wandnähe auf. Dieser Vorgang ist im großen wie folgt zu beschreiben (Bild 71): Bei der Molekularbewegung stößt das Lösungsteilchen A an die ihm undurchlässige Wand und wird zurückgeworfen. Es kehrt mit einem Impuls $\mathfrak{J}$ nach innen zurück (IIB2b). Mit diesem Impuls trifft das Teilchen (freie Weglänge) bald auf Teilchen F der Lösungsflüssigkeit, gibt seinen Impuls ab und wird selbst wieder zurückgeworfen.

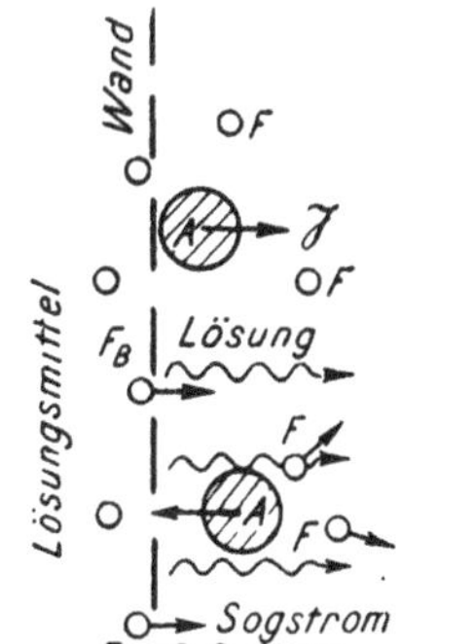

Bild 71. Erklärung des osmotischen Druckes (schematisch)

Der so laufend nach innen abgedrängte Strom der Lösungsteilchen übt damit einen Sog an der Randschicht der Wand aus, der die Lösungsteilchen F_B des umgebenden Bades hereinzieht. Es findet so durch die gelösten Teilchen A ein ständiges Wegpumpen der Teilchen F statt, bis ein Gleichgewichtszustand erreicht ist.

Aus dieser kinetischen Überlegung ergibt sich, daß der *osmotische Druck dem thermischen Druck* [(12a)] *der gelösten Teilchen gleichzusetzen* ist. Es können daher die gaskinetischen Gesetze auf verdünnte Lösungen übertragen werden (IIB2bc). Es gelten daher auch für die verdünnten Lösungen die Gesetze für ideale Gase (39) und (40):

$$\left.\begin{aligned} \frac{P_0 v_0}{T_0} &= \frac{P \cdot v}{T} \\ \text{oder} \qquad P \cdot v &= R \cdot T. \end{aligned}\right\} \tag{225a}$$

Darin sind jetzt aber P_0, P die osmotischen Drücke, v_0, v die Rauminhalte von 1 kg des gelösten Stoffes vom Zustand P_0, T_0 bzw. P, T.

Mit den Konzentrationen $c_i = \frac{n_i}{V}$ nach (112) gilt für den osmotischen Druck

$$P = c\,\mathfrak{R} \cdot T. \tag{225b}$$

Treten bei der Lösung des Stoffes molekulare Veränderungen ein (elektrolytische Dissoziation), so ändert sich damit auch die Gaskonstante, und (225a) nimmt die Form an

$$P \cdot v = i \cdot R \cdot T. \tag{225c}$$

Hier ist der Faktor i von der Art der Moleküldissoziation abhängig, und zwar ist er beispielsweise für Lösungen von

$NaCl$ $i = 1{,}98$;	$C_{12}H_{22}O_{11}$ $i = 1{,}00$;	$CaSO_4$ $i = 1{,}04$;
$NaNO_3$ $i = 1{,}81$;	H_2SO_4 $i = 2{,}06$;	C_2H_6O $i = 0{,}93$;
$CuSO_4$ $i = 1{,}02$;		

R ist die Gaskonstante des undissoziierten Stoffes.

Beispiel 28: Wie groß ist der osmotische Druck einer 4%igen Rohrzuckerlösung in Wasser bei 15° C? Rohrzucker $C_{12}H_{22}O_{11}$ hat ein Mol-Gewicht $M = 12 \cdot 12 + 1 \cdot 22 + 16 \cdot 11 = 342$ (vgl. VIIB1).

Daraus ergibt sich die Gaskonstante nach (45) zu $R = \frac{848}{M} = 848/342 = 2{,}48$.

Eine 4%ige Lösung bedeutet, daß in 1 m³ Wasser, welches auch der verfügbare Raum des Zuckers in der Lösung ist, 40 kg Zucker enthalten sind, also ist $\gamma = 1/v = 40$ kg/m³.

Bei 15° C ist daher nach (225a) der osmotische Druck

$$P = 40 \cdot 2{,}48 \cdot 288 = 28\,600 \text{ kg/m}^2 = \mathbf{2{,}86\ ata.}$$

Die Messung ergibt dafür 2,83 ata.

2. SATZ VON HENRY UND DALTON, ABSORPTIONISOTHERME

Die Gesetze von HENRY und DALTON gelten für vollkommene Gase und ungesättigte Dämpfe oder Mischungen von diesen, die in einer nicht oder schwer flüchtigen Flüssigkeit absorbiert werden und eine verdünnte Lösung bilden. Für Lösungsstoff und verdünnte Lösung gelten also die Gasgesetze. Der Dampfdruck der Flüssigkeit ist vernachlässigbar klein, so daß sich im Gasraum über der Lösung nur Gas vom Druck P_g befindet. Molekulare Veränderungen des Gases bei seiner Lösung sind zunächst ausgenommen.

Das Gesetz von HENRY sagt aus: Die von der Flüssigkeit absorbierte Menge eines Gases ist bei einer bestimmten Temperatur proportional dem Druck.

Das Gesetz von DALTON dehnt dieses Gesetz auch auf *verschiedene Gase im Gasraum* aus, wobei dann an Stelle des Gesamtdruckes P_g der Teildruck P_{gi} des jeweiligen Gases i zu setzen ist. Es schließt also auch den Fall ein, daß die Lösungsflüssigkeit entsprechend ihrem Dampfdruck im Gasraum vorhanden ist. Das Gesetz lautet:

$$\frac{P_{i0}}{P_{gi0}} = \frac{P_i}{P_{gi}} = \text{konst.} = \frac{\alpha \cdot T}{273}. \qquad (226\,a)$$

Darin sind P_{i0}, P_i die osmotischen Drucke des gelösten Gases i, P_{gi0}, P_{gi} der Gasteildruck im Gasraum bei konstant gehaltener Temperatur T.
α ist der Absorptionskoeffizient, eine Konstante, die von der Art des Gases, der Lösungsflüssigkeit und der Temperatur abhängt (Bild 72). Der Ab-

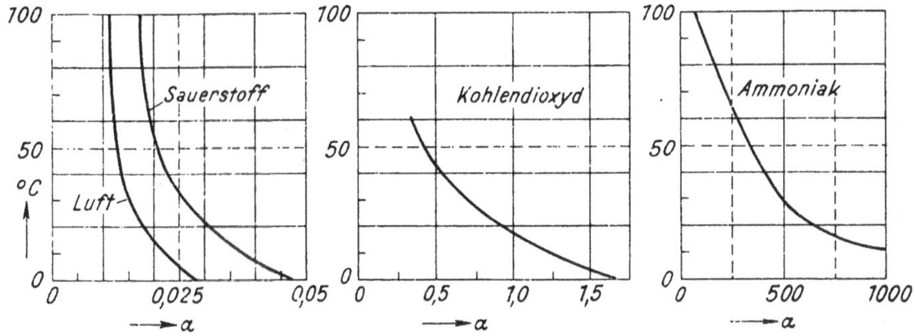

Bild 72. Absorptionskoeffizient α verschiedener Gase in Wasser als Lösungsmittel bei 760 Torr

sorptionskoeffizient α ist das auf 0° C, 760 Torr reduzierte Gasvolumen bezogen, das von der Volumeneinheit des Lösungsmittels bei $P_{g_0} = 760$ Torr und T Grad aufgenommen wird. Das absorbierte Gasgewicht ist daher

$$G_0 = \alpha \cdot \gamma_0, \qquad (227\,a)$$

wenn γ_0 das spezifische Gewicht des Gases bei 0° C, 760 Torr ist.
Bei einem Druck P_g ist also dieses Gewicht

$$G = \alpha \cdot \gamma_0 \cdot P_g/P_{g_0} \text{ in kg/m}^3 \text{ Lösungsmittel.} \qquad (227\,b)$$

Anmerkung: Die physikalische Chemie rechnet meist mit dem Lösungskoeffizienten $L = \alpha \cdot T/273$.

Der wirkliche Verlauf weicht, entsprechend der Abweichung des Lösungsverhaltens von dem idealer Gase, von diesem Geradlinigkeitsgesetz ab.
Treten bei der Lösung wieder molekulare Veränderungen ein, so lautet das Gesetz (226a):

$$\frac{P}{P_g} = i\,\frac{\alpha \cdot T}{273}. \qquad (226\,b)$$

Darin ist i wieder, wie zuvor, der den Zerfall des gelösten Stoffes charakterisierende Faktor.

Beispiel 29: Die Absorptionszahl für Luft in Wasser bei 20° C ist $\alpha = 0{,}0187$ (Bild 72). Welches Luftgewicht ist in 1 m³ der Lösung bei 750 Torr enthalten? Welchen osmotischen Druck hat die Luft in der Lösung bei 50° C und 0,1 ata?
In der Lösung bei 20° C, 750 Torr ist das gelöste Luftgewicht

$$G_{20,\,750} = \alpha_{20^\circ} \cdot \gamma_0 \cdot \frac{750}{760} \doteq 0{,}0187 \cdot 1{,}293 \cdot \frac{750}{760} = \mathbf{0{,}0238\ in\ kg.}$$

Dabei ist der osmotische Druck nach (226a):

$$P_{20,\,750} = 750 \cdot 0{,}0187 \cdot \frac{293}{273} = \mathbf{15{,}06\ in\ mm\ QuS.}$$

In der Lösung bei 50° C und 0,1 ata ist $\alpha = 0{,}013$ (Bild 72) und damit der osmotische Druck

$$P_{50,\,0{,}1} = 76 \cdot 0{,}013 \cdot \frac{323}{273} = \mathbf{1{,}168\ in\ mm\ QuS.}$$

und das Luftgewicht

$$G_{50,\,0{,}1} = 0{,}013 \cdot 1{,}293 \cdot \frac{0{,}1}{1{,}033}\ \text{kg} = \mathbf{0{,}00162\ kg.}$$

Die Zustandsänderung eines Gases bei seiner Absorption mit steigendem Druck bei konstanter Temperatur der Lösung zeigt die *Absorptions-Isotherme* (Bild 73). Der Dampfdruck der Lösungsflüssigkeit sei vernachlässigbar klein gegenüber dem Gasdruck, so daß vom Lösungsmittel kein Dampf im Gasraum vorhanden ist.
Es bezeichnen: Index 0 den Ausgangszustand, ohne Index irgendeinen Zwischenzustand, mit Index g für den Gasraum, mit l für den Lösungsraum des Index betroffenen Gasgewichtes, V die verfügbaren Räume.
Mit zunehmender Verdichtung nimmt das Gasgewicht G_g im Gasraum ab, das gelöste Gewicht G_l in der Lösung zu. Die spezifischen Volumen der Gasanteile sind daher entsprechend der Raum- und Gewichtsveränderung $v_{g_0} = G_{g_0}/V_0$ und $v_g = G_g/V$.
Die allgemeine Gasgleichung $P_{g_0} V_0 = G_{g_0} R T$ bzw. $P_g V = G_0 R T$ nimmt daher für $T =$ konst. die Form an

$$P_g \cdot V = P_{g_0} \cdot V_0\, G_g/G_{g_0}. \qquad (228)$$

Dem Gas im Lösungsmittel steht der unveränderliche Raum V_l desselben zur Verfügung, sein Druck darin ist der osmotische Druck P. Daher lautet nun die Gleichung

$$P_0 \cdot V_l = G_{l_0} \cdot R_l \cdot T \quad \text{und} \quad P \cdot V_l = G_l \cdot R_l \cdot T$$

also

$$P_0/P = G_{l_0}/G_l\,, \tag{229}$$

das heißt:

Die osmotischen Drücke verhalten sich wie die gelösten Gasgewichte.

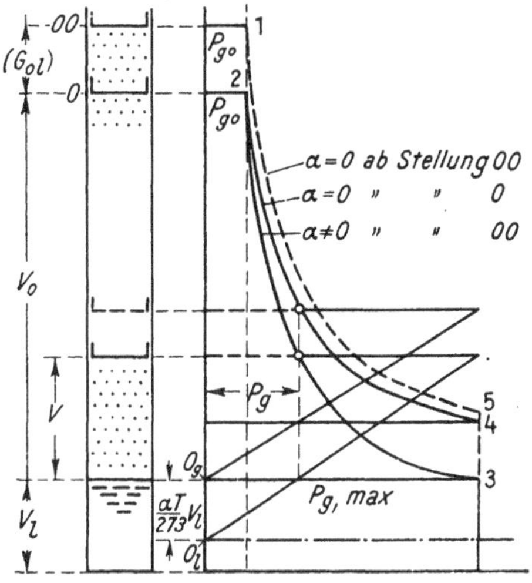

Bild 73. Absorptions-Isotherme:

(G_{ol}) ≙ *gelöstes Gasvolumen* vom Ausgangsdruck P_{go} in der Lösungsflüssigkeit vom Volumen V_l dazu

$\overline{12}$ ≙ Anfangsabsorption vom Ausgangszustand *00* mit einer Absorptionszahl α, beim Druck P_{go}

$\overline{23}$ ≡ Isotherme im Gasraum V bei Gasabsorption gemäß α (T = konst.)

$\overline{24}$ ≡ Isotherme im Gasraum V, wenn ab Stellung *0* keine weitere Absorption stattfindet ($\alpha = 0$)

$\overline{15}$ ≡ Gasisotherme, wenn schon von der Ausgangsstellung *00* aus keine Absorption stattfindet ($\alpha = 0$)

Gasraum und Lösung verbindet die Gewichtsänderung des Gases im Raum, die gleich ebenderselben in der Lösung ist

$$G_l - G_{l_0} = G_{g_0} - G_g$$

und das Gesetz von HENRY (226a) (geschrieben für ein einheitliches Gas im Raum V, $P_g = P_{g\,i}$)

$$P_0/P_{g_0} = P/P_g\,.$$

Durch Einsetzen in (228) ergibt sich dann mit (229) die **Gleichung der Absorptions-Isotherme**

$$P_g\left(V + V_0 \frac{G_{l_0}}{G_{g_0}}\right) = P_{g_0}\left(V_0 + V_0 \cdot \frac{G_{l_0}}{G_{g_0}}\right). \tag{230 a}$$

Sie stellt eine gleichseitige Hyperbel dar, deren Nullpunkt um die Strecke $\overline{0_g 0_l} = V_0 \cdot G_{l_0}/G_{g_0}$ unter dem Flüssigkeitsspiegel liegt.

Durch Einführung der Absorptionszahl α ergibt sich $\overline{0_g 0_l} = \frac{\alpha \cdot T}{273} \cdot V_l$ und damit

$$P_g\left(V + \frac{\alpha\,T}{273} V_l\right) = P_{g_0}\left(V_0 + \frac{\alpha\,T}{273} V_l\right). \tag{230 b}$$

Bei $V = 0$ ist die gesamte Gasmenge absorbiert, und der Druck über dem Lösungsspiegel ist

$$P_{g,\max} = P_{g_0}\left(1 + \frac{V_0}{V_l}\frac{273}{\alpha T}\right). \tag{231}$$

3. GESETZE VON RAOULT, VERDAMPFUNGS- UND LÖSUNGSWÄRME

Beobachtungen zeigten, daß verdünnte Lösungen nichtflüchtiger Stoffe gegenüber dem reinen Lösungsmittel bei gleicher Temperatur eine Dampfdruckerniedrigung $(P_0 - P_l)$ erfahren. Darin ist P_0 der Dampfdruck über dem reinen Lösungsmittel, P_l über der Lösung, beide sind nicht zu verwechseln mit dem osmotischen Druck P.

Die Herleitung des Zusammenhanges erfolgt durch ein geistvolles, umkehrbares Gedankenexperiment vermittels halbdurchlässiger Wände und führt zu dem ersten Gesetz von RAOULT

$$\ln(P_0/P_l) = i \cdot n/N \tag{232a}$$

oder für kleine Druckunterschiede $(P_0 - P_l)$

$$\frac{P_0 - P_l}{P_0} = i \cdot n/N, \tag{232b}$$

das heißt:

Die Dampfdruckerniedrigung ist gleich dem Molenbruch des gelösten Stoffes.

Darin bedeuten: n die Mol-Zahlen des zu lösenden Stoffes, N jene des Lösungsmittels, i den Dissoziationsfaktor.

Der Vergleich von Lösungsmittel (Index 0) und Lösung (Index l) bei gleichem Druck durchgeführt, zeigt eine Siedepunktserhöhung $t_{s_l} - t_{s_0} = \Delta t$ der Lösung gegenüber dem reinen Lösungsmittel.

Durch Verbindung der Gleichung von CLAUSIUS-CLAPEYRON (198), ergibt sich (für den Dampf die Gasgleichung eingesetzt)

$$\Delta t = \Re_{cal} \cdot i \cdot \frac{n}{N} \cdot \frac{T_{s_0}^2}{M_0 \cdot r_0}. \tag{233}$$

Die *Verdampfungswärme der Lösung* ergibt sich größer als jene des reinen Lösungsmittels, und zwar bezogen auf 1 kg Lösung zu

$$r_l = r_0 + \frac{\Re_{cal} \cdot i \cdot T_{s_0}}{M_0} \cdot \frac{n}{N}. \tag{234}$$

Index 0 bezieht sich auf das reine Lösungsmittel (Mol-Gewicht M_0), Index l auf die Lösung; $\Re_{cal} = 1{,}985$; n bezieht sich auf den zu lösenden Stoff, wie zuvor.

Das zweite Gesetz von RAOULT bezieht sich auf die Gefrierpunktserniedrigung verdünnter Lösungen.

Für die Auflösung eines Stoffes, z. B. 1 Mol in einer beliebigen Menge eines Lösungsmittels, wird eine Energiemenge verbraucht, die als Wärme frei oder gebunden wird, damit die Temperatur unverändert bleibt. Diese Wärmetönung

(VIIB1) wird als Lösungswärme q_l bezeichnet und ist abhängig von der Konzentration. Diese Lösungswärme ist positiv oder negativ. Bei Gasen ist die Lösungswärme q_l immer positiv, es wird Wärme frei. Bei den meisten Salzen ist die Lösungswärme negativ, es muß Wärme zugeführt werden, worauf ihre Verwendung als Kältemischungen beruht.

Beispiel 30: Dampfdruckerniedrigung und Siedepunktserhöhung einer Schwefelsäurelösung (Gewichtsanteile 50 : 50) bei 50° C.

$$M_{H_2SO_4} = 1 \cdot 2 + 32 + 16 \cdot 4 = 98 \text{ (genau 98,08).}$$

Daher ist $n = 50/98 = 0{,}51$; $N = 50/18 = 2{,}775$ und $i = 1{,}98$.

Daher ist nach (232b) $(P_0 - P_l)/P_0 = 1{,}98\ 0{,}51/2{,}775 = 0{,}364$.

Aus den Dampftabellen ist für das Lösungsmittel, reines Wasser, zu entnehmen

(Dampfdruck bei 50° C) = $P_{0,50°} = 126$ kg/m² abs, also $\Delta p =$ **0,046 at**

(Dampfdruck bei 60° C) = $P_{0,60°} = 203$ kg/m² abs, also $\Delta p =$ **0,074 at.**

ABSCHNITT IV

WÄRMEAUSTAUSCH

Der Wärmeaustausch ist der sichtbarste Ausdruck des II. Hauptsatzes, der einseitigen Ablaufstendenz der Naturvorgänge. Der CARNOT-Prozeß zeigte, daß die Wärme um so hochwertiger ist, je höher ihre Temperatur ist.

Der Wärmeaustausch erfordert einen endlichen Temperaturunterschied. Der Austausch kann erfolgen durch:

A) Wärmeleitung, B) Konvektion (Strömung) und Diffusion und C) Wärmestrahlung.

Bei den rein thermodynamischen Vorgängen spielt nur die Richtung ihres Ablaufes eine Rolle, die Vorgänge selbst verlaufen unendlich langsam, wie es die Umkehrbarkeit thermodynamischer Vorgänge wegen des inneren Gleichgewichtes erfordert.

Die Wärmeleitung, Konvektion (Strömung) und Diffusion umfaßt Bewegungsvorgänge. Solche Vorgänge erfordern für ihren Ablauf Zeit, sie sind auch ein Geschwindigkeitsproblem.

Die Wärmeleitung in einem Stoff ist ein molekularer Energieaustausch zwischen den Molekülen. Bei Flüssigkeiten, und noch mehr bei den Gasen, tritt durch die Ortsbeweglichkeit der Molekeln noch ein zusätzlicher Wärmeenergietransport ein, welcher aber in den Wärmeleitungsvorgang eingeschlossen ist (IVA).

Bei den Flüssigkeiten und Gasen kommt für die Wärmeübertragung noch die Möglichkeit hinzu, durch Strömungsvorgänge größerer Stoffmassen gegeneinander einen Wärmeaustausch vorzunehmen (makroskopische Bewegungsvorgänge). Diese Strömungsvorgänge überschatten – bis auf die Vorgänge in den Grenzschichten – den mikroskopischen Wärmetransport in verschiedenem Maße. Dadurch ist der Wärmeaustausch in Flüssigkeiten und Gasen ein eng mit der Strömungslehre verbundenes Problem. Es führt daher gerade der Wärmeaustausch zwischen festen Wänden und Flüssigkeiten bzw. Gasen, die Konvektion und Diffusion, zu einer innigen, untrennbaren Verkettung der Thermodynamik mit der Strömungslehre (IVB). Über die Beziehungen zwischen Flüssigkeitsoberflächen und Gasen siehe unter V.

Bei der Wärmestrahlung tritt hingegen die Zeit, als ein den Vorgang bestimmender Faktor zurück (IVC).

A. WÄRMELEITUNG

Der Energiezustand der Translations-, Rotations- und Schwingungsbewegung der Moleküle erklärte den Wärmezustand der Stoffe (IIB). Örtliche Unterschiede des mittleren Schwingungszustandes gegenüber Nachbarteilchen führen durch ihre Wechselwirkung zu einer Energiewanderung, der Wärmeleitung durch den Stoff. Die Wärmeleitung ist also ein Ausgleichsprozeß zwischen unmittelbar benachbarten Körperteilchen. Diese Voraussetzung ist vor allem bei festen Körpern gegeben, deren Aufbauteilchen in der Raumlage unverändert bleiben. Daher wendet sich die Betrachtung der Vorgänge der Wärmeleitung auch in erster Linie an die feste Körper.

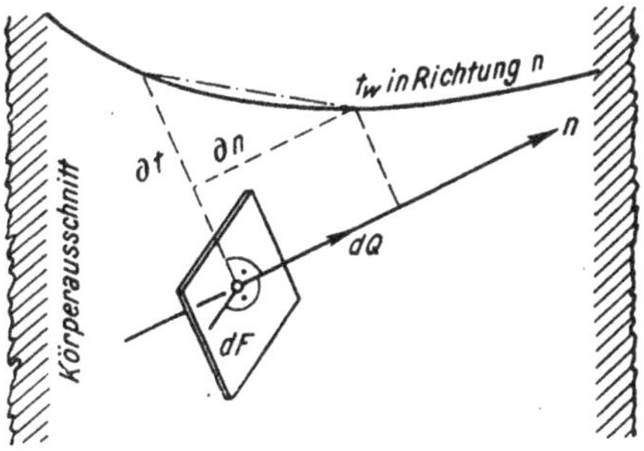

Bild 74. Nichtlineare Wärmeströmung

Diese Energiewanderung im festen Körper von Teilchen zu Teilchen wird bestimmt durch die Temperatur in einem makroskopisch meßbaren Bereich als Funktion des Ortes und der Zeit. Sie unterliegt dem I. und II. Hauptsatz. Dazu tritt zur Beschreibung des physikalischen Vorganges der Energiewanderung der Ansatz von FOURIER:

Der Wärmestrom dQ fließt in Richtung des Temperaturgefälles, einem Vektor, und ist diesem proportional. Der Proportionalitätsfaktor ist die Wärmeleitzahl λ.

Die Wärmeleitzahl λ, gemessen in kcal je m h grd, ist temperaturabhängig. Sie kann jedoch für technische Zwecke meist, jedenfalls abschnittsweise, konstant gesetzt werden, was dann auch die Integration der mit ihr besetzten Gleichungen erleichtert.

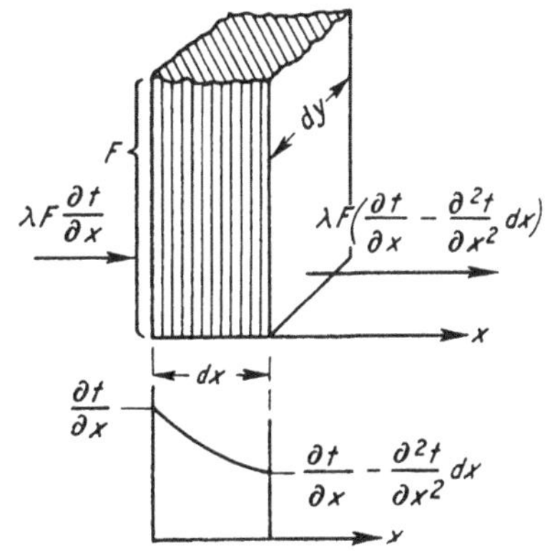

Bild 75. Wärmefluß und Temperaturverlauf in einer Elementarwandschicht

Wird im Körper ein beliebig orientiertes Flächenelement dF betrachtet (Bild 74), so kann der Temperaturverlauf entlang der Flächennormalen n für ein Wegelement ∂n durch ein Geradenstück ersetzt werden. Es gilt dann nach dem Ansatz von FOURIER für den Wärmestrom dQ durch das Element dF:

$$dQ = -\lambda \cdot dF \cdot \frac{\partial t}{\partial n} \tag{235 a}$$

oder

$$q_n = \frac{dQ}{dF} = -\lambda \frac{\partial t}{\partial n}. \tag{235 b}$$

q_n ist darin die Wärmestromdichte. Das negative Vorzeichen rührt daher, daß der Wärmestrom in Richtung abnehmender Temperatur fließt.

Die zeitlich veränderliche Wärmeströmung.

Besteht das örtliche Temperaturgefälle nur in einer Richtung (x), so gestaltet sich der Rechnungsgang wie folgt (Bild 75).

Von dem Wärmestrom in x-Richtung durch die Oberfläche F eines Scheibenstreifens der Breite dy und der Stärke dx verbleibt in der Zeit dZ im Scheibenstreifen die Wärmemenge

$$\lambda F\left[\frac{\partial t}{\partial x}-\left(\frac{\partial t}{\partial x}-\frac{\partial^2 t}{\partial x^2}dx\right)\right]dZ=\lambda F\frac{\partial^2 t}{\partial x^2}dx\,dZ. \tag{236}$$

Diese Wärmemenge bedingt eine Temperaturerhöhung $\frac{\partial t}{\partial Z}\cdot dZ$, der eine Änderung der Körperwärme der Scheibe vom spezifischen Gewicht γ und der spezifischen Wärme c entspricht, also

$$\frac{\partial Q}{\partial Z}dZ=c\cdot\gamma F\,dx\frac{\partial t}{\partial Z}dZ. \tag{237}$$

Für einen festen Körper kann von der entstehenden Volumenänderung und damit der Arbeitsleistung bei dieser abgesehen werden, so daß $c_v = c_p = c$ ist.

Die Gleichsetzung von (236) und (237) ergibt die allgemeine Wärmeleitungsgleichung von FOURIER

$$\frac{\lambda}{c\gamma}\frac{\partial^2 t}{\partial x^2}=a\frac{\partial^2 t}{\partial x^2}=\frac{\partial t}{\partial Z}, \tag{238 a}$$

darin ist $\frac{\lambda}{c\gamma}=a$ die Temperaturleitzahl (m²/h),

c = spezifische Wärme (kcal/kg grd),

γ = spezifisches Gewicht (kg/m³).

Findet die Wärmeströmung in allen drei Raumrichtungen (x, y, z) statt, so lautet (238a):

$$a\nabla^2 t=\frac{\partial t}{\partial Z}, \tag{238 b}$$

worin ∇^2 der LAPLACE-Operator ist, $\nabla^2=\frac{\partial^2 t}{\partial x^2}+\frac{\partial^2 t}{\partial y^2}+\frac{\partial^2 t}{\partial z^2}$.

Zur Lösung dieser Gleichung (238a) führen, je nach den Rand- oder Grenzbedingungen für die Temperaturverhältnisse an der Einfall- und Abzugstelle, verschiedene Ansätze, z. B.

$$t=A+Bx+C\,e^{-pZ}\,e^{-qx}$$

oder

$$t=A+Bx+C\,e^{-aq^2Z}\cos(qx)$$

bis zu den verwickeltsten Beziehungen wie

$$t=A+Bx+C\frac{2}{\sqrt{\pi}}\int\limits_{\eta=0}^{\eta=x/2\sqrt{aZ}}e^{-\eta^2}\,d\eta. \tag{239}$$

A, B, C, p, q sind darin Integrationskonstante, die Null, positiv, negativ oder auch imaginär gewählt werden können.

Die Integrationsergebnisse sind nur für die einfachsten Fälle in brauchbaren Endformeln gelungen und in der einschlägigen Fachliteratur zusammengestellt (z. B. SCHACK, A., Der industrielle Wärmeübergang 1948. GRÖBER-ERK, Grundgesetze der Wärmeübertragung 1945).

Für allgemeine und verwickelte Fälle, wie sie die Mannigfaltigkeit technischer Aufgaben stellt, sei auf das zeichnerische Verfahren von E. SCHMIDT verwiesen (SCHMIDT, E., Einführung in die technische Thermodynamik 1945).

Der stationäre Wärmestrom.

Ist die Wärmeströmung unveränderlich, ist also die einfallende Wärmemenge unter konstanten Temperaturverhältnissen gleich der austretenden unter konstanten Temperaturverhältnissen, so liegt der Fall der stationären Wärmeleitung vor. Für diesen Fall ist in (238)

$$\frac{\partial t}{\partial Z} = 0, \tag{240}$$

und damit lautet (238a):

$$\frac{\partial^2 t}{\partial x^2} = 0. \tag{241}$$

Bis zur Einstellung dieses Gleichgewichtszustandes der Wärmeströmung, also bei jeder Änderung an der Wärmeeinfall- oder Abzugstelle, folgt die Wärmeleitung dem Gesetz (238).

Die FOURIERsche Grundgleichung der Wärmeleitung für den stationären, stündlichen Wärmefluß Q in kcal/h durch eine *ebene Wand* F in m² von der Stärke δ in m lautet aus (241) entwickelt

$$Q = \lambda F \frac{dt}{d\delta} = \lambda F \frac{t_{w_1} - t_{w_2}}{\delta} \text{ in kcal/h.} \tag{242}$$

Man bezeichnet im Vergleich mit dem OHMschen Gesetz den Ausdruck

$$R_l = \frac{\delta}{\lambda F} \quad \text{bzw.} \quad r_l = 1/\lambda \tag{243}$$

als Wärmeleitwiderstand bzw. r_l als spezifischen Leitwiderstand.

Für verschiedene einfache, von der ebenen Wand abweichende Gebilde ist die Endformel des Wärmestromes Q und das Temperaturbild durch die Wandung aus (241) entwickelt worden. So ergibt sich z. B. für ein *Rohr* (r_a/r_i) mit den Wandtemperaturen t_{wa}, t_{wi}, der Länge L und der Leitzahl λ (Bild 76):

$$Q = \lambda \frac{2\pi L}{\ln r_a/r_i} (t_{wi} - t_{wa}). \tag{244}$$

Der Temperaturverlauf durch die Wand folgt einem logarithmischen Gesetz.

Für die meisten technischen Bauteile ist der Krümmungsradius ϱ der Wand sehr groß gegenüber der Wandstärke δ. Es kann daher der Wärmestrom abschnittsweise wie in einer ebenen Wand verfolgt werden. Für technische Zwecke genügt meist die damit erreichte Genauigkeit. Zur Ermittlung des Temperatur-Wärmestrombildes, wie es zur Berechnung der Wärmespannungen im Bauteil notwendig wird, sind auch verschiedene *zeichnerische Verfahren* entwickelt worden (z. B. LUTZ, Zeichnerische Ermittlung der Wandungstemperaturen, VDI-Zeitschr. 1935, S.1041; LACHMANN, VDI 1928, S.1127; GEIGER, VDI 1923, S. 905).

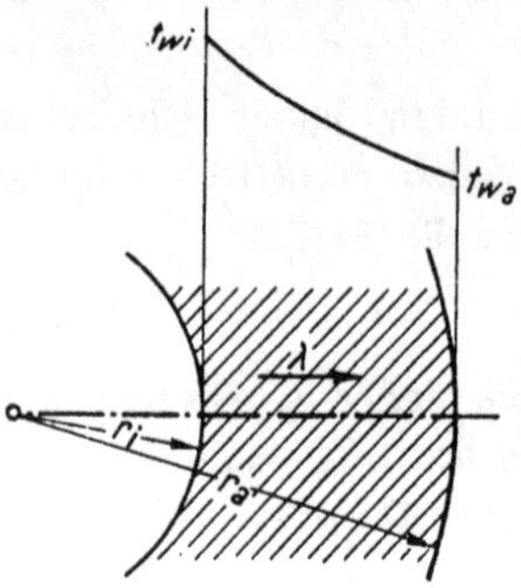

Bild 76. Stationäre Wärmeströmung in Rohrwand

Für einfache Fälle läßt sich auch das *Grundnetz aus konformen Abbildungen* ableiten (BETZ, A., Konforme Abbildung 1948).

Beispiel 31 (Bild 76): Motorauspuffleitung (r_i=50 mm) mit 40 mm Glasgespinstisolation (λ = 0,04 kcal-m h grd). Innenwandtemperatur t_{wi}=350° C, Isolationsaußenwandtemperatur t_{wa}= 75° C. Nach (244) ist der Wärmestrom für L= 1 m:

$$Q = 0{,}04 \cdot \frac{2\pi}{\ln \frac{90}{50}} (350 - 75) = \mathbf{117} \text{ in kcal/m h.}$$

B. KONVEKTION

Hier handelt es sich nur um den Wärmeaustausch zwischen der begrenzenden Wand eines festen Körpers und einer Flüssigkeit (bzw. einem Gas).

In der festen Wandschicht erfolgt der Wärmetransport bis an die Begrenzungswand durch Wärmeleitung. Dies ist ein Austausch der Bewegungsenergie zwischen den benachbarten, in ihrer räumlichen Mittellage unveränderlichen Molekülen des betrachteten festen Stoffes (IVA).

Der Wärmetransport von der Wandbegrenzung an die (allgemein) Flüssigkeit und in dieser selbst nach ihrem Inneren, ist durch die unbeständige und leicht veränderliche gegenseitige Lage der Teilchen, ein aus vielen Faktoren zusammengesetzter Vorgang.

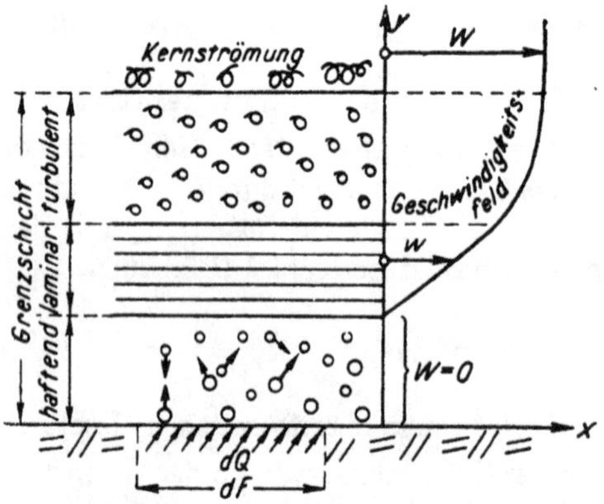

Bild 77. Schichtung der Strömung; Diffusion der kinetischen Molekularenergie

Zwischen der Begrenzungsfläche des festen Körpers und der Flüssigkeit treten Zonen unterschiedlichen Bewegungszustandes auf (Bild 77). Eine unmittelbar an der Wand haftende Schicht, in der die Geschwindigkeit der Flüssigkeit null ist. Dabei wird immer auch eine Geschwindigkeit in größerer Entfernung durch äußeren Zwang (erzwungene Konvektion) oder durch einen thermischen Auftrieb (freie Konvektion, Diffusion) von merkbarer Größe vorhanden sein.

Der Wärmeaustausch zwischen der festen Wand und der Flüssigkeit erfolgt wie bei der Wärmeleitung im festen Körper durch den innermolekularen Energieaustausch in einer Randschicht (Bild 77). Die Wandmoleküle erhalten durch die Erwärmung eine größere Energie, welche sie im Zusammenstoß mit anderen, weniger energiereichen, teilweise austauschen. Diese selbst tun ein gleiches wieder anteilig mit anderen. Es findet also gleichsam eine *Diffusion der kinetischen Energie der Moleküle von dieser Randschicht aus* statt. Für diesen Wärmeaustausch gilt also im stationären Wärmestrom die Wärmeleitungsgleichung (235a):

$$dQ = -\lambda\, dF (\partial t/\partial y)_0.$$

Hier wurde jetzt y an Stelle von x gesetzt, da das Koordinatensystem im Zusammenhang mit den späteren Ausführungen meist mit der x-Achse in die Wandrichtung gelegt wird. Der Index 0 zeigt an, daß es sich um die Randzone $y \to 0$ an der Wand handelt.

Die grundsätzliche Veranschaulichung des Wärmeaustausches zwischen einer festen Wand und einer Flüssigkeit sei an Bild 78 besprochen. Die Ausmessung des Temperaturfeldes an trennenden Oberflächen zeigt in einer begrenzten Flüssigkeitszone δ einen scharfen Temperatursprung $\Delta t = (t - t_w)$ auf die Wandtemperatur t_w von der Flüssigkeitstemperatur t in größerer Wandentfernung (Kernflüssigkeit). Dem Ersatz dieser steil ansteigenden Temperaturkurve durch eine Gerade entspricht im Schnittpunkt mit t eine ideelle Randschichtstärke δ'. In dieser würde sich also eine Wärmeleitung nach dem Gesetz von FOURIER einstellen [(242)]:

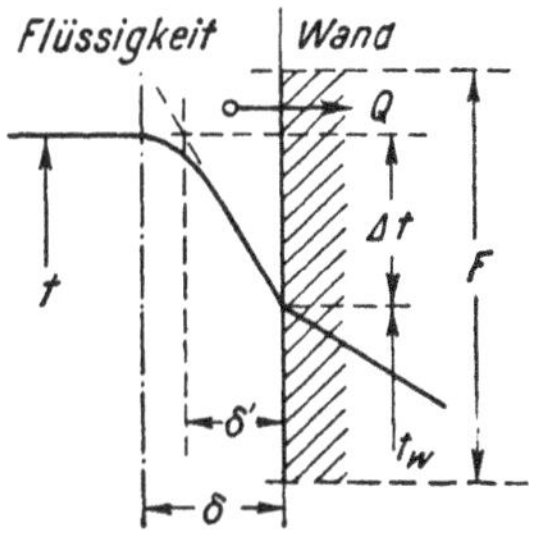

Bild 78. Zum Wärmeübergang an eine Wand

$$Q = \frac{\lambda}{\delta'} F (t - t_w).$$

Um die unbekannte Randschichtstärke δ', die, wie gleich gezeigt werden soll, von verschiedenen Faktoren abhängt, zu umgehen, wird $\lambda/\delta' = \alpha$ in kcal/m² h grd gesetzt und als Wärmeübergangszahl bezeichnet.

Damit ergibt sich das Wärmeübergangsgesetz von NEWTON

$$Q = \alpha \cdot F\, (t - t_w). \tag{245}$$

Wie bei der Wärmeleitung (243) läßt sich nun auch der Kehrwert $1/\alpha = \varrho_a$ als spezifischer Wärmeübergangswiderstand bezeichnen und auch der Ausdruck

$$R_{\ddot{u}} = 1/\alpha \cdot F \tag{246}$$

als Wärmeübergangswiderstand beschreiben.

Der versuchstechnischen Ermittlung der Wärmeübergangszahl α und der Erklärung ihres theoretischen Zusammenhanges gilt daher die Hauptaufgabe.

a) Grundlegendes zum Wärmeübergang

Seit Reynolds (1883) wissen wir, daß zwischen einer *laminaren* und einer *turbulenten Strömung* zu unterscheiden ist (Bild 79).

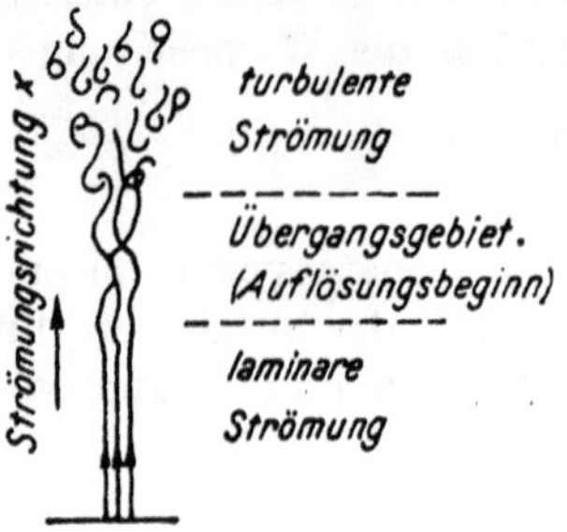

Bild 79. Strömungsbild einer aufsteigenden Rauchfahne in ruhender Luft

Bei der laminaren Strömung laufen die Stromfäden völlig geordnet und ungestört nebeneinander. Verschlingen sich die einzelnen Stromfäden nach einiger Zeit ineinander, führen also ungeordnete Querbewegungen aus, so kommt ein Übergangsgebiet zur Ausbildung. Dieses löst sich auf, und nun laufen einzelne, sich selbst wieder zerteilende, in Größe und Form ständig ändernde Wirbelballen weiter. Dies ist das turbulente Gebiet.

Haben diese strömenden Flüssigkeitsmassen auch noch unterschiedliche Temperaturen, so findet in der haftenden Grenzzone und im laminaren Gebiet ein Wärmeaustausch durch Leitung statt. Durch die Verschlingung und Auflösung in einzelne Wirbelballen tritt aber dann auch ein weiterer intensiver Wärmetransport nach innen durch den Stoffaustausch der sich vermischenden Wirbelballen ein.

Zur Einleitung eines Strömungszustandes sind äußere Ursachen, also Kräfte notwendig, welche die Flüssigkeitselemente in ihrer Richtung verschieben. Es findet also ein Energiefluß statt, der aus einem irgendwie gespeisten Vorrat erhalten wird (vgl. Bild 14). Die Strömung kann daher erzeugt werden durch eine vermittels äußerer Hilfe mechanisch laufend vorbeigeführte Flüssigkeitsmenge (Geschwindigkeitsfelder) oder durch Temperaturunterschiede in der Flüssigkeit (Temperaturfelder). Letztere erzeugen dann durch die Dichteunterschiede einen Auftrieb und damit ein Geschwindigkeitsfeld (vgl. Beispiel 7). In beiden Fällen erfolgt der Wärmeaustausch durch einen Strömungsvorgang, die *erzwungene* und die *freie Konvektion.*

Prandtl (1904) entdeckte, daß sich zwischen jeder festen Wand und einer strömenden Flüssigkeit eine Zone ausbildet, in der die Geschwindigkeit anfangs rasch, später langsamer von dem Wert Null an der Wand auf einen konstanten Wert im Kern der Strömung anwächst. Mit dieser Erkenntnis der Ausbildung eines eigenen Geschwindigkeitsfeldes in einer Grenzschicht, der *Grenzschichttheorie von* Prandtl, wurde der Entwicklung der modernen Strömungslehre der größte Impuls gegeben. Ihre höchsten, allgemein sichtbaren Triumphe feiert diese Theorie in der Luftfahrt. Grenzschicht und Turbulenz umfassen für den heutigen Ausbau der Strömungslehre und des Wärmeüberganges nicht nur die wichtigsten sie beeinflussenden physikalischen Erscheinungen, sondern sie sind es auch, die beide Gebiete, Strömungslehre und Wärmeübertragung, engst miteinander verknüpfen.

Zunächst etwas zur Strömungslehre selbst.

In der reibungsfreien Flüssigkeit gilt für den Druckverlauf längs eines Stromfadens die Gleichung von Bernoulli

$$P + \gamma \frac{w^2}{2g} = \text{konst.}, \tag{247}$$

d. h. statischer Druck + dynamischer Flüssigkeitsdruck = konst. und dem Gesamtdruck. Darin ist P in kg/m² der örtliche statische Flüssigkeitsdruck, w in m/s die Strömungsgeschwindigkeit an dieser Stelle, γ in kg/m³ das spezifische Gewicht des Flüssigkeitszustandes an dieser Stelle und g in m/s² die Erdbeschleunigung.

Den dynamischen Druck nennt man auch Staudruck, da er sich durch ein entgegenstellendes Hindernis an der Stelle $w = 0$ vollständig in statischen Druck umsetzt. Dieser ausgezeichnete Punkt am Hindernis ist der Staupunkt. Es ist daher auch an der haftenden Randschicht ($w = 0$) der statische Druck gleich dem Gesamtdruck (wichtig für Druck- und Geschwindigkeitsmessungen). Gleichung (247) zeigt selbstverständlich einen ganz ähnlichen Aufbau wie die schon berechnete Gleichung (64) für den Energiefluß in einer strömenden Flüssigkeit.

In einer wirklichen Flüssigkeit treten neben den äußeren (Druck-)Kräften und Trägheitskräften der strömenden Massenteilchen noch Schubspannungen τ auf. Diese Schubspannungen sind eine Folge der Molekularkräfte, welche bei der Verschiebung zweier Flüssigkeitsquerschnitte gegeneinander eine innere Reibung hervorrufen (Bild 80). Diese innere Reibungskraft wird als dynamische Zähigkeit μ bezeichnet. Für Flüssigkeiten (in diesem Begriff, wie bisher, auch Gase einschließend), läßt sich die *innere Reibung als eine Impulsdiffusion der im Verschiebequerschnitt von den Molekeln empfangenen Impulsänderung* deuten, ähnlich wie es für die Wärmeleitung in der haftenden Randschicht geschehen ist (Bild 77).

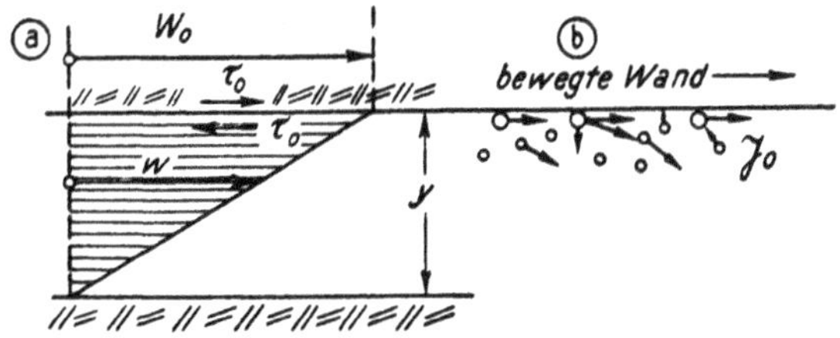

Bild 80. Schubspannung und innere Reibung:
(a) Zähe Flüssigkeit zwischen bewegten Platten
(b) Zur Erklärung der inneren Reibung (Impulsdiffusion, $\mathfrak{J}_0$ = Zusatzimpuls von bewegter Wand)

Diese Schubspannungen werden durch den Ansatz von Newton beschrieben durch die Beziehung

$$\tau = \mu \, dw/dy. \tag{248}$$

μ ist eine Stoffkonstante, die dynamische Zähigkeit, im technischen Maßsystem gemessen in kg s m⁻², im physikalischen g_l/s cm = P (Poise), Umrechnung: 1 kg s m⁻² = 98,1 P. Eine andere Beschreibung dieser Stoffeigenschaft der Zähigkeit, welche im technischen und physikalischen Maßsystem dieselbe Dimension hat, ist die kinematische Zähigkeit ν

$$\nu = \frac{\mu}{\varrho} = \frac{\mu \cdot g}{\gamma} \text{ in m}^2/\text{s} \quad \text{oder cm}^2/\text{s} = \text{St(ok)}. \tag{249}$$

Die Schubspannung τ (248) hängt also von dem Geschwindigkeitsgefälle dw/dy senkrecht zur Strombahn und von der Zähigkeit μ ab.

Den grundsätzlichen Geschwindigkeitsverlauf w in einer strömenden Flüssigkeit in verschiedenen Wandentfernungen y zeigt Bild 77. In der an der Wand haftenden Randschicht ist die Geschwindigkeit null. Bei einer gewissen Schichtstärke δ erreicht die Geschwindigkeit w den Wert W der *Kernströmung*. Bis dorthin reicht die PRANDTLsche Grenzschicht. Das große Geschwindigkeitsgefälle (dw/dy) in der Grenzschicht verursacht also ebensolche Schubspannungen, während diese in der annähernd gleichbleibenden Geschwindigkeit der Kernzone ohne Bedeutung sind.

Die *innere Reibung*, die eine Geschwindigkeitsverminderung der nebeneinander fließenden Zonen bis auf Null an der festen Wandgrenze verursacht, bedingt damit auch einen Verlust an kinetischer Energie. Dieser Verlust findet sich in einer Erwärmung der Flüssigkeit, also im Aufbau eines Temperaturfeldes wieder (*Dissipationswärme*). Daher weisen die festen Wandschichten bei höheren Strömungsgeschwindigkeiten ganz merkbare Temperaturzunahmen auf, die aus dem Wärmeaustausch mit diesen Temperaturfeldern stammen, die von der Dissipationswärme aufgebaut wurden. (Darüber siehe im Spezialschrifttum, z. B. ECKERT, E., Wärme- und Stoffaustausch, Springer-Verlag 1949.)

Aber nicht nur das Bestehen einer Grenzschicht zeigen die Versuche. Die Grenzschicht selbst kann sich – und dies ist der praktisch allgemeine Fall – in eine laminare Randschicht δ_r und in die, den Rest der Grenzschicht ausfüllende, turbulente Grenzschicht unterteilen, wenn die Zuströmgeschwindigkeit W über einen betrachteten Bereich x_{kr} einen bestimmten Kennwert Re_{kr} überschreitet.

Der allgemein die Strömung als laminar oder turbulent charakterisierende Wert ist die REYNOLDSsche Kennzahl

$$Re_x = W \cdot x/\nu \tag{250}$$

mit x als der die betrachtete Strömung kennzeichnenden Länge, d. i. z. B. die überströmte Länge von Flächen oder der Durchmesser d bei der Strömung durch Rohre. (Siehe die einschlägigen Werke der Strömungslehre, z. B. PRANDTL-TIETJENS: Hydro- und Aeromechanik 1929. ECK, B.: Technische Strömungslehre 1941.)

Re ist eine dimensionslose Zahl und läßt so Strömungszustände verschiedener Stoffe miteinander vergleichen. Es sind also zwei Strömungen bei gleicher *Re*-Zahl und geometrisch ähnlicher Rauhigkeit der begrenzenden Wand einander mechanisch ähnlich.

Beispiel 32: Ein Rohr $d = 10$ cm wird von Wasser (1 ata, 20° C) mit einer Geschwindigkeit $W_w = 2$ m/s durchströmt. Bei welcher Geschwindigkeit W_L muß eine mechanisch ähnliche Durchströmung von Luft (1 ata, 20° C) stattfinden? Es ist für Wasser: $\nu_w = 0{,}01007$ cm²/s (nach Tabelle)

$$Re_w = \frac{200 \cdot 10}{0{,}01007} = 198\,800.$$

Für Luft ist: $\nu_L = 0{,}154\ \mathrm{cm^2/s}$ (nach Tabelle) und

$$Re_L = \frac{W_L \cdot 10}{0{,}154} = 198\,800,$$

ergibt dann $\mathbf{W_L = 30{,}7\ m/s}$.

Überschreitet Re_x einen bestimmten Wert Re_{kr}, die *kritische* REYNOLDS*sche Kennzahl,* so ist die Strömung turbulent. Re_{kr} richtet sich nach der äußeren Beschaffenheit (Rauhigkeit) der Wand und der geometrischen Form des durch- oder umströmten festen Körpers. Der Mittelwert bei technischen Strömungen in Rohren liegt bei $Re_{kr} = 2300$ bis 3000. Durch sorgfältige Versuchsbedingungen für die Einleitung der Strömung und die Wandrauhigkeit lassen sich die Re_{kr}-Kennzahlen weit herausschieben. Es bildet sich also im allgemeinen beim Anströmen eines festen Körpers zwischen der Kernströmung und der festen Wand eine Grenzschicht mit einer haftenden, einer laminaren und einer turbulenten Zone aus (Bild 81).

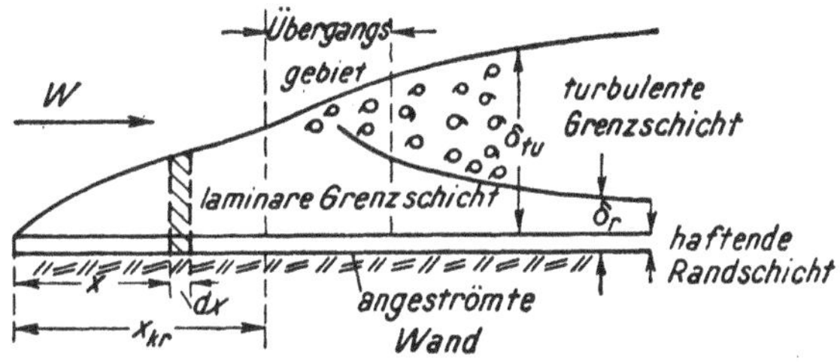

Bild 81. Grenzschichtausbildung an längs angeströmter, ebener Wand

Aber nicht sofort tritt beim Anströmen eines Körpers die turbulente Grenzschicht auf. Es bedarf dazu einer gewissen Anlaufstrecke $x = x_{kr}$, wie (250) der Re-Kennzahl zeigt. Auch ist der Übergang von der laminaren zur turbulenten Grenzschicht nicht plötzlich, sondern durch ein *Übergangsgebiet* verbunden (Bild 79 und 81).

b) *Zur Ähnlichkeitstheorie des Wärmeüberganges*

Die mathematische Erfassung dieser Vorgänge erfolgt durch Ansetzen der Kontinuitäts-, Bewegungs- und Energiegleichungen, zu welchen noch die Zustandsgleichung für den betrachteten Stoff hinzukommt. Dieses Gleichungssystem läßt sich aber nur für wenige Einzelfälle lösen.

Zu einer allgemein brauchbaren Näherungslösung, die sich auch völlig in den Rahmen der überhaupt möglichen Genauigkeit der Messungen einfügt, führte die Impulstheorie der Grenzschicht von KÁRMÁN und POHLHAUSEN.

Der Gedanke ist folgender: Der nach Versuchserfahrungen wahrscheinliche Geschwindigkeitsverlauf in der Grenzschicht wird durch eine Gleichung beschrieben, die der Forderung der Geschwindigkeit Null an der festen Wand und dem Übergang in den Verlauf der Kerngeschwindigkeit bei der noch zu bestimmenden Grenzschichtstärke gerecht wird. Es wird nun der Impuls der mit diesem Geschwindigkeitsfeld von und nach allen Strömungsrichtungen ein- und ausströmenden Flüssigkeitsmengen aus Elementarbereichen berechnet. Nach den Lehren der Mechanik ist die Impulsänderung in der Zeiteinheit $\Delta\bar{\mathfrak{J}}$ gleich den auf die Flüssigkeitsmasse wirkenden äußeren Kräften, die, angesetzt nach D'ALEMBERT, eine Gleichgewichtsgruppe bilden. Als äußere Kräfte treten auf die Schubspannungen in den Massenteilchen nach dem Ansatz von NEWTON [(248)] und der Flüssigkeitsdruck entsprechend der BERNOULLIschen Gleichung (247).

Für eine Strömung, z. B. entlang einer ebenen Wand, erhält man also die allgemeine Form $\Delta\bar{\mathfrak{J}} - \tau - \left(P + \gamma \frac{w^2}{2g}\right) = 0$.

Diese Gleichung für einen Querschnittsstreifen dx der Grenzschicht (Bild 81) angesetzt, ergibt dann eine Differentialgleichung, die *Impulsgleichung der Strömungsgrenzschicht.* Diese integriert, ergibt die gesamte Grenzschichtstärke δ und die laminare Randschicht δ_r, abhängig von der angeströmten Wandlänge x (Bild 81).

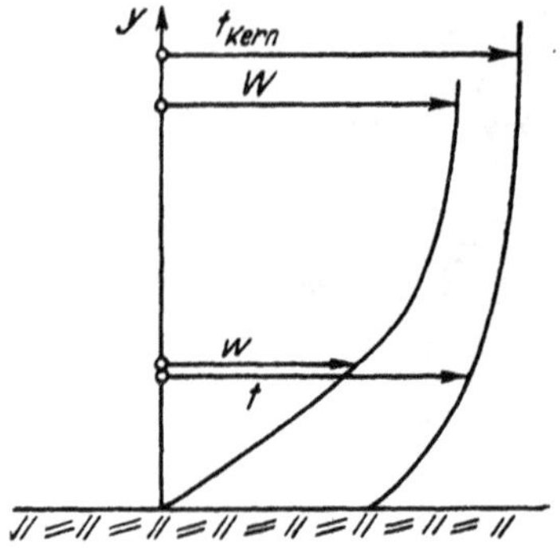

Bild 82. Geschwindigkeits- und Temperaturfeld

Wie sich für die reinen Strömungsverhältnisse ein Geschwindigkeitsfeld in einer Grenzschicht ausbildet, so bildet sich auch für eine Wärmeströmung zwischen Flüssigkeit und fester Wand ein ganz ähnliches Temperaturfeld aus. Hier übernimmt der Temperaturgradient die Rolle des Geschwindigkeitsgradienten (Bild 82).

Gleichzeitig bildet sich aber auch, sei sie schon vorher der Flüssigkeit von außen aufgezwungen oder erst durch die Dichteunterschiede in den verschiedenen Zonen der Flüssigkeit im Temperaturfeld frei entstanden, eine Strömung aus, welche die Wärme mit den Flüssigkeitsmassenteilchen mitführt.

In Trennung der hauptsächlichen Herkunft der Ursache dieses Wärme-Stoff-Austausches wird die erzwungene und freie Konvektion unterschieden.

Auch für dieses Temperaturfeld läßt sich, wie zuvor für den reinen Strömungsvorgang, ein Bereich abgrenzen und für diesen die Bilanz der ein- und abströmenden Wärmemengen und der durch Leitung an der haftenden Randschicht übergehenden aufstellen. Dies ergibt dann die der Impulsgleichung der Strömungsgrenzschicht ähnliche *Wärmestromgleichung der Temperaturgrenzschicht.*

Wie die REYNOLDSsche Kennzahl einen Vergleich sich einstellender Strömungsverhältnisse verschiedener Flüssigkeiten ermöglichte, so ergeben sich auch zur Charakterisierung der Wärmeaustauschverhältnisse mit verschiedenen Flüssigkeiten bei verschiedenen äußeren Bedingungen solche dimensionslose Kennzahlen. Durch diese Kennzahlen ist also die örtliche und zeitliche Ähnlichkeit der Temperaturfelder, die thermische Ähnlichkeit, beschrieben.

Anmerkung: Auch die Zustandsgleichung verschiedener Gase ließ sich durch eine dem Sinne nach ähnliche dimensionslose Betrachtung mit der reduzierten van der Waalsschen Gleichung vergleichen (IIID1b). Mehr war aber mit dieser Reduktion nicht zu machen; hier aber ermöglicht ein solcher Ähnlichkeitsvergleich für einen vorgegebenen Fall auch zahlenmäßige Aussagen zu errechnen.

Eine solche dimensionslose Kennzahl der Stoffeigenschaften, die für Wärmebewegungsvorgänge eine Rolle spielt, ist die Prandtlsche Kennzahl

$$Pr = \frac{\nu}{a} = \frac{g \cdot c_p \cdot \mu}{\lambda}. \tag{251}$$

Darin ist $a = \lambda / c_p \cdot \gamma$ wieder die Temperaturleitzahl. (Für atmosphärische Luft ist $Pr \sim 0{,}71$.)

Die Analogie von Geschwindigkeits- und Temperaturfeld und der sich daraus ergebenden Grenzschicht der Strömungs- und Wärmebewegung bringt eine engste Verknüpfung des Strömungsvorganges mit dem Wärmeaustausch mit sich.

Die äußere Form von Körpern oder Gebilden wird durch ihre geometrische Ähnlichkeit miteinander verglichen. Nach Kenntnis eines formbestimmenden absoluten Wertes kann die wirkliche Form und Größe des ihm zugehörenden Gebildes bestimmt werden. Z. B. kann bei Dreiecken aus den Ähnlichkeitsverhältnissen und der Kenntnis nur einer wirklichen Seitenlänge das zugehörende wirkliche Dreieck bestimmt werden. Genau so läßt sich aus der Ähnlichkeit der Temperatur- und Strömungsfelder *bestimmter* wärmeübertragender Körperformen und Stoffe auch für einen speziellen gegebenen Fall die dann ausgetauschte Wärmemenge, also die Wärmeübergangszahl α errechnen.

Diese Überlegungen führten Nusselt zum Ausbau einer Ähnlichkeitstheorie des Wärmeüberganges. Sie hat sich für die Vorausberechnung wie für die Versuchsauswertung und systematische Planung derselben äußerst fruchtbar erwiesen. (Nusselt, W.: Forsch.-Arb. Ing.-Wesen. H. 89 [1910]. Nusselt, W.: Gesundh.-Ing. 38 [1915], S. 477. Groeber, H.: Die Grundgesetze der Wärmeleitung und des Wärmeüberganges. II. Teil [1921].)

Zur Verkettung der bei dem Typus der Aufgabe jeweils auftretenden Strömungsvorgängen mit den Wärmeaustauscherscheinungen ergeben sich dabei weitere dimensionslose Kennzahlen:

Die Nusseltsche Kennzahl Nu beschreibt die dimensionslos gemachte Wärmeübergangszahl α durch den Zusammenhang

$$Nu_x = \alpha \cdot x / \lambda, \tag{252}$$

die Pecletsche Kennzahl Pe drückt einen dimensionslosen Zusammenhang zwischen der Reynoldsschen und Prandtlschen Kennzahl aus

$$Pe_x = W \cdot x / a = W \cdot x \cdot \varrho \cdot g \cdot c_p / \lambda = Pr\, Re, \tag{253}$$

die Grasshofsche Kennzahl Gr berücksichtigt den bei großen Temperaturunterschieden eintretenden thermischen Auftrieb, durch den der Strömungsvorgang beeinflußt wird,

$$Gr_x = x^3 \varrho^2 g\, \Delta t\, \bar{\beta} / \mu^2 = x^3 \cdot g \cdot \bar{\beta} \cdot \Delta t / \nu^2 = \frac{x^2 \cdot g \cdot \bar{\beta} \cdot \Delta t}{W \cdot \nu} \cdot Re, \tag{254}$$

die MACHsche Kennzahl Ma, die bei großen Strömungsgeschwindigkeiten $w > w_s$ ihr Verhältnis zur Schallgeschwindigkeit w_s ausdrückt (327),

$$Ma = W/W_s. \tag{255}$$

x bedeutet bei ebenen Wänden die Länge L in m, bei Rohren den Durchmesser d. Bei durchströmten Rohren wird für W die mittlere Geschwindigkeit W_m über den Querschnitt eingesetzt. $\bar{\beta}$ = thermischer Raumausdehnungskoeffizient (1/grd), in (47) mit α bezeichnet, das hier die Wärmeübergangszahl ist.

Die Tabellenwerke enthalten diese Kennzahlen für verschiedene Flüssigkeiten zusammengestellt.

(Bei großen Druckgefällen sei verwiesen auf die Arbeit von ECKERT u. LIEBLEIN, „Berechnung des Stoffüberganges an einer ebenen, längs angeströmten Oberfläche bei großem Teildruckgefälle", Forschung 1949 [Bd. 16], Nr. 2.)

c) *Beziehungen für die Wärmeübergangszahlen einiger Anordnungen*

α) Erzwungene Strömung. *Laminarer Strömungsverlauf:*

Längs angeströmte Platte ($Re_{kr} = 80000$–500000).

$$\alpha_x = \frac{\lambda}{x} \cdot 0{,}331 \cdot \sqrt[3]{Pr} \cdot \sqrt{Re}.$$

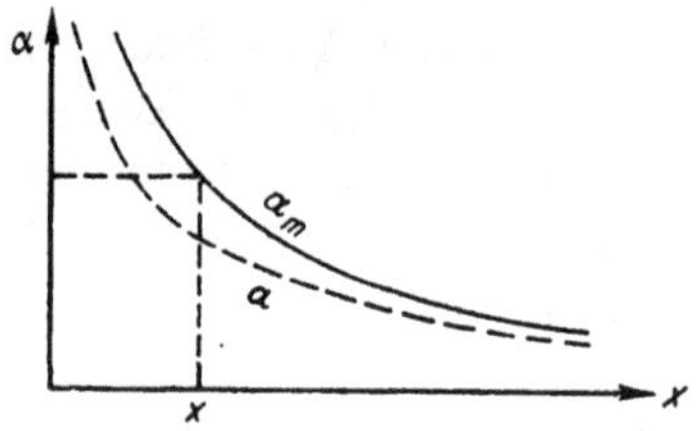

Bild 83. Örtliche und mittlere Wärmeübergangszahl

x ist die Entfernung vom Plattenanfang. Der mittlere Wert der Wärmeübergangszahl über die ganze Länge x ist (Bild 83):

$$\alpha_m = 2 \cdot \alpha_x, \quad Re_x \text{ nach } (250).$$

Durchströmtes Rohr ($Re_{kr} < 3000$).

$$\alpha = \frac{\lambda}{d}\left[3{,}65 + \frac{0{,}0668 \frac{d}{L} Re_d \cdot Pr}{1 + 0{,}04\,(Re \cdot Pr \cdot d/L)^{2/3}}\right]$$

und erreicht außerhalb der Einlaufstrecke den Wert $\alpha_m = 3{,}65 \frac{\lambda}{d}$. Es ist

$$Re_d = W_m d/\nu \text{ gemäß } (250).$$

W_m = mittlere Geschwindigkeit über den Querschnitt (m/s).

Turbulente Strömung:

Die Stoffwerte (λ, a, ν, c_p ···) sind auf einen Mittelwert aus der mittleren Wandtemperatur t_0 über die angeströmte Länge L und der Flüssigkeitstemperatur im Kern zu beziehen, und zwar für Gase ($Pr \sim 1$) auf das arithmetische Mittel, sonst gemäß

$$t^* = t_m - \frac{0{,}1\,Pr + 40}{Pr + 72}(t_m - t_0),$$

darin ist t_m das logarithmische Mittel gemäß (285).

Längs angeströmte Platte:

$$\alpha_x = \frac{\lambda}{x} \cdot Re_x \cdot Pr \frac{0{,}0297 \cdot Re_x^{-1/5}}{1 + 0{,}87 \cdot A \cdot Re_x^{-1/10}(Pr - 1)}, \text{ wobei } A = 1{,}5\,(Pr)^{-1/6},$$

über die angeströmte Länge ist $\alpha_m = 1{,}25\,\alpha_x$ bei $Pr = 1$

$\alpha_m = 1{,}12\,\alpha_x$ bei Pr groß.

Als gute Annäherung gilt bei $W > 5$ m/s

$$\alpha_m = 0{,}075 \cdot Pe^{0{,}75} \cdot \lambda/L$$

und bei $W < 5$ m/s

$$\alpha_m = 5 + 3{,}4\,W.$$

Durchströmtes Rohr.

$$\alpha = \frac{\lambda}{d} \cdot 0{,}0396 \cdot Pr \frac{Re_d^{3/4}}{1 + A \cdot Re_d^{-1/8}(Pr - 1)},$$

wobei $A = 1{,}5\,(Pr)^{-1/6}$, $Re_d = \frac{W_m \cdot d}{\nu}$.

Quer angeströmtes Rohr.

Einzelrohr.

$$\alpha = \frac{\lambda}{d} \cdot 0{,}092 \cdot Pe^{0{,}75}.$$

Rohrbündel.

$$\alpha = \zeta \cdot 0{,}075 \cdot Pe^{0{,}75}.$$

Wert ζ für Anzahl z der Rohrreihen:

$z =$	4	6	8	10
$\zeta =$	1,23	1,36	1,43	1,47.

β) Freie Strömung:

Waagrechtes Rohr.

$$\alpha_m = \frac{\lambda}{d} \cdot 0{,}37 \sqrt[4]{Gr}.$$

Senkrechte Wand von der Höhe H (zähe Flüssigkeiten)

$$\alpha_m = \frac{\lambda}{H} \cdot 0{,}52 \sqrt[4]{Gr \cdot Pr}.$$

γ) Dampfkondensation:

Ebene, senkrechte Wand, örtliche Wärmeübergangszahl

$$\alpha_x = \frac{\lambda}{x} \sqrt[4]{\frac{g\,\gamma\,r\,x^3}{4\,\nu\,\lambda\,(t_s - t_w)}},$$

darin ist zusätzlich t_s die Sättigungstemperatur des Dampfes,

t_w die Temperatur der Wandoberfläche,

r die Verdampfungswärme.

Die mittlere Wärmeübergangszahl über die Länge x ist

$$\alpha_m = \frac{4}{3}\alpha .$$

Waagrechtes Rohr. An die Stelle der Wandhöhe x tritt hier der dieser Höhe äquivalente Rohrdurchmesser

$$d = \frac{x}{2,5} \text{ in cm}.$$

Beispiel 33: Eine ebene Platte von 25 cm Länge und 15° C Oberflächentemperatur wird durch einen Luftstrom von 85° C mit einer Geschwindigkeit $W = 15$ m/s tangential angeströmt. Es ist die Wärmeübergangszahl zu bestimmen. Nach vorstehenden c, α) für die ebene, längs angeströmte Platte, ergibt sich: Die Stoffwerte der Luft sind mit dem Mittelwert aus der Wand und Lufttemperatur einzuführen, $t = \frac{15+85}{2} = 50°$ C. Dafür ergibt sich: $\nu = 0{,}185$ cm²/s, $\lambda = 0{,}0239$ kcal/m h grd. PRANDTL-Kennzahl $Pr = 0{,}708$, $c_p = 0{,}24$ kcal/kg grd, REYNOLDS-Kennzahl $Re = Wx/\nu = \frac{1500 \cdot 25}{0{,}185} = 205\,000$. Ob die Strömung hier noch laminar oder schon turbulent ist, hängt viel von den Einlaufverhältnissen und der Oberflächenbeschaffenheit ab. Die Wärmeübergangszahl soll daher für beide Fälle berechnet werden. Zunächst für *turbulente* Strömung:

Die örtliche Wärmeübergangszahl nach der Länge $x = 25$ cm ist daher mit $A = 1{,}5 \cdot Pr^{-1/6} = 1{,}5$

$$\alpha_x = \frac{0{,}0239}{0{,}25} \cdot 205\,000 \cdot 0{,}708 \cdot \frac{0{,}0297 \cdot 205\,000^{-1/5}}{1 + 0{,}87 \cdot 1{,}5 \cdot 205\,000^{-1/10} \cdot (0{,}708 - 1)}$$

$$= 40{,}2 \text{ in kcal/m}^2\text{h grd.}$$

Der Mittelwert über die ganze Länge (25 cm) ist daher

$$\alpha_m = 1{,}25 \cdot 40{,}2 = 50{,}2 \text{ in kcal/m}^2 \text{ h grd.}$$

Die vereinfachte Formel ergibt dafür

$$\alpha_m = \frac{0{,}0239}{0{,}25} \cdot 0{,}075\,(0{,}708 \cdot 205\,000)^{0{,}75} = 53{,}3 \text{ in kcal/m}^2\text{h grd.}$$

Für *laminare* Strömung ergibt sich die örtliche Wärmeübergangszahl zu

$$\alpha_x = \frac{0{,}0239}{0{,}25} \cdot 0{,}331 \sqrt[3]{0{,}708} \cdot \sqrt{205\,000} = 12{,}8 \text{ in kcal/m}^2 \text{ h grd}$$

und der Mittelwert über die ganze angeströmte Länge

$$\alpha_m = 2\,\alpha_x = 25{,}6 \text{ kcal/m}^2 \text{ h grd.}$$

Beispiel 34: Ein Röhrchen von 10 mm Durchmesser, 1000 mm Länge mit einer Wandungstemperatur von 15° C wird von einem Luftstrom von 85° C mit einer mittleren Geschwindigkeit über den Querschnitt $W_m = 15$ m/s durchströmt. Die Wärmeübergangszahl ist zu bestimmen.

Nach den vorstehenden Beziehungen c, α) für ein durchströmtes Rohr ergibt sich: Die Stoffwerte der Luft werden wieder mit der Mitteltemperatur eingeführt $t = \frac{15+85}{2}$ ° C $= 50°$ C und ergeben damit wie in Beispiel 33 $\nu = 0{,}185$ cm²/s; $\lambda = 0{,}239$ kcal/m h grd; $Pr = 0{,}708$, $c_p = 0{,}24$ kcal/kg grd, $Re_d = \frac{1500 \cdot 1}{0{,}185} = 8100$, die Strömung ist also turbulent. Für die Turbulenz dieser *Re*-Zahl ist die bezogene Einlauflänge aus den Gesetzmäßigkeiten der Hydrodynamik entnommen $L_e/d \approx 40$; so herrscht über den größten Teil der Rohrlänge eine ausgebildete Strömung, und die Wärmeübergangszahl errechnet sich mit $A = 1{,}5$ (wie zuvor) zu

$$\alpha = \frac{0{,}0239}{0{,}01} \cdot 0{,}0396 \cdot 0{,}708 \cdot \frac{8100^{3/4}}{1 + 1{,}5 \cdot 8100^{-1/8} \cdot (0{,}708 - 1)} = 68 \text{ in kcal/m}^2\,\text{h grd.}$$

Die Temperaturabnahme der Luft errechnet sich aus folgender Überlegung:
Der von der Luft an die Rohrwand übergehende Wärmestrom ist

$$Q = \alpha \cdot \pi \cdot d \cdot L \cdot (t_m - t_w)\,.$$

Der Luftstrom gibt die Wärmemenge ab

$$Q = \gamma \cdot c_p \cdot W_m \cdot \frac{\pi d^2}{4} (t_a - t_e)\,,$$

aus der Gleichsetzung beider ergibt sich die Beziehung

$$\frac{t_a - t_e}{t_m - t_w} = \frac{\alpha \cdot 4\,L}{\gamma \cdot c_p \cdot W_m \cdot d} = \frac{4\,L}{d} \cdot \frac{Nu}{Re_d \cdot Pr} = 1{,}98\,.$$

Darin ist t_m die mittlere Gastemperatur über die Rohrlänge, von der Anfangstemperatur t_a bis zur Endtemperatur t_e. Die Mitteltemperatur der Wandungsoberfläche über die Rohrlänge ist t_w. Diese Werte werden nach der Entscheidung über die Art des Wärmeentzuges (Gleichstrom, Gegenstrom usw. nach Abschnitt IVD) bestimmt, so daß dann t_a und t_e zu berechnen sind.

C. WÄRMESTRAHLUNG

Die Wärmeleitung ist durch das örtliche Temperaturgefälle festgelegt und verschwindet mit diesem.

Die Wärmestrahlung hingegen ist unabhängig von der Temperatur der, den strahlenden Körper betrachtenden Stelle im Raum.

Z. B. können Sonnenstrahlen durch eine Eislinse hindurchgehen und hinter dieser in ihrem Brennpunkt gesammelt werden.

Der Strahlungszustand ist auch nicht nur durch *eine* gerichtete Größe (wie z. B. das Temperaturgefälle der Wärmeleitung) gekennzeichnet, sondern er umfaßt eine Unzahl, im allgemeinen unendlich viele, voneinander unabhängige, sich an der betrachteten Stelle durchkreuzende Strahlen verschiedener Richtung, Intensität, Schwingungszahl und Polarisation.

Die Wärmestrahlen sind, wie die Lichtstrahlen, elektromagnetische Schwingungserscheinungen in den Wellenbereichen von etwa 1 bis 15 μ ($1\,\mu = 1/1000$ mm). Die Fortpflanzungsgeschwindigkeit im Vakuum ist etwa 300000 km/s.

Als elektromagnetische Schwingungserscheinung ist die Wärmestrahlung nicht an Materie gebunden. Ihre Entstehung verdankt die Wärmestrahlung der Temperatur stofflicher Teilchen, deren Bewegungsenergie nach dem Energieprinzip in elektromagnetische Wellen, die Strahlungsenergie, umgesetzt wird. Umgekehrt führt die Vernichtung der Wärmestrahlen (Absorption) in den auffangenden Stoffteilchen zu einer Erhöhung der Molekularenergie in Körperwärme (IIB2d) oder in chemische Energie.

Also nicht Flächen strahlen oder absorbieren, sondern nur die Stoffmasse durch ihren inneren Energiezustand. Die Oberflächen sind nur die, die schließliche Energieumsetzung begrenzenden Zonen.

Bei der Wärmestrahlung ist jedoch die Zeiteinheit, in welcher die Strahlungsenergie aus der Mittelwertbildung aller Schwingungsarten des einzelnen Strahles gezählt wird, so groß gegenüber der Schwingungszeit der einzelnen Strahlen, daß die Zeit als ein den Vorgang bestimmender Faktor zurücktritt.

Die Behandlung der Wärmestrahlung baut sich auf dem Teil der Gesetze der geometrischen Optik auf, bei dem die Erscheinungen der Beugung und Zerstreuung ausgeschaltet sind.

Die Wärmestrahlung wird durch folgende Gesetze beherrscht:

(a) Das grundlegende Strahlungsgesetz von PLANCK.

(b) Das Gesetz von STEFAN-BOLTZMANN.

(c) Das Strahlungsgesetz von KIRCHHOFF.

(d) Das Strahlungsgesetz von LAMBERT.

Nachdem nur Massenteilchen Strahlung aussenden können (emittieren), so findet bei Flüssigkeiten, und vor allem bei festen Körpern, die Emission und Absorption an ihrer Oberflächengrenzzone statt, und es wird daher kurz von Oberflächenstrahlung gesprochen.

Die Oberflächen fester Körper werden unterschieden in:

spiegelnde, d. i. vollständige Reflexion nach den optischen Gesetzen (Einfallswinkel = Reflexionswinkel),

matte, d. i. vollständig zerstreuende Reflexion.

Es kennzeichnet das Verhältnis der auftreffenden Intensität eines Strahles der Wellenlänge λ:

zur Absorption der in Körperwärme umgewandelten, die Absorptionszahl A, auch Schwärzegrad S genannt,

zur reflektierten, die Reflexionszahl R,

zur durchgelassenen, die Durchlaßzahl D.

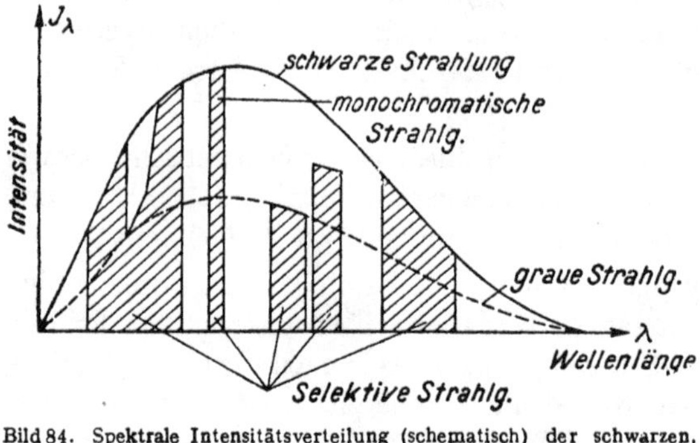

Bild 84. Spektrale Intensitätsverteilung (schematisch) der schwarzen, grauen, selektiven und monochromatischen Strahlung

Insgesamt gilt die Beziehung

$$A + R + D = 1. \quad (256)$$

Die strahlenden Oberflächen werden nach der Größe des reflektierten Anteiles R, in Anlehnung an das Farbempfinden im Bereich der sichtbaren Strahlung, durch die Absorptionszahl A oder die Strahlungszahl C gekennzeichnet als (Bild 84):

weiß = vollständige Reflexion aller auffallenden Wellenlängen ($A = 0$),

grau = Reflexion bevorzugter Wellenlängen, speziell gleicher Absorptionszahl,

schwarz = vollständige Absorption aller Wellenlängen λ ($A = 1$) $C = 4{,}96$ kcal/m² h grd⁴,

selektiv = Reflexion einzelner, dem Strahler spezifischer Wellenlängen.

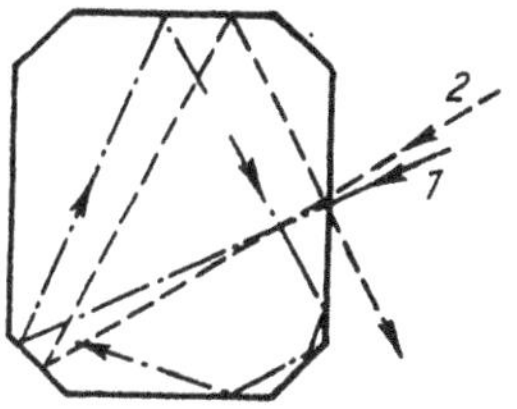

Bild 85. Strahlengang im Hohlraum (schwarzer Körper); Strahl 2 findet sich wieder heraus, Strahl 1 nicht

Ein Schwarzstrahler ist nur ein gedachter Körper. Seine annähernde Verwirklichung geschieht durch einen allseits geschlossenen Körper gleicher Wandtemperatur, in den ein kleines Loch (im Verhältnis zur Oberfläche) gebohrt ist, so daß derselbe durch die Öffnung einfallende Strahl äußerst unwahrscheinlich durch sie wieder austritt (Bild 85).

1. STRAHLUNGSGESETZE

a) *Das Strahlungsgesetz von* PLANCK *für den schwarzen Körper*

über den Halbraum (vgl. (264)] lautet:

$$J_\lambda = \frac{c_1}{\lambda^5 \left(e^{c_2/\lambda \cdot T} - 1\right)}; \tag{257}$$

darin bedeutet (im technischen Maßsystem):

J_λ = Intensität des einfallenden Strahles in kcal/m² h cm von der Wellenlänge λ in cm,

$c_1 = 0{,}317 \cdot 10^{-15}$ in kcal m²/h,

$c_2 = 1{,}432$ in cm grd.

Das Bild 86 zeigt das Gesetz für verschiedene Temperaturen T des schwarzen Körpers. Man erkennt, die Zunahme des Anteils der sichtbaren Strahlung (Wellenlänge $\lambda = 0{,}4$ bis $0{,}8\ \mu$) mit der Temperatur im kontinuierlichen Spektrum des schwarzen Körpers. Ein Flächenstreifen $J_\lambda \cdot d\lambda$ in kcal/m² h unter der J_λ-Kurve ist das Emissionsvermögen eines Strahles

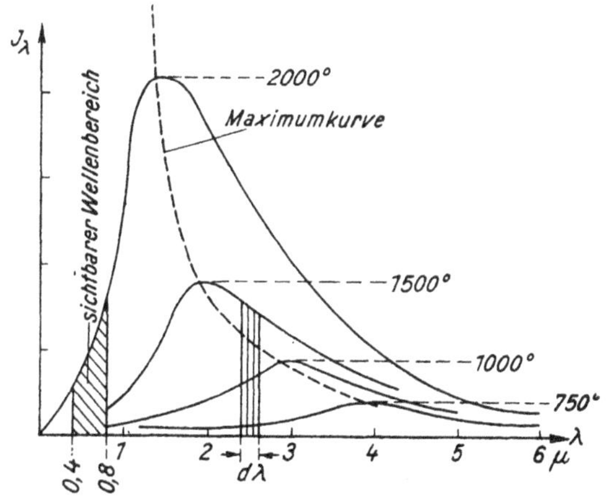

Bild 86. Energieverteilung der schwarzen Strahlung nach dem Gesetz von PLANCK für verschiedene Temperaturen des Strahlers

im Wellenbereich λ bis $\lambda + d\lambda$ je Flächen- und Zeiteinheit (also entsprechend der Wärmestromdichte).

Mit steigender Temperatur wandert das Maximum der Isothermen immer mehr in den Bereich der sichtbaren Strahlung hinein und erreicht dessen Mitte etwa bei der Sonnentemperatur (~ 5600° K).

Die Gesetzmäßigkeit dieser Maximumkurve beschreibt das Verschiebungsgesetz von WIEN

$$\lambda_{max} \cdot T = 2885 \, \mu \text{ in } ° \text{K}. \tag{258}$$

Die Fläche unter der Isotherme gibt somit die Gesamtstrahlung des schwarzen Körpers bei der Temperatur T an, welche in Bestätigung der Versuche von STEFAN und der theoretischen Untersuchungen von BOLTZMANN mit der vierten Potenz der Temperatur zunimmt.

b) Das Gesetz von STEFAN-BOLTZMANN *für den vollkommen schwarzen Körper*

über den Halbraum ergibt sich also aus der Integration der Gleichung (257) über alle Wellenlängen λ zu

$$E_s = \int_0^\infty J_\lambda \cdot d\lambda = K_s T^4 \tag{259a}$$

oder, geschrieben für technischen Gebrauch, zu

$$E_s = C_s \left(\frac{T}{100}\right)^4 \text{ in kcal/m}^2 \text{ h}, \tag{259b}$$

hierin bezeichnet C_s die Strahlungszahl des schwarzen Körpers,

$$C_s = 4{,}96 \text{ kcal/m}^2 \text{ h grd}^4.$$

c) Das KIRCHHOFF*sche Gesetz*

Die Temperatur zweier ruhender Körper in einem geschlossenen, wärmedichten Raum überall gleicher Wandtemperatur (Bild 87) strebt nach dem II. Hauptsatz einem Temperaturausgleich zu. Dieser ist als nichtumkehrbarer Vorgang durch den absoluten, größten Wert der Entropie gekennzeichnet. Aus dieser Betrachtung ergibt sich das Gesetz von KIRCHHOFF:

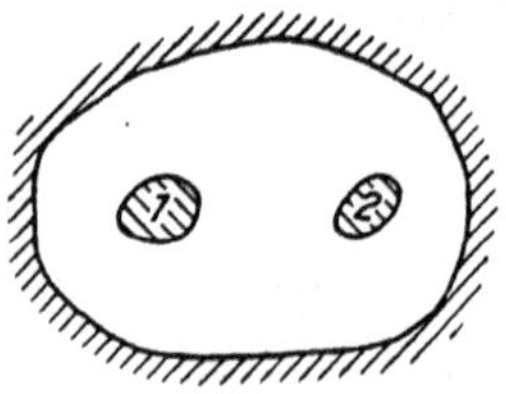

Bild 87. Zum Strahlungsgesetz von KIRCHHOFF

„Die Strahlung eines beliebigen Körpers bei einer bestimmten Temperatur und Wellenlänge ist proportional dem Absorptionsvermögen dieses Körpers bei derselben Temperatur und Wellenlänge", d. h. ein Körper strahlt bei gegebener Temperatur um so mehr aus, je mehr er von dieser Strahlung absorbiert (also, je schwärzer er ist)

$$E = \text{konst.}\, A\,. \tag{260}$$

Der vollkommenste Strahler ist somit der absolut schwarze Körper mit der Absorptionszahl $A = 1$. Für diesen ist

$$A = A_s = 1; \quad E = E_s = C_s \left(\frac{T}{100}\right)^4.$$

Somit ergibt sich für einen beliebigen farbigen Körper

$$\frac{E_\lambda}{E_{\lambda, s}} = A_\lambda = \frac{C_\lambda}{C_{\lambda, s}}. \tag{261}$$

Für den grauen Körper (Bild 84) mit der über alle Wellenlängen λ gleichen Absorptionszahl $A_\lambda = A =$ konst. ergibt sich damit die Beziehung

$$\frac{C}{C_s} = A = \varepsilon, \tag{262}$$

das heißt:

das Emissionsverhältnis ε = der Absorptionszahl A.

Das STEFAN-BOLTZMANNsche Gesetz lautet daher für den grauen Körper

$$E = C\left(\frac{T}{100}\right)^4. \tag{263}$$

Die Strahlungszahlen C für verschiedene Körper sind in den Handbüchern zusammengestellt.

d) *Das Gesetz von* LAMBERT

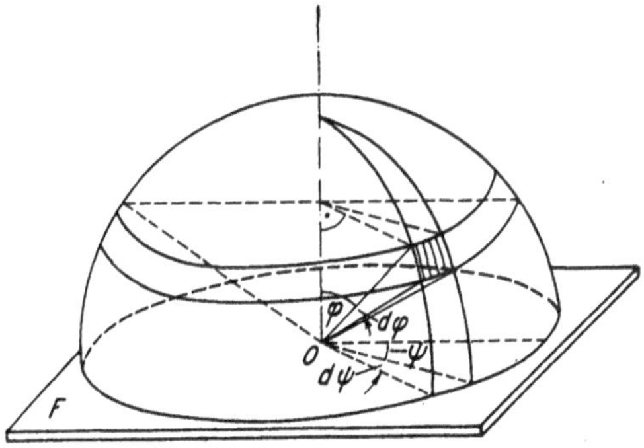

Bild 88. Zum Strahlungsgesetz von LAMBERT

Während die bisherigen Strahlungsgesetze die Strahlung in allen Richtungen, also die Gesamtstrahlung, umfaßt, betrachtet das Gesetz von LAMBERT die Verteilung der Strahlung von einem Flächenelement 0 in der Ebene F eines schwarzen Körpers nach den verschiedenen Raumrichtungen getrennt (Bild 88). Nach diesem Gesetz gilt für den ***schwarzen*** Körper

$$E_{s\varphi} = E_{sn} \cdot \cos\varphi \text{ in kcal/h}, \tag{264}$$

darin ist E_{sn} die Strahlung in Richtung der Flächennormalen.

$E_{s\varphi}$ die Strahlung in Richtung φ gegen die Flächennormale.

Durch Integration ergibt sich die Gesamtstrahlung E_s, wie sie das STEFAN-BOLTZMANNsche Gesetz (259b) angibt, in den Halbraum über einem Strahlungselement

$$E_s = \int_{\varphi=0}^{\varphi=\pi/2} \int_{\psi=0}^{\psi=2\pi} E_{sn} \cdot \cos\varphi \cdot \sin\varphi \cdot d\varphi \cdot d\psi = \pi \cdot E_{sn} \text{ in kcal/h}. \tag{265}$$

Die Strahlungsverteilung *wirklicher* Körper, vor allem metallische Oberflächen, weicht von dem Gesetz von LAMBERT nicht unerheblich ab. Für diese ist die schwarze Strahlung nur ein oberer Grenzfall. Besondere Untersuchungen darüber wurden von E. SCHMIDT und E. ECKERT angestellt.

e) *Absorption und Schichtstärke*

Emission und Absorption sind Energieumwandlungsvorgänge in der Substanz. Es bedarf daher einer gewissen Weglänge, einer Schichtstärke s innerhalb des Körpers, bis von der Anfangsintensität J_{λ_0} eines Strahles der Wellenlänge λ der Betrag

$$J_{\lambda_0}\left(1 - e^{-k_\lambda \cdot s}\right) \tag{266}$$

absorbiert ist. k_λ = Absorptionskonstante für die Wellenlänge λ. (Es ist $k_\lambda = 0$ vollkommen durchlässig, $k_\lambda = \infty$ für absolut schwarz.) e = Basis der natürlichen Logarithmen.

$$1 - e^{-k_\lambda \cdot s} = \varepsilon_\lambda \tag{267}$$

ist das Emissionsverhältnis für die Wellenlänge λ.
Für feste Körper ist diese Weglänge s sehr kurz (wenige hundertstel Millimeter), d. h. die Energieumwandlung findet nur an der Oberflächengrenzschicht statt (daher im Sprachgebrauch kurz: absorbierende Oberflächen). Anders hingegen bei Gasen (IVB3).

2. WÄRMEAUSTAUSCH DURCH STRAHLUNG

Beim Strahlungsaustausch zweier Körperoberflächen F_1, F_2 mit ihren Körpertemperaturen T_1, T_2 mit den Strahlungszahlen C_1, C_2 bestrahlt sowohl der wärmere den kälteren als auch umgekehrt. Der Unterschied beider absorbierter Strahlungsanteile ergibt die durch Strahlung ausgetauschte Wärmemenge $Q_{1,2}$. Durch Anwendung des Gesetzes von STEFAN-BOLTZMANN ergibt sich:

$$Q_{1,2} = F_1 \cdot C_{1,2}\left[\left(\frac{T_1}{100}\right)^4 - \left(\frac{T_2}{100}\right)^4\right] \text{ in kcal/h}. \tag{268}$$

$C_{1,2}$ ist die wirksame Strahlungszahl, welche das Flächenverhältnis der im Strahlungsaustausch stehenden Flächen $F_1/F_2 = \psi$ berücksichtigt.

a) Für den *vollständig von* 2 (F_2 m²) *umhüllten Körper* 1 (F_1 m²), $F_1 < F_2$, ist mit $C_s = 4{,}96$, der Strahlungszahl des schwarzen Körpers,

$$C_{1,2} = \frac{1}{\frac{1}{C_1} + \psi\left(\frac{1}{C_2} - \frac{1}{C_s}\right)}. \tag{269 a}$$

b) Ist *jedoch* $F_2 \gg F_1$, also $F_1/F_2 = \psi = 0$, so ist

$$C_{1,2} = C_1. \tag{269 b}$$

c) Sind die *Flächen parallel*, $F_1 \| F_2$ und $F_1 = F_2$, so ist in (269a):

$$\psi = 1 . \tag{269c}$$

d) Für *beliebig geneigte Flächen* F_1 gegen F_2 in der Entfernung r (m) voneinander gilt das Entfernungsgesetz (LAMBERT, KEPLER): „Die Intensität nimmt mit dem Quadrat der Entfernung r ab."

$$J = J_1/r^2. \tag{270}$$

Mit dem Gesetz von LAMBERT und den Winkelbenennungen nach Bild 89 ergibt sich dann der Wärmestrom zwischen den endlichen Flächen F_1 und F_2 zu

$$Q_{1,2} = \frac{1}{\pi} \cdot \frac{C_1 C_2}{C_s} \left[\left(\frac{T_1}{100}\right)^4 - \left(\frac{T_2}{100}\right)^4 \right] \int\limits_{F_1} \int\limits_{F_2} \frac{\cos\varphi_1 \cos\varphi_2}{r^2} \, dF_1 \, dF_2 \text{ in kcal/h}. \tag{269d}$$

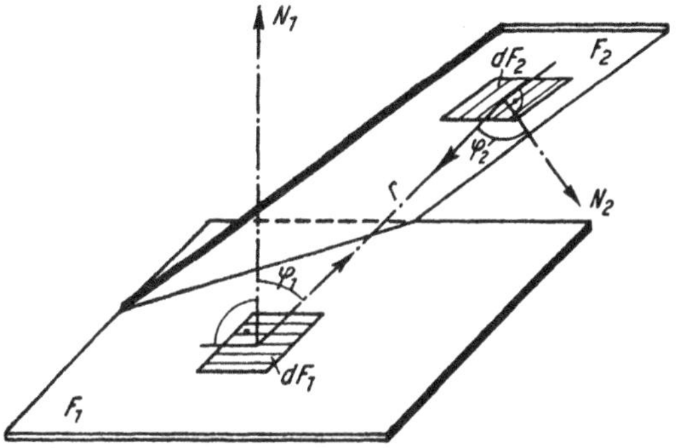

Bild 89. Zum Wärmeaustausch durch Strahlung beliebig gegeneinandergeneigter strahlender Oberflächen. N_1, N_2 sind Flächennormale auf die Ebenen *1*, *2* der strahlenden Flächen F_1, F_2; φ_1, φ_2 sind die Winkel zwischen der Flächenabstandsgeraden und den Flächennormalen N_1, N_2

Die Ausrechnung des Doppelintegrals, das von der gegenseitigen räumlichen Lage der beiden Flächen abhängt, ist umständlich.

[Ausführliches darüber für technische Fälle bringen: ECKERT, E., „Technische Strahlungsaustauschrechnungen", VDI-Verlag 1937; GERBEL, M., „Die Grundgesetze der Wämestrahlung", Springer-Verlag 1917. NUSSELT, W., ZVDI 72 (1938), S. 673. SEIBERT, O., VDI-Forsch., Heft 324 (1930).]

Zur vereinfachten Berechnung wird auch, wie bei der Konvektion, eine Wärmeübergangszahl α_s für die Strahlung abgeleitet.
Durch Vergleich von (268) mit (245) ergibt sich

$$Q_{1,2} = F_1 C_{1,2} \left[\left(\frac{T_1}{100}\right)^4 - \left(\frac{T_2}{100}\right)^4 \right] = F_1 \alpha_s (T_1 - T_2),$$

woraus mit

$$\beta = \frac{\left(\frac{T_1}{100}\right)^4 - \left(\frac{T_2}{100}\right)^4}{T_1 - T_2} \tag{271}$$

die Wärmeübergangszahl α_s folgt zu

$$\alpha_s = C_{1,2} \beta . \tag{272}$$

Die Wärmeübergangszahl α_s ist mit β sehr stark temperaturabhängig.

Beispiel 35: Berechnung der Wärmestrahlung aus einem Gasraum von 1600° C durch eine Öffnung von 50 cm² in die Umgebung von 20° C.
Die Öffnung kann als in der Wand eines schwarzen Körpers betrachtet werden ($C_s = 4{,}96$ kcal/m² h grd⁴). Dann ist nach (268)

$$Q = \frac{50}{10000} \cdot 4{,}96\,[18{,}73^4 - 2{,}93^4] = \mathbf{30\,200\ kcal/h}.$$

Beispiel 36: Es ist die bei zwei parallelen Platten 1, 2 übergehende Strahlungswärme $Q_{1,2}$ zu berechnen. Die Platte 2 ist aus Kupferblech ($\varepsilon_2 = 0{,}07$) und hat eine Temperatur $t_2 = 20°$ C. Die Platte 1 ist aus Eisenblech, und zwar:

A) gewalzt ($\varepsilon_1 = 0{,}65$) mit einer Temperatur $t_1 = 350°$ C.

B) wie unter A), aber mit einer Temperatur $t_1 = 120°$ C.

C) poliert ($\varepsilon_1 = 0{,}04$) mit Temperatur $t_1 = 120°$ C wie unter B).

Es ergibt sich folgende Gegenüberstellung der Rechnungsergebnisse:

Fall	A	B	C
Platte 2, mit $\varepsilon_2 = 0{,}07$ wird C_2 in kcal/m² h grd	← $0{,}07 \cdot 4{,}96 = 0{,}348$ →		
Platte 1: mit $\varepsilon_1 =$	← 0,65 →		← 0,04 →
Platte 1: ergibt C_1 nach (262)	← $0{,}65 \cdot 4{,}96 = 3{,}22$ →		← 0,192 →
Nach (269) mit $\psi = 1$ wird $C_{1,2}$ in kcal/m² h grd	← 0,336 →		← 0,127 →
$[(T_1/100)^4 - (T_2/100)^4]$	← 1436 →	← 120 →	
Nach (268) ist $Q_{1,2}$ in kcal/m² h	483	40,4	15,25
Nach (271) ist β	← 4,35 →	← 1,2 →	
Nach (272) wird α_s in kcal/m² h grd	1,46	0,403	0,152
Für die gleiche Wärmemenge wäre bei Glaswolle ($\lambda = 0{,}04$ kcal/m h grd) nach (242): die erforderliche Isolierungsschichtstärke δ (m)	0,0273	0,099	0,262

Der nicht unwesentliche Wärmetransport durch die Konvektion der durch thermischen Auftrieb bewegten Luft im Spalt ist vernachlässigt (hierzu sei auf die Alfol-Isolierung von E. Schmidt hingewiesen).

3. GASSTRAHLUNG UND FLAMMENSTRAHLUNG

Gase emittieren und absorbieren nur Strahlen bestimmter, der Gasart eigentümlicher Wellenlänge. Sie sind Selektivstrahler (Bild 84). Im allgemeinen sind die Wellenbereiche gegenüber der Gesamtstrahlung vernachlässigbar klein. Technische Bedeutung erlangt die Gasstrahlung nur bei den kohlesäure- und wasserdampfhaltigen Feuergasen mit breiteren Absorptionsbanden. *Die Strahlungsintensität der Gase hängt hier stark von der Schichtstärke ab.*

Hier ist bei den hohen Feuerraumtemperaturen dann die Wärmeübertragung durch Strahlung gegenüber jener durch Konvektion nicht mehr zu vernachlässigen, im Gegenteil von außerordentlicher Bedeutung (Strahlungsheizflächen bei den Kesselanlagen).

Trockene Luft, Sauerstoff, Stickstoff und Wasserstoff sind praktisch nichtstrahlend und vollkommen strahlungsdurchlässig.

Die Strahlung leuchtender Flammen ist auf die Strahlung der in ihr schwebenden, glühenden Kohlenstoffteilchen zurückzuführen, d. h. also, wenn die chemische Umsetzung mit dem Sauerstoff durch irgendwelche Gründe uneinheitlich oder unvollkommen verläuft. Die Strahlung leuchtender Flammen ist daher nicht nur eine physikalische Frage, sondern auch eine solche der chemischen Umsetzung. *Diese Strahlung hängt neben der Schichtstärke des leuchtenden Gases auch von dem Anteil der in einer Volumeneinheit schwebend enthaltenen glühenden Rußteilchen ab.*

In der Feuerungstechnik setzt sich somit die Gesamtstrahlung aus jener der festen Körper (Brennstoffbett am Rost), der Gasstrahlung und der leuchtenden Flamme zusammen.

Die Gasstrahlung im Verbrennungsraum der Motoren, wo sich die brennenden, heißen Gase unter einem ganz beträchtlichen Druck befinden (40 – 80 atm), ist nur wenig untersucht worden (NUSSELT, W.: Der Wärmeübergang in der Verbrennungskraftmaschine. VDI-Forsch., H. 264, [1929]). Wohl beeinflußt die starke Druckerhöhung wesentlich verschiedene Faktoren, welche auf eine Erhöhung der Gasstrahlung hinwirken. Aber immerhin bleibt die Menge der Gasmassen selbst bei den Großmotoren im Verbrennungsraum noch so klein, daß über die tatsächliche Bedeutung des Wärmeüberganges gegenüber jenem durch Konvektion keine eindeutige Klarheit besteht.

D. WÄRMEDURCHGANG

Bei den Wärmeaustauschvorgängen in der Technik handelt es sich immer darum, bewußt und wirtschaftlich die Wärme zweier durch eine Wand getrennter Stoffe von dem einen auf den anderen zu übertragen. Solche Einrichtungen werden *Wärmeaustauscher* genannt.

Die Aufgabe ist dabei: bei vorgegebenen Temperaturen und auszutauschender Wärmemenge die erforderliche Übertragungsfläche, die Heizfläche, zu bestimmen oder bei gegebener Heizfläche und Wärmemenge die Anfangs- oder Endtemperaturen zu bestimmen.

Im stationären Wärmestrom muß zwischen der einfallenden, der durch die Wand geleiteten und der von der Wand abgezogenen Wärmemenge Gleichgewicht bestehen. Wird von der übertragenen Strahlungswärme abgesehen, so bestehen also die Gleichungen (Bild 90)

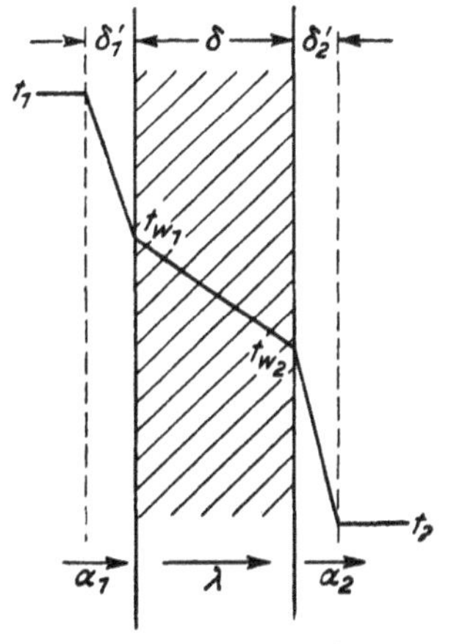

Bild 90. Wärmeübertragung durch eine Wand

$$Q = \alpha_1 F (t_1 - t_{w\,1}) \quad \text{nach (245)}$$

$$Q = \frac{\lambda}{\delta} F (t_{w\,1} - t_{w\,2}) \quad \text{nach (242)}$$

$$Q = \alpha_2 F (t_{w\,2} - t_2) \quad \text{nach (245).}$$

Die Addition dieser Gleichungen und Auflösung nach $(t_1 - t_2)$ ergibt

$$(t_1 - t_2) = \left(\frac{1}{\alpha_1 F} + \frac{\delta}{\lambda F} + \frac{1}{\alpha_2 F}\right) Q \tag{273a}$$

oder nach Einführung der Wärmeübergangs- bzw. Durchgangswiderstände nach (246) bzw. (243) wird

$$(t_1 - t_2) = (R_{\ddot{u}1} + R_l + R_{\ddot{u}2})\, Q = R_d Q. \tag{273b}$$

Der die Wärmewiderstände kennzeichnende Klammerausdruck wird zusammengefaßt zu

$$\left(\frac{1}{\alpha_1} + \frac{\delta}{\lambda} + \frac{1}{\alpha_2}\right) = \frac{1}{k} \tag{274}$$

und k als Wärmedurchgangszahl bezeichnet in kcal/m² h grd.
Damit wird der von dem Stoff 1 auf jenen 2 übertragene Wärmestrom

$$Q = k F (t_1 - t_2) \text{ (kcal/h)}. \tag{275}$$

Wird auch Wärme durch Strahlung auf die Trennwand übertragen und von dieser abgezogen, so wäre die Wärmemenge Q um diesen Anteil Q_s größer (vgl. IVC), und zu dem Ausdruck für k kommt noch das Glied $\left(\frac{1}{\alpha_{s1}} + \frac{1}{\alpha_{s2}}\right)$ hinzu. Da aber bei den meisten technischen Wärmeaustauschern die Strahlung vernachlässigbar ist, wird sie im Wert k nicht eingeschlossen. Dort wo die Strahlungswärme berücksichtigt werden muß, wie bei den Feuerräumen der Dampfkessel, erfolgt dies gesondert (Strahlungsheizflächen).

Diese vorstehende Betrachtung des Wärmedurchganges setzt aber noch voraus, daß die Temperaturen der im Wärmeaustausch stehenden Stoffe 1 und 2 beiderseits der Trennwand über die ganze Fläche F konstant ist. In der Technik handelt es sich aber nicht nur um solche, wiederholende, Vorgänge (z. B. beim Eindampfen von Lösungen), sondern meist um einen fortlaufend durchzuführenden Wärmeaustausch, zu welchem die Stoffe 1 und 2 an den Trennwänden vorbeigeführt werden.

Je nach der gegenseitigen Richtung der Flüssigkeitswege zu beiden Seiten der Trennwand wird unterschieden:

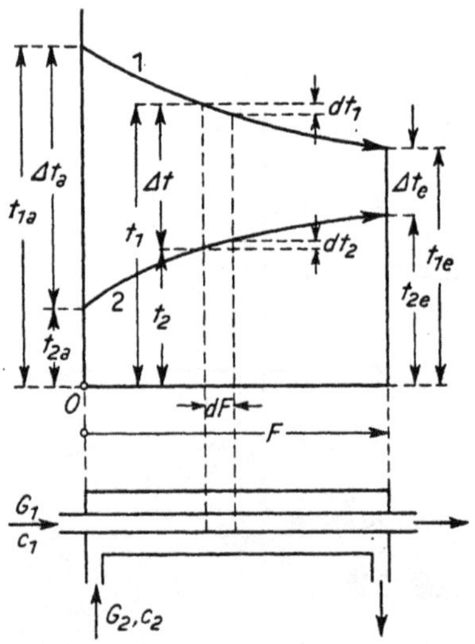

Bild 91. Wärmeübertragung im Gleichstrom

a) *Wärmeaustausch im Gleichstrom* (Bild 91)

Die Wärmedurchgangsgleichung für ein Flächenelement dF angesetzt, lautet

$$dQ = k\, dF\, \Delta t, \tag{276}$$

worin

$$\Delta t = (t_1 - t_2) \text{ ist, also } d(\Delta t) = dt_1 - dt_2. \tag{277}$$

Die Flüssigkeit 1 gibt in diesem Elementarabschnitt in der Zeiteinheit ab

$$dQ = -G_1 c_1 \, dt_1. \tag{278}$$

Die Flüssigkeit 2 nimmt auf

$$dQ = G_2 c_2 \, dt_2. \tag{279}$$

Es ist also

$$d(\Delta t) = dt_1 - dt_2 = -\left(\frac{1}{G_1 c_1} + \frac{1}{G_2 c_2}\right) dQ = -\omega \, dQ. \tag{280}$$

Gleichung (280) mit (276) vereinigt, ergibt

$$\frac{d(\Delta t)}{\Delta t} = -\omega k \, dF. \tag{281}$$

Die Integration ergibt

$$\ln \frac{\Delta t_a}{\Delta t_e} = -\omega \cdot k \cdot F \tag{282}$$

und damit

$$\Delta t_e = \Delta t_a \cdot e^{-\omega k F}. \tag{283}$$

Mit $\Delta t_a - \Delta t_e = \omega Q$ aus (280) und Einsetzen in (282) ergibt sich

$$Q = kF \frac{\Delta t_a - \Delta t_e}{\ln \frac{\Delta t_a}{\Delta t_e}} = kF \, \Delta t_m, \tag{284}$$

wenn

$$\Delta t_m = \frac{\Delta t_a - \Delta t_e}{\ln \frac{\Delta t_a}{\Delta t_e}} \tag{285}$$

den mittleren, gesuchten Temperaturunterschied zwischen den Stoffen 1 und 2 über die beströmte Fläche F bezeichnet.

b) *Wärmeaustausch im Gegenstrom* (Bild 92)

Hier führt die Betrachtung zu den gleichen Ergebnissen, wobei der Anfang immer von dem Eintritt der wärmeabgebenden Flüssigkeit 1 gezählt wird, hier also

$$\Delta t_a = t_{1a} - t_{2e}$$

und

$$\Delta t_e = t_{1e} - t_{2a}$$

ist.

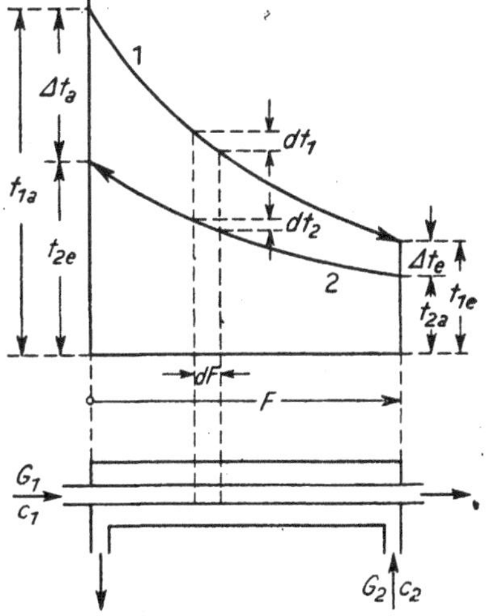

Bild 92. Wärmeübertragung im Gegenstrom

c) *Wärmeaustausch im Kreuzstrom* (Bild 93)

Hier findet eine Temperaturänderung beider Flüssigkeiten in beiden Ausdehnungsrichtungen der umströmten Trennwand statt. Bild 93 zeigt, wie die von der Eintrittsseite konstanter Temperatur ausgehenden Strombahnen längs ihres Weges verschiedene Temperaturänderungen erfahren. Dies ergibt für jede Flüssigkeit räumlich gekrümmte Temperaturflächen.

Beim Austritt, dem Schnitt der Temperaturfläche mit der Wandbegrenzung, ist die Temperatur über den Strom veränderlich. Für die Flüssigkeit 1 ergibt sich die Temperaturlinie t_{1e}, für die Flüssigkeit 2 jene t_{2e}. Aus deren Mittelwerten t_{1em} und t_{2em} errechnet sich jetzt erst das mittlere Temperaturgefälle Δt_m für die Beziehung $Q = k F \Delta t_m$.

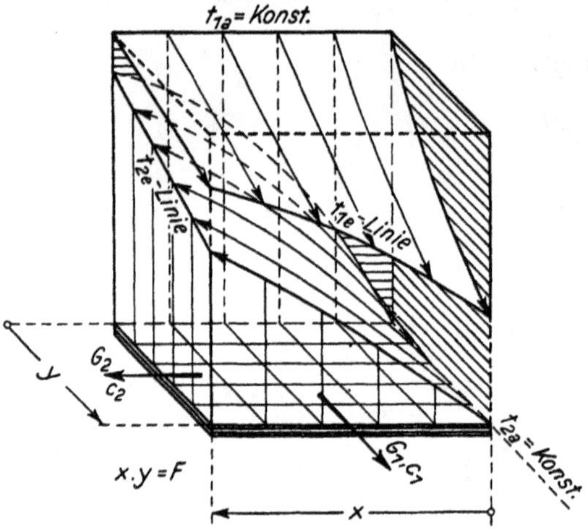

Bild 93. Wärmeübertragung im Kreuzstrom (zusammengestellt nach NUSSELT)

Die Rechnung des Temperaturverlaufes bei Kreuzstrom führt über BESSELsche Funktionen und erfordert einen nicht unbedeutenden Aufwand. Zur vereinfachenden Berechnung wurden Tabellen für einen Beiwert entwickelt, um Δt_m aus dem arithmetischen Mittel $\frac{\Delta t_{am} + \Delta t_{em}}{2} = \Delta t_M$ zu errechnen.

In seinem Erfolg hinsichtlich der zu übertragenden Wärmemenge oder der dafür erforderlichen Heizfläche liegt der Kreuzstrom zwischen dem Gleich- und Gegenstrom.

Beispiel 37: Ermittlung der Kühlfläche eines Oberflächen-Dampfmaschinenkondensators.

Niederzuschlagende Dampfmenge $D = 3000$ kg/h

Kondensatorspannung $p_k = 0{,}1$ ata, Kühlwasserdurchsatz $W = 90\,000$ kg/h

Zulauftemperatur $t_{wa} = 20°$ C, Wassergeschwindigkeit $W_m = 1{,}5$ m/s

Kühlrohre: Messing $d = 25$ mm, Wandstärke $\delta = 0{,}8$ mm, Länge $L = 2$ m

Kühlweg: Gleichstrombauart.

Kondensatordruck $p_k = 0{,}1$ ata entspricht: Sättigungstemperatur $t_s = 45{,}5°$ C, Verdampfungswärme $r = 571$ kcal/kg, spez. Gewicht des Kondensates $\gamma_{fl} = 991$ kg/m³, Wärmeleitzahl desselben $\lambda = 0{,}54$ kcal/m h grd, kinem. Zähigkeit $\nu = 0{,}0066$ cm²/s (nach Tabellen).

(a) Bestimmung der Kühlwasserablauftemperatur aus dem Wärmeumsatz: Dem Dampf zu entziehende Wärmemenge $Q = D \cdot r = 3000 \cdot 571 = 1\,710\,000$ kcal/h. Die gleiche Wärmemenge ist vom Kühlwasser aufzunehmen, daher Bilanz:

$Q = W \cdot c \cdot (t_{we} - t_{wa})$, daraus ergibt sich die Kühlwassertemperatur am Ende

$$t_{we} = t_{wa} + \frac{Q}{W} = \left(20 + \frac{1\,710\,000}{90\,000}\right) = 39^\circ \text{ C}.$$

(b) Ermittlung der mittleren Temperaturdifferenz Δt_m (Gleichstrom). Außen werden die Kondensatorrohre immer von Dampf bzw. Kondensat von $t_s = 45{,}5^\circ$ C bespült. Daher wird

$$\Delta t_m = \frac{(t_s - t_{wa}) - (t_s - t_{we})}{\ln \dfrac{t_{wa} - t_s}{t_{we} - t_s}} = \frac{25{,}5 - 6{,}5}{\ln \dfrac{25{,}5}{6{,}5}} = 14^\circ \text{C}.$$

(c) Ermittlung der Wärmedurchgangszahl k setzt sich zusammen aus: Wärmeübergangszahl α_d Dampf—Rohrwand: Ermittlung nach c, γ),,Dampfkondensation an ebener Wand". Dem Rohrdurchmesser $d = 2{,}5$ entspricht eine Höhe der ebenen Wand von $x = 2{,}5 \cdot d = 6{,}25$ cm. Damit ergibt sich (beim Einsetzen der Zahlenwerte ist auf den Ausgleich der Dimensionen zu achten):

$$\alpha_d = \frac{\lambda}{x} \sqrt[4]{\frac{g \cdot \gamma_{fl} \cdot r \cdot x^3}{4 \cdot \nu \cdot \lambda (t_s - t_0)}}$$

$$= \frac{0{,}54}{0{,}0625} \sqrt[4]{\frac{9{,}81 \cdot 991 \cdot 571 \cdot 0{,}0625^3}{4 \cdot 0{,}0066 \cdot 10^{-4} \cdot 0{,}54 \cdot \dfrac{1}{3600} \cdot 6{,}5}} = 7350 \text{ kcal/m}^2 \text{ h grd.}$$

Daher ist $\alpha_{dm} = {}^4/_3\, \alpha = {}^4/_3\, 7350 = 9800$ in kcal/m² h grd.
Wärmeübergangszahl α_w ,,innere Rohrwand-Kühlwasser": $\lambda = 0{,}54$ kcal/m h grd. $Re = W_m d/\nu = 150 \cdot 2{,}5/0{,}0066 = 57\,800$, also turbulent, $L/d = 80$, also ausgebildete Strömung (vgl. Beispiel 34).

$$Pr = \nu/a = g \cdot c_p \cdot \mu/\lambda = 4{,}35\,.$$

Mit $A = 1{,}5\, Pr^{-1/6} = 1{,}18$ ergibt sich nach c, α)

$$\alpha_w = \frac{0{,}54}{0{,}025} \cdot 0{,}0396 \cdot 4{,}35 \frac{57\,800^{3/4}}{1 + 1{,}18 \cdot 57\,806^{-1/8} \cdot (4{,}35 - 1)} = 6920 \text{ in kcal/m}^2 \text{ h grd.}$$

Wärmeleitzahl des Messingrohres ist $\lambda = 96$ kcal/m h grd.
Daher ergibt sich nach (274)

$$\frac{1}{k} = \frac{1}{\alpha_{dm}} + \frac{\delta}{\lambda} + \frac{1}{\alpha_w}, \qquad \text{darin ist:} \quad 1/\alpha_{dm} = 0{,}000\,102, \quad \delta/\lambda = 0{,}000\,008\,33, \quad 1/\alpha_w = 0{,}000\,144\,8$$

somit $1/k = 2{,}5513 \cdot 10^{-4}$ und $k = 3920$ kcal/m² h grd.
Damit ergibt sich nun die Kühlfläche

$$F = Q/k\, t_m = (1\,710\,000/3920 \cdot 14) \text{ m}^2 = \mathbf{31{,}1\ m^2}.$$

Da der Einfluß der immer vorhandenen Luft im Abdampf vernachlässigt wurde, welche den Wärmeübergang auf der Dampfseite besonders im oberen Teil des Kondensators behindert, ist die auszuführende Kühlfläche etwas größer zu wählen.

ABSCHNITT V

MEHRSTOFFGEMISCHE (DAMPF-LUFT-GEMISCHE) i, x-DIAGRAMM VON MOLLIER, DIFFUSION

Die Beobachtungen der Vorgänge in der Atmosphäre lassen uns davon sprechen, die Luft ist trocken, feucht, es ist neblig. Diese Erscheinungen sind in der Aufnahme und dem Abscheiden von Wasser in der Luft begründet. Diese Erscheinung macht sich aber auch das Alltagsleben beim Trocknen zunutze. In der Technik findet sie eine systematische, dem Bedürfnis entsprechend gelenkte Anwendung in der Trocken-, Klima- und Kältetechnik, bei der Rektifikation usw. und gewinnt zunehmende Bedeutung bei den Luft-Brennstoff-Gemischen.

1. DAMPF-LUFT-GEMISCHE

Die Grundlagen der sich einstellenden Gleichgewichtszustände bei solchen Stoffgemischen, die chemisch nicht miteinander reagieren, sollen an dem technisch wichtigsten Fall der Wasserdampf-Luft-Gemische besprochen werden. Die *Voraussetzungen* für ihre Behandlung sind:

Die Luft und der Wasserdampf in dieser Mischung sollen den Gesetzen der vollkommenen Gase gehorchen. Dies trifft für die betrachteten Temperaturbereiche (etwa -50 bis $+100°$ C) und den nur etwa atmosphärischen Gesamtdruck auch zu.

Eine Lösung der Luft im Dampf oder in schwebenden Wassertröpfchen findet nicht statt (wie etwa bei Ammoniakgas-Wasserdampf-Gemischen).

Für das Dampf-Luft-Gemisch gilt das Gesetz von DALTON, Gesamtdruck = Summe der Teildrücke:

$$P = P_l + P_d, \tag{286}$$

wobei für die Einzelbestandteile gilt

$$P_l V = G_l R_l T \quad \text{und} \quad P_d V = G_d R_d T. \tag{287}$$

Der Dampfteildruck P_d ist durch den zur Temperatur T gehörenden Sättigungsdruck P_s begrenzt (metastabile Phasen sind für technische Einrichtungen ohne Belang, siehe IIID1b). Statt des Verdampfens unter dem Dampfteildruck spricht man hier von Verdunsten, statt von Kondensieren von Tauen.

Die Luftmenge bleibt bei allen Zustandsänderungen konstant. Was sich ändert, ist nur der Gehalt an Dampf bzw. Wasser darin.

Als Bezugsmenge gilt 1 kg trockener Luft. Auf diese Einheitsmenge bezogen, ist der Gewichtsanteil der Flüssigkeit

$$x = \frac{G_d}{G_l} = \frac{M_d}{M_l} \cdot \frac{P_d}{P_l}. \tag{288a}$$

Für x, das eine bezogene Gewichtsangabe ist, schlägt E. SCHMIDT den Namen „Feuchtegrad" vor.
Mit den Mol-Gewichten $M = 18$ und $M_l = 29$ ergibt dies

$$x = 0{,}622 \cdot \frac{P_d}{P_l} = 0{,}622 \cdot \frac{P_d}{P - P_d}. \tag{288b}$$

Erreicht x den Wert x_s, d. h. der Dampfteildruck P_d den zur Temperatur T gehörenden Sättigungsdruck $P_d = P_s$, so ist die Luft gesättigt (Taupunkt). Ist $x < x_s$, dann ist die Luft ungesättigt, der Wasserdampf in der Luft ist im überhitzten Zustand. Aber auch der Zustand $x > x_s$ ist möglich; er bedeutet, daß außer der Sättigungsdampfmenge x_s noch Wasser in Tröpfchenform, als Schnee und Eis oder als Bodenkörper in dem Luftraum enthalten ist. In diesem Zustand ist die Luft übersättigt.

Da sich die Trocknungs- und Befeuchtungsvorgänge in der Atmosphäre und in der technischen Anwendung immer im Bereich atmosphärischer Drücke abspielen, werden auch die Zustandsänderungen nur im atmosphärischen Gesamtdruckbereich betrachtet. Hier ist P_d sehr klein, so daß $P - P_d \sim P$ gesetzt werden kann. Damit ergibt sich

$$x \sim 0{,}622 \cdot \frac{P_d}{P} \tag{288c}$$

und

$$x_s \sim 0{,}622 \cdot \frac{P_s}{P}. \tag{289}$$

Der Sättigungsgrad

$$\psi = x/x_s \tag{290}$$

ist das Verhältnis des Feuchtegrades x zum Dampfgehalt x_s des Gemisches bei Sättigung. Er ist ein relatives Maß für den Dampfgehalt.

Die relative Feuchtigkeit oder Dunstsättigung ist

$$\varphi = P_d/P_s \tag{291a}$$

oder mit (288c) und (289):

$$\varphi \sim x/x_s = \psi. \tag{291b}$$

Das Volumen v_{1+x} von $(1 + x)$ kg feuchter Luft ist

$$v_{1+x} = R_d\left(\frac{M_d}{M_l} + x\right)\frac{T}{P}, \tag{292a}$$

oder nach Einsetzen von M_d, M_l und $R_d = 47{,}05$ ist

$$v_{1+x} = 47{,}05\,(0{,}622 + x)\frac{T}{P}. \tag{292b}$$

Daher ist das spezifische Volumen von 1 kg Gemisch

$$v_g = \frac{v_{1+x}}{1+x}. \tag{292c}$$

Zur Bestimmung der bei solchen „Klimazustandsänderungen" erfolgenden Wärme- und Stoffumsätze ist die Kenntnis der Enthalpie notwendig. Sie setzt sich aus den Anteilen beider Stoffe in der Dampf-Luft-Mischung zusammen.

$$i_{1+x} = i_l + x i_d = c_{pl}\, t + x\,(r + c_{pd}\, t). \tag{293a}$$

Bei Sättigung ist $x = x_s$.

Mit den Zahlenwerten für Luft und Wasserdampf: $c_{pl} = 0{,}24$ kcal/kg grd; $c_{pd} = 0{,}46$ kcal/kg grd; $r = 597$ kcal/kg (Verdampfungswärme bei 0° C) ist

$$i_{1+x} = 0{,}24 \cdot t + x\,(597 + 0{,}46 \cdot t). \tag{293b}$$

Ist jedoch $x > x_s$, d. h. das Wasser ist in Nebelform oder als Bodenkörper im Gemischraum eingeschlossen, so ist

$$i_{1+x} = i_{1+x_s} + (x - x_s)\, c_{fl}\, t, \tag{293c}$$

wobei für Wasser $c_{fl} = 1$ ist und i_{1+x} nach (293a, b) mit $x = x_s$.

Ist aber $x > x_s$ bei $t < 0$, dann ist Flüssigkeit als Schnee oder Eis im Gemisch enthalten. Mit q_u, der Schmelzwärme (= 79,7 kcal/kg für Eis aus Wasser), und c_E, der spezifischen Wärme desselben (= 0,5 kcal/kg grd für Eis aus Wasser), ist

$$i_{1+x} = i_{1+x_s} + (x - x_s)\, i_{Eis} = i_{1+x_s} - (x - x_s)\,(q_u - c_E\, t). \tag{293d}$$

Das negative Vorzeichen im zweiten Glied rührt daher, daß die Enthalpie für Wasser von 0° C an gezählt wird, des Eises daher gegen diesen Zählnullpunkt eine negative Enthalpie erhält und auch $t < 0$ negativ zählt.

Um solche Zustandsänderungen einfach und übersichtlich rechnerisch zu verfolgen, wie es für technische Bedürfnisse eine grundlegender Wunsch ist, wurde von Mollier (1923) eine graphische Darstellung entwickelt, die unter Punkt 3 erklärt wird.

2. DIFFUSION, Fickscнes GESETZ, ÄHNLICHKEITSTHEORIE VON Nusselt UND E. Schmidt

An der Grenzfläche zweier Phasen verschiedener Stoffe (z. B. Wasser-Luft) ist das Gleichgewicht in der Molekularbewegung innerhalb der Phase gestört. Diese gestörten Kräfteverhältnisse lassen die Homogenität der Phase schon in ihrer Grenzzone vor der Grenzfläche enden. Es kommt zu einem Eindringen von Teilchen in die angrenzende Nachbarphase (Absorption, Adsorption, Adhäsion, Diffusion). Gerade diese Grenzzone spielt bei der Kühlung, Befeuchtung und auch bei den Verbrennungsvorgängen flüssiger und fester Stoffe, wo die Moleküle bei ihrem Zusammenstoß auch noch zu chemischen Veränderungen führen, eine außerordentliche Rolle (vgl. VIIIB2).

Dieser an der Grenzzone aus innermolekularen Zusammenhängen eintretende Stoffaustauschvorgang wird als Diffusion bezeichnet. Die Diffusion findet bei Gasen (IIIC6hα_4), Flüssigkeiten (Lösungen, IIIE) und unter festen Stoffen statt (VIIIB2).

Die Diffusion wird unterstützt durch eine Konvektion zur Verteilung auf den ganzen Mischraum. Den Diffusionsvorgang charakterisiert die Konzentration der Stoffe und deren Veränderlichkeit mit dem Abstand y von der Grenzfläche und der Zeit z (Diffusionsgeschwindigkeit).

Die Vorgänge an der Stoff- oder Phasengrenze haben große Ähnlichkeit mit den Wärmeaustauschvorgängen. An die Stelle des Wärmestromes tritt der Stoffstrom $d\,\mathfrak{G}$ in Richtung der Flächennormalen y durch die Fläche dF, an Stelle der Wärmestromdichte die Diffusionsstromdichte $\mathfrak{g}$. Daher gilt auch zur Beschreibung des Diffusionsvorganges eine der Wärmeleitungsgleichung $q_n = -\lambda \left(\frac{\partial t}{\partial n}\right)$ nach (235b) ähnliche Beziehung

$$\mathfrak{g} = -D \frac{dc}{dy} \text{ in kg/m}^2\,\text{h} \tag{295a}$$

das (erste) Fickscher Gesetz.

Darin ist D die Diffusionskonstante, eine Stoffkonstante [m²/h], c ist die Konzentration des diffundierenden Stoffes (z. B. Wasserdampf, Zeiger d)

$$c_d = G_d/V = 1/v \text{ in kg/m}^3 \quad \text{nach (112).}$$

Durch Einführung von (287) für den diffundierenden Dampfpartner wird $c_d = P_d/R_d T$, und durch Einsetzen in (295a) ergibt sich für die Diffusionsstromdichte nach dem Fickschen Gesetz

$$\mathfrak{g}_d = -\frac{D}{R_d \cdot T} \cdot \frac{dP_d}{dy}, \tag{295b}$$

das mit dem Fußzeiger l für den in entgegengesetzter Richtung diffundierenden Luftstrom gilt.

Eine Erweiterung erhält dieses Gesetz für sehr große Temperaturunterschiede, durch die dann damit auch gleichzeitig eintretende Thermodiffusion.

In einem, im Verhältnis zum Durchmesser hohen Gefäß, in dem sich über einem Flüssigkeitsspiegel (z. B. Wasser) ruhend ein Gas (z. B. Luft) befindet, stellt sich durch den Diffusionsstrom eine *konvektive Verdrängungsströmung* ein. Für diese gilt das Gesetz von Stefan

$$\mathfrak{g}_d = -\frac{D}{R_d \cdot T} \cdot \frac{P}{P - P_d} \cdot \frac{dP_d}{dy}. \tag{295c}$$

Für $P - P_d \approx P$ geht (295c) in (295b) über.

Für ein Röhrchen konstanten Querschnittes ergibt sich aus (295c) nach einer Zwischenrechnung und Integration

$$\mathfrak{g}_d = \frac{D}{h} \cdot \frac{P}{R_d \cdot T} \cdot \ln \frac{P - P_{d1}}{P - P_{d2}} \text{ in kg/m}^2\,\text{h}. \tag{295d}$$

Darin bezieht sich Index 1 auf die Röhrchenöffnung oben, 2 auf den Flüssigkeitsspiegel, h ist die Höhe zwischen beiden Querschnitten. P ist wieder der

Gesamtdruck, P_d der Sättigungsdruck zur Versuchstemperatur T. Diese Gleichung dient zur versuchsmäßigen Bestimmung des Diffusionskoeffizienten D.

Die Vorgänge des Stoffaustausches bei der erzwungenen Strömung der Luft über einem Flüssigkeitsspiegel (z. B. Wasser) führen zur Aufstellung einer Massenstromgleichung der Grenzschicht. Sie wird durch ganz ähnliche Entwicklungen, wie sie für den Wärmeübergang zur Wärmestromgleichung aus der Strömungsgrenzschichtgleichung entwickelt wurden, abgeleitet.

NUSSELT und E. SCHMIDT haben die Ähnlichkeitstheorie des Wärmeüberganges auf den gleichzeitigen Stoffaustausch ausgedehnt und in dimensionslosen Formeln zur allgemeinen Darstellung gebracht.

Diese dimensionslose Verkettung brachte die Einführung neuer Kennzahlen und Begriffe.

Die SCHMIDTsche Kennzahl (nach amerikanischer Einführung)

$$Sc = \nu/D. \tag{296}$$

Die Definition einer Stoffübergangszahl β in m/h, für die in dimensionsloser Schreibweise der Zusammenhang besteht

$$\left(\frac{\beta \cdot l}{D}\right) = f(Re, Sc). \tag{297 a}$$

„l" ist die vom Luftstrom bestrichene Längenausdehnung der Oberfläche (in Abschn. IVB mit „x" bezeichnet, hier ist x aber der Feuchtegrad!).

[β ist nicht zu verwechseln mit $\bar{\beta} = 1/T$ in (254) oder β in (47)].

Bei gleicher Re-Zahl ergibt sich für eine laminare Gemischströmung bei $a/D = 1$, und bei turbulenter auch unabhängig von a/D, die wichtige Beziehung von LEWIS

$$\beta = \alpha\,\frac{D}{\lambda} = \alpha\,\frac{a}{\lambda} = \frac{\alpha}{\overline{\mathfrak{C}}_{pl}} \text{ in m/h.} \tag{297 b}$$

Darin ist $\overline{\mathfrak{C}}_{pl}$ die spez. Wärme je m³ des betrachteten Luftzustandes, $a = \lambda/\gamma \cdot c_{p\,l} = \lambda/\overline{\mathfrak{C}}_{pl}$ nach (238 a) und α die Wärmeübergangszahl.

Die GRASSHOFsche Kennzahl Gr nach (254) erfährt eine Abänderung, in dem an Stelle des thermischen Auftriebes der freien Konvektion nun die Auftriebskraft des Diffusionsstromes rückt, und sie lautet dann

$$Gr' = \frac{g\,l^3}{\nu^2}\left(\frac{\gamma_1}{\gamma_0} - 1\right), \tag{298}$$

worin γ_0 das spez. Gewicht des Gasgemisches an der Wand, γ_1 in der Kernströmung ist.

Damit lassen sich die in Abschnitt IVB1c) aufgeführten Wärmeübergangstypen sofort auch für den Stoffaustausch verwenden, wenn dort gesetzt wird:

$\beta\,l/D$ statt Nu

Sc statt Pr

Gr' statt Gr.

Der Stoffumsatz durch die Randschicht errechnet sich dann aus der Konzentration oder den äquivalenten Teildrücken zwischen der Wasseroberfläche und dem Gemischkern nach den Beziehungen heraus (Zeiger 0 für Oberfläche, Zeiger 1 für Kern):

$$g_{d_0} = \frac{\beta}{R_d \cdot T} (P_{d_1} - P_{d_0}) \text{ in kg/m}^2\text{ h} \tag{299a}$$

oder mit (295 b)

$$g_{d_0} = \beta (c_{d_1} - c_{d_0}) \tag{299b}$$

mit c_d den Konzentrationen nach (295 a u. f.).

Nach Einführung einer Verdunstungsziffer

$$\sigma = \beta \cdot \gamma_l = \frac{\alpha}{c_{pl}} \text{ in kg/m}^2\text{ h}, \tag{300}$$

die dem Charakter der LEWISschen Beziehung entspricht (c_{pl} in kcal/kg grd), erhält man nun

$$g_{d_0} = \sigma (x_1 - x_0). \tag{299c}$$

In dieser Form eignet sie sich für das Verfolgen der Zustandsänderungen im i, x-Diagramm von MOLLIER.

3. DAS i, x-DIAGRAMM FÜR FEUCHTE LUFT VON MOLLIER

Die theoretischen Zusammenhänge und die sich aus ihrer praktischen Anwendung in der Technik ergebenden Zweckmäßigkeiten und Wünsche sicher überblickend, schuf MOLLIER (1923) eine graphische Darstellung, das *i, x-Diagramm für feuchte Luft* (Bild 94). (Z. VDI 1923, S. 869 und Z. VDI 1929, S. 1009.)

In einem schiefwinkligen Achsenkreuz wird die Enthalpie i_{1+x} feuchter Luft, gezählt von 0° C an, zum Dampfgehalt x aufgetragen. Der Ursprung des Achsenkreuzes liegt also im Eispunkt (0° C); hier ist für trockene Luft von 0° C und Wasser von 0° C, $i = 0$.

Die Isothermen in einem solchen Achsenkreuz sind für das Gebiet ungesättigter Luft ($x < x_s$) bis $x = x_s$ nach (293 b) leicht ansteigende Gerade, entsprechend $t =$ konst. etwas verschiedener Neigung. Die Verbindung der Punkte $x = x_s$, der Taupunkte auf diesen Isothermen, ergibt die Sättigungslinie $\psi = 1$. Von hier an gilt im Nebelgebiet ($x > x_s$) die Gleichung (293 c) für Wasser im Nebel, und (293 d) für Schnee oder Eis im Nebel. Auch die Isothermen sind Gerade mit für Wasser- oder Schneenebel etwas unterschiedlicher Neigung. Sie schließen an der Sättigungslinie, nach rechts unten abfallend, mit einem Knick an. Ihre Neigung ist etwa parallel zur x-Achse $i = 0$.

Die Schräge der x-Achse wird nun so gewählt, daß das Isothermenstück im ungesättigten Gebiet (bis zur $\psi = 1$-Linie) bei 0° C horizontal zu liegen kommt.

Von dem 0-Punkt ausgehend ist nun noch ein Strahlenbüschel über das i, x-Diagramm gelegt, welches in einem Randmaßstab i_w markiert und beziffert ist.

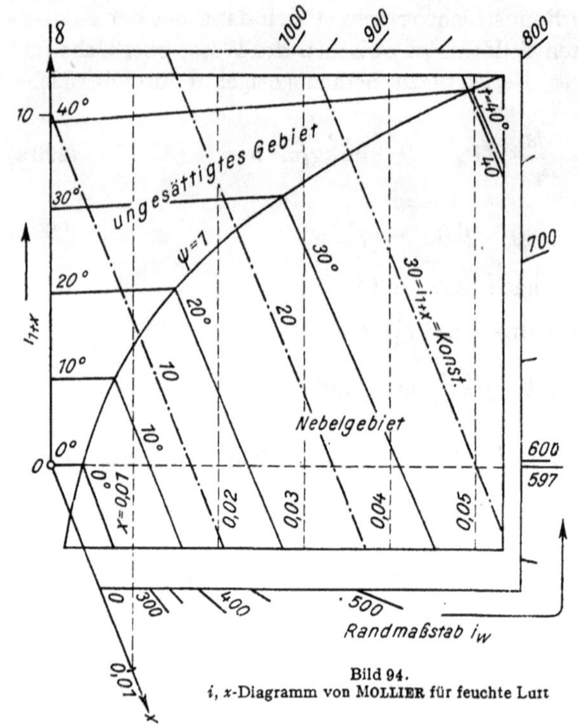

Bild 94.
i, x-Diagramm von MOLLIER für feuchte Luft

Jeder Halbstrahl weist die Richtung, in welcher der Zustand reinen Wassers oder Dampfes ($x = \infty$) vom Enthalpiewert i liegt. Für Dampf von 0° C, entsprechend $i_w = 597$ kcal/kg, liegt dieser Richtungsstrahl horizontal. Dieser Randmaßstab wird für die Bestimmung des Mischungszustandes von Luft mit reinem Wasser oder Dampf benötigt (Beispiel 39).

In den folgenden Beispielen sollen einige Grundaufgaben den Gebrauch des i, x-Diagrammes zeigen.

[Für weitere Aufgaben der Klimatechnik, sowie allgemein für Zustandsänderungen von Zweistoffgemischen, sei auf die speziellen Ausführungen von:

Bošnjaković, F., „Technische Thermodynamik", 2. Teil. Dresden 1937,

Grubenmann, M., „i, x-Tafeln feuchter Luft". Springer-Verlag 1942,

Koch, B., „Erweitertes i, x-Diagramm feuchter Luft für verschiedene Drücke". Wärme- und Kältetechnik, Bd. 14 (1930), S. 52–56,

Matz, W., Die Thermodynamik des Wärme- und Stoffaustausches. Steinkopff-Verlag 1949,

Nesselmann, K., Grundlagen der Angewandten Thermodynamik. Springer-Verlag 1950,

Hausen, H., Wärmeübertragung im Gegen-, Gleich- und Kreuzstrom. Springer-Verlag 1950, verwiesen.]

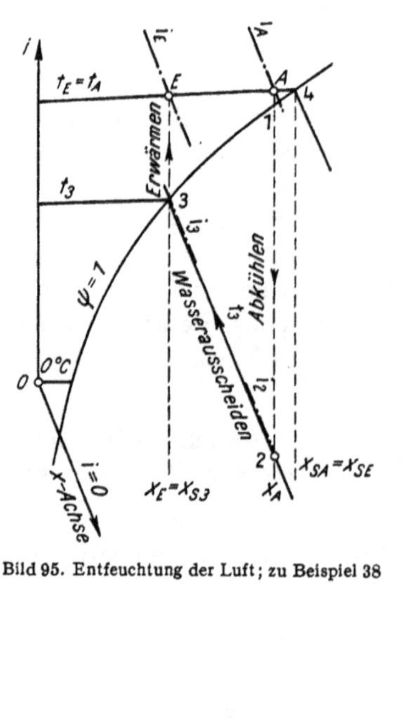

Bild 95. Entfeuchtung der Luft; zu Beispiel 38

Beispiel 38 (Bild 95): Feuchte Luft von $t_A = 30°$ C, einer relativen Feuchtigkeit $\varphi_A = 90$ %, soll bei gleicher Temperatur $t_E = t_A = 30°$ C auf $\varphi_E = 50$ % gebracht werden. Der Vorgang findet bei dem Gesamtdruck $p = 1$ ata statt.

Wird die Isotherme $t_A = 30°$ bis zum Schnitt 4 mit der Sättigungslinie $\psi = 1$ verlängert, so ist an der Vertikalen der Wert $x_{sA} = 0{,}028$ kg/kg$_{\text{Trockenluft}}$ abzulesen. x_{sA} läßt sich aber auch nach den Dampftabellen aus dem Dampfdruck $p_s = 0{,}04325$ ata zur Verdampfungstemperatur $t_{sA} = 30°$ C nach (288 b) berechnen zu

$$x_{sA} \sim 0{,}622 \frac{p_s}{p - p_s} = 0{,}622 \frac{0{,}04325}{0{,}9568} = 0{,}0281 \text{ in kg/kg.}$$

Nach (291 b) ist $\varphi \sim \psi = 0{,}9$, daher ist

$$x_A = x_{sA} \cdot \psi = 0{,}02814 \cdot 0{,}9 = 0{,}0253 \text{ in kg/kg.}$$

Nunmehr kann der Zustandspunkt A der gegebenen feuchten Luft mit $t_A = 30°$, $x_A = 0{,}0253$ in das i, x-Diagramm eingetragen werden.

Der geforderte Endzustand $t_E = t_A = 30°$, $\varphi_E = 50\,\%$ wird genau wie zuvor ermittelt und ergibt (Pkt. E)

$x_E = 0{,}02814 \cdot 0{,}5 = 0{,}014$ in kg/kg für $t_E = 30°$ und $x_{sE} = x_{sA} = 0{,}02814$.

Abkühlung feuchter Luft bedeutet im i, x-Diagramm eine Verschiebung des Zustandspunktes in vertikaler Richtung, denn das betroffene Gewicht $(1 + x)$ bleibt dadurch ungeändert, also auch der Wert x.

Die Abkühlung vom Zustand A führt zunächst auf den Punkt 1, den Schnittpunkt der Vertikalen mit der Sättigungslinie.

Die Abkühlung vom Zustand E führt auf den Sättigungszustand 3 mit der Temperatur $t_3 = 19°$ im Punkt 3 mit $x_{s3} = x_E = 0{,}014$.

Um vom Zustand A auf den Zustand E zu kommen, muß die feuchte Luft A zunächst auf die Temperatur $t_3 = 19°$ abgekühlt werden. Dies ergibt den Zustandspunkt im Schnittpunkt 2. Die Luft ist also jetzt hier übersättigt. Der Dampf- und Wassergehalt ist dabei noch $x_A = 0{,}0253$. Als Dampf ist aber darin enthalten nur die Menge, welche dem Sättigungspunkt 3 bei $t_3 = 19°$ entspricht, dies ist aber auch gleichzeitig $x_E = 0{,}014$. Der Rest $x_A - x_E = 0{,}0253 - 0{,}014 = 0{,}0113$ ist im Punkt 2 im flüssigen Zustand, in der feuchten Luft schwebend, enthalten. Diese Wassermenge läßt sich mechanisch ausscheiden bzw.tut dies nach genügend langer Zeit durch Bildung größerer Tröpfchen, die zu Boden fallen, von selbst. Ist dieses Wasser ausgeschieden, so hat sich der Zustand 3 eingestellt. Es wird nun die feuchte Luftmenge von nur mehr $(1 + x_E)$ kg auf die Temperatur $t_E = 30°$ wieder erwärmt und ergibt dort den geforderten Zustand E der feuchten Luft mit $\varphi = 50\,\%$ relativer Feuchtigkeit.

Die Wärmebilanz gestaltet sich nun wie folgt: Vermittels der in das i, x-Diagramm eingetragenen $i_{1+x} =$ konst.-Linien kann entnommen werden:

Enthalpie der feuchten Luft	im Punkt $A \cdots i_A = 22{,}8$ kcal
desgleichen	im Punkt 2 $\cdots i_2 = 13{,}3$ kcal
also zur Kühlung abzuführen die	Differenz $= 9{,}5$ kcal
Enthalpie der feuchten Luft	im Punkt 3 $\cdots i_3 = 13{,}1$ kcal
desgleichen	im Punkt $E \cdots i_E = 16{,}0$ kcal
also zur Wiedererwärmung zuzuführen die	Differenz $= 2{,}9$ kcal

Beispiel 39 (Bild 96): Feuchte Luft von $t_A = 20°$ C mit einer relativen Feuchtigkeit $\varphi_A = 5\,\%$ soll auf $t_E = 22°$ C bei $\varphi_E = 81\,\%$ gebracht werden, in dem Dampf eingespritzt wird.

Welchen Zustand muß der Einspritzdampf haben und wie groß ist seine Menge?

Ausgangszustand A zum Einzeichnen in das i, x-Diagramm:

$t_A = 20°$ also $p_{sA} = 0{,}0238$ ata und $x_{sA} = 0{,}0152$; daher ist x_A nach (291 b) $x_A = x_{sA} \cdot \psi_A = 0{,}0152 \cdot 0{,}05 = 0{,}00076$.

Für den Endzustand E gilt:

$t_E = 22°$ also $p_{sE} = 0{,}0286$ ata und $x_{sE} = 0{,}01724$: daher ist wie zuvor

$$x_E = 0{,}01724 \cdot 0{,}81 = 0{,}014.$$

Bezeichnet L das trockene Luftgewicht, W das zugesetzte Dampfgewicht (dies könnte auch Einspritzwasser von der Temperatur $t_w \sim i_w$ sein), so gilt die Bilanz:

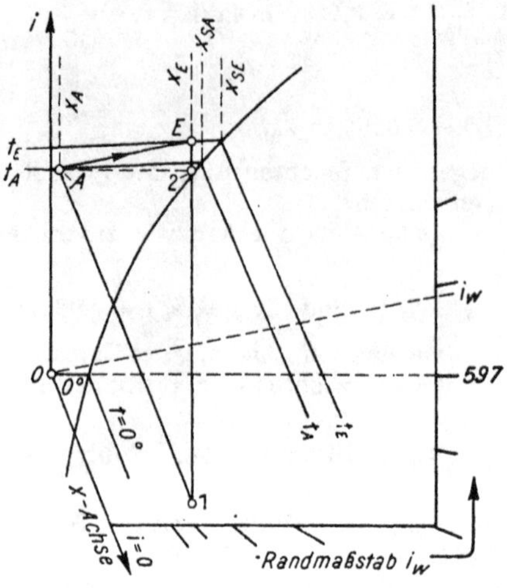

Bild 96. Luftbefeuchtung; zu Beispiel 39

für die Menge

$$L \cdot x_A + W = L \cdot x_E \qquad \text{(a)}$$

also

$$x_A - x_E = W/L, \qquad \text{(b)}$$

für die Wärmemenge

$$L \cdot i_A + W \cdot i_w = L \cdot i_E. \qquad \text{(c)}$$

Aus (a) und (c) ergibt sich

$$i_w = (i_E - i_A)/(x_E - x_A). \qquad \text{(d)}$$

i_w ist also der Richtungswinkel im schiefwinkligen Achsenkreuz. Diese Richtung gibt aber bereits der Randmaßstab an. Wird also zu $\overline{AE}$ eine Parallele durch den Nullpunkt 0 gezogen, so ergibt der Randmaßstab den Enthalpiewert i_w des zuzusetzenden Dampfes an, und damit bei trockenem Dampf auch seinen Druck p_w.

Nun wird vom Punkt A eine Parallele zur x-Achse, die gleichzeitig auch der Richtung $i_w = 0$ entspricht, gezogen. Der Ordinatenabschnitt $\overline{1E}$ gibt dann das Gefälle $(i_E - i_A)$ an, und die Höhe $\overline{A2}$ des Dreieckes ($AE1$) gibt die zuzusetzende Dampfmenge $x_E - x_A = W/L$ an.

Mit den obigen Zahlenwerten erhält man: $(x_E - x_A) = 0{,}013$, daher $W/L = 1{,}3\,\%$ und $i_w = 643$ kcal/kg, somit $p_w = 1{,}5$ ata für den Zusatzdampf.

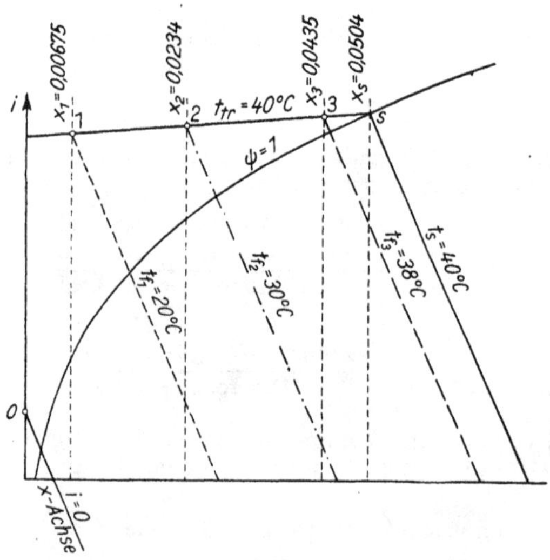

Bild 97. Psychrometermessung; zu Beispiel 40

Beispiel 40 (Bild 97): Die Psychrometermessung der Luftfeuchtigkeit erfolgt durch zwei, nebeneinanderstehende, von einem Luftstrom angeblasene Thermometer. Das trockene Thermometer zeigt die Temperatur t_{tr} der Umgebung an. Die Quecksilberkugel des anderen Thermometers ist mit einem durchfeuchteten, weitmaschigen Gazebausch umgeben und zeigt die Temperatur t_f der Kühlgrenze an. *Das ist jene Temperatur, bis zu welcher sich der feuchte Gazebausch (und jede Wassermenge) durch den Wärmeaustausch der vorbeistreichenden Luft abkühlen (oder erwärmen) muß, um gerade die für den Luftzustand erforderliche Verdampfungswärme zur Sättigung der vorbeistreichenden Luft aufzubringen.* Die Luft in unmittelbarer Umgebung der feuchten Oberfläche ist daher gesättigt.

(Siehe Tabelle S. 175.)

Selbst bei den Werten der subtropischen Klimaverhältnisse zeigt sich eine gute Übereinstimmung der ψ-Werte mit den φ-Werten.

Psychrometermessung	Nr. 1		Nr. 2		Nr. 3	
Luftdruck p in ata Thermometermessung, trocken tr °C Thermometermessung, feucht t_f °C	1,00 40 20		1,00 40 30		1,00 40 38	
Aus den Schnittpunkten 1; 2; 3 der verlängerten Nebelisothermen $t_{f_1}, t_{f_2}, t_{f_3}$ mit der Isotherme $t_{tr} = 40°$ C ergibt sich der Feuchtegrad x in $kg_{Wasser}/kg_{Luft,\,trocken}$	0,00675		0,0234		0,0435	
Zu $t_{tr} = 40°$ C gehört nach den Dampftabellen der Sättigungsdruck p_s ata	0,0752		0,0752		0,0752	
Der Schnittpunkt der $t_{tr} = 40°$-Isotherme mit der Sättigungslinie $\psi = 1$ ergibt $(S) \ldots x_s$	0,0504		0,0504		0,0504	
Nach (290) ergibt sich $\psi = x/x_s$	$\frac{0{,}00675}{0{,}0504} = 0{,}135$		$\frac{0{,}0234}{0{,}0504} = 0{,}468$		$\frac{0{,}0435}{0{,}0504} = 0{,}87$	
Nach (288 b) ist: der Dampfteildruck: $p_d = \frac{x \cdot p}{x + 0{,}622}$ in ata	$\frac{0{,}00675.1}{0{,}62875} = 0{,}01075$	—	$\frac{0{,}0234.1}{0{,}6454} = 0{,}0363$	—	$\frac{0{,}0435.1}{0{,}6655} = 0{,}0664$	—
Nach der Näherungsgleichung (288 c) ist: $p_d = \frac{x \cdot p}{0{,}622}$ in ata	—	$\frac{0{,}00675.1}{0{,}622} = 0{,}01085$	—	$\frac{0{,}0234.1}{0{,}622} = 0{,}0376$	—	$\frac{0{,}0435.1}{0{,}622} = 0{,}07$
Damit ergibt sich dann nach (291 a) die relative Feuchtigkeit: $\varphi = \frac{p_d}{p_s}$	$\frac{0{,}01075}{0{,}0752} = 0{,}143$	—	$\frac{0{,}0363}{0{,}0752} = 0{,}482$	—	$\frac{0{,}0664}{0{,}0752} = 0{,}882$	—
	—	$\frac{0{,}01085}{0{,}0752} = 0{,}1445$	—	$\frac{0{,}0376}{0{,}0752} = 0{,}5$	—	$\frac{0{,}07}{0{,}0752} = 0{,}933$

ABSCHNITT VI

GASDYNAMIK

A. STRÖMENDE BEWEGUNG DER GASE UND DÄMPFE

Im Abschnitt VB1a) wurde gezeigt, daß die Strömung über einen Querschnitt nicht konstant ist. Es ist zwischen einer Grenzschicht- und Kernströmung zu unterscheiden mit einer laminaren oder turbulenten Ausbildung (Bild 77 und 79).

Für die hier betrachteten Strömungsvorgänge wird der ganze verfügbare Querschnitt vom strömenden Gas ausgefüllt. Unter der Geschwindigkeit soll immer nur der Mittelwert über den ganzen Strömungsquerschnitt verstanden werden. Auch werden noch folgende Voraussetzungen gemacht: Die Strömung sei eindimensional (keine Geschwindigkeit senkrecht zur Hauptströmungsachse). Dichteunterschiede über den Strömungsquerschnitt werden vernachlässigt. Die Strömung ist stationär; die in einen Strömungsquerschnitt einströmende Menge ist also gleich der in einem beliebig benachbarten ausströmenden. Es finden also keine zeitlich abhängigen Veränderungen im Strömungszustand statt.

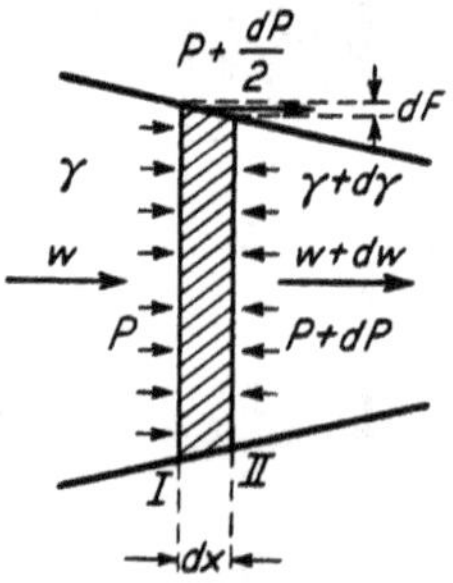

Bild 98. Strömung im Kanal

Zunächst gilt dann für Querschnitt I, II eines Scheibenelementes die Kontinuitätsgleichung (Bild 98): Das durch die Querschnitte strömende sekundliche Gewicht ist konstant,

$$F w \gamma = (F + dF)\,(w + dw)\,(\gamma + d\gamma)\,.$$

Unter Vernachlässigung der kleinen Größen höherer Ordnung und Einsetzen von $\gamma = 1/v$ ergibt die Ausrechnung die Kontinuitätsgleichung in differentialer Form

$$\frac{dw}{w} + \frac{dF}{F} = \frac{dv}{v}\,. \tag{301}$$

Für das sich fortbewegende Scheibenteilchen muß aber auch der Impulssatz und die Energiegleichung erfüllt sein.

Die zeitliche Änderung des Impulses der Masse der Elementarscheibe dx ist die auf diese Masse wirkende äußere Kraft. Für die nur eindimensional betrachtete Bewegung wirken auf die Scheibenbegrenzungen die äußeren Kräfte

$$\underbrace{P \cdot F}_{\substack{\text{Kraft in}\\ x\text{-Richtung}\\ \text{auf Quer-}\\ \text{schnitt I}=F}} - \underbrace{(P + dP) \cdot (F + dF)}_{\substack{\text{Kraft entgegen der Strö-}\\ \text{mungsrichtung } x \text{ auf den}\\ \text{Querschnitt II}=F+dF}} + \underbrace{(P + dP/2) \cdot dF}_{\substack{\text{Kraft auf die Mantel-}\\ \text{projektion } dF \text{ in}\\ \text{Richtung } x}} = -F \cdot dP.$$

Diese äußere Kraft muß gleich der Änderung der Bewegungsgröße der Scheibchenmasse sein: $-F \cdot dP = \frac{d(m \cdot w)}{dz}$.

$\frac{dw}{dz} = \frac{\partial w}{\partial z} + w\frac{\partial w}{\partial x}$, ist die substantielle oder korpuskulare Geschwindigkeit. Bei der stationären Strömung ist $\partial w/\partial z = 0$, also $\frac{dw}{dz} = w\frac{dw}{dx}$, mit d statt δ, da w nur mehr von x abhängt.

Damit wird

$$-dP = \frac{\gamma}{g} dx\, w\, dw. \tag{302a}$$

Mit $\gamma = 1/v$ ergibt sich

$$-v \cdot dP = \frac{1}{g} \cdot w \cdot dw. \tag{302b}$$

Dies ist die Differentialform der BERNOULLIschen Gleichung. Mit

$$\frac{w}{g} \cdot dw = d\left(\frac{w^2}{2g}\right) = -v \cdot dP = dL \tag{302c}$$

erhält man die Integralform der BERNOULLIschen Gleichung zwischen den Querschnitten 1 und 2 zu

$$\frac{w_2^2}{2g} - \frac{w_1^2}{2g} = -\int_1^2 v \cdot dP. \tag{303}$$

$-\int_1^2 v \cdot dP = L_t$ ist die vom Gas bei der Ausdehnung vom Zustand 1 nach jenem 2 geleistete technische Arbeit [(72)]. Sie ist durch die Fläche zwischen der Zustandslinie und der Ordinatenachse dargestellt (Bild 15 und 99).

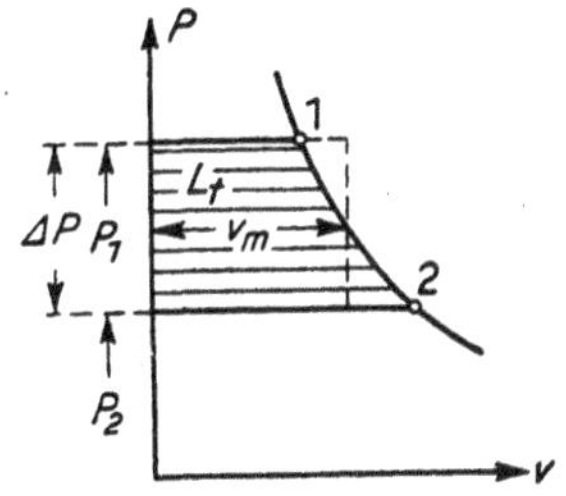

Bild 99. Expansionsströmung bei kleinen Druckänderungen

Tritt bei der *Strömung auch Reibung* am Umfang der Massenscheibe auf, d. h. wird von der Elementararbeit dL nicht nur Geschwindigkeitsenergie $d(w^2/2g)$ erzeugt, sondern auch die entstehende Wandreibungsarbeit dR geleistet, so lautet die (302c)

$$dL = d(w^2/2g) + dR. \tag{302d}$$

Für kleine Druckänderungen $P_1 - P_2 = \Delta P$ läßt sich die Fläche L_t bis auf kleine Fehler auch durch ein Rechteck der mittleren Breite v_m ersetzen (Bild 99), und dann ergibt (303)

$$P_1 + \frac{\gamma_m}{2g} w_1^2 = P_2 + \frac{\gamma_m}{2g} \cdot w_2^2. \tag{304}$$

Dies ist dann die BERNOULLIsche Gleichung, wie sie auch für inkompressible Flüssigkeiten gilt. *Sie sagt aus:* In einer reibungsfreien Strömung ist der Gesamtdruck P_g über die ganze Stromlänge konstant. Der Gesamtdruck besteht aus zwei Anteilen, dem Druck auf das bewegte Teilchen, dem statischen Druck P_{st}, und dem dynamischen Druck $P_d = \frac{\gamma_m \cdot w^2}{2g}$. Es ist daher: $P_g = P_{st} + P_d = \text{konst.}$

Um (303) lösen zu können, ist eine Aussage über den Zusammenhang von v und P erforderlich. Dieser ist gegeben durch den I. Hauptsatz, welche ja die Ausdehnung des Energiesatzes auf thermodynamische Vorgänge bedeutet.

Dieser lautet in der Form (71)

$$dQ = di - A \cdot v \cdot dP. \tag{305}$$

a) Thermodynamische Betrachtung

α) Bei der *adiabatischen Zustandsänderung* des strömenden Gases ist $dQ = 0$, und damit wird aus (305) durch Einführung von (302c)

$$A \cdot d(w^2/2g) = -di \tag{306a}$$

oder integriert

$$\frac{A}{2g}(w_2^2 - w_1^2) = i_1 - i_2. \tag{306b}$$

Dabei sei daran erinnert, daß schon mit (85) gefunden wurde $i_1 - i_2 = AL_t$. Darin wird $(i_1 - i_2)$ das Wärmegefälle genannt; es ist gleich der Änderung der kinetischen Energie des strömenden Gases. Bei der Expansion ist $i_1 > i_2$, daher wird $w_2 > w_1$. Umgekehrt bei der Verdichtungsströmung.

Ist die Anfangsgeschwindigkeit $w_1 = 0$, so ist daher

$$w_2 = w = \sqrt{\frac{2g}{A}} \cdot \sqrt{i_1 - i_2}. \tag{307}$$

β) Bei einer *Strömung mit Reibung* ist nach (302d)

$$d(w^2/2g) + dR = -v \cdot dP = dL.$$

$A \cdot dR$ entspricht aber, da es in Wärme verwandelt und als solche im Gas bleibt, einer zugeführten Wärmemenge (vgl. IIIB6hα).

Es schreibt sich also hier (305) mit der vorangehenden

$$A \cdot dR = di - A \cdot v \cdot dP = -A\left(v \cdot dP + \frac{dw^2}{2g}\right)$$

und über die endlichen Grenzen 1; 2 ausgedehnt

$$A \cdot R_{1,2} = -(i_1 - i_2) - A\int_1^2 v\,dP = -A\int_1^2 v\,dP - A\,\frac{w_2^2 - w_1^2}{2g} \tag{308a}$$

oder, da nach (72) $-\int_1^2 v\,dP = L_t$ ist, ist die Reibungsarbeit

$$R_{1,2} = L_{t,\,pol} - \frac{w_2^2 - w_1^2}{2g}. \tag{308b}$$

Diese reibungsbehaftete Strömung hat den Charakter einer polytropischen Zustandsänderung. Da aber ein nichtumkehrbarer Vorgang zu ihr geführt hat, so ist die flächenhafte Darstellung der polytropischen Zustandsänderung im T, s-Diagramm anders zu werten als in Bild 44, wie schon unter IIIC6h auseinandergesetzt wurde.

Die Vorgänge bei der Zustandsänderung des Gases mit Reibungsströmung sollen nun im folgenden für ein vollkommenes Gas im P, v- und T, s-Diagramm veranschaulicht und die zuvor entwickelten Formeln gedeutet werden (Bild 100).

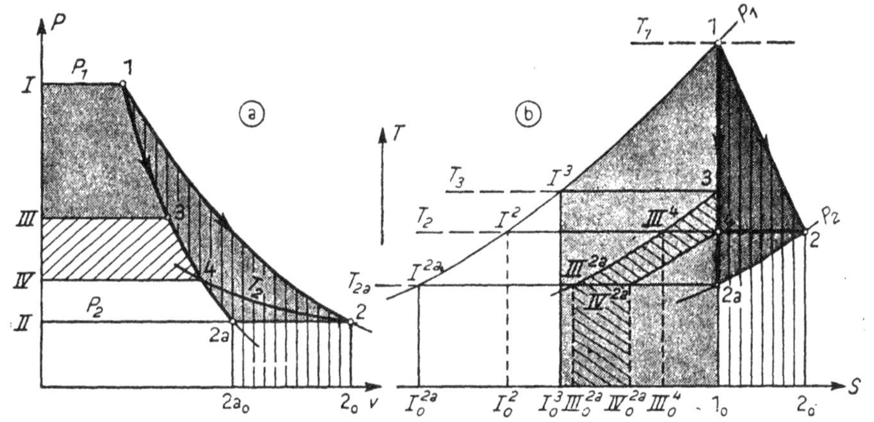

Bild 100. Expansionsströmung mit Reibung und thermodynamischer Wirkungsgrad (schematisch und verzerrt gezeichnet);
(a) P, v-Diagramm;
(b) T, s-Diagramm;
(c) Gesamtexpansion im T, s-Diagramm, in Teilexpansionen unterteilt

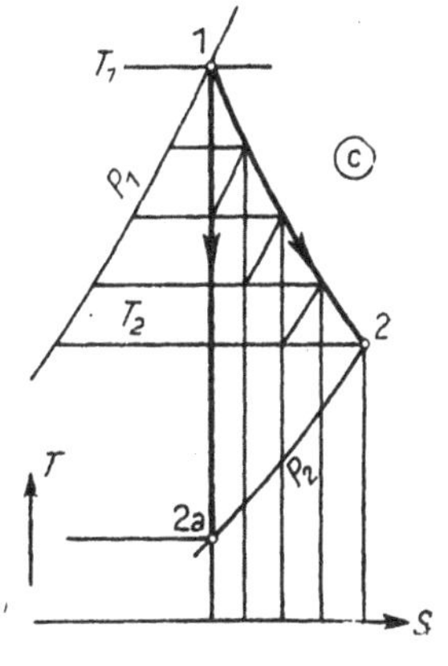

Aus der Energieumsetzung der adiabatischen Expansionsströmung wird laufend ein Teil in kinetische Energie, ein Teil in Reibungsarbeit umgesetzt. Der Reibungsanteil wird aber ebenso kontinuierlich in Form von Wärme dem Gas in dem folgenden Elementarabschnitt zugeführt. Dadurch steigt das Gasvolumen für den Ausgang der folgenden Elementarexpansion und wird auf diese Weise anteilig wieder umgesetzt.

Zur Veranschaulichung wird von der betrachteten adiabatischen Gesamtexpansion ein Abschnitt (1; 2a) herausgegriffen (Bild 100a und b). Der dabei durch Reibung verbrauchte Energieanteil wird geschlossen vom Endabschnitt der Expansion abgezogen und als Wärme wieder dem Gas, aber über den ganzen Expansionsabschnitt verteilt, zugeführt gedacht.

Von (1; 3) findet aus dem vom Gas mitgebrachten Energiezustand eine adiabatische Expansion statt, die umkehrbar in Arbeit verwandelt wird. Dies stellt im

P, v-Diagramm die Fläche [I13III], im T, s-Diagramm die Fläche $[I_0^3 I^3 1 1_0]$ dar.

Bei der adiabatischen Expansion (3; 2a) wird keine umkehrbar gewinnbare Arbeit geleistet, sondern dieser Anteil wird für die Reibungsarbeit verbraucht. Diesen Vorgang kann man sich wie unter IIICChα_2 entwickelt denken. Diesen Anteil stellt im P, v-Diagramm die Fläche [III32aII], im T, s-Diagramm die Fläche $[III_0^{2a} III^{2a} 3 1_0]$ dar. Sie ist infolge der Deckungsgleichheit der P = konst.-Linien im T, s-Diagramm auch gleich der Fläche $[I_0^{2a} I^{2a} I^3 I_0^3]$ im T, s-Diagramm (vgl. IIIB6fα).

Diese Reibungsarbeit wird nun in Wärme $A R_{12}$ (308a) verwandelt und dem Gas über die Gesamtexpansion des Abschnittes 1—2a zugeführt gedacht. Diese Wärmezufuhr erscheint flächenhaft rechts von der Adiabate liegend, wie bei einer umkehrbar-polytropischen Zustandsänderung (Bild 44). Sie ist ja auch hier als dem Gas zugeführt zu buchen, nur entstammt ihre Herkunft keinem umkehrbaren Vorgang. Die Reibungswärme $A R_{12}$ erscheint somit im T, s-Diagramm als Fläche $[1_0 1 2 2_0]$ gleich der Fläche $[III_0^{2a} III^{2a} 3 1_0]$, im P, v-Diagramm als Fläche $[2a_0 2a 1 2 2_0]$ gleich der Fläche [III32aII].

Damit ergibt sich der Endpunkt 2 der, infolge der Reibungswärme mit polytropischem Charakter verlaufenden, Gesamtexpansion (1;2) auf der P_2=konst.-Linie.

Die technische Arbeit ist nach IIIB6fβ dargestellt:

im P, v-Diagramm durch die Fläche zwischen der Zustandslinie, d. i. hier (1; 2), und der Ordinatenachse, also durch die Fläche $[I12II] = L_{t,pol}$,

im T, s-Diagramm durch die Fläche zwischen der Zustandslinie (1; 2), der P_1 = konst.-Linie und der s-Achse, also durch die Fläche $[I_0^2 I^2 1 2 2_0] = A L_{t,pol}$.

Von dieser technischen Arbeit $L_{t,pol}$ geht aber die durch Reibung verbrauchte Arbeit $R_{1,2}$ ab. Das ist die Fläche [III32aII] im P, v-Diagramm, jene $[III_0^{2a} III^{2a} 3 1_0]$ im T, s-Diagramm.

Es ist jedoch von dieser in Reibungsarbeit umgesetzten Fläche [III32aII] im P, v-Diagramm, der Fläche $[III_0^{2a} III^{2a} 3 1_0]$ im T, s-Diagramm, ein Teil wiedergewonnen worden, der gleichwertig durch die Fläche [III34IV] im P, v-Diagramm, durch jene $[III_0^{2a} III^{2a} 3 4 IV^{2a} IV_0^{2a}]$ im T, s-Diagramm dargestellt ist, die in die Fläche $[III_0^4 III^4 3 1_0]$ verwandelt werden kann, und gleich $[I_0^2 I^2 I^3 I_0^3]$ ist.

In Strömungsenergie umgesetzt wurde daher die Fläche [I122a3III] im P, v-Diagramm, der die Fläche $[I_0^3 I^3 1 2 2a 1_0]$ im T, s-Diagramm entspricht. Diese Fläche ist um den Teil [122a] größer als die bei der ursprünglich adiabatischen Expansion (1;3) umkehrbar in Arbeit umgesetzte. Dieser Anteil entspricht dem Rückgewinn aus der vernichteten Reibungsarbeit, die dem Gas als Wärme laufend zugeführt wurde. Ein gleicher Rückgewinn erfolgt auch bei der Eintrittsdrosselung und aus den Überströmverlusten der Dampfmaschinen (vgl. dazu Beispiel 41).

Der Punkt 4 liegt also mit dem Punkt 2 auf einer Linie i = konst., die beim vollkommenen Gas mit der Linie T = konst. zusammenfällt. Der Expansionsvorgang 4 — 2a entspricht also einem Drosselvorgang 4 → 2. Durch solche Expansionsstufen 1—2 läßt sich der Gesamtexpansionsvorgang beliebig oft unterteilt vorstellen (Bild 100c).

Beispiel 41 (Bild 101): Die vorstehende Darstellung im T, s-Diagramm für den Expansionsvorgang mit Reibung kann nun auch angewendet werden, um die Verschiebung der Drosselpunkte auf einer $i =$ konst.-Linie bzw. beim idealen Gas gleichbedeutend auf einer $T =$ konst.-Linie, aus der flächenhaften Darstellung der Einzelvorgänge zu entwickeln.

Infolge des Fehlens der umkehrbare Arbeit leistenden Expansion 1 → 3 im Bild 100 fällt hier Punkt 1 mit Punkt 3 zusammen. D. h. die $P_1 =$ konst.-Linie von Bild 100 schrumpft auf die $P_3 =$ konst.-Linie im Bild 101c zusammen.

Es wird die gesamte Drosselung 3 → E in einzelne, nicht notwendig gleiche Teildrosselstufen unterteilt (Bild 101a). Um mit den Bezeichnungen von Bild 100 im Einklang zu bleiben, beginnt der Drosselvorgang in dem mit 3 bezeichneten Punkt vom Zustand P_3, T_3, i_3, und es werden auch für die erste Drosselstufe die gleichen Bezeichnungen für die charakteristischen Punkte gewählt wie im Bild 100 (Bild 101b und c).

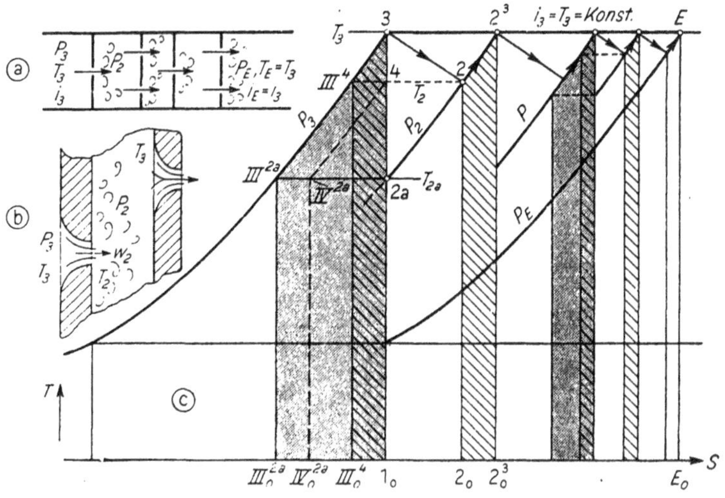

Bild 101. Zur Erklärung der Drosselung:
(a) Gesamtdrosselung in Stufen unterteilt;
(b) Ausschnitt aus (a) für eine Stufe;
(c) Darstellung des Drosselvorganges im T, s-Diagramm

In jeder Teilstufe findet statt:

(a) Eine Teilexpansion durch die Öffnung, bei der die gesamte bei der adiabatischen Expansion 3 → 2a umkehrbar gewinnbare Arbeit nun wieder laufend als Reibungswärme während der Expansion dem Gas zugeführt wird. Es ist damit die unterlegte Fläche [III_0^{2a} III^{2a} 3 1_0] gleich der Fläche [1_0 3 2 2_0]. Die Austrittsgeschwindigkeit in die Kammer vom Zwischendruck P_2 ist also w_2. Dieser Geschwindigkeit entspricht aus der wiedergewonnenen Reibungswärme das Wärmegefälle der Fläche [III_0^4 III^4 3 1_0].

(b) Diese Geschwindigkeit w_2 findet nun keine Gelegenheit, Arbeit zu leisten. Ihre Energie löst sich im Kammerraum in Gaswirbel auf. Nach Beruhigung derselben findet sich die Energie in der Temperaturerhöhung des Kammergases von T_2, knapp hinter der Drosselstelle, auf T_3 im Raum wieder. Es wird also dem Zustand 2 die schräg schraffierte äquivalente Wärmemenge $[2_0 2\, 2^3 2_0^3] = [III_0^4\, III^4\, 3\, 1_0]$ zugeführt. Damit erreicht das Gas im Punkt 2^3 wieder die Temperatur T_3, *aber beim Druck* P_2. Es wandern also im Verlauf der Drosselung die Kammerzustände auf den untereinander gleichen, nur parallel verschobenen $P =$ konst.-Linien immer auf der $T_3 =$ konst.-Linie, die hier beim idealen Gas identisch mit der $i_3 =$ konst.-Linie ist, nach rechts. Das Gas behält denselben Enthalpiewert i_3 (bzw. speziell T_3) bei. Die Enthalpie ist durch die Fläche unter den $P =$ konst.-Linien abgebildet. So ist für die erste Drosselstufe die Anfangsenthalpie i_3 dargestellt durch die Fläche unter der $P_3 =$ konst.-Linie von der Ordinate $\overline{3\,1_0}$ nach links verlaufend. Im Kammerzustand vom Druck P_2 durch die Fläche unter der $P_2 =$ konst.-Linie von der Ordinate $\overline{2^3 2_0^3}$ nach links verlaufend. Da aber die $P =$ konst.-Linie nur durch Parallelverschiebung zur s-Achse auseinander hervorgehen, so sind beide genannte Flächen gleich groß (vgl. Bild 42).

Damit hat das unter IIIC6hα_3 rechnungsmäßig gefundene Verhalten der Drosselung die zeichnerische Interpretation gefunden. Die Entropievermehrung ist durch die Strecke $\overline{1_0 E_0}$ dargestellt.

γ) Im *Vergleich mit einer, bei reibungsfreier Strömung* $1 \to 2a$, vom Druck P_1 auf einen solchen P_2, zu gewinnenden Arbeit ist also das Verhältnis (Bild 100)

$$\eta_{td} = \frac{L_{t,\,wirkl}}{L_{t,\,ad}} \mathrel{\hat{=}} \frac{\text{Fläche } [\text{I } 1\, 2\, 2\text{a } 3 \text{ III}]}{\text{Fläche } [\text{I } 1\, 2\text{a II}]} = \frac{[\text{I } 1\, 4 \text{ IV}]}{[\text{I } 1\, 2\text{a II}]} \qquad (309\,\text{a})$$

der thermodynamische Wirkungsgrad, welcher der Wertung von Strömungsvorgängen dient. Er ist identisch dem sonst als Gütegrad η_g bezeichneten Wertmesser des zumutbaren Idealvorganges (IIIB6hβ).

$L_{t,\,wirkl}$ und $L_{t,\,ad}$ durch die kalorischen Größen i ausgedrückt:

$A\,L_{t,\,wirkl} = i_1 - i_{2a} - (i_2 - i_{2a}) = i_1 - i_2$ führt zu der Beziehung

$$\eta_{td} = \eta_g = \frac{i_1 - i_2}{i_1 - i_{2a}} \mathrel{\hat{=}} \frac{[\text{I}_0^3\, \text{I}^2\, 1\, 1_0]}{[\text{I}_0^{2a}\, \text{I}^{2a}\, 1\, 1_0]} = \frac{[\text{I}_0^3\, \text{I}^3\, 1\, 2\, 2\text{a}\, 1_0]}{[\text{I}_0^{2a}\, \text{I}^{2a}\, 1\, 1_0]}\,. \qquad (309\,\text{b})$$

Es läßt sich also der Energieumsatz einer Strömungsmaschine allein durch Abgreifen des Wärmegefälles ermitteln [(74)]. Gleichzeitig sind damit aber auch die entwickelten Geschwindigkeiten w gemäß (307) errechnet, die für die Bestimmung der Abmessungen des zu durchfließenden Querschnittes notwendig sind (folgender Abschnitt b).

In dieser einfachen Darstellung der Wärmegefälle liegt der große Wert der i, s-Diagramme (IIID2b und Beispiel 24).

b) *Energieumsatz strömender Gase und Strömungsquerschnitte, Kritisches Druckverhältnis, Schallgeschwindigkeit*

Die BERNOULLIsche Gleichung (302c): $-v\,dP = \frac{w\,dw}{g}$, oder geschrieben

$$-dw/w = g v\, dP/w^2, \qquad (310)$$

gibt dem Zusammenhang zwischen der Änderung der Zustandsgrößen P, v und der Strömungsgeschwindigkeit w an. Folgt die Änderung der Zustandsgrößen des strömenden Gases einem adiabatischen Gesetz $Pv^{\varkappa} =$ konst., so ist deren Differentialform nach (81 a)

$$dP/P + \varkappa\, dv/v = 0,$$

oder geschrieben

$$\frac{dv}{v} = -\frac{dP}{\varkappa P}. \tag{311}$$

Den Zusammenhang zwischen den Zustandsgrößen, der Strömungsgeschwindigkeit und dem durchströmten Querschnitt beschreibt die Kontinuitätsgleichung

(301) $\frac{dw}{w} + \frac{dF}{F} = \frac{dv}{v}$.

Durch Einführen von (310) und (311) in (301) ergibt sich

$$\frac{1}{F}\frac{dF}{dP} = \left[\frac{gv}{w^2} - \frac{1}{\varkappa P}\right]. \tag{312}$$

Das Vorzeichen der Querschnittsänderung dF mit der Druckänderung dP wird durch das Vorzeichen des Klammerausdruckes bestimmt. Der Grenzwert für den Vorzeichenwechsel desselben, der nur aus endlichen Größen besteht, ist gegeben durch $\left[\frac{gv}{w^2} - \frac{1}{\varkappa P}\right] = 0$.

Daraus ergibt sich ein Grenzwert für die endliche Strömungsgeschwindigkeit

$$w = \sqrt{g\varkappa Pv} = w_s. \tag{313}$$

w_s ist die Schallgeschwindigkeit. Der Wert der Strömungsgeschwindigkeit w ist hier gleich der örtlichen Schallgeschwindigkeit w_s, mit welcher der Schall in einem Gas – gekennzeichnet durch seinen spezifischen Wert $\varkappa$ – beim örtlichen Zustand P, v fortschreitet. Es ist dies aber auch die Geschwindigkeit, mit der sich jede kleinste Druckunstetigkeit durch den Gasraum fortpflanzt. (Vgl. spätere Einschaltung darüber.)

Die Strömungsgeschwindigkeit $w < w_s$ wird als unterkritisch, $w > w_s$ als überkritisch bezeichnet, die örtliche Schallgeschwindigkeit $w_s = w$ trennt also das Unter- vom Überschallgeschwindigkeitsgebiet.

Für $w > w_s$ wird der Klammerausdruck (312) und damit auch dF/dP negativ. Es muß daher dF und dP verschiedenes Vorzeichen haben.

Für $w < w_s$ wird der Klammerausdruck und damit dF/dP positiv, Zähler dF und Nenner dP müssen daher gleiches Vorzeichen haben, entweder beide + oder beide –.

Die Vorzeichen der Änderungen dF und dP für sich hängen von jeweils einem der beiden, durch die Strömungsverhältnisse vorgegebenen Wert ab.

Nach (303) und Bild 98 erfordert eine Expansionsströmung $1 \rightarrow 2$ eine Abnahme von P, also dP negativ, und ergibt damit eine Zunahme von w, also dw positiv. Umgekehrt bei der Verdichtungsströmung von 2 nach 1.

So ergibt sich daher folgender Zusammenhang zwischen dem Druck- und Geschwindigkeitsverlauf und der Querschnittsform:

Änderung des Querschnittes F in Strömungsrichtung w	$w < w_s \mathrel{\hat{=}} [\div]$ pos. in (312) dF und dP „gleiches" Vorzeichen	$w > w_s \mathrel{\hat{=}} [\div]$ neg. in (312) dF und dP „entgegengesetztes" Vorzeichen
Abnahme, dF neg. $w \longrightarrow$	Druckabnahme, dP neg. w nimmt zu, dw pos.	Druckzunahme, dP pos. w nimmt ab, dw neg.
Zunahme, dF pos. $w \longrightarrow$	Druckzunahme, dP pos. w nimmt ab, dw neg.	Druckabnahme, dP neg. w nimmt zu, dw pos.

Es wird daher in einem anfangs abnehmenden, dann wieder zunehmenden Kanal, einem Diffusor, wenn im engsten Querschnitt $w \leqq w_s$ ist, die Geschwindigkeit von dort an wieder in Druck (Verdichtungsströmung) zurückverwandelt. Von dieser Einrichtung wird in der Technik oft Gebrauch gemacht.

Vom Zustand und der Geschwindigkeit im engsten Querschnitt hängt es also ab, wie die Strömung hinter ihm weiter verläuft.

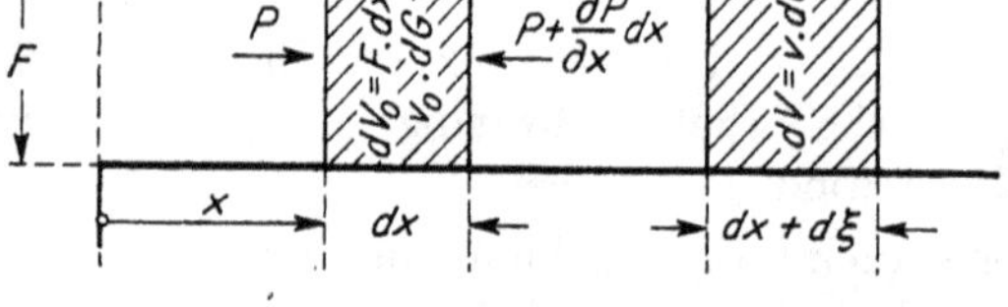

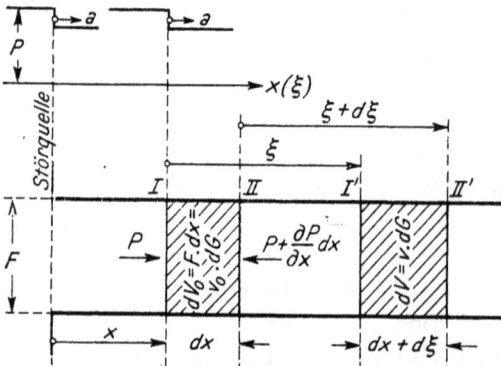

Bild 102. Zur Ableitung der Schallgeschwindigkeit

Einschaltung: Ableitung der Schallgeschwindigkeit w_s.

Die Frage lautet hier: Mit welcher Geschwindigkeit a pflanzt sich eine irgendwie verursachte kleine Druckstörung in einem Gasraum fort?

Es wird die Untersuchung in einem Rohr durchgeführt. Die Druckstörung erreicht ein Volumenelement dV_0 im Abstand x von der Störquelle, läuft über das Volumenelement hinweg, schwemmt es dabei ein Stück in Richtung abnehmenden Druckes. Das Volumenelement erfährt dabei eine Druckänderung (Bild 102).

Der Druckunterschied $P - P_0 = -\frac{\partial P}{\partial x} dx$ beschleunigt das Teilchen und verschiebt es in der kleinen, endlichen Zeit τ von I, II nach I', II' in der x-Richtung. Die Geschwindigkeit des Massenteilchens $\frac{\gamma}{g} F \cdot dx = \frac{F \cdot dx}{g \cdot v}$ (substantielle oder korpuskulare Geschwindigkeit) ist $w = \frac{\partial \xi}{\partial \tau}$, die Beschleunigung $\frac{\partial^2 \xi}{\partial \tau^2} = \frac{\partial w}{\partial \tau}$.

Für die Bewegung des Massenteilchens gilt also die dynamische Grundgleichung: Kraft = Masse × Beschleunigung, $-F\frac{\partial P}{\partial x}dx = \frac{1}{g\cdot v}F\cdot dx\cdot\frac{\partial^2\xi}{\partial\tau^2}$,

$$g\cdot v\frac{\partial P}{\partial x} + \frac{\partial^2\xi}{\partial\tau^2} = 0. \tag{314}$$

Durch Umformung von $\frac{\partial P}{\partial x}$ erhält man

$$\frac{\partial P}{\partial x} = \frac{\partial P}{\partial v}\cdot\frac{\partial v}{\partial x}. \tag{315}$$

Hierin ergibt sich der Zusammenhang $\frac{\partial P}{\partial v}$ aus dem Gesetz der Zustandsänderung, welche das Masseelement beim Überziehen durch die Störwelle erfährt. Infolge der Kürze dieser Zeit fehlt zum Wärmeaustausch die Zeit, und die Zustandsänderung kann daher adiabatisch angenommen werden $Pv^\varkappa = P_0 v_0^\varkappa$. Damit wird

$$\frac{\partial P}{\partial v} = -\varkappa\frac{P}{v}. \tag{316}$$

Der Zusammenhang zwischen v, ξ und x ergibt sich aus den gemäß Bild 102 bestehenden Proportionen

$$\frac{v}{v_0} = \frac{dV}{dV_0} = \frac{dx + \frac{\partial\xi}{\partial x}dx}{dx} = 1 + \frac{\partial\xi}{\partial x},$$

und somit ist

$$\frac{1}{v_0}\frac{\partial v}{\partial x} = \frac{\partial^2\xi}{\partial x^2}. \tag{317}$$

Durch Einführung von (315), (316) und (317) in (314) ergibt sich nun

$$g\varkappa P_0 v_0\frac{P}{P_0}\frac{\partial^2\xi}{\partial x^2} - \frac{\partial^2\xi}{\partial\tau^2} = 0. \tag{318}$$

Dies ist die Differentialgleichung der Teilchenbewegung beim Überlaufen der Druckstörung. Sie gilt nacheinander für alle sich aneinander reihenden Teilchen.

Bei der vorausgesetzten geringen Druckstörung ist $P/P_0 \sim 1$. Eine solche geringe Druckstörung bedingt auch der gewöhnliche Schall. Setzt man $g\varkappa P_0 v_0 = w_s^2$, das nur aus konstanten Werten besteht, die von der Gasart ($\varkappa$) und seinem Zustand P_0, v_0 vor dem Überlaufen durch die Störwelle abhängt, so nimmt (318) die Form an

$$w_s^2\frac{\partial^2\xi}{\partial x^2} - \frac{\partial^2\xi}{\partial\tau^2} = 0. \tag{319}$$

Für eine solche Differentialgleichung zweiter Ordnung lautet die allgemeine Lösungsgleichung

$$\xi = f_1(x + w_s\tau) + f_2(x - w_s\tau). \tag{320}$$

Darin sind f_1, f_2 beliebige Funktionen der Argumente $(x + w_s\tau)$ bzw. $(x - w_s\tau)$. [Zweimalige Differentiation von (320) und Einsetzen in (319) befriedigt diese.] Ist $f_1 = 0$, dann verschieben sich alle Teilchenquerschnitte i von ihrem Ruheabstand x_i von der Störquelle, dem Zählnullpunkt, in Richtung x um denselben Betrag $\xi = f_2(x - w_s\tau)$, wenn $(x - w_s\tau)$ trotz der Änderung von x und τ konstant bleibt, d. h. also $dx - w_s d\tau = 0$ ist.

Dann aber gilt für

$$w_s = dx/d\tau \text{ in m/s.} \tag{321}$$

Dies ist also die Fortschreitungsgeschwindigkeit der die Teilchen überlaufenden Druckwelle, die Schallgeschwindigkeit. Dieser Name rührt daher, daß auch der gewöhnliche Schall nur kleine Druckänderungen $P/P_0 \sim 1$ hervorbringt und sich damit mit dieser Geschwindigkeit im Gas fortpflanzt. Beachte: w_s ist nicht identisch mit $\partial\xi/\partial\tau$, der substantiellen Geschwindigkeit!

Wird $f_2 = 0$ gesetzt, so ergibt sich $w_s = -dx/d\tau$, also eine Schallgeschwindigkeit in entgegengesetzter Richtung.

Im allgemeinen Fall nach (320) setzt sich daher die Teilchenverschiebung ξ aus einer Überlagerung der zwei unabhängigen Druckwellen $\pm w_s$ zusammen, und es ist allgemein

$$a = w_s = \pm\sqrt{g\varkappa P_0 v_0} = \pm\sqrt{g\varkappa R T_0}. \tag{322}$$

Wie in (313) bereits gefunden, wächst w_s also bei vollkommenen Gasen mit $\sqrt{T}$. (w_s wird im Schrifttum auch mit a oder c bezeichnet.)

Beispiel 42: Luft $\varkappa = 1{,}4$ ist bei $p_0 = 1{,}033$ ata, $t_0 = 0°$ C, $\gamma_0 = 1{,}293$ kg/m³

$$w_s = \sqrt{9{,}81 \cdot 1{,}4 \cdot 10332 \cdot 1/1{,}293} = 333 \text{ m/s.}$$

Es zeigte sich zuvor, daß es für den Strömungsverlauf wesentlich ist, ob in dem engsten Querschnitt die Strömungsgeschwindigkeit die dort örtliche, das ist die zum Zustand P, v, des dort strömenden Gases gehörende, Schallgeschwindigkeit w_s erreicht oder nicht. Es wird sich jetzt darum handeln, aus dem vorhandenen Druckgefälle selbst, für die Strömung ein Kriterium zu schaffen, wann dies der Fall ist.

Werden in (307) der reibungsfreien Strömung $w = \sqrt{\frac{2g}{A}} \cdot \sqrt{i_1 - i_2}$ die thermischen Zustandsgrößen eingeführt, gemäß $di = c_p dT$ nach (69), $c_p =$ konst., $\varkappa =$ konst., $T_2/T_1 = (P_2/P_1)^{\frac{\varkappa-1}{\varkappa}}$; $T_1 = P_1 v_1/R$, so ergibt sich

$$w = \sqrt{2g} \cdot \sqrt{c_p \cdot T_1\left(1 - \frac{T_2}{T_1}\right)} = \sqrt{2g\frac{\varkappa}{\varkappa - 1}} \cdot \sqrt{P_1 v_1\left[1 - \left(\frac{P_2}{P_1}\right)\right]^{\frac{\varkappa-1}{\varkappa}}}. \tag{323}$$

Dies ist die Formel von de St. Venant und Wantzel.

Die größte erreichbare Geschwindigkeit ergibt sich beim Ausströmen in das Vakuum, z. B. $w = 757$ m/s vom atmosphärischen Anfangszustand bei 15° C.

Die Schallgeschwindigkeit in einem Querschnitt der Expansionsströmung wird erreicht, wenn dort $w = w_s = \sqrt{g\varkappa P v}$ ist. Setzt man diese Forderung gleich der Beziehung (323), wobei, um die Beliebigkeit des betrachteten Querschnittes zu betonen, P statt P_2 in den angezogenen Gleichungen gesetzt wird, so ergibt sich dort das herrschende Druckverhältnis gegenüber dem Anfangszustand (1) zu

$$\frac{P}{P_1} = \left(\frac{2}{\varkappa + 1}\right)^{\frac{\varkappa}{\varkappa - 1}} = \frac{P_{kr}}{P_1}. \tag{324}$$

P_{kr}/P_1 wird kritisches Druckverhältnis genannt.

Das kritische Druckverhältnis ist unabhängig vom Absolutwert P_1 des Anfangsdruckes und nur abhängig von der Art des Gases, dem Wert $\varkappa$.

Über die Kanalstelle dieses Druckes P_{kr} hinaus darf also der Kanalquerschnitt nicht mehr verjüngt werden, sonst tritt wieder Geschwindigkeitsabnahme, also Rückverdichtung, ein. Mit diesem, dem kritischen Druckverhältnis zugeordneten Querschnitt F_0 ist daher auch die größte Geschwindigkeit $w = w_s$ in einem verjüngten Kanal erreicht. Von hier an muß zur weiteren Geschwindigkeitssteigerung der Kanalquerschnitt wieder zunehmen (erweiterte oder LAVAL-Düse).

c) Ausströmen durch Düsen und Mündungen, Durchflußmengen, MACHscher Winkel, stationärer Verdichtungsstoß

Findet nach vorhergehenden die Umsetzung von Druck in Geschwindigkeit nach einem Raum statt, dessen Druck $P_a > \left(\frac{P_{kr}}{P_1}\right) \cdot P_1$ ist, so spricht man von einer Ausströmung im Niederdruckgebiet. Hier darf sich die Düse nur bis auf den, diesem Druck P_a zugeordneten Querschnitt vermindern und von hier höchstens mit konstantem Querschnitt fortsetzen ($w \leqq w_s$). Infolge der immer auftretenden Reibung wird dieser Parallelfortsatz nur kurz sein, soweit es eben für ein Ausrichten der Strömung erforderlich ist (Bild 103a).

Bei der Expansion in einen Raum hinein, dessen Druck $P_a \leqq (P_{kr}/P_1) \cdot P_1$ ist, ist hingegen eine erweiterte Düse zur vollständigen, geordneten Druckumsetzung notwendig (Bild 103b). Der Endquerschnitt ist dabei gerade so groß zu bemessen, daß mit ihm der Raumdruck P_a erreicht wird. Das in einer erweiterten Düse verarbeitete Druckgefälle teilt sich also in zwei Abschnitte, einen bis zum Erreichen von w_s im engsten Querschnitt F_0 und den des erweiterten Düsenteils mit der Geschwindigkeit $w > w_s$ (Bild 103c).

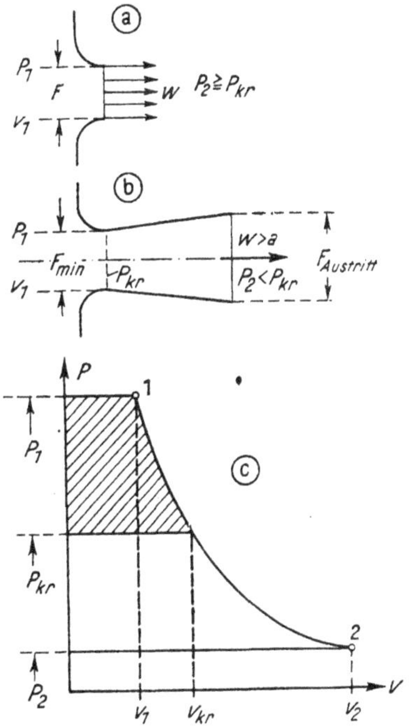

Bild 103. Expansion aus einfacher Mündung und erweiterter Düse ($a = w_s$)

Die theoretisch durch eine Düse strömende sekundliche Gasmenge (reibungsfreie Strömung und keine Strahleinschnürung) ist durch den Querschnitt F an beliebiger Stelle, den Gaszustand γ und die Strömungsgeschwindigkeit w daselbst gegeben zu $G = F\gamma w$ in kg/s.

Durch Einsetzen der örtlichen Strömungsgeschwindigkeit w, gemäß dem vom Ausgangszustand P_1, v_1 gerechneten Druckverhältnis P/P_1 dieser Stelle, ergibt sich

$$G = F\sqrt{2g\frac{P_1}{v_1}}\cdot\psi; \tag{325 a}$$

darin ist

$$\psi = \sqrt{\frac{\varkappa}{\varkappa-1}}\cdot\sqrt{\left(\frac{P}{P_1}\right)^{2/\varkappa} - \left(\frac{P}{P_1}\right)^{\frac{\varkappa+1}{\varkappa}}}. \tag{326 a}$$

ψ erreicht seinen größten Wert, wenn im Querschnitt $F = F_0$ die Schallgeschwindigkeit $w = w_s$ erreicht wird. Dann ist

$$\psi_{max} = \left(\frac{2}{\varkappa+1}\right)^{\frac{1}{\varkappa-1}}\cdot\sqrt{\frac{\varkappa}{\varkappa+1}}. \tag{326 b}$$

Die Abhängigkeit von ψ vom Druckverhältnis P/P_1 zeigt Bild 104. Für Gase mit $\varkappa = 1{,}4$ sind die Größtwerte: $\psi_{max} = 0{,}484$ bei $P_{kr}/P_1 = 0{,}53$; für trocken gesättigten Wasserdampf ($\varkappa = 1{,}135$) ist $\psi_{max} = 0{,}45$ bei $P_{kr}/P_1 = 0{,}577$.

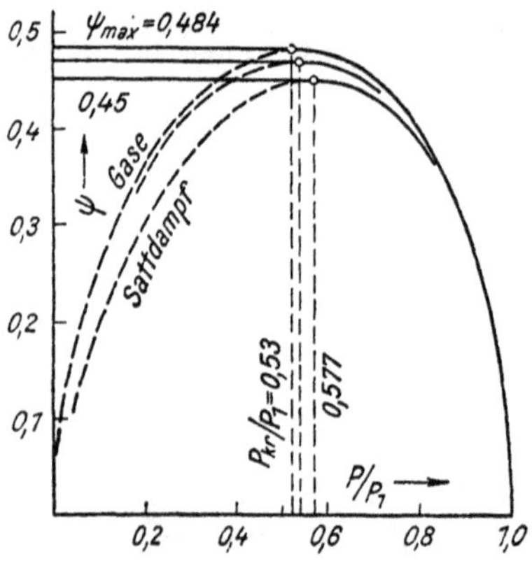

Bild 104. Funktionswert ψ

Mit $P_1 v_1 = RT_1$ schreibt sich (325)

$$G = F\psi\cdot P_1\sqrt{\frac{2g}{RT_1}}. \tag{325 b}$$

Sie läßt erkennen, bei gleichem Druck P_1 und gleichem Wert ψ hängt die Durchflußmenge G nur vom Gaszustand T_1 ab.

Ein charakteristischer Wert der Strömungsgeschwindigkeit ist das Erreichen der Schallgeschwindigkeit w_s. Dieser Geschwindigkeitswert $w = w_s$ wird auch kritische Geschwindigkeit w_{kr} genannt.

Es kann daher der Strömungszustand gegenüber seiner Schallgeschwindigkeit gewertet werden. Das Verhältnis der örtlichen Geschwindigkeit w zu dem Wert der Schallgeschwindigkeit an dieser Stelle ist die MACHsche Zahl

$$Ma = w/w_s. \tag{327}$$

Auch die Schallgeschwindigkeit w_s ändert sich mit dem Gaszustand, $w_s = \sqrt{g\cdot\varkappa\cdot P\cdot v}$. Im kritischen Punkt $w = w_s$ wird $Ma = 1$. Dieser Verhältniswert teilt also das Unterschall- vom Überschallgebiet. $Ma > 1$ kennzeichnet das Überschallgebiet.

Der MACHschen Zahl kommt aber auch eine sehr reale und sichtbar zu machende Bedeutung zu.

Bewegt sich ein Körper, z. B. ein Geschoß mit einer Geschwindigkeit $w > w_s$, also mit Überschallgeschwindigkeit, durch den ruhenden Luftraum, so tritt am Kopf des Geschosses ein Druckstau ein; denn die Luft muß ja dem eindringenden Geschoß Platz machen. Diese örtliche Druckstörung breitet sich mit Schallgeschwindigkeit in den ruhenden Luftraum hinein aus. Legt also das Geschoß den Weg w in der Zeiteinheit zurück, so hat sich die Störung in Kugelschalen um w_s fortbewegt. Die Störfront bildet also insgesamt den Kegelmantel der die Kugelschalen einhüllenden Fläche (Bild 105).

Der halbe Öffnungswinkel dieses Kegels ist

$$\sin \psi = w_s / w = 1 / Ma \,, \tag{328}$$

man nennt ihn den MACHschen Winkel.

Diese MACHsche Zahl wurde auch bei den Ähnlichkeitskennzahlen des Wärmeüberganges verwendet [IVBa, (255)].

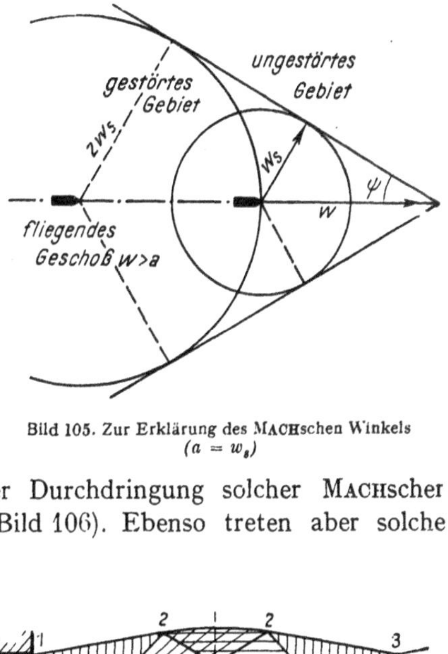

Bild 105. Zur Erklärung des MACHschen Winkels ($a = w_s$)

Nicht immer und unbedingt besteht beim Austritt aus einer Mündung oder erweiterter Düse Druckgleichheit im Endquerschnitt mit dem äußeren Raumdruck P_2. Ist der äußere Raumdruck P_2 kleiner als der Mündungsdruck in der Düse, also die Überschallexpansion wurde durch die Querschnittserweiterung nicht durchgeführt, so erfolgt die Restexpansion unter scharfer Begrenzung und gegenseitiger Durchdringung solcher MACHscher Wellenfronten erst hinter der Düse (Bild 106). Ebenso treten aber solche Stoßfronten auch in der erweiterten Düse auf, wenn der Raumdruck die Höhe eines Zwischendruckes des erweiterten Teiles hat.

Bei der *parallelwandigen (nicht erweiterten) Düse mit Schrägabschnitt* tritt, bei niedererem Raumdruck, als dem kritischen entspricht, eine Strahlablenkung mit Nachexpansion ein. Auch diese ist auf die Ausbildung MACHscher Stoßwellen im Verein mit einer Expansionsströmung quer zur Hauptströmungsrichtung zurückzuführen.

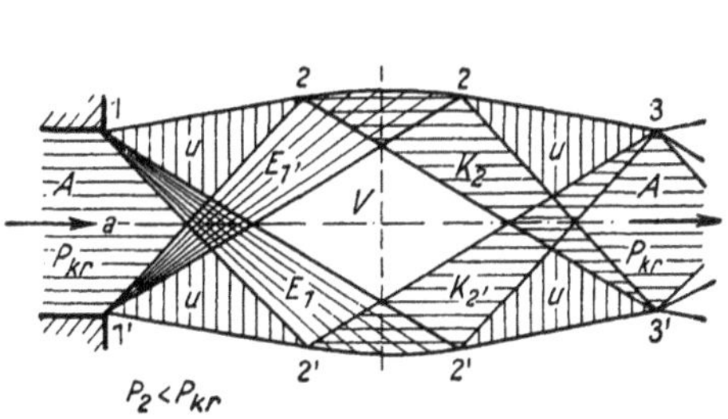

Bild 106. Parallelstrahlaustritt aus ebener Düse auf einen Gegendruck unter dem kritischen (schematisch nach BUSEMANN). A ≙ Ausströmdruck; Verdünnungs- und Verdichtungswellenstoßgrenzen verhalten sich bei den hohen Geschwindigkeiten wie feste Wände; E_1, E_1' ≙ Keile der Verdünnungswellen; gehen ohne gegenseitige Behinderung von Kante 1 und 1' aus; U ≙ Raum sich einstellenden Umgebungsdruckes; V ≙ Unterdruckgebiet gegenüber U; K ≙ durch Reflexion an der Stoßgrenze 2 ··· 2 einsetzende Verdichtungsströmung, die in A wieder die ursprüngliche Höhe erreicht; P_2 = *Raumdruck* $< P_{kr}$

Die Gasdynamik im Überschallgebiet und an der Schallgrenze gewinnt heute immer mehr an Bedeutung. Ihre Behandlung geht jedoch über den Rahmen der Schrift hinaus. Es sei dazu auf die neueren Arbeiten verwiesen: Betz, A., „Strömungen von Gasen bei hohen Geschwindigkeiten" VDI 1950, Nr. 9, S. 201; Pfleiderer, C., „Die Überschallgrenze bei Kreiselverdichtern" VDI 1950, Nr. 6, S. 126 und VDI 1950, Nr. 16, S. 406; Sauer, R., „Theoretische Einführung in die Gasdynamik". Springer-Verlag 1943.

Für instationäre Strömungsvorgänge sei auf das umfassende Schrifttumsverzeichnis verwiesen in List, H., und Reyl, G., „Der Ladungswechsel der Verbrennungskraftmaschine". Erster Teil. Springer-Verlag 1949. Oppitz, A., „Wissenschaftliche und konstruktive Überlegungen des Motorenbaues usw." Schiff und Hafen 1950, H. 3. Jenny, E., „Eindimensionale instationäre Strömung unter Berücksichtigung von Reibung, Wärmezufuhr und Querschnittsänderung". Brown-Boveri-Mitt. (Baden/Schweiz) 1950, H. 11 (Nov.).

B. MENGENZUSTANDSÄNDERUNGEN

Bei den bisher betrachteten Zusammenhängen zwischen dem stofflichen Verhalten bei den Zustandsänderungen war die Menge des beteiligten Stoffes immer konstant. In der Technik kommen aber sehr viele Fälle vor, bei denen sich während der Zustandsänderung auch die Stoffmenge selbst ändert. Solche Zustandsänderungen werden Mengenzustandsänderungen genannt.

Schon bei der Besprechung der technischen und motorischen Prozesse (vgl. IIIA2, Anmerkung 3 und IIIC6g) wurde darauf hingewiesen, daß in der Periode der Wärmezufuhr – der Füllung oder Verbrennung – sowie in jener des Wärmeentzuges an der unteren Prozeßgrenze – beim Stoffwechselvorgang – die beobachteten Druck-Volumen-Kurven keine Zustandsänderungen im engeren thermodynamischen Sinne darstellen, sondern nur die Aufeinanderfolge der Zustände verschiedener Mengen. Zur Wertung dieser Abschnitte wurde dann jeweils eine zumutbare, umkehrbare Idealisierung gesucht (IIIC6hβ-Gütegrad). Die Mengenzustandsänderungen sind in ihrem Ablauf immer eng mit den strömenden Bewegungen der Stoffe, einschließlich den Drosselvorgängen, verbunden. Sie erhalten auch eine besondere Bedeutung bei der Einleitung instationärer Vorgänge in den Leitungen und Behältern der intermittierend arbeitenden Maschinen, also vor allem der Kolbenmaschinen. Hier tritt dann auch die Trägheit der Gasmassen für ihre Bewegungsänderungen mitbestimmend in Erscheinung.

(Insbesondere sei zu diesem Kapitel auf die Arbeit verwiesen: Zerkowitz, G., „Mengenzustandsänderungen" VDI 1927, Nr. 35, S. 879.)

a) Allgemeine Grundgleichungen und ihre Anwendung

Der I. Hauptsatz der Wärmelehre, nach (54a) für das Gewicht G angeschrieben, lautet

$$dQ = dU + A \cdot dL \qquad (329a)$$

oder nach (68)

$$dQ = dI + A \cdot dL_t. \qquad (329b)$$

Speziell kommt die Umkehrbarkeit des Vorganges nach (54b) zum Ausdruck durch

$$A\,dL = AGP \cdot dv \tag{330a}$$

bzw.

$$A\,dL_t = -AGv \cdot dP. \tag{330b}$$

Im Falle der Nichtumkehrbarkeit schließen $A \cdot dL$ bzw. $A \cdot dL_t$ äquivalente Wärmemengen auch anderer als rein umkehrbar geleisteter Arbeiten ein [vgl. Text zu (54a, b) und IIIC1].

Bei der Mengenzustandsänderung ändert sich nun das Gewicht G ständig.

Zur Ableitung der allgemeinen Beziehungen diene der Fall des Ausströmens aus einem Raum V nach einem anderen, unendlich großen niederen Druckes – einer Senke – bzw. die Umkehrung, das Auffüllen eines Raumes V von einem anderen, unendlich großen höheren Druckes – einer Quelle. Hier ändert sich das Gewicht im endlichen Raum V, der konstant oder veränderlich sein kann, um den Elementarbetrag dG. Dabei kann gleichzeitig mit der Mengenzustandsänderung im Raum V eine umkehrbare oder nichtumkehrbare Arbeitsleistung verbunden sein (Bild 107).

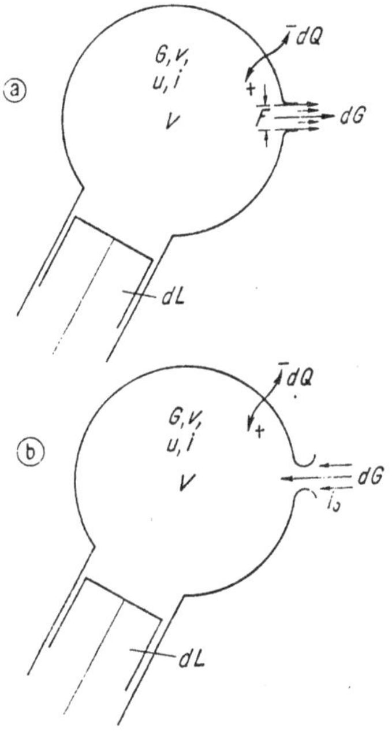

Bild 107. Zur Mengenzustandsänderung des Auffüllens und Entleerens von Räumen

Mit i_0 als Enthalpiewert, der mit dem Gewicht dG transportiert wird, lauten für diese Mengenzustandsänderung im Raum

$$V = G \cdot v \tag{331}$$

die Gleichungen (329)

$$dQ + i_0 \cdot dG = dU + A \cdot dL = d\,(Gu) + A \cdot dL \tag{332a}$$

$$dQ + i_0 \cdot dG = dI + A \cdot dL_t = d(Gi) + A \cdot dL_t. \tag{332b}$$

Im Falle der Umkehrbarkeit der Arbeit dL, dL_t wird diese beschrieben durch

$$dL = P\,dV = P \cdot d(G \cdot v) \tag{333a}$$

$$dL_t = -V\,dP = -(G \cdot v) \cdot dP. \tag{333b}$$

Ob jedoch diese Mengenzustandsänderung im Raum V für sich umkehrbar ist oder nicht, sagt der II. Hauptsatz aus. Dabei hat es nichts zu sagen, wenn z. B. das Ausströmen von dG wieder selbst durch einen Drosselvorgang nichtumkehrbar ist.

Für die Mengenzustandsänderung im Raum V, möge sie umkehrbar sein oder nicht, ist jedoch immer, wegen $G =$ veränderlich,

$$dQ \neq T\,d(G \cdot s). \tag{334}$$

Denn es ist $s\,dG + G\,ds$ kein vollständiges Differential. Die Änderung dG hängt ja nicht mit s zusammen, sie ist abhängig von willkürlichen äußeren Bedingungen des Zustandsgefälles und des Öffnungsquerschnittes (vgl. VIBb). Hingegen hängt ds von der Art der Zustandsänderung der Mengeneinheit des Stoffes im Raum V ab. Diese Zustandsänderung kann selbst umkehrbar sein oder nicht, aber jedenfalls haben die dG und ds beeinflussenden Faktoren im allgemeinen nichts miteinander gemein.

Es hat somit auch die flächenhafte Darstellung der Wärmebewegung dQ in einem Achsenkreuz $[(G \cdot s) = f(S, T)]$, also in einem T, S-Entropiediagramm, in dem S infolge G ständig veränderlich ist, keinen Sinn. *Das T, S-Diagramm gewinnt nur Sinn für eine gleichbleibende Stoffmenge G* und wird mit $G = 1$ zum T, s-Diagramm für die Mengeneinheit.

Für die Umkehrbarkeit der Mengenzustandsänderung ist daher fallweise zu prüfen, ob $\Delta s \gtreqless 0$ ist.

Die Entropiebilanz zwischen einem Anfangszustand (1) und einem Endzustand (2), z. B. eines Auffüllvorganges im Raum V aus einer Quelle des Entropiewertes s_0, ergibt also die Entropieänderung

$$\Delta S = G_2 s_2 - G_1 s_1 - \Delta G\, s_0\,, \tag{335}$$

oder, bezogen auf die Einheit der Mengenzunahme,

$$\Delta G = G_2 - G_1 \tag{336}$$

ist

$$\Delta s = \frac{\Delta S}{\Delta G} = \frac{(G_1 + \Delta G)\, s_2 - G_1 s_1}{\Delta G} - s_0\,. \tag{337}$$

Die Anwendung auf spezielle Fälle bringen (348) und (349).

Eine weitere Beachtung erfordern die Mengenzustandsänderungen dahin, ob die betrachtete Stoffmenge homogen ist oder nicht. In dieser Hinsicht muß im physikalischen wie im chemischen Sinne unterschieden werden. Dies bedeutet, ob der Stoff, der auch gleichzeitig in mehreren Phasen bestehen kann, durch seine räumliche Verteilung als Ganzes betrachtet einer gemeinsamen Zustandsgleichung folgt, wie z. B. Naßdampf, oder ob sich beide Phasen verschieden verhalten und damit eine getrennte Behandlung ihrer Zustandsänderung erfahren müssen. Dies ist bei den Wasserraumspeichern (Ruths, vgl. Beispiel 21 und 22) für die Dampfphase und die durch eine scharfe Trennfläche geschiedene Wasserphase der Fall.

Der vorstehende Auffüll- bzw. Ausströmvorgang soll nun unter der *Annahme* weiter verfolgt werden, daß: $dQ = 0$ und $V = G \cdot v =$ konst. ist, also

$$G\,dv + v\,dG = 0\,. \tag{338}$$

Die Gleichung (332a) erhält damit die Form

$$i_0 \cdot dG = d\,(G \cdot u) \tag{339a}$$

und nach Ausdifferenzieren

$$(i_0 - u)\,dG = G \cdot du\,. \tag{339b}$$

Für den Ausströmvorgang (Bild 107a) entstammt die Enthalpie, die mit dG transportiert wird, dem Zustand im Raum V. Es ist also hier $i_0 = i = u + A\,Pv$ = veränderlich mit fortschreitender Ausströmung zu setzen. Damit wird aus (339) mit (338)

$$du + A\,P\,dv = 0\,. \tag{340}$$

Dies ist aber gemäß (83a) die Wärmegleichung der Mengeneinheit für die elementare Zustandsänderung nach einer Adiabate. Die Zustandsänderung der Mengeneinheit des Stoffes im Raum V erfolgt also adiabatisch, während die Mengenzustandsänderung, also der Verlauf der aufeinanderfolgenden Zustände verschiedener Stoffgewichte im Raum, dabei eine Isochore ist. Der Temperaturverlauf im Raum folgt daher für ein ideales Gas ($Pv = RT$) der Gleichung

$$\frac{G_2}{G_1} = \frac{v_1}{v_2} = \left(\frac{T_2}{T_1}\right)^{\frac{1}{\varkappa - 1}}. \tag{341}$$

Für den Auffüllvorgang (Bild 107b) ist zu beachten, daß hier dG der Umgebung, der Quelle, entstammt, deren Enthalpie i_0 = konst. ist, während sich der Zustand im Raum V = konst. durch die Füllung ändert. Zwischen beiden besteht die Beziehung

$$i_0 = i + \Delta i = u + A\,Pv + \Delta i\,,$$

und dies mit (338) in (339) eingesetzt, ergibt

$$\Delta i \frac{dG}{G} = du + AP\,dv > 0\,. \tag{342}$$

Hier ist also $du + A\,P\,dv > 0$; die Zustandsänderung der Mengeneinheit im Raum V ist also nicht mehr adiabatisch. Die Abweichung wächst mit dem Augenblicksgefälle Δi im Elementarabschnitt des Auffüllvorganges. Die Mengenzustandsänderung $1 \rightarrow 2$ bleibt aber auch hier eine Isochore.

Für den ganzen Auffüllvorgang aus dem Vorrat i_0 = konst. gilt daher nach Integration von (339a):

$$i_0\,\Delta G = G_2 u_2 - G_1 u_1\,, \tag{343}$$

wobei

$$\Delta G = G_2 - G_1 \tag{344}$$

und

$$G_1 v_1 = G_2 v_2 = V \tag{345}$$

ist.

Durch Einführung der allgemeinen Gasgleichung $P \cdot V = G \cdot R \cdot T$ in (343) unter Beachtung von (344) und (345), sowie mit $i_0 = c_p T_0$, $u_2 = c_v T_2$, $u_1 = c_v T_1$, erhält man

$$\frac{c_p}{c_v} T_0 \left(\frac{P_2 V}{R T_2} - \frac{P_1 V}{R T_1}\right) = \frac{P_2 V}{R} - \frac{P_1 V}{R}\,.$$

Setzt man nun die Anfangstemperatur im aufzufüllenden Behälter $T_1 = T_0$, der Temperatur der Umgebung, aus der das Auffüllen erfolgt, so wird

$$\frac{c_p}{c_v}\left(P_2 \frac{T_0}{T_2} - P_1\right) = P_2 - P_1$$

oder nach Division durch P_2 wird

$$\frac{c_p}{c_v}\left(\frac{T_0}{T_2} - \frac{P_1}{P_2}\right) = 1 - \frac{P_1}{P_2}$$

und nach Umformung dieser Gleichung

$$\frac{P_1}{P_2}\left(1 - \frac{c_p}{c_v}\right) = 1 - \frac{c_p}{c_v} \cdot \frac{T_0}{T_2}.$$

Durch Einführung von $\dfrac{c_p - c_v}{c_v} = \varkappa - 1$ ergibt sich

$$-\frac{P_1}{P_2}(\varkappa - 1) = 1 - \varkappa \frac{T_0}{T_2},$$

und daraus

$$T_2 = \frac{\varkappa \cdot T_0}{1 + (\varkappa - 1)\, P_1/P_2}; \qquad (347\text{ a})$$

das heißt:

die Temperatur T_2 am Ende des Auffüllvorganges hängt nur vom Druckverhältnis P_1/P_2 ab, um das der Raumdruck gestiegen ist.

Insbesondere ist aus (343) für den ursprünglich leeren Raum V, also für $G_1 = 0$ und damit $\varDelta G = G_2$:

$$i_0 = u_2 \qquad (346\text{a})$$

oder

$$c_p T_0 = c_v T_2, \qquad (346\text{b})$$

was mit $\varkappa = c_p/c_v$ ergibt

$$T_2 = \varkappa \cdot T_0. \qquad (347\text{b})$$

Dasselbe ergibt (347a) mit $P_1 = 0$.

Beispiel 43: Diese Abweichung der Zustandsänderung des Stoffes von einer Adiabate bei einer Mengenzustandsänderung wird in der Technik zur Temperaturerhöhung der Luft im Zylinder beim Anlassen der Vorkammerdieselmotoren der Firma Ganz-Jendrassik, Budapest, nutzbar gemacht.

Kompressorlose Dieselmotoren mit unterteilten Verbrennungsräumen (Vorkammer-, Wirbelkammer-, Luftspeichermotoren usw.) arbeiten mit einer geringeren Kompression, als sie für die Selbstzündung des gesamten Brennstoffes in einem geschlossenen Raum erforderlich ist. Dadurch, und durch die größeren Abkühlungsflächen, reicht aber die Verdichtungsendtemperatur zum Anlassen der kalten Maschine für die ersten Selbstzündungen nicht aus.

Bei den Motoren von Ganz-Jendrassik wird daher das Einsaugeventil während des Ansaugehubes des Viertaktverfahrens geschlossen gehalten, wodurch ein Unterdruck im Zylinder entsteht. Erst gegen Ende des Ansaugehubes öffnet sich nun rasch das Einsaugeventil, und die Außenluft schießt in den Unterdruckraum ein. Durch diesen Auffüllvorgang steigt, wie zuvor behandelt, die Temperatur der Luft im

Zylinder über jene der einschießenden Außenluft. Die nachfolgende Verdichtung dieser Luft im Zylinder führt daher jetzt zu einer höheren Verdichtungsendtemperatur, als es bei Ausgang der Verdichtung von der Außenlufttemperatur der normal angesaugten Luft der Fall wäre. Diese Temperatur genügt jetzt zur Einleitung der ersten Zündung in der kalten Maschine. Erst nach dem Warmlaufen des Motors erfolgt das Umschalten des Einsaugeventils auf seine Normaleinsteuerung (vgl. dazu Jendrassik, G., „Verfahren zum Anlassen kleiner Dieselmotoren", VDI 1929, Nr. 29, S. 1027, welcher Arbeit auch das folgende Zahlenbeispiel entstammt.)

Zur Berücksichtigung von Wärmeverlusten an die noch sehr kalten Wandungen und von Undichtheiten wird $\varkappa = n = 1{,}25$ gesetzt. Der Außenluftzustand ist $T_0 = 283°$ K ($= 10°$ C), dann wird nach (347) die Temperatur nach Auffüllen des Raumes $\boldsymbol{T_2 = 354°}$ **K.** Arbeitet der Motor mit einem Verdichtungsverhältnis $\varepsilon = 12{,}4$ [vgl. IIIC6g)a)] und mit einem Exponenten der Verdichtung $n = 1{,}3$, so wird in der Bezeichnung von Bild 45 die Verdichtungsendtemperatur nach (92) $\boldsymbol{T_1} = 12{,}4^{0,3} \cdot 354 = 753°$ K $=$ **480° C.** Die Verdichtung vom Außenluftzustand $T_0 = 283°$ K (T_4 in Bild 45) führte hingegen nur auf $\boldsymbol{T_1} = 12{,}4^{0,3} \cdot 283 = 603°$ K $=$ **320° C,** und dies würde zur Selbstzündung nicht genügen.

Dieselbe Endtemperatur $t_1 = 480°$ C aus der Außentemperatur $t_0 = 10°$ C wäre nur durch Steigerung des Verdichtungsverhältnisses im Motor auf $\varepsilon = (753/283)^{1/0,3} = \mathbf{26{,}1}$ zu erreichen. Dies bedeutete einen Verdichtungsenddruck von 69 at. Dieser ist jedoch wegen der im Betrieb auftretenden Zünddrücke des kompressorlosen Betriebes nicht tragbar.

Die Prüfung der Umkehrbarkeit erfolgt nach (337) und ergibt für den behandelten Ausströmvorgang:

Nach (340) folgt die Zustandsänderung der Mengeneinheit einer Adiabate. Daher ist $s_1 = s_2$, und s_0 hat die Entropie des jeweiligen Innenzustandes, also ist auch hier $s_0 = s_1 = s_2 =$ konst. Weiter ist hier ΔG negativ einzuführen. Damit wird nach (335):

$$\Delta S = (G_1 - \Delta G)\, s_1 - G_1 s_1 + \Delta G s_1$$

und daraus

$$\Delta s = \frac{(G_1 - \Delta G)\, s_1 - G_1 s_1}{\Delta G} + s_1 = 0. \tag{348}$$

Diese Mengenzustandsänderung ist also umkehrbar.

Für den Auffüllvorgang folgt aus (342) und (347), daß $s_2 > s_1$ ist, während s_0 ja konstant bleibt entsprechend dem Außenzustand (Quelle). Hier ist daher

$$\Delta s = \frac{(G_1 + \Delta G)\, s_2 - G_1 s_1}{\Delta G} - s_0 > 0. \tag{349}$$

Der Auffüllvorgang ist also im allgemeinen nichtumkehrbar.

Von weiterer praktischer Bedeutung ist die Mengenzustandsänderung während der Füllungsperiode der Kolbendampfmaschinen. Dies ist ebenfalls eine homogene Mengenzustandsänderung, bei der aber, entsprechend dem Kolbenfortschritt während der Füllung, auch Arbeit geleistet wird. Hier zeigt sich durch das Auffüllen des Raumes vom Restdampfzustand Ende Kompression (Bild 13, Punkt 4) durch den Frischdampf, daß eine Temperatur zu Ende Füllung oder eine Dampftrocknung bei Naßdampf über die Frischdampftemperatur eintritt. Als eine (physikalisch) inhomogene Zustandsänderung stellt sich das Auffüllen und Entleeren eines Wasserraum-Dampfspeichers vor (Beispiele 21 und 22).

(Über diese beiden Fälle sei ebenfalls auf die angeführte Arbeit von ZERKOWITZ, VDI 1927, hingewiesen. Zur Vollständigkeit sei auch noch auf die Arbeit von RICHTER, L., und LAUER, F., „Abbildung der Mengenzustandsänderung in Verbrennungsmotoren" MTZ-Motortechnische Zeitschrift 1949, Nr. 4, S. 69, hingewiesen.)

Eine ebenso wichtige wie interessante Mengenzustandsänderung erwächst beim Stoffwechselvorgang der Kolbenmaschinen während des Auspuff- und Ausschubvorganges der Gase aus dem Zylinder in die Auspuffleitung. Hier zeigt sich z. B. auch, daß die gemessene Auspufftemperatur wesentlich niedriger sein kann als der Expansionstemperatur beim Vorauspuff aus dem Zylinder auf dem Auspuffleitungsdruck entspricht.

(Vgl. z. B. BOŠNJAKOVIĆ, F., „Techn. Thermodynamik", Bd. I, 1944.)

b) Der zeitliche Verlauf des Innendruckes bei der Mengenzustandsänderung des Ausströmens aus einem Raum

Nach (325a und b) ist das sekundliche Ausströmgewicht durch eine Öffnung F, wenn auch noch eine Ausflußzahl μ für die Strahleinschnürung im Durchflußquerschnitt eingeführt wird,

$$G_s = \mu F \sqrt{2g\frac{P_1}{v_1}} \cdot \psi = \mu F P_1 \sqrt{\frac{2g}{R T_1}} \cdot \psi. \qquad (350)$$

Der Wert ψ ist dabei nach (326a und b) einzusetzen, je nachdem der Innendruck P_1 gegenüber dem Außendruck P_a

$$P_1 \gtrless \left(\frac{\varkappa+1}{2}\right)^{\frac{\varkappa}{\varkappa-1}} \cdot P_a \qquad (351)$$

ist. Gegenüber den Formeln (324) und (326) wurde jetzt hier P_a statt P gesetzt, um den Außendruck, der gleich dem Druck im Öffnungs-Endquerschnitt sein soll, klar zu kennzeichnen.

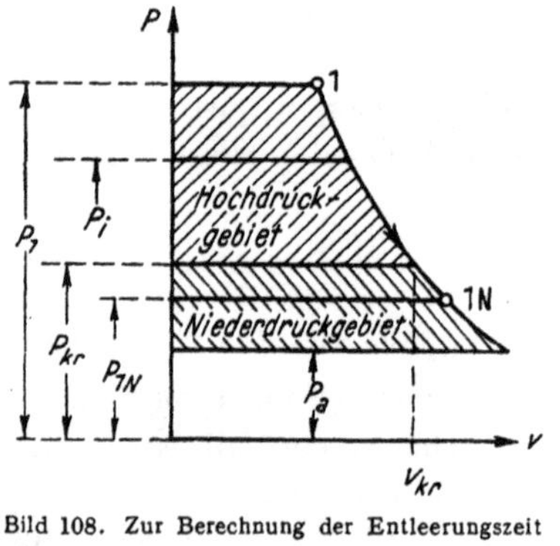

Bild 108. Zur Berechnung der Entleerungszeit

Für den Ausströmvorgang (Bild 108) eines Gases vom Anfangszustand P_1, v_1 aus einem Raum V= konst. durch eine Öffnung F = konst. ändert sich mit dem abfließenden Gewicht auch der Innenzustand im Raum V. Es muß daher die Gleichung (350) auf einen elementaren Zeitabschnitt dz beschränkt werden. Die hier veränderlichen Zwischenzustände im Raum V werden mit P_i, v_i bezeichnet. Die Gleichung (350) lautet dann

$$dG = \mu F \sqrt{2g} \cdot \sqrt{\frac{P_i}{v_i}} \cdot \psi \cdot dz. \qquad (352)$$

Die Zustandsänderung der Mengeneinheit im Raum V für den allgemeinen Fall $dQ \neq 0$ folgt einer Polytrope $P_1 v_1^n = P_i v_i^n$. Daraus folgt für

$$\frac{P_i}{v_i} = \frac{P_1}{v_1}\left(\frac{P_i}{P_1}\right)^{1+\frac{1}{n}}.$$

Dies in (352) eingeführt, ergibt

$$dG = \mu F \sqrt{2g}\cdot\sqrt{\frac{P_1}{v_1}}\cdot\left(\frac{P_i}{P_1}\right)^{\frac{1}{2}+\frac{1}{2n}}\cdot dz. \tag{353}$$

Gleich groß ist die Gewichtsabnahme im Raum V

$$dG = -d\left(\frac{V}{v_i}\right) \text{ oder mit Einführung von } P_1 v_1^n = P_i v_i^n$$

$$dG = -\frac{V}{v_1} d\left(\frac{P_i}{P_1}\right)^{\frac{1}{n}}. \tag{354}$$

Gleichung (353) und (354) gleichgesetzt und geordnet ergibt, nach Auflösen nach der Zeit z

$$dz = -\frac{1}{n}\cdot\frac{V}{\mu\cdot\psi\cdot F\sqrt{2g}}\cdot\frac{1}{\sqrt{P_1 v_1}}\cdot\left(\frac{P_i}{P_1}\right)^{\frac{1}{2n}-\frac{3}{2}}\cdot d\left(\frac{P_i}{P_1}\right). \tag{355}$$

Die Lösung dieser Gleichung ist verschieden, je nachdem das Ausströmen aus dem Raum V erfolgt (Bild 108):

α) Aus dem Hochdruckgebiet heraus, wo $P_1 \geqq \left(\frac{\varkappa+1}{2}\right)^{\frac{\varkappa}{\varkappa-1}}\cdot P_a = P_{kr}$ ist. Nach (326b) ist hier dann $\psi = \psi_{max} =$ konst. bis zum Erreichen eines Druckes $P_i = P_{kr}$ im Raum V. Die Ausströmzeit z_H ist dann

$$z_H = \frac{2}{n-1}\cdot\frac{V}{\mu\,\psi_{max}\cdot F\cdot\sqrt{2g}}\cdot\frac{1}{\sqrt{P_1 v_1}}\left[\left(\frac{P_1}{P_i}\right)^{\frac{n-1}{2n}} - 1\right]. \tag{356}$$

β) Aus dem Niederdruckgebiet, entsprechend $P_1 = P_{1N} < \left(\frac{\varkappa+1}{2}\right)^{\frac{\varkappa}{\varkappa-1}}\cdot P_a$. Nach (326a) ist hier $\psi =$ veränderlich.

Die Ausströmzeit vom Druck P_{1N}, spez. Volumen v_{1N} im Raum V bis zum Erreichen eines beliebigen Druckes P_i im Raum, im Extremfall $P_i = P_a$, ist dann

$$z_N = -\frac{1}{n}\cdot\frac{V}{\mu F\sqrt{2g}}\cdot\frac{1}{\sqrt{P_{1N} v_{1N}}}\int\limits_{P_{1N}}^{P_i}\frac{\left(\frac{P_i}{P_{1N}}\right)^{\frac{1}{2n}-\frac{3}{2}}}{\psi}\cdot d\left(\frac{P_i}{P_{1N}}\right). \tag{357a}$$

In diesem Integral kommt das Verhältnis (P_i/P_{1N}) und durch ψ jenes (P_a/P_i) vor. Durch eine Umrechnung der schon an sich unschönen Gleichung (357a) kann erreicht werden, daß nur das Verhältnis (P_a/P_i) erscheint. Dazu wird gesetzt

$$\frac{P_i}{P_{1N}} = \frac{P_i}{P_a} \cdot \frac{P_a}{P_{1N}} = \left(\frac{P_a}{P_i}\right)^{-1} \frac{P_a}{P_{1N}}.$$

Daraus das Differential $d(P_i/P_{1N})$ gebildet. Dieses in (357a) eingeführt, ergibt dann

$$z_N = \frac{1}{n} \cdot \frac{V}{\mu F \sqrt{2g}} \cdot \frac{1}{\sqrt{P_{1N} v_{1N}}} \cdot \left(\frac{P_{1N}}{P_a}\right)^{\frac{1}{2} - \frac{1}{2n}} \int\limits_{P_{1N}}^{P_i} \frac{1}{\left(\frac{P_a}{P_i}\right)^{\frac{1}{2n} + \frac{1}{2}} \cdot \psi} \cdot d\left(\frac{P_a}{P_i}\right). \qquad (357\text{b})$$

Die Lösung dieses Integrals erfolgt am besten zeichnerisch.

Beginnt das Ausströmen im Hochdruckgebiet und endet im Niederdruckgebiet, so setzt sich die gesamte Ausströmzeit aus den beiden Anteilen Gleichung (356) und (357) zusammen.

Für die allgemeinen Untersuchungen: V = veränderlich und/oder F = veränderlich, sei auf das Buch Schüle, W., „Technische Thermodynamik" Bd. II, Springer-Verlag, verwiesen. Diese Fälle sind im Kolbenmaschinenbau sehr wichtig für die Untersuchung der Ausströmzeiten zur Berechnung der erforderlichen Steuerquerschnitte. Für die speziellen Bedürfnisse der Querschnittsbemessung der kolbengesteuerten Schlitze der Zweitaktmotoren sei besonders auf Kraemer, O., „Bau und Berechnung der Verbrennungskraftmaschinen", Springer-Verlag 1948, S. 135, hingewiesen.

Die stufenweise Berechnung zeigt Ringwald, „Spüluntersuchungen und Schlitzberechnung" VDI 1923, Nr. 46/47/48, S. 1057–1079.

Den Einfluß der Gasträgheit, der durch eine Mengenzustandsänderung beim Ausströmen eingeleiteten Gasströmung im Raum, auf ihre Richtungsänderung durch äußere Einflüsse, untersucht für die Vorgänge beim Aufbau der Spülbahnen der Zweitaktmotoren die Arbeit: Oppitz, A., „Zur Spüldynamik der Zweitaktmotoren", Zeitschrift Schiff u. Hafen 1949, H. 7, S. 179, und VDI 1950, Nr. 2, S. 45 und 152.

Beispiel 44: Es soll die Zeit berechnet werden, bis in einer Hochdruckflasche von $V = 1\ \text{m}^3$, 70 ata, 20° C bei Ausströmen gegen die Atmosphäre der Druck auf $P_i = 50$ ata gesunken ist. Also Ausströmen im Hochdruckgebiet. Die Durchgangsöffnung sei $F = 1\ \text{cm}^2$, die Ausströmzahl $\mu = 0{,}8$. Das Ausströmen erfolge:

(a) ohne jeglichen Wärmeaustausch in der Flasche mit der Umgebung, adiabatisch ($\varkappa = 1{,}4$),

(b) bei vollständigem Wärmeaustausch mit der Umgebung 20° C, also isothermisch ($n = 1$).

Zu (a): Die Gleichung (356) ergibt mit $n = \varkappa = 1{,}4$ und den Zahlenwerten:

$$\sqrt{P_1 v_1} = \sqrt{R \cdot T_1} = \sqrt{29{,}3 \cdot 293} = 92{,}6\,, \quad F = 1/10000\,,$$

$$\psi_{max} = \left(\frac{2}{1{,}4+1}\right)^{\frac{1}{1{,}4-1}} \cdot \sqrt{\frac{1{,}4}{1{,}4+1}} = 0{,}484\,, \quad 2g = 4{,}42\,, \quad V = 1$$

$$\text{und} \quad \left(\frac{P_1}{P_2}\right)^{\frac{\varkappa-1}{2\cdot\varkappa}} = (70/50)^{\frac{1{,}4-1}{2\cdot 1{,}4}} = 1{,}049$$

die Ausströmzeit

$$z_H = \frac{2}{1{,}4 - 1} \cdot \frac{1}{0{,}8 \cdot 0{,}484 \cdot \frac{1}{10\,000} \cdot 4{,}42} \cdot \frac{1}{92{,}6} (1{,}049 - 1)\,\mathrm{s} = \mathbf{15{,}4\,s}.$$

Zu (b): Für $n = 1$ erhält die Gleichung (356) den unbestimmten Wert $z = 0/0$. Einfacher als diesen auszurechnen gestaltet sich die Lösung unter Rückgriff auf (355), wenn schon in dieser $n = 1$ gesetzt wird. Für $n = 1$ lautet (355):

$$dz = -\frac{V}{\mu \cdot \psi_{max} \cdot F \cdot \sqrt{2g}} \cdot \frac{1}{\sqrt{P_1 v_1}} \cdot \frac{1}{\left(\frac{P_i}{P_1}\right)} \cdot d\left(\frac{P_i}{P_1}\right)$$

und ergibt durch Integration

$$z_H = \frac{V}{\mu \cdot \psi_{max} \cdot F \cdot \sqrt{2g}} \cdot \frac{1}{\sqrt{P_1 v_1}} \cdot \ln\left(\frac{P_1}{P_i}\right). \qquad (358)$$

Durch Einsetzen der Zahlenwerte wie unter a) ergibt sich mit $\ln (P_1/P_i =)\ 0{,}337$ die Ausströmzeit

$$z_H = \frac{1}{0{,}8 \cdot 0{,}484 \cdot \frac{1}{10\,000} \cdot 4{,}42} \cdot \frac{1}{92{,}6} \cdot 0{,}337\,\mathrm{s} = \mathbf{21{,}2\,s}.$$

Die Ausströmzeit ist also bei isothermischer Zustandsänderung im Raum größer. Das ist ja verständlich, da die Wärmeaufnahme durch die Volumenvergrößerung des Restgases im Raum V immer der Druckabsenkung entgegenwirkt.

ABSCHNITT VII

TECHNISCHE VERBRENNUNGSLEHRE

Die bisherigen Betrachtungen der Thermodynamik erstreckten sich nur auf den Zusammenhang der physikalischen Eigenschaften der Stoffe bei verschiedenen Zustandsänderungen; chemische Veränderungen dieser Stoffe waren dabei ausgeschlossen.

Um die mit der Wärmebewegung verbundenen Erscheinungen fortlaufend zeit- und mengenrichtig hervorzurufen und so in der Technik nutzbar zu machen, wird die für thermische Zustandsänderungen erforderliche Wärme durch Verbrennung von festen, flüssigen oder gasförmigen Stoffen erzeugt. Diese Brennstoffe sind das Vermächtnis der in dem Organismus von Pflanzen und Tieren eingefangenen Sonnenwärme, deren Leben in den verschiedenen Zeiten der Weltentwicklung durch Naturkatastrophen jäh unterbrochen wurde und unterging. Diese im Leben gespeicherte Sonnenenergie wurde in Zersetzungsvorgängen in chemische Verbindungen umgewandelt. Durch ihre Verbrennung wird sie wieder gelöst und in andere Energieformen umgewandelt.

Eine Verbrennung ist eine chemische Reaktion, bei der eine Oxydation der beteiligten Stoffe stattfindet, mit welcher eine große Wärmeentwicklung verbunden ist. Im technischen Verbrennungsvorgang finden jedoch daneben noch andere chemische Reaktionen statt, die, wenn auch, wie jede chemische Reaktion, von positiver oder negativer Wärmebewegung begleitet, doch nicht exakt als Verbrennung anzusprechen sind. Im technischen Sprachgebrauch sind diese jedoch darin mit eingeschlossen.

Die für die Verbrennung erforderliche Sauerstoffmenge entstammt meist der atmosphärischen Luft, da nur dieser die für technische Umsätze erforderlichen großen Sauerstoffmengen zu entnehmen sind. Wohl liegen auch technische Bedürfnisse vor, die Verbrennung ohne Luftzufuhr zu leiten. So enthalten z. B. die Sprengstoffe den erforderlichen Sauerstoff in chemisch-gebundener Form oder sind entsprechende Kreislaufverfahren mit chemisch oder mechanisch aufbereiteten Treibstoffen entwickelt worden. Jedoch die Grundlagen auch dieser Umsätze entstammen den gleichen allgemeinen Gesetzen.

A. ABRISS ÜBER DIE BRENNSTOFFE

Von den natürlichen Brennstoffen sind die festen, die Kohlen und der Torf, pflanzlichen Ursprunges. Die flüssigen und gasförmigen Brennstoffe, die Erdöle und Erdgase, sind tierischer Herkunft. Dazu tritt noch als fester, natürlicher Brennstoff unserer Tage, das Holz.

Neben diesen natürlichen Brennstoffen gibt es noch sogenannte künstliche. Sie entstehen aus den natürlichen durch eine rein physikalische Trennung ihrer Mischungsbestandteile (Siedetrennung), durch gesteuerte Energieentfesselung, welche in einzelnen Phasen unterbrochen wird (Entgasung und Vergasung) oder durch synthetischen Aufbau aus anderweitig gewonnenen einzelnen Grundelementen (synthetische Brennstoffe).

1. GESICHTSPUNKTE ZUR WERTUNG DER BRENNSTOFFE

Die mit der Verbrennung der Brennstoffe frei werdende Wärmemenge wird mit der Heizwertangabe gezählt (VIIB1). Den davon tatsächlich nutzbar zu machenden Anteil bestimmt der II. Hauptsatz mit dem thermischen Wirkungsgrad η_{th} (IIIC2).

Entsprechend der Vielheit der Verwendungsmöglichkeiten sind natürlich auch die Gesichtspunkte der technischen Wertung der Brennstoffe am wenigsten durch den Heizwert bestimmt.

So spielen dafür eine wesentliche Rolle:

α) Die Entfernung und die Transportverhältnisse zwischen Fundort und Verwendungsstelle.

β) Die Verwendungsart der Erzeugungsgüter bestimmen den Brennstoffabsatz ebenso wie die Neubesiedlung mit Verwertungsbetrieben.

γ) Je größer der Transportkostenanteil, desto mehr wird eine Kohlenauswahl, eine Sortierung an der Fundstelle, notwendig.

δ) Wahl der Kohlensorte nach dem Verbraucherbedürfnis: Die Gaserzeugung für Fahrzeuggeneratoren, die Kokereien, Schwelereien, Eisen- und Hüttenbetriebe stellt wieder Eigenschaften des Brennstoffes in der Vordergrund, wie: Gasgehalt, Teergehalt oder anderer Kohlenwertstoffe, sowie Eigenschaften des Backens, Treibens, die Härte, Standfestigkeit, Körnung und Kornverteilung, die Reaktionsfähigkeit usf. und bestimmte Grenzwerte für Schwefel, Phosphor und Ascheanfall.

ε) Bei den flüssigen Brennstoffen erfolgt schon eine Vorsortierung an der Fundstelle in den größeren Ölausfuhrhäfen, in den Raffinerien usw. Die geographische Lage des Fundortes gegenüber den Verwertungsländern, also die Transportkosten der tatsächlichen Entfernung, sind für diese Brennstoffe wohl am wenigsten von Wichtigkeit. Hier sind es höchste Wirtschaftlichkeit im Verwertungsbetrieb. Politische Faktoren, Konzernbindungen usw. sind hier wesentlich für den tatsächlichen, intern verrechneten Bunkerpreis.

Schiffe im Liniendienst über Ölausfuhrhäfen richten meist ihre Ölfeuerungen oder Motorenanlagen nach den besonderen Eigenschaften der dort zu bunkernden Ölsorten ein (z. B. die schwerflüssigen südamerikanischen Öle machen Heiz- und Anwärmanlagen notwendig).

Eine weitere Brennstoffveredelung (Benzine, Schmieröle usw.) findet meist in den Verbrauchsländern selbst statt.

ζ) Gasförmige Brennstoffe sind im Großverbrauch an die Erzeugungs- und Fundstätte selbst gebunden, bei welchen es sich meist um verschiedene, aus der eigentlichen Produktion anfallende Gase handelt. Im Klein- und Mittelbetrieb, in enger Verknüpfung mit der Fund- oder Erzeugungsstelle, dienen die Generatorenanlagen, das Flaschen- oder Flüssiggas. Für die Kraftfahrzeuge haben diese aber wegen der geringen, aus dem Motorhubvolumen erzielbaren Leistungsausbeute, nur eine beschränkte und meist durch die wirtschaftlichen Zeitverhältnisse unterschiedliche Bedeutung.

η) Zur Wertung der verschiedenen Brennstoffeigenschaften (Heizwert, Flamm- und Zündpunkt, Zusammensetzung, Rückstände und deren Eigenschaften usw.) aus den Brennstoffproben sind in den Normen- und Lieferungsbedingungen Richtlinien enthalten (siehe einschlägige Handbücher). Die tatsächliche Brauchbarkeit an der Verwendungsstelle entscheidet aber in letzter Instanz nur der Versuch in der endgültigen Anlage selbst. Die mechanisch-physikalischen Vorgänge gewinnen hier zunehmend mit abnehmender Zeit für Gemischbildung und Zündung, für den Verbrennungsablauf an Bedeutung (VIIIB).

2. DIE BRENNSTOFFE

Ausführliches enthalten die Werke:

RIEDIGER, B., „Brennstoffe, Kraftstoffe, Schmierstoffe". Springer-Verlag 1949.

GUMZ, W., „Kurzes Handbuch der Brennstoff- und Feuerungstechnik". Springer-Verlag 1942.

KADMER, E. H., „Schmierstoffe und Maschinenschmierung". Bornemann 1941.

a) Feste Brennstoffe

Diese setzen sich zusammen aus im einzelnen nicht genau bekannten hochmolekularen organischen Verbindungen von Kohlenstoff, Wasserstoff, Sauerstoff, geringen Mengen von Schwefel und Stickstoff, verschieden großem Wassergehalt und unverbrennlichen mineralischen Bestandteilen, welche die Ascherückstände bilden.

Der Wassergehalt wird unterschieden in die groben Bindungsformen und die hygroskopische Feuchtigkeit.

Die Kohlenasche und Schlacke bilden sich hauptsächlich aus den begleitenden Mineralien der Kohlen, wie Ton, Karbonate (Kalzium-, Eisen-, Aluminium-, Magnesium-Karbonat), Schwefel, Pyrit (FeS_2). Diese begleitenden Stoffe erfahren durch die Erhitzung Veränderungen und nehmen z. T. auch selbst an einer Verbrennung teil. Die Ascheanalyse enthält dann etwa: SiO_2, Al_2O_3, Fe_3O_3, SO_2, P_2O_5, NaO_2, K_2O usw.

Die Menge dieses Asche- und Schlackenanfalls, deren chemisches Verhalten und ihre Erstarrungseigenschaften bilden auch eine ganz wesentliche Aufgabe des Dampfkesselbaues.

Die natürlichen festen Brennstoffe umfassen: Steinkohle, Braunkohle, Torf, Holz, Ölschiefer.

Die künstlichen, festen Brennstoffe entstehen daraus durch mechanische Behandlung (Briketts, Kohlenstaub) und durch Wärmebehandlung (Koks).

Die *Vergasung* fester Brennstoffe hat in den letzten Jahren an Bedeutung gewonnen. Die Vergasung hat das Ziel einer möglichst großen Gasausbeute. Die Gewinnung anderer, wertvoller, im Brennstoff enthaltener Bestandteile entfällt hier.

Bei der *Entgasung* hingegen ist das Ziel die Gewinnung der verschiedenen wertvollen Einzelbestandteile mit je nach Wirtschaftslage verschieden geleiteter Ausbeute. Das auch hier anfallende Gas, sofern es nicht auch noch der Ausbeute werte Stoffe enthält, wird dann als Nebenprodukt der Motorenverbrennung zugeführt.

Bei der Vergasung für den Motorenbetrieb ist die Reinigung des Gases von Teer und Asche von größter betriebstechnischer Bedeutung. Sie erfordert oft umfangreiche zusätzliche Reinigungs- und Abscheideeinrichtungen.

Eine große Bedeutung erhalten die festen Brennstoffe für die Motorentreibstoffherstellung mit den Produkten des Kokereibetriebes, den Stein- und Braunkohlenteerölen, welche zur Trennung ihrer verschiedenen Bestandteile einer Siedetrennung unterworfen werden.

Auch als Au sgangsstoffe für die synthetische Herstellung der Treiböle dienen die Stein- und Braunkohlen.

Die wirtschaftliche Verwendung der festen Brennstoffe liegt heute nicht in ihrer unmittelbaren Verbrennung am Rost, sondern in ihrer Weiterverarbeitung und Trennung der verschiedenen wertvollen Bestandteile zu Ausgangsstoffen der verschiedensten Verwendungszwecke.

b) Flüssige Brennstoffe

Die flüssigen Brennstoffe setzen sich aus einem Gemisch verschiedener Verbindungen von Kohlenstoff und Wasserstoff zusammen und heißen daher Kohlenwasserstoffe. Die Vierwertigkeit und die verschieden mögliche Anordnung der Kohlenstoffatome in einfachen und verzweigten Ketten, einfach und mehrfach ringförmiger Anordnung im Molekül, bedingt die Vielzahl der Kohlenwasserstoffverbindungen. Ihre Kenntnis beläuft sich heute auf etwa 300000.

Dazu treten als Verunreinigungen Wasser, Sand, verschiedene ungesättigte Kohlenwasserstoffe, welche bei der Mischung mit Luft leicht Harze bilden (Verkleben der Ventile und Kolbenringe der Motoren!); weiter Schwefel, dessen Verbrennungsprodukte SO_2 bei Unterschreiten des Taupunktes der Abgase, vermutlich infolge katalytischer Wirkung der Metalloxyde, schweflige Säure bilden und damit den Werkstoff der Rohrleitungen und Einbauten in den rauchgasführenden Leitungen anfressen.

Je nach der Herkunft ist die Zähigkeit verschieden, aber wesentlich für die zur Ölförderung notwendige Pumpenanlage, die eventuell auch eine Anwärmeinrichtung erfordert.

Strukturformeln der Kohlenwasserstoffe:

Kettenförmige Verbindungen (aliphatische Kohlenwasserstoffe) einfache Kette:

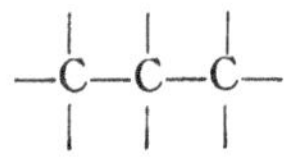

verzweigte Kette:

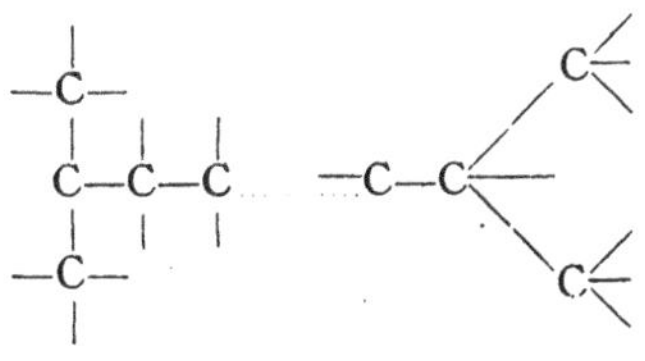

Ringförmige (aromatische) Kohlenwasserstoffverbindungen:

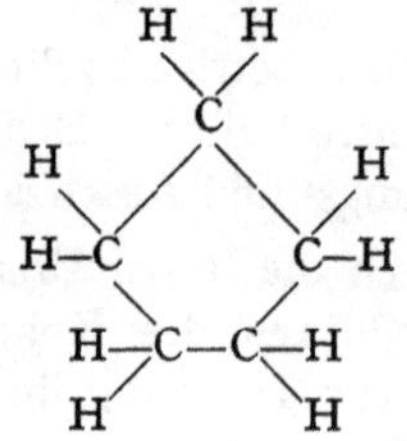

Benzolring:

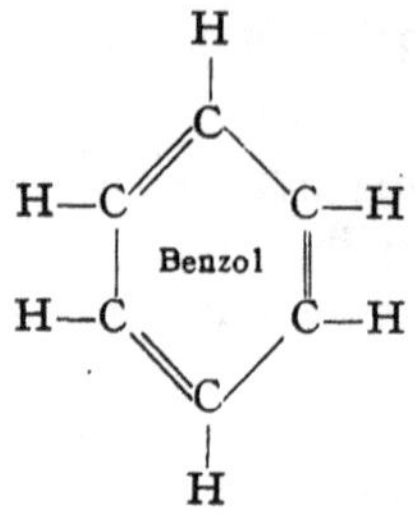

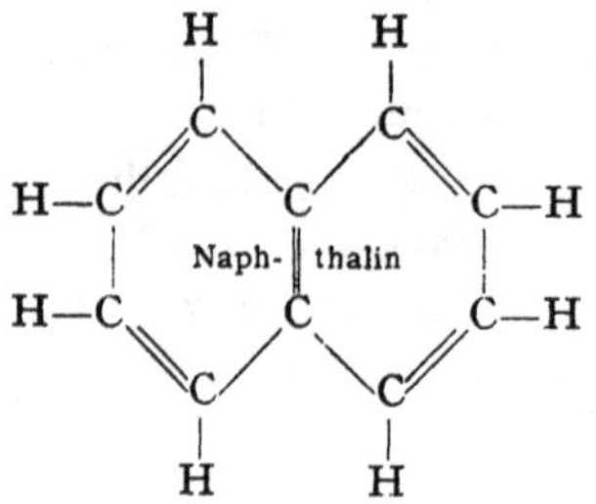

α) Die *natürlichen flüssigen Brennstoffe* sind die Erdöle verschiedener Fundstätten und, diesen entsprechend, verschiedener Zusammensetzung.

Zur Trennung der einzelnen, verschiedenen Komponenten des Erdöles, welche durch ihre unterschiedlichen chemisch-physikalischen Eigenschaften sich für verschiedene technische Zwecke eignen, werden die Erdöle aufbereitet. Die Trennmöglichkeit besteht in den verschiedenen Siedepunkten der einzelnen Bestandteile. Das Erdöl wird daher einer fraktionierten Destillation und nachfolgender Raffination unterworfen (Bild 109 und 110). Die anschließende Raffination entfernt Unreinigkeiten, Farbstoffe usw. Die Fraktionen der höheren Siedebereiche gehen, sich übergreifend, ineinander über. So sind die schweren Gemischanteile der Dieseltreibstoffe auch als die leichteren Komponenten in

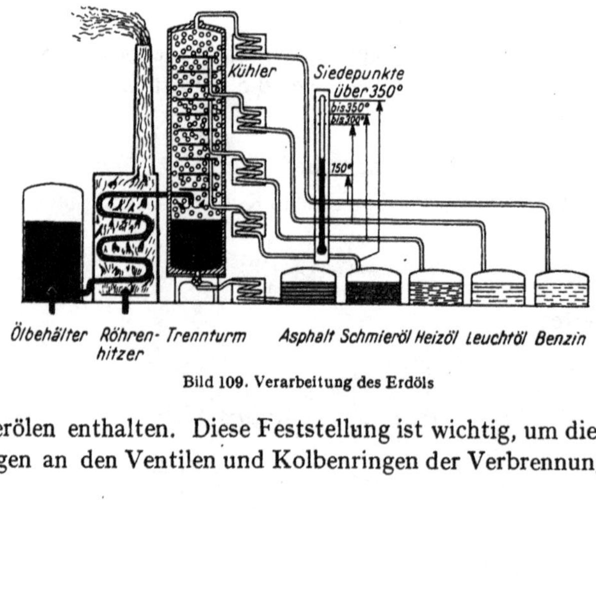

Bild 109. Verarbeitung des Erdöls

den Schmierölen enthalten. Diese Feststellung ist wichtig, um die Verkokungserscheinungen an den Ventilen und Kolbenringen der Verbrennungsmotoren zu verstehen.

Heizöle sind die über etwa 350° C siedenden Anteile der Rohöle, die sich nicht mehr zur Schmierölgewinnung eignen (z. B. Masut).

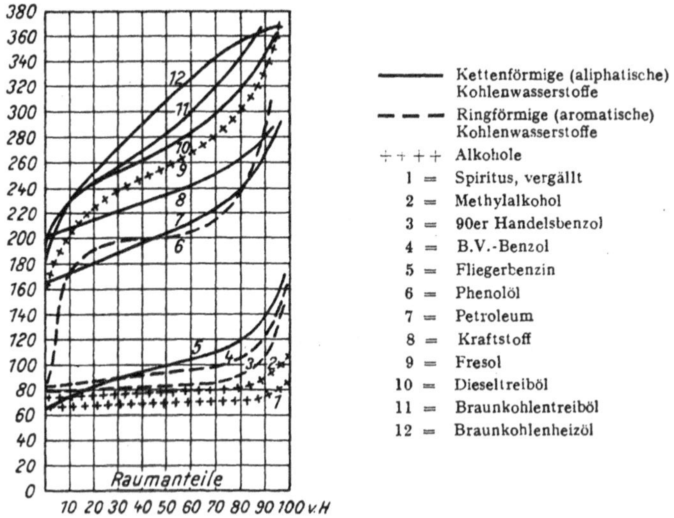

Bild 110. Siedeverlauf verschiedener Brennstoffe

β) Die *künstlichen flüssigen Brennstoffe* werden aus dem entstehenden Rohgas der Steinkohlen- und Braunkohlenverkokung gewonnen. Bei der Verkokung der Steinkohle scheidet sich aus dem Rohgas der Rohteer und das Rohbenzin ab. Dieser Steinkohlenteer wird zur klassifizierten Trennung seiner Gemischbestandteile ebenfalls einer Siedetrennung unterworfen. Auch das Rohbenzin wird in die enthaltenen Leichtöle zerlegt (Bild 111).

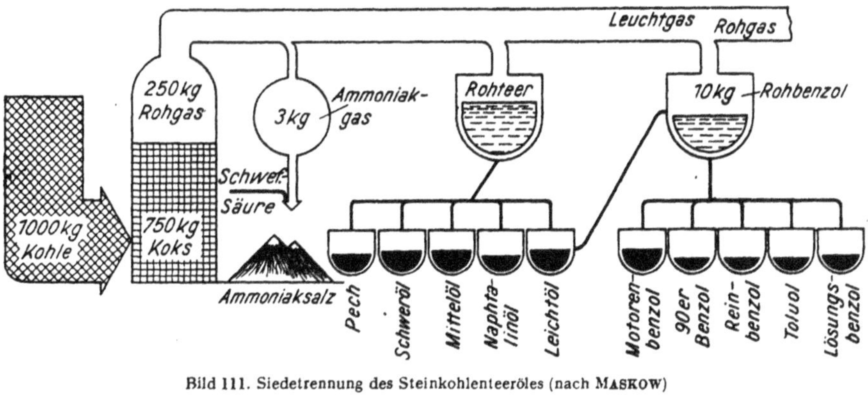

Bild 111. Siedetrennung des Steinkohlenteeröles (nach MASKOW)

Bei der Braunkohlenverkokung fällt der Braunkohlenteer an, welcher ebenfalls einer Siedetrennung unterzogen wird und die folgenden Bestandteile ergibt:

Braunkohlenteer ...	Rohöl	Benzin	bis 150° C
		Solaröl	250° C
		Helles Paraffinöl ...	300° C
	Rohparaffin	Dunkles Paraffinöl .	300° C
		Schweres Paraffinöl	350° C
		Kreosotöl	400° C

Soll bei der Siedetrennung besonders die Benzinausbeute gesteigert werden, so wird die Siedetrennung unter Druck durchgeführt, wodurch die schweren Kohlenwasserstoffe aufgespalten und in Leichtöle umgewandelt werden. Dieses Aufbrechen der Moleküle unter Druck nennt man daher das Krackverfahren. Die auch dabei noch nicht aufgespaltenen schweren Kohlenwasserstoffe sind dann Heizöle und Koks.

γ) Ein *direkter künstlicher chemischer Aufbau* von motorischen Treibstoffen erfolgt vermittels der *Brennstoffsynthese*. Die zur Zeit bekanntesten fabrikationsreifen Verfahren sind:

das Hochdruck-Hydrierverfahren der I.G. Farben (Bild 112). Die Ausgangsstoffe sind hier fest und flüssig,

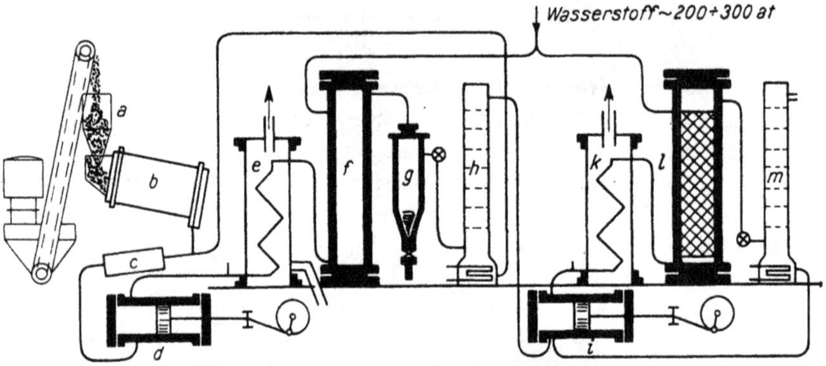

Bild 112. Hochdruckhydrierung (nach MASKOW)

a Mühle zur Zerkleinerung der Ausgangsstoffe: Steinkohle, Braunkohle, Erdölrückstände, Teeröl aus der Verschwelung oder Verkokung
b Trockner
c Mischer
d Breipresse
e Vorwärmer
f Kohleofen, auf 450° C erhitzt und Zuführung von H_2 unter 200 at Aufspaltung ähnlich dem Krackverfahren
g Abscheider für Restöl
h Ölsiedetrennung
i Ölpresse
k Vorwärmer
l Benzinofen
m Benzinsiedetrennung (siehe Bild 109)
} Wiederholung des Verfahrens *f, g, h*

das FISCHER-TROPSCH-Verfahren (Bild 113). Hier werden die Ausgangsstoffe zu CO und H_2 vergast; das Verfahren arbeitet unter geringen Drücken ($\approx$ 12 at).

Durch die Syntheseverfahren können sämtliche Öle vom Benzin bis zum Schmieröl hergestellt werden. Je nach erwünschter Ausbeute wird der Betrieb verschieden geleitet.

Der Alkohol, bisher aus Getreide oder Kartoffeln gewonnen, wird heute nach dem Hochdruckhydrierverfahren hergestellt und unter dem Namen Methanol als Benzinzusatz verwendet.

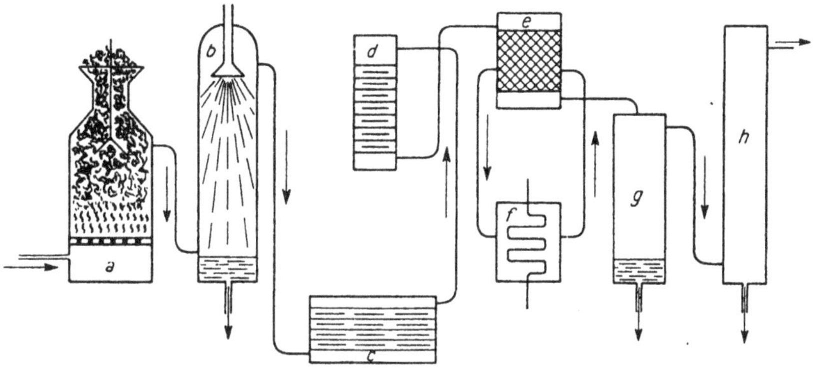

Bild 113. Fischer-Tropsch-Verfahren (nach MASKOW)

a Gasgenerator
b Wäscher
c Trockenreiniger
d Reiniger
e Katalysatorofen
f Kühler
g Abscheider
h Trennturm

c) *Gasförmige Brennstoffe*

Die technischen Brenngase sind hauptsächlich Gasgemische aus Kohlenoxyd (CO), Wasserstoff (H_2) und Methan (CH_4), dazu treten noch geringe Mengen von Sauerstoff (O_2), Kohlensäure (CO_2) und inerte Gase, wie Stickstoff (N_2).

Die *natürlichen gasförmigen Brennstoffe* sind das Faulgas der biologischen Abwässerklärung und das Erdgas. Die Verwendung beider ist im wesentlichen an ihren Fundort gebunden. Insbesondere treten beim Erbohren von Erdöl zunächst immer die Erdgase zutage. Sie werden dann zum Betrieb der Bohranlagen verwendet. Bei ihrem Versiegen erfolgt die Betriebsumstellung auf das erbohrte Erdöl; daher werden die Antriebsmotoren der Bohranlagen immer als sogenannte Wechselmotoren ausgebildet, die eine leichte und rasche Betriebsumstellung gestatten.

Die weitaus überwiegende Verwendung von Brenngasen umfaßt die *künstlichen gasförmigen Brennstoffe*. Sie entstehen entweder als Nebenprodukte der Entgasung, Destillation, Verkokung und Hydrierprozesse oder sie werden mit dem Endziel der Gaserzeugung, bei der Vergasung, in den Generatorenanlagen erzeugt.

Die unter dem Namen „Flüssiggas" bekannten Fahrzeugmotoren-Treibstoffe sind bei niederem Druck sich verflüssigende Gase, welche als Nebenprodukte der Destillations- und Spaltprozesse der Treibstoffverarbeitung oder bei der Treibstoffsynthese anfallen. Nur der Transport und die Lagerung bis unmittelbar vor ihrer motorischen Verwendung geschieht im flüssigen Zustand, die Zuführung zum Motor selbst hingegen und ihre Verwendung nur als Brenngas.

Die Hauptvertreter der Brenngase sind: Generatorgas, Gichtgas, Sauggas, Mischgas und das Flüssiggas Propan (C_3H_8) und Butan (C_4H_{10}).

B. STATISCHE VERBRENNUNGSBEURTEILUNG

Die aus der Elementarzusammensetzung des Brennstoffes bei seiner Verbrennung mit Sauerstoff entstandenen Endprodukte sind es letztlich, welche den Erfolg eines Verbrennungsvorganges beschreiben. Diese Beziehungen fassen die chemischen Grundgleichungen der Bruttoreaktion zusammen.

1. AUFBAU DER CHEMISCHEN GLEICHUNG, HEIZWERT

Die bei einer solchen chemischen Reaktion vor sich gehenden Vorgänge und Veränderungen werden in der Kurzschreibweise einer chemischen Gleichung dargestellt. Der Weg bis zur Auffindung einer solchen, alle Vorgänge und Veränderungen an den beteiligten Stoffen, ihren inneren Aufbau, ihre Beteiligung nach Gewicht und Raum wiedergebenden mathematischen Schreibweise, war ein sehr langer.

Zunächst sind für den Ablauf einer chemischen Reaktion das Massenerhaltungsgesetz und das Gesetz der konstanten und multiplen Proportionen gültig.

Bei einer Verbindung zwischen den Stoffen A und B zu einem neuen Stoff $C = A + B$ treten immer a Gewichtsteile von A mit b Gewichtsteilen von B zu $c = a + b$ Gewichtsteilen von C zusammen. Ein etwaiger Überschuß eines Stoffes bleibt von der Reaktion unberührt als Rest erhalten (z. B. der Luftüberschuß bei der Verbrennung). Das ist das *Massenerhaltungsgesetz* (LAVOISIER 1743 ··· 1794).

Das Reaktionsverhältnis $a : b$ ist für die Reaktion $A + B = C$ unveränderlich. Aber auch eine Verbindung von A mit einem Stoff C oder D erfolgt in dem Verhältnis $a : c$ bzw. $a : d$. Ebenso gilt für die Verbindung von Stoff B mit C oder D das unveränderliche Verhältnis $b : c$ bzw. $b : d$. Wählt man a als willkürliche Grundzahl für die Gewichtsverhältnisse beliebiger Verbindungen, so erhält man für die Verbindungsgewichte der einzelnen Elemente oder wie sie genannt werden die Äquivalenzgewichte, die Reihe $a : b : c : d \cdots$, aus welchen sich dann die neuen Verbindungen zusammensetzen. Genau so verhält es sich bei der Zersetzung einer Verbindung in ihre Bestandteile. Dies ist das *Gesetz der konstanten Proportionen* (PROUST 1755 ··· 1826).

Es zeigt sich aber, daß auch ganze Vielfache von $a, b, c, d \cdots$ sich verbinden können; also $ma, nb, \cdots$, wobei $m; n; \cdots = 1; 2; 3; \cdots$ sind. Diese Beobachtung beschreibt das *Gesetz der multiplen Proportionen.*

DALTON (1766 ··· 1844) formte das Gesetz der konstanten und multiplen Proportionen aus der Vorstellung, daß jedes Element aus unteilbaren, gleichartigen Atomen von unveränderlichem Gewicht besteht, aus deren Zusammenschluß dann die Verbindungen entstehen. Dem chemischen Kurzzeichen zur Beschreibung des Elementes ist jetzt also auch ein ganz bestimmtes Gewicht zugeordnet.

Als Vergleichsgrundstoff wird das Element Sauerstoff (O) gewählt, weil es die meisten Verbindungen mit anderen Stoffen eingeht. Seine Grundzahl wird

$a = 16$ gesetzt. Man nennt diese Vergleichszahl a, das relative Atomgewicht. Jedem anderen Element B, C, D, ··· kommt eine andere, unveränderliche relative Atomgewichtszahl b, c, d, ··· zu.

Alle diese obigen Gesetze müssen aus einer chemischen Gleichung herauszulesen sein. Mit dem Kurzzeichen der Elemente (O, H, C, S, ···) wird daher nicht nur der Name des Elementes A, B, C, D, ··· gekennzeichnet, sondern es ist damit nach dem Proportionsgesetz auch gleichzeitig das relative Atomgewicht angegeben. Dieses kann aus den Handbüchern entnommen werden.

Nach dem Massenerhaltungsgesetz ist das Gewicht der, aus den einzelnen an der Reaktion beteiligten Stoffe entstandenen Verbindung gleich der Summe der Äquivalenzgewichte der Einzelteilnehmer. Das heißt also z. B. bei einer Reaktion zwischen Wasserstoff und Sauerstoff zu Wasser: Wasserstoffmasse + Sauerstoffmasse = Wassermasse.

Man spricht von den Äquivalenzgewichten, den Atom- und Molekulargewichten (M), gemeint sind jedoch damit nur die Massenangaben. Diese unzutreffende Ausdrucksweise in der Bezeichnung ist dadurch entstanden, daß die Äquivalenzgewichte durch Gewichtsbestimmungen ermittelt werden (vgl. IB, Anmerkung).

Die Atome der Elemente können im freien Zustand nicht auftreten, sondern nur im Molekül. Daher können sie auch nur als Moleküle mit ebensolchen anderer Stoffe in Reaktion treten. Die anteiligen Reaktionsgewichte der Stoffe sind daher ihre Molekulargewichte. Diese ergeben sich aus dem molekularen Aufbau aus den chemischen Formeln der Stoffe. 2-atomige Gase kommen, wie schon der Name sagt, nur als Doppelatome vor, und die Kennzeichnung ihres Moleküls wird daher geschrieben H_2, O_2, ··· Das Äquivalenzgewicht ihrer Moleküle, also das Molekulargewicht (M) ist daher beispielsweise $M(H_2) = 2 \cdot 1{,}008 = 2{,}016$ und $M(O_2) = 2 \cdot 16 = 32$.

Das Kurzzeichen der Elemente mit der Anzahl der das Molekül bildenden Atome als Fußzahl vermittelt also sofort auch die Kenntnis des Molekulargewichtes.

Man nennt die Menge eines Stoffes in kg oder g, wie sie das Molekulargewicht angibt, 1 kg-Molekül (kmol, Mol) oder 1 g-Molekül (mol).

Bei festen Stoffen, wie Kohlenstoff (C) oder Schwefel (S), ist die Anzahl der das Molekül bildenden Atome unsicher. Es wird daher für diese Stoffe die Reaktionsgleichung immer nur mit der Anzahl der an der Reaktion beteiligten Atome des festen Stoffes an Stelle des, den atomaren Aufbau anzeigenden Moleküls eingesetzt. Damit tritt hier an Stelle des Molekulargewichtes das Atomgewicht.

Beispiel 45: So bedeutet die Reaktionsgleichung $C + O_2 = CO_2$: 1 Kohlenstoffteil (C) mit dem Äquivalenzgewicht 12 + 1 Molekül Sauerstoff (O_2), bestehend aus 2 Atomen O mit dem Äquivalenzgewicht $2 \cdot 16 = 32$, ergibt 1 Molekül Kohlensäure (CO_2) mit dem äquivalenten Gewicht $12 + 32 = 44$ (entsprechend dem Massenerhaltungsgesetz).

Waren diese Mengen in kg zur Reaktion angesetzt, so sagt die Gleichung $C + O_2 = CO_2$ folgendes aus: 1 kmol C + 1 kmol O_2 = 1 kmol CO_2.

Beispiel 46: $C + 1/_2\, O_2 = CO$ bedeutet:

$$1 \text{ kmol } C + {}^1/_2 \text{ kmol } O_2 = 1 \text{ kmol } CO, \quad \text{also auch}$$

$$12 \text{ kg } C + {}^1/_2 \cdot 32 \text{ kg } O_2 = 28 \text{ kg } CO.$$

An dem Verhältnis der beteiligten Gewichte gemäß dem Massenerhaltungsgesetz ändert sich bei dieser Schreibweise nichts. Wohl aber trägt sie dem inneren Aufbau der Moleküle Rechnung. Dies ist wichtig, wenn die Gleichung auch die Raumverhältnisse zur Darstellung bringen soll, und dies muß ja von einer befriedigenden Schreibweise einer chemischen Gleichung auch verlangt werden.

Gay-Lussac (1778 ··· 1850) entdeckte nun, daß nur *immer gleiche Rauminhalte oder ganze Vielfache davon miteinander in Reaktion treten*, die neu entstandenen Verbindungen aber den gleichen Raum oder ein rationales Vielfaches davon einnehmen wie einer der Reaktionsteilnehmer.

Beispiel 47: Die Klammer bezeichnet, daß es sich um die Reaktion von gleichen Raumgrößen bei gleichem Druck und Temperatur handelt. $(H_2) + {}^1/_2\,(O_2) = (H_2O)$ gasförmig, in Worten sagt die Gleichung: 1 Raumgröße von einem Molekül H_2 + ${}^1/_2$ Raumgröße von einem Molekül O_2 = 1 Raumgröße von einem Molekül H_2O gasförmig.
Diese Gleichung wird aber auch nach früheren den Gewichtsverhältnissen gerecht, nämlich sie sagt aus:

1 Raumgröße (angenommen von 1 kmol = 2,016 kg H_2) + ${}^1/_2$ Raumgröße (ebenfalls von 1 kmol = 16 kg O_2) = 1 Raumgröße (entsprechend 1 kmol = 18,016 kg H_2O in gasförmigem Zustand), denn das Mol-Gewicht von H_2O ist 18,016, errechnet aus den Einzel-kmol.

Allgemein gilt also: Die Reaktionsgleichung für die Gewichtsverhältnisse der einzelnen Reaktionsteilnehmer mit ihren Molekulargewichten angeschrieben, beschreibt auch die Raumverhältnisse bei der Reaktion.

Beispiel 48: So bedeutet die Gleichung $CO + {}^1/_2\, O_2 = CO_2$:

1 Raumgröße von 1 kmol CO + ${}^1/_2$ Raumgröße von 1 kmol O_2 = 1 Raumgröße von 1 kmol CO_2,

aus $1\,{}^1/_2$ Raumgrößen der Einzelstoffe ist also 1 Raumgröße des Endstoffes CO_2 geworden. Es hat also eine Volumenänderung auf ${}^2/_3$ stattgefunden.

Beispiel 49: $CH_4 + 2\, O_2 = 2\, H_2O + CO_2$ bedeutet:

1 kmol CH_4 + 2 kmol O_2 = 2 kmol H_2O + 1 kmol CO_2,

oder unter Anschreiben der Mol-Gewichte: $26 + 2 \cdot 32 = 2 \cdot 18{,}016 + 44$.

Weiter kann man herauslesen:

1 Raumgröße CH_4 + 2 Raumgrößen O_2 = 2 Raumgrößen H_2O gasf.
+ 1 Raumgröße CO_2,

das heißt:

aus drei Raumgrößen der Einzelteilnehmer sind wieder drei Raumgrößen der neuen Stoffe entstanden. Es tritt also hier keine Raumänderung ein.

Nach der Regel von Avogadro (1776 ··· 1856) enthalten nun alle Gase bei gleicher Temperatur und gleichem Druck in gleichen Räumen die gleiche Anzahl von Elementarteilchen, also Molekülen, mit welchen die Gase ja in freiem

Zustand nur bestehen können (IIB1a, 2c). Damit hat dann aber auch das Volumen $\mathfrak{V}$ eines Moleküls für alle Gase unter den gleichen äußeren Bedingungen dieselbe Größe. Dieses Volumen $\mathfrak{V}$ wurde bei 0° C und 760 mm QuS zu $\mathfrak{V}_N = 22{,}4$ m³/kmol ermittelt. Es wird $\mathfrak{V}_N$ das Norm-Mol-Volumen genannt.

Die Anzahl der Moleküle in diesem Raum $\mathfrak{V}_N$ ist $\mathfrak{N}_L = 6{,}0310^{26}$ und wird die LOSCHMIDTsche Zahl genannt.

Vermittels der LOSCHMIDTschen Zahl $\mathfrak{N}_L$ läßt sich auch das absolute Mol- bzw. Atomgewicht berechnen, das aber in der Technik nur theoretisches Interesse hat.

Die Gasmenge, welche in einem m³ (0° C 760 mm QuS) von diesem Norm-Mol-Volumen $\mathfrak{V}_N$ enthalten ist, also $1/\mathfrak{V}_N = 1/22{,}4$ kmol, heißt ein Normalkubikmeter (Nm³). Die Angabe in Nm³ ist also keine Volumenangabe, sondern eine Gasmengenangabe in räumlichen Abmessungen.

In 1 Nm³ sind daher $\mathfrak{N}_L : \mathfrak{V}_N = n_L = 2{,}69 \cdot 10^{25}$ Moleküle enthalten. Man nennt n_L die AVOGADROsche Zahl.

Aus dem Raum von 1 kmol, d. i. $\mathfrak{V} = M \cdot v$, der für alle Gase gleich ist, ergibt sich daher, für verschiedene Gase 1; 2 die Beziehung: $\gamma_1/\gamma_2 = M_1/M_2$, d. h. die spezifischen Gewichte γ verhalten sich wie die Molekulargewichte M.

Die Regel von AVOGADRO besagt also, daß beispielsweise 32 kg O_2 bei gleichem Druck und gleicher Temperatur denselben Raum einnehmen, wie 28 kg N_2 oder 44 kg CO_2 oder 28,08 kg N_2.

Der Heizwert

Da jede chemische Reaktion mit einem positiven oder negativen Wärmeumsatz verbunden ist, so muß auch dieser noch in der chemischen Gleichung zum Ausdruck kommen. Verbrauchen Prozesse zu ihrem Ablauf Wärme, was dadurch zum Ausdruck kommt, daß ihnen Wärme zugeführt werden muß, um die zur Prozeßdurchführung erforderliche Temperatur konstant zu halten (z. B. Verdampfung des Wassers), oder verlaufen sie, ohne daß man Wärme zuführt, wobei sich dann aber die Temperatur der beteiligten Körper vermindert, so nennt man sie endotherme Prozesse. Findet jedoch, wie in den meisten Fällen, eine Temperaturerhöhung statt, wird also Wärme aus dem Prozeß frei (+), so verläuft dieser Prozeß exotherm.

Gemessen vom Ausgangszustand (0° C) bis zum Wiedererreichen desselben oder eines besonders anzugebenden Zustandes, ist die Summe der geleisteten Arbeiten und der entwickelten Wärmemenge, also die Gesamtenergieänderung, die „Wärmetönung" des Prozesses. Wie die spezifische Wärme ist sie unterschiedlich, je nachdem die Reaktion bei konstantem Druck oder konstantem Volumen abläuft.

Beispiel 50: Die Reaktionsgleichungen für die Verbrennung von 1 kmol der Stoffe, angeschrieben:

$$C + {}^1/_2\,O_2 = CO + 29\,620 \text{ kcal}$$
$$CO + {}^1/_2\,O_2 = CO_2 + 67\,580 \text{ kcal}$$
$$C + O_2 = CO_2 + 97\,200 \text{ kcal}$$
$$S + O_2 = SO_2 + 70\,860 \text{ kcal.}$$

Und nun zur Beachtung:

$$H_{2\,\text{gasf}} + {}^1/_2\, O_{2\,\text{gasf}} = H_2O_{\text{fl}} + 68\,330\ \text{kcal}$$
$$H_{2\,\text{gasf}} + {}^1/_2\, O_{2\,\text{gasf}} = H_2O_{\text{gasf}} + 57\,580\ \text{kcal.}$$

In der ersten Gleichung entstand aus zwei Gasen (H_2 und O_2) eine Flüssigkeit $(H_2O)_{\text{fl}}$. Die Wärmetönung enthält hier auch die bei der Kondensation rückgewonnene Verdampfungswärme beim Anfangszustand (0° C).

In der zweiten Gleichung hingegen ist der gebildetete Wasserdampf bei Erreichen des Anfangszustandes (0° C) noch nicht kondensiert. Daher ist auch noch die Verdampfungswärme in dem entstandenen Wasserdampf enthalten. Um diesen Betrag ist daher hier die entwickelte Wärme kleiner $\left(18{,}016 \cdot 597{,}3 = 10\,750 \text{ in } \frac{\text{kcal}}{\text{kmol}},\right.$ mit $\left. r = 579{,}3\, \frac{\text{kcal}}{\text{kg}_{\text{Wasser}}} \text{ Verdampfungswärme bei } 0°\,\text{C}\right)$.

Die technische Verbrennungswärme wird auf 1 kg oder 1 Nm^3 des verbrennenden Stoffes bezogen und heißt „Heizwert". Er ist ein besonderer Fall der Wärmetönung und wie die Wärmetönung verschieden bei konstantem Druck (h_p) und konstantem Volumen (h_v).

Der Heizwert

$$h_p = i_1 - i_2, \tag{359a}$$

dem Unterschied der Enthalpie (Wärmeinhalte) zwischen Anfangs- und Endzustand, und

$$h_v = u_1 - u_2, \tag{359b}$$

dem Unterschied der inneren Energien. Der Unterschied zwischen beiden liegt in der Ausdehnungsarbeit $A\,P \cdot (v_1 - v_2)$, welche bei konstantem Druck geleistet wird. Dieser Unterschied ist aber gering und unwesentlich, so daß

$$h_p \approx h_v \tag{360}$$

gesetzt wird [vgl. zu (411b)].

Da sich, in ihrem Gesamtablauf betrachtet, die technischen Verbrennungen meist unter konstantem Druck abspielen, so beziehen sich die Heizwertangaben auf h_p, und zwar gemessen bei 760 mm QuS, ausgehend und endend bei 0° C oder 20° C.

Die Bestimmung des Heizwertes der Brennstoffprobe erfolgt in den Kalorimetern (Krökersche Bombe, Berthelot-Mahler, Junkers).

Hingegen ist zu beachten, daß bei allen technischen Verbrennungen auch Wasserdampf entsteht, dessen gebundene Wärme nur im Versuch, durch die Kondensation bei der Ausgangstemperatur, wieder gewonnen werden kann. Der Einfluß des bei der Verbrennung betrachteten Aggregatzustandes wurde zuvor an dem Wasserdampfbeispiel 50 gezeigt. Bei den technischen Verbrennungen entweicht jedoch das Verbrennungsgas mit wesentlich über dem Taupunkt liegenden Temperaturen. Man kann daher diesen technischen Vorgang nicht mit einer unnatürlich zumutbaren Forderung vollständigen Wärmeentzuges bis zur Kondensation belasten. Daher wird in der Technik zwischen einem oberen Heizwert h_o und einem unteren

$$h_u = h_o - r \cdot (H_2O)_{\text{gasf}} \tag{361}$$

unterschieden. Darin bedeutet $(H_2O)_{gasf}$ die entwickelte Wasserdampfmenge und $r \approx 600$ kcal/kg bzw. 480 kcal/Nm³ die Verdampfungswärme des Wasserdampfes bei 0° C, die ja im Dampf verbleibt und nicht nutzbar gemacht werden kann.

Der Heizwert von Brennstoffgemischen wird nach der Mischungsregel aus den Heizwerten der Einzelbestandteile ermittelt. Hingegen läßt sich der Heizwert chemischer Verbindungen nicht einfach durch Addition der Wärmetönungen der Einzelbestandteile ermitteln, da die Bildung der Ausgangsverbindungen selbst auch positive oder negative Verbindungswärmen beansprucht.

Beispiel 51: So ergibt die Reaktion:

$$CH_4 + 2\,O_2 = CO_2 + 2\,(H_2O)_{fl} + 212\,400 \text{ kcal},$$

diese Reaktion aber aus den Elementarreaktionen des CO_2 und $(H_2O)_{fl}$ aufgebaut, ergibt hingegen:

$$\begin{aligned} CH_4 + 2\,O_2 &= (C + O_2) + 97\,200 + 2\,(H_2 + {}^1/_2\,O_2) + 2 \cdot 68\,500 \text{ kcal} \\ &= CO_2 + 2\,(H_2O)_{fl} + 234\,200 \text{ kcal}, \end{aligned}$$

also um 21 800 kcal mehr als die Originalreaktion der ersten Gleichung ausweist. Dieser Mehrbetrag trat bei der Bildung des CH_4 in einer Vorreaktion auf.

Handelt es sich aber um einen Stoff, welcher verschiedene Oxydationsstufen aufweist, wie etwa C zu CO und dann erst zu CO_2 oder direkt zu CO_2, so läßt sich, wie zuvor für diese Reaktionsgleichungen gezeigt (*Beispiel 50*), die Addition durchführen. (Satz von Hess der konstanten Wärmesumme.)

Bei den festen und flüssigen technischen Brennstoffen ist die Bildungswärme der Ausgangsstoffe gegen den Heizwert meist gering, so daß hier eine Näherungsformel für die Heizwertbestimmung aus der Elementaranalyse, die *Verbandsformel*, aufgestellt werden kann: z. B. die bekannteste,

$$h_u = [8100 \cdot c + 28000\,(h - o/8) + 2500 \cdot s - 600 \cdot w] \text{ kcal/kg Brennstoff}, \qquad (362)$$

darin sind c, h, o, s, w die Gewichtsanteile der Elementarbestandteile und w der Wassergehalt in 1 kg festem oder flüssigem Brennstoff. Weitere, für enger zusammengefaßte Brennstoffgruppen, siehe z. B. Gumz, W., „Brennstoff und Feuerungstechnik". Springer-Verlag 1942.

Eine Verbrennung nennt man vollkommen, wenn alle brennbaren Bestandteile zu CO_2, H_2O und SO_2 verbrannt sind, anderenfalls heißt sie unvollkommen. Der Grund einer unvollkommenen Verbrennung ist zeit- und mengenrichtiger, direkter oder indirekter Luftmangel. Letzterer meist infolge schlechter Mischung der brennbaren Produkte mit dem zur Verbrennung erforderlichen Luftsauerstoff.

2. LUFTBEDARF FÜR DIE VERBRENNUNG

Für die vollkommene Verbrennung geben die zuvor aufgestellten Reaktionsgleichungen an, wieviel kmol O_2 zur Verbrennung von 1 kmol C oder H_2 usf. erforderlich sind. Dies ist die Mindestsauerstoffmenge O_{min} zur vollkommenen Verbrennung. Bei den Brennstoffen, welche aus Gemischen verschiedenartiger brennbarer Substanzen bestehen, setzt sich O_{min} aus dem Luftbedarf der Einzelanteile zusammen.

Die Zusammensetzung eines Brennstoffes wird bei den flüssigen und festen Brennstoffen in Gewichtsanteilen ($c + h + o + s + \cdots = 1$ kg), bei gasförmigen Brennstoffen in Raumteilen irgendeiner Raumeinheit (RE), also auch 1 Nm^3 [$(CO) + (H_2) + \cdots = 1\ Nm^3$] angegeben. Bezieht man auch die Mengen fester Brennstoffe auf Nm^3, so ist 1 $Nm^3 = M/22{,}4$ kg zu setzen, wobei M das Molekulargewicht ist. Für C und S ist für M deren Atomgewicht 12 bzw. 32 einzusetzen, da ja, wie erwähnt, der Aufbau des Moleküls aus den Atomen unsicher ist.

Bei technischen Verbrennungen entstammt der Verbrennungssauerstoff dem Sauerstoffgehalt der Luft, sofern er nicht zum Teil in der Verbrennungssubstanz enthalten ist. Die Luft setzt sich zusammen aus 21 Vol.-% O_2 und 79 Vol.-% N_2 oder 23,3 Gew.-% O_2 und 76,7 Gew.-% N_2, das Molekulargewicht ist $M \approx 29$. Die Mindestmenge an trockener Verbrennungsluft ist daher

$$L_{min} = O_{min}/0{,}21\,; \tag{363}$$

welche in folgenden Massen gemessen werden kann:

	Für feste und flüssige Brennstoffe			Für gasförmige Br.-St.	
Mindest-Sauerstoff-menge	$\frac{\text{kmol O}}{\text{kg Br.-St.}}$	$\frac{\text{Nm}^3\text{ O}}{\text{kg Br.-St.}} = 22{,}4\,\frac{\text{kmol O}}{\text{kg Br.-St.}}$	$\frac{\text{kg O}}{\text{kg Br.-St.}} = \frac{32}{22{,}4}\cdot\frac{\text{Nm}^3\text{ O}}{\text{kg Br.-St.}} = \frac{32\text{ kmol O}}{\text{kg Br.-St.}}$	$\frac{\text{Nm}^3\text{ O}}{\text{Nm}^3\text{ Gas}}$	$\frac{\text{kmol O}}{\text{kmol Gas}}$
Mindest-Luftmenge	$\frac{\text{kmol Luft}}{\text{kg Br.-St.}}$	$\frac{\text{Nm}^3\text{ Luft}}{\text{kg Br.-St.}} = 22{,}4\,\frac{\text{kmol Luft}}{\text{kg Br.-St.}}$	$\frac{\text{kg Luft}}{\text{kg Br.-St.}} = \frac{29}{22{,}4}\cdot\frac{\text{Nm}^3\text{ Luft}}{\text{kg Br.-St.}} = \frac{29\text{ kmol L.}}{\text{kg B.-St.}}$	$\frac{\text{Nm}^3\text{ Luft}}{\text{Nm}^3\text{ Gas}}$	$\frac{\text{kmol Luft}}{\text{kmol Gas}}$
Bezeichg.	$= \mathfrak{L}_{min}$	←	L_{min}	→	$\mathfrak{L}_{min}$

Mit diesen theoretischen Luftmengen kommt man aber bei den technischen Verbrennungen nicht aus. Die Mischung der Reaktionsteilnehmer mit der Verbrennungsluft ist nicht so, daß die reagierenden Stoffe den Luftsauerstoff zeitgerecht und in der augenblicklich gefragten Menge vorfinden. Um nun die Wahrscheinlichkeit der Erfüllung dieser Forderung zu erhöhen, wird eine größere Luftmenge zur Verbrennung bereitgestellt, es wird mit Luftüberschuß verbrannt.

Die tatsächliche Luftmenge ist also $L = \lambda \cdot L_{min}$, worin λ irreführend die Luftüberschußzahl genannt wird. Richtig ist die von E. SCHMIDT eingeführte Bezeichnung „Luftverhältnis".

Nach dem Proportionsgesetz geht jedoch der Sauerstoffüberschuß $(\lambda - 1) \cdot O_{min}$ und der gesamte Stickstoff 0,79 L ungeändert aus der Reaktion hervor.

Für *feste und flüssige Brennstoffe* folgt:

$$O_{min} = \frac{c}{12} + \frac{h}{4} + \frac{s}{32} - \frac{o}{32} \text{ in } \frac{\text{kmol O}}{\text{kg Br.-St.}} \mathrel{\widehat{=}} \frac{22{,}4}{12}\left[c + 3\left(h - \frac{o - s}{8}\right)\right] \text{ in } \frac{\text{Nm}^3\text{ O}}{\text{kg Br.-St.}}\,. \tag{364}$$

Die Mindestmenge trockener Verbrennungsluft ist

$$L_{min} = \frac{O_{min}}{0,21} \quad \frac{Nm^3 \text{ Luft}}{\text{kg Br.-St.}} \tag{365 a}$$

und das Luftverhältnis

$$\lambda = \frac{L}{L_{min}} > 1. \tag{366}$$

Die *feuchte* Luftmenge ist

$$L_{min\,f} = L_{min}\left(1 + \varphi \frac{p_s}{p - \varphi \cdot p_s}\right), \tag{365 b}$$

darin ist:

$\varphi = p_d/p_s$ = relative Luftfeuchtigkeit

p_s = Sättigungsdruck zur Lufttemperatur t_s

p_d = Dampfteildruck

p = Gesamtdruck der feuchten Luft.

Die Verbrennungsgleichung lautet daher:

aus 1 kg Br.-St obiger Zusammensetzung + $\lambda \cdot L_{min}$ Luft, gemessen in kmol/kg Br.-St. oder Nm^3/kg Br.-St., entstehen bei der vollkommenen Verbrennung anteilig gemäß den einzelnen Reaktionsgleichungen die Bestandteile $CO_2 + H_2O + SO_2 + O_2 + N_2$, ebenfalls gemessen in kmol/kg Br.-St. oder Nm^3/kg Br.-St.

Die Gasmenge V' vor der Verbrennung besteht bei festen und flüssigen Brennstoffen nur aus der tatsächlichen Verbrennungsluftmenge L, da der Mengenanteil von 1 kg festem oder flüssigem Brennstoff mit etwa 2% vernachlässigbar klein ist.

Also

$$V' = \lambda \cdot L_{min}. \tag{367}$$

Auch die Raumverhältnisse einer Reaktion kommen in der Schreibweise einer chemischen Gleichung zur Darstellung. So ergibt sich die Menge neu entstandener Stoffe, bei der technischen Verbrennung, Rauchgasmenge V'' genannt, und die Volumenänderung ΔV, welche durch die Moleküländerungen (chemische Kontraktion und Dilatation) eingetreten ist zu

$$V'' = L + \Delta V. \tag{368}$$

Mit den Einzelreaktionsgleichungen aus den Werten der Elementaranalyse und mit dem Wassergehalt w des Brennstoffes ist

$$\Delta V = V'' - L = \frac{22,4}{12}\left(3h + \frac{3}{8}o + \frac{2}{3}w\right) Nm^3/kg_{Br.-St.} \tag{369}$$

Die trockene, d. h. wasserdampffreie Rauchgasmenge V''_{tr} ist um den Wasserdampfgehalt, der aus der Brennstoffeuchtigkeit und der Verbrennungswassermenge stammt, geringer

$$V''_{tr} = V'' - 22,4 \cdot \left(\frac{h}{2} + \frac{w}{18}\right) Nm^3/kg. \tag{370}$$

(Diese trockene Rauchgasmenge mißt auch ein Orsat-Apparat, da in ihm der Wasserdampf und die Schwefelsäure in der Meßeinrichtung über dem Flüssigkeitsspiegel gesättigt sind und daher bei der Anfangs- und Endvolumenbestimmung herausfallen.)

Bei *gasförmigen Brennstoffen* wird die Zusammensetzung in Raumteilen der Einzelteilnehmer angegeben (kmol, Nm^3). Kohlenwasserstoffe der Zusammensetzung (C_mH_n) verbrennen nach der Gleichung

$$(C_mH_n) + \left(m + \frac{n}{4}\right) \cdot (O_2) = m\,(CO_2) + \frac{n}{2}\,(H_2O) \quad \text{in } Nm^3/Nm^3 \text{ Gas},$$

die entstandene Rauchgasmenge ist $V'' = m + \frac{n}{2}$ in Nm^3/Nm^3 Gas

der Sauerstoffbedarf $O_{min} = \left(m + \frac{n}{4}\right)$ (Nm^3/Nm^3 Gas

der Luftbedarf $\min L = O_{min}/0{,}21$.

Für ein Brenngas, zusammengesetzt nach dem Schema

$$(H_2)+(CO)+(CH_4)+(C_2H_4)+(C_2H_2)+(O_2)+(N_2)+(CO_2)+(H_2O)=1\,Nm^3 \tag{371}$$

ist

$$(O_{min}) = \frac{(CO)+(H_2)}{2} + 2\,(CH_4) + 3\,(C_2H_4) + 2{,}5\,(C_2H_2) - (O_2) \text{ in } Nm^3/Nm^3\text{Gas} \tag{372 a}$$

$$(L_{min}) = \frac{(O_{min})}{0{,}21} \text{ in } Nm^3\,\text{Luft}/Nm^3\,\text{Gas}. \tag{372 b}$$

Die Raumänderung beträgt

$$\Delta V = -\frac{1}{2}\,[(CO) + (H_2) + (C_2H_2)] \text{ in } Nm^3/Nm^3 \text{ Gas}. \tag{373}$$

Das Rauchgasvolumen ist daher

$$V'' = 1 + \lambda \cdot L_{min} + \Delta V \text{ in } Nm^3/Nm^3 \text{ Gas}. \tag{374}$$

Die Gasmenge vor der Verbrennung

$$V' = 1 + \lambda \cdot L_{min} \text{ in } Nm^3/Nm^3 \text{ Gas}. \tag{375}$$

Als Gemisch-Heizwert h_g bezeichnet man den Heizwert der Raumeinheit des Gemisches, bestehend aus Brennstoff und beigegebener Verbrennungsluftmenge

$$h_g = \frac{h_u}{1 + \lambda \cdot L_{min}}, \tag{376 a}$$

für feste und flüssige Brennstoffe kann, wie zuvor, der Anteil des Brennstoffes selbst vernachlässigt werden, so daß dann wird

$$h_g = \frac{h_u}{\lambda \cdot L_{min}}. \tag{376 b}$$

Bei der unvollkommenen Verbrennung treten neben den Endprodukten der Verbrennung CO_2, H_2O, SO_2 auch noch unvollständig oxydierte Bestandteile wie CO, H_2, C_2H_4, ··· auf. Der Heizwert des Brennstoffes wird daher um den Heizwert der nur unvollkommen aus der Verbrennung hervorgegangenen, unvollständig ausgenutzt. Ein Teil des Heizwertes entweicht mit dem Unverbrannten. Die unvollkommene Verbrennung bedeutet einen Heizwertverlust.

Der Vergleich der Verbrennungsgleichungen z. B. für 1 Mol C angeschrieben, liefert:

für die vollkommene Verbrennung $C + O_2 = CO_2 + 97200$,

für unvollkommene Verbrennung $C + (^1/_2\, O_2) \cdot 2 = CO + 29620 + {}^1/_2\, O_2$.

Dies zeigt: (a) Das entweichende CO führt noch eine unausgenutzte Wärmeenergie von 67580 kcal/Mol mit.

(b) Da auch $^1/_2\, O_2$ unausgenutzt entweicht, also zunächst durch die aus der unvollkommenen frei gewordenen Wärmemenge erwärmt wurde, so sinkt, wie noch in VIIB3 gezeigt wird, die erreichbare Verbrennungstemperatur. Denn der Gemischheizwert $h_g = h_u/(1 + \lambda \cdot L_{min})$ schließt bei der unvollkommenen Verbrennung auch den unnötigen Luftanteil ein, macht also $h_{g,\,unvollk}$ kleiner als $h_{g,\,vollk}$.

Aus der Zusammensetzung der Rauchgase läßt sich auf die Unvollkommenheit der Verbrennung schließen und das Luftverhältnis ermitteln, mit welcher diese stattfand. Das Luftverhältnis erscheint größer als bei unvollkommener Verbrennung, obgleich die Verbrennung unvollständig, also unter scheinbarem Luftmangel ablief (Betriebsüberwachung der Feuerungen durch den Orsat-Apparat).

Zur Beurteilung der Verbrennungsvorgänge aus der Elementarzusammensetzung des Brennstoffes und dem CO_2-Gehalt der trockenen Rauchgase dienen für einige Sonderfälle die Verbrennungsdreiecke, die von ACKERMANN und OSTWALD angegeben wurden.

3. VERBRENNUNGSTEMPERATUR

Die bei der Verbrennung frei werdende chemische Energie, beschrieben durch den Heizwert (VIIB1), findet sich überwiegend in einer Temperaturerhöhung der entstandenen Verbrennungs- oder Rauchgase wieder. Beim Fehlen jeglicher Wärmeabgabe nach außen, einschließlich jener für die Dissoziationsvorgänge (VIIIA3), und vollkommener Verbrennung, steigt die Temperatur der Verbrennungsgase auf die theoretische Verbrennungstemperatur.

Für diesen Grenzfall der theoretischen Verbrennungstemperatur t_{theor} bestehen bei der Verbrennung unter konstantem Druck zwischen der zugeführten Verbrennungsluftmenge, der verbrannten Brennstoffmenge und den entstandenen Rauchgasen folgende Beziehungen:

α) Für 1 kg flüssigen oder festen Brennstoff mit dem Heizwert h_u in kcal/kg besteht die Bilanz

$$h_u + |c_p|_0^{t_B} \cdot t_B + \lambda \cdot L_{min} |\overline{\mathfrak{C}}_{p,\,Luft}|_0^{t_L} \cdot t_L = \sum \left(V_i'' \cdot |\overline{\mathfrak{C}}_{p,\,V_i''}|_0^{t_{theor}} \right) \cdot t_{theor}, \quad (377a)$$

darin bedeuten:

$\lambda \cdot L_{min}$ die wirkliche Verbrennungsluftmenge in $Nm^3/kg_{Br.-St.}$ [(365a)],

λ ist das für die Verbrennung vorgesehene Luftverhältnis [(366)],

t_B, t_L sind die Temperaturen des eingebrachten Brennstoffes und der Verbrennungsluft,

t_{theor} ist die gesuchte theoretische Verbrennungstemperatur.

Das Volumen der Einzelbestandteile V_i'' des Gesamtrauchgasvolumens V'' ($Nm^3/kg_{Br.-St.}$), das aus 1 kg Brennstoff der Elementaranalyse

$$c + h + o + s + n + w = 1 \text{ kg}$$

entsteht, ist bei vollkommener Verbrennung:

$$\begin{aligned}
V''_{CO_2} &= 22{,}4 \cdot c/12 && Nm^3\ CO_2/kg_{Br.-St.} \\
V''_{SO_2} &= 22{,}4 \cdot \frac{s}{32} && Nm^3\ SO_2/kg_{Br.-St.} \\
V''_{H_2O} &= 22{,}4 \cdot (h/2 + w/18) && Nm^3\ H_2O/kg_{Br.-St.} \qquad (378a) \\
V''_{O_2} &= 0{,}21 \cdot (\lambda - 1) \cdot L_{min} && Nm^3\ O_2/kg_{Br.-St.} \\
V''_{N_2} &= 0{,}79 \cdot \lambda \cdot L_{min} && Nm^3\ N_2/kg_{Br.-St.}
\end{aligned}$$

Also ist in der Bilanz von (377a):

$$\sum\left(V_i'' \left| \overline{\mathfrak{C}}_{p,V_i''} \right|_0^{t_{theor}}\right) = \frac{c}{12}\left|\mathfrak{C}_{p,CO_2}\right|_0^{t_{theor}} + \left(\frac{h}{2} + \frac{w}{18}\right)\left|\mathfrak{C}_{p,H_2O}\right|_0^{t_{theor}} + \frac{s}{32}\left|\mathfrak{C}_{p,SO_2}\right|_0^{t_{theor}}$$

$$+ 0{,}21(\lambda - 1) L_{min} \left|\overline{\mathfrak{C}}_{p,O_2}\right|_0^{t_{theor}} + 0{,}79 \cdot \lambda \cdot L_{min} \left|\overline{\mathfrak{C}}_{p,N_2}\right|_0^{t_{theor}}. \qquad (379)$$

Darin ist $|c_p|$, $|\mathfrak{C}_p|$ bzw. $|\overline{\mathfrak{C}}_p|$ die mittlere spezifische Wärme in kcal/kg grd, kcal/kmol grd bzw. $kcal/Nm^3$ grd gemäß Elementaranalyse des Brennstoffes, der Luft und Rauchgasbestandteile V_i''.

β) Für 1 Nm^3 Brenngas mit dem Heizwert $\mathfrak{h}_u$ $kcal/Nm^3$ ergibt sich folgende Bilanz:

$$\mathfrak{h}_u + \sum\left(B_i \cdot \left|\overline{\mathfrak{C}}_{p,B_i}\right|_0^{t_B}\right) \cdot t_B + \lambda \cdot L_{min} \cdot \left|\overline{\mathfrak{C}}_{p,L}\right|_0^{t_L} \cdot t_L = \sum\left(V_i'' \cdot \left|\mathfrak{C}_{p,V_i''}\right|_0^{t_{theor}}\right) \cdot t_{theor}. \qquad (377b)$$

Darin bedeuten:

$\sum\left(B_i \cdot \left|\overline{\mathfrak{C}}_{p,B_i}\right|_0^{t_B}\right)$ $kcal/Nm^3$ grd die anteiligen Wärmeinhalte gemäß der räumlichen Zusammensetzung B_i (Nm^3/Nm^3) des eingebrachten Brenngases gemäß der Analyse nach (371), mit ihren mittleren spezifischen Wärmen $\overline{\mathfrak{C}}_{p,B_i}$ $kcal/Nm^3$ grd im Temperaturbereich 0 bis t_B,

$\lambda \cdot L_{min}$ die wirkliche Verbrennungsluftmenge in Nm^3/Nm^3 nach (372)

$\sum\left(V_i''\cdot\left|\mathfrak{C}_{p,V_i''}\right|_0^{t_{theor}}\right)$ den anteiligen Wärmeinhalt der Rauchgasbestandteile V_i'' in kcal/Nm$^3_{Gas}$ grd gerechnet.

Die Einzelbestandteile V_i'' der Rauchgaszusammensetzung V'' aus 1 Nm³ des Brenngases nach (371) sind bei vollkommener Verbrennung:

$$\left.\begin{aligned} V''(CO_2) &= (CO)+(CH_4)+2(C_2H_4)+2(C_2H_2)+(CO_2)\ \mathrm{Nm^3\,CO_2/Nm^3_{Gas}}\\ V''(H_2O) &= (H_2)+2(CH_4)+2(C_2H_4)+(C_2H_2)+(H_2O)\ \mathrm{Nm^3\,H_2O/Nm^3_{Gas}}\\ V''(O_2) &= 0{,}21\cdot(\lambda-1)\cdot L_{min}\ \mathrm{Nm^3\,O_2/Nm^3_{Gas}}\\ V''(N_2) &= 0{,}79\cdot\lambda\cdot L_{min}+(N_2)\ \mathrm{Nm^3\,N_2/Nm^3_{Gas}}. \end{aligned}\right\}\quad(378\,b)$$

Bei der Verbrennung unter konstantem Volumen sind die spezifischen Wärmen bei diesem einzusetzen, wobei der Heizwert h_u bzw. $\mathfrak{h}_u$ annähernd unverändert bleibt [(360)].

Die Berechnung der theoretischen Verbrennungstemperatur t_{theor} erfolgt aus (377) durch probeweises Einsetzen der mittleren spezifischen Wärmen für den zunächst geschätzten Temperaturbereich 0 bis t_{theor} und nachfolgendem Wiederholen mit den verbesserten Werten aus der zuvor berechneten Temperatur t_{theor}.

Eine zeichnerische Ermittlung der Verbrennungstemperatur wurde durch das i, t-Diagramm von SCHÜLE angegeben, das sich mit seinem Ausbau durch GUMZ, ROSIN und FEHLING als sehr fruchtbar für die feuerungstechnischen Berechnungen der verschiedensten Art erwies (siehe IXD1).

Die wirkliche Verbrennungstemperatur bleibt gegenüber der so berechneten theoretischen aus folgenden Gründen zurück:

durch die Dissoziation der Verbrennungsgase in den höheren Temperaturbereichen (VIIIA3 und Beispiele 58 und 61),

durch die unvollkommene Verbrennung und

durch den Wärmeaustausch mit den umgebenden Wandungen und an die Nachbarteile.

Der ganze Verbrennungsablauf ist ein Zeit- und räumliches Bewegungsproblem, *ein Mischungsproblem.* Er bleibt es auch bis zum vollständigen Ausbrennen der Teilchen im Feuerraum. So ist daher die Verbrennungstemperatur kein einheitlich meßbarer Wert, ja sie ist durch die räumliche Ausbreitung des Verbrennungsablaufes gar nicht einfach zu umgrenzen (Bild 114).

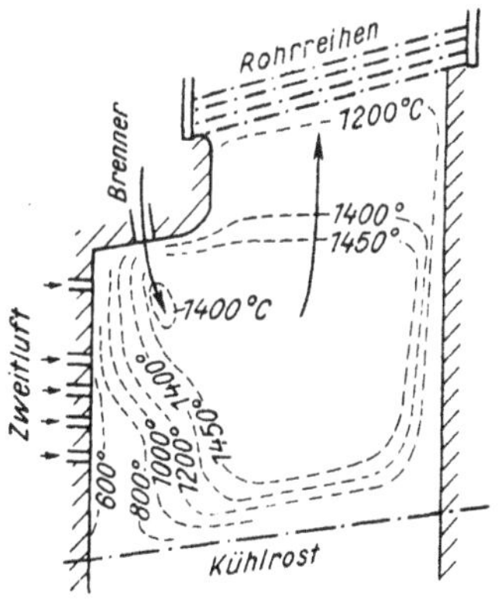

Bild 114. Temperaturverlauf in der Mittelebene einer Kohlenstaub-Brennkammer (nach KUHN)

Beispiel 52: Für die Verbrennung von Kohle der Zusammensetzung:

$$c = 0{,}78;\quad h = 0{,}05;\quad s = 0{,}01;\quad o = 0{,}08;\quad w = 0{,}02$$

ist gefragt nach: Heizwert, theoretischer Verbrennungsluftmenge, entstehender Rauchgasmenge bei $\lambda = 1{,}4$.

Der Heizwert ist nach (362):

$$h_u = 8100 \cdot 0{,}78 + 28000\left(0{,}05 - \frac{0{,}08}{8}\right) + 2500 \cdot 0{,}01 - 600 \cdot 0{,}02 = 7450 \text{ in kcal/kg}_{\text{Br.-St.}}$$

Die trockene Mindest- (stöchiometrische) Verbrennungsluftmenge ist nach (364) und (365a):

$$L_{\min} = \frac{22{,}4}{0{,}21 \cdot 12}\left[0{,}78 + 3\left(0{,}05 - \frac{0{,}08 - 0{,}01}{8}\right)\right] = 8{,}05 \text{ in Nm}^3{}_{\text{Luft}}/\text{kg}_{\text{Br.-St.}}$$

Die feuchte Rauchgasmenge ist nach (368), (369):

$$V'' = 1{,}4 \cdot 8{,}05 + \Delta V = 1{,}4 \cdot 8{,}05 + 0{,}361 = 11{,}6 \text{ in Nm}^3{}_{\text{Rauchgas}}/\text{kg}_{\text{Br.-St.}}$$

mit $$\Delta V = \frac{22{,}4}{12}\left(3 \cdot 0{,}05 + \frac{3}{8} \cdot 0{,}08 + \frac{2}{3} \cdot 0{,}02\right) = 0{,}361\,.$$

Die trockene Rauchgasmenge ist nach (370):

$$V''_{tr} = 11{,}6 - 22{,}4\left(\frac{0{,}05}{2} + \frac{0{,}02}{18}\right) = 11 \text{ in Nm}^3{}_{\text{Rauchgas, tr}}/\text{kg}_{\text{Br.-St.}}$$

Die Rauchgaszusammensetzung ist nach (378a):

$$V''_{CO_2} = 22{,}4\,\frac{0{,}78}{12} = 1{,}46 \text{ Nm}^3{}_{CO_2}/\text{kg}_{\text{Br.-St.}}$$

$$V''_{H_2O} = 22{,}4\left(\frac{0{,}05}{2} + \frac{0{,}02}{18}\right) = 0{,}585 \text{ Nm}^3{}_{H_2O}/\text{kg}_{\text{Br.-St.}}$$

$$V''_{SO_2} = 22{,}4\,\frac{0{,}01}{32} = 0{,}007 \text{ Nm}^3{}_{SO_2}/\text{kg}_{\text{Br.-St.}}$$

$$V''_{O_2} = 0{,}21\,(1{,}4 - 1)\,8{,}05 = 0{,}677 \text{ Nm}^3{}_{O_2}/\text{kg}_{\text{Br.-St.}}$$

$$V''_{N_2} = 0{,}79 \cdot 1{,}4 \cdot 0{,}5 = 8{,}86 \text{ Nm}^3{}_{N_2}/\text{kg}_{\text{Br.-St.}}$$

Die räumliche Zusammensetzung der Rauchgase ergibt sich aus $v_i = \frac{V''_i}{V''}$.

Über die Ermittlung der Verbrennungstemperatur siehe unter IXD3, Beispiel 61.

ABSCHNITT VIII

GRUNDLAGEN DER CHEMISCHEN THERMODYNAMIK

A. GLEICHGEWICHTSLEHRE

Einige der wichtigsten Grundgesetze, nach welchen sich der chemische Umsatz reagierender Stoffe vollzieht, wurde bereits beim Aufbau der chemischen Gleichung besprochen (VIIB1). Im folgenden werden noch einige Gesetzmäßigkeiten erklärt, welche notwendig sind, den unter bestimmten äußeren Verhältnissen zu erwartenden tatsächlichen Reaktionsumsatz und ihren bis dorthin vor sich gehenden Ablauf verfolgen zu können. Der Entwicklungs- und Versuchsingenieur in Laboratorium und Praxis kann bei den heutigen Ansprüchen, welche die Ausnutzung der chemischen Energie der Brennstoffe bei kleinstem Raumbedarf und Gewicht der Maschinenanlage stellt, an diesem Einblick in die chemisch-physikalischen Vorgänge nicht mehr vorbeigehen, will er seine Versuche richtig beurteilen, voll auswerten und die Ergebnisse für die weitere Entwicklung planvoll ansetzen.

1. MAXIMALE ARBEIT, FREIE ENERGIE, WÄRMETÖNUNG

In (52) wurde der Begriff der Nutzarbeit entwickelt, welche bei der Zustandsänderung eines Gases – etwa im Anheben eines Gewichtes – nach außen verfügbar wird. Im Abschnitt IIIB1 wurde weiter erklärt, daß die größte Arbeit immer umkehrbare Vorgänge ermöglichen.

Nun soll ganz allgemein unter Berücksichtigung des II. Hauptsatzes – dem Gesetz von der Unmöglichkeit eines Perpetuum mobiles II. Art – die größte Arbeit L_{max} ermittelt werden, wenn anfangs nicht im Gleichgewicht befindliche Körper einem Gleichgewichtszustand zustreben. Dieser Gleichgewichtszustand ist gegeben durch Angleichen irgendeines Zustandes eines betrachteten Systems an die Bedingungen unserer Umgebung. Diese stellt einen ungeheueren Wärmebehälter dar, dessen Druck P_0 und Temperatur T_0 durch Wärmezufuhr oder -entzug nicht beeinflußt werden kann.

Es ist nun die Aufgabe, für das betrachtete System einen Weg zu suchen, der es ermöglicht, durch umkehrbare Zustandsänderungen, also isothermen Wärmeaustausch mit der Umgebung und Arbeitsleistung, den Zustand der Umgebung zu erreichen. Für homogene Körper ist sein Zustand durch die physikalischen

Eigenschaften (c_v usw.) und den Anfangszustand beschrieben. Bei chemischen Umsetzungen treten hingegen bei der Bildung der Verbindungen auch noch andere Vorgänge auf dem Wege bis zur Herstellung des Gleichgewichtszustandes hinzu.

Wenn der für eine beliebige Menge betrachtete Vorgang ***physikalischer Zustandsänderungen*** umkehrbar sein soll, so muß die Wärmebewegung mit der Umgebung bei deren Temperatur, also ohne Temperatursprung, d. i. isothermisch, erfolgen. Dazu muß zunächst durch adiabatische Expansion 1–2* die innere Energie U_1 auf die Umgebungstemperatur T_0 gebracht werden. Anschließend erfolgt der isotherm-umkehrbare Wärmeaustausch 2*–2 (Bild 115).

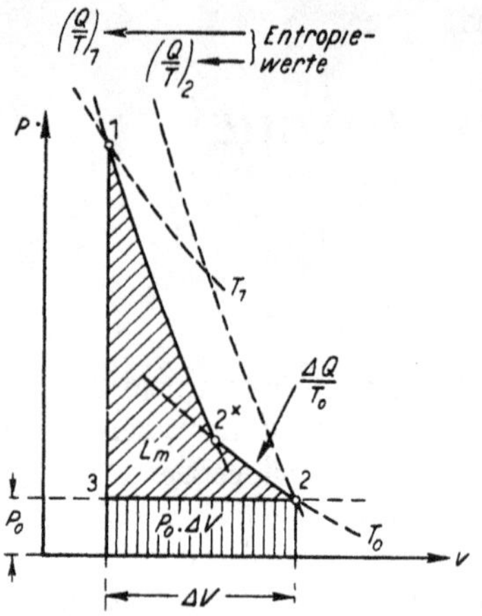

Bild 115. Maximale Arbeit physikalischer Zustandsänderungen

Nach dem I. Hauptsatz [(54)] ist für den elementaren Vorgang

$$dU = dQ - A \cdot dL. \tag{380}$$

Die elementare Arbeit dL setzt sich zusammen aus

$$dL = dL_{max} + P \cdot dV. \tag{381}$$

Für den Übergang von der Adiabate $(Q/T)_1$ zur anderen $(Q/T)_2$ gilt nach (142):

$$dQ = T \cdot dS. \tag{382}$$

Durch Einsetzen von (381) und (382) in (380) ergibt sich

$$A \cdot dL_{max} = -dU + T \cdot dS - A \cdot P \cdot dV,$$

oder, da für den isotherm-umkehrbaren Wärmeaustausch auch im Elementarvorgang $T =$ konst. ist, kann auch geschrieben werden

$$A \cdot dL_{max} = -d(U - T \cdot S) - A \cdot P \cdot dV = d\mathfrak{A} \tag{383a}$$

die Maximale Arbeit $d\mathfrak{A}$ im Wärmemaß.

Ebenso ergibt sich mit der Beziehung (71) die Maximale Technische Arbeit, die aus der laufend herangeführten Stoffmenge gewonnen werden kann.

$$d\mathfrak{A}_t = -d(I - T \cdot S). \tag{384a}$$

Die Integration liefert $\mathfrak{A}$ und $\mathfrak{A}_t$, die Maximalen Arbeiten ausgehend von einem Anfangszustand 1 nach einem Endzustand 2, wobei $T_2 = T_0$ und $P_2 = P_0$ der Umgebung und $U_1 = U_2$ und $S_1 = S_2$ sind

$$\mathfrak{A} = U_1 - U_2 - T_0(S_1 - S_2) + A \cdot P_0(V_1 - V_2) \tag{383b}$$

$$\mathfrak{A}_t = I_1 - I_2 - T_0(S_1 - S_2). \tag{384b}$$

Dasselbe Ergebnis errechnet sich natürlich auch aus den einzelnen Arbeitsbeträgen nach (83d), (80c) und IIIA3e zu (auf 1 kg bezogen)

$$L_{max} = L_{1,2*} + L_{2*,2} - L_{3,2} = \frac{P_1 v_1}{\varkappa - 1}\left(1 - \frac{T_0}{T_1}\right) + P_1 v_1 \ln \frac{P_{2*}}{P_0} - P_0 (v_2 - v_1),$$

das mit

$$P_{2*} = \left(\frac{T_0}{T_1}\right)^{\frac{\varkappa}{\varkappa-1}} \cdot P_1 \quad \text{und} \quad v_2 = \frac{P_1 v_1}{P_0} \cdot \frac{T_0}{T_1}, \quad \text{gemäß} \quad \frac{P_1 v_1}{T_1} = \frac{P_0 v_0}{T_0}$$

ergibt

$$L_{max} = P_1 v_1 \left\{\frac{1}{\varkappa - 1}\left(1 - \frac{T_0}{T_1}\right) + \ln\left(\frac{T_0}{T_1}\right)^{\frac{\varkappa}{\varkappa-1}} \cdot \frac{P_1}{P_0} - \frac{T_0}{T_1} + \frac{P_0}{P_1}\right\}. \qquad (385)$$

Beispiel 53 (Bild 116): Für den besonderen Fall, daß die Gleichgewichtsstörung nur in Druckunterschieden gegenüber der Umgebung besteht (Druckluftbehälter), die Temperatur T_1 der Behälterluft aber gleich jener T_0 der Umgebung ist, so wird aus (385) mit $T_1 = T_0$ und $P_1 > P_0$:

$$L_{max} = P_1 v_1 \left(\ln \frac{P_1}{P_0} - 1 + \frac{P_0}{P_1}\right). \qquad (385\,\text{a})$$

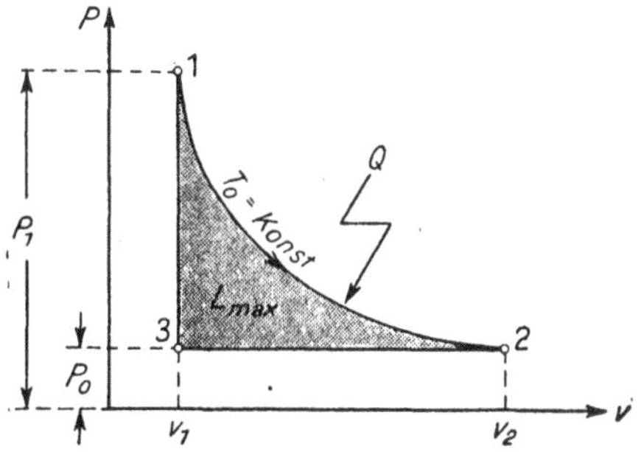

Bild 116. Arbeitsgewinnung beim Entleeren eines Druckluftbehälters; zu Beispiel 53

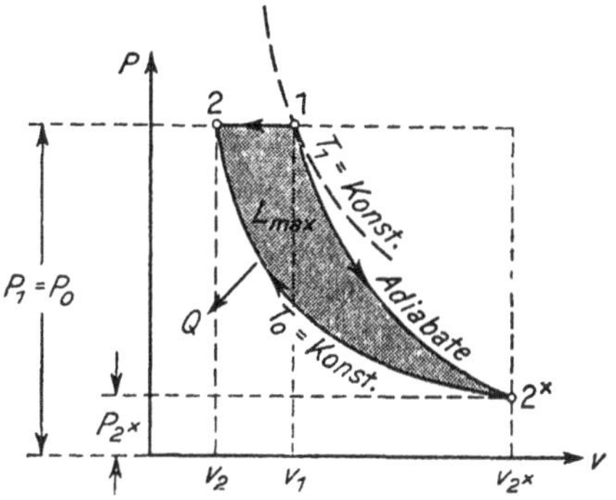

Bild 117. Arbeitsgewinnung aus Heizgasen; zu Beispiel 54

Beispiel 54 (Bild 117): Für diesen besonderen Fall bestehe die Gleichgewichtsstörung nur in Temperaturunterschieden $T_1 > T_0$, während $P_1 = P_0$ ist (Fall der Arbeitsgewinnung aus Heizgasen). Hier findet zunächst eine adiabatische Entspannung unter den Umgebungsdruck bis zur Temperaturgleichheit statt; dies erfordert eine Arbeitsleistung gegen den Umgebungsdruck P_0. Anschließend findet eine isothermische Rückverdichtung statt, bei welcher der Umgebungsdruck Arbeit an das Gas abgibt und dieses selbst die Verdichtungswärme an die Umgebung. Hier lautet dann (385): mit $P_1 = P_0$ und $T_1 > T_0$:

$$L_{max} = P_0 v_1 \left\{\frac{1}{\varkappa - 1}\left(1 - \frac{T_0}{T_1}\right) + \ln\left(\frac{T_0}{T_1}\right)^{\frac{\varkappa}{\varkappa-1}} - \frac{T_0}{T_1} + 1\right\}.$$

Nach Ausrechnung und Zusammenfassung erhält man daraus

$$L_{max} = P_0 v_1 \frac{\varkappa}{\varkappa - 1}\left[1 - \left(\frac{T_0}{T_1} - \ln \frac{T_0}{T_1}\right)\right] = \frac{T_0 c_p}{A}\left[1 - \frac{T_0}{T_1} + \ln \frac{T_0}{T_1}\right], \qquad (385\,\text{b})$$

wenn $\frac{c_p}{AR} = \frac{\varkappa}{\varkappa - 1}$ und $P_0 v_1 = R\, T_0$ gesetzt wird.

Beispiel 55: Es ist die im umkehrbar geführten Schmelzvorgang enthaltene maximale Arbeit $\mathfrak{A}_t$ nach Beispiel 26 zu berechnen. Nach (384b) ist

$$\mathfrak{A}_t = i_1 - i_2 - T_0\,(s_1 - s_2).$$

Mit den Zahlenwerten des Beispiels 26 ergibt sich:

$$i_1 - i_2 = -96{,}155 \text{ kcal/kg} = |Q| \text{ wie berechnet, } T_0 = 288^\circ \text{ K,}$$

$$s_1 - s_2 = - \;\; 0{,}35086 \text{ kcal/kg grd, daher wird}$$

$$\mathfrak{A}_t = -96{,}155 - 288 \cdot (-0{,}35086) = +4{,}845 \text{ in kcal/kg.}$$

Die Ausdrücke $(U - T \cdot S)$ in (383a) und $(I - T \cdot S)$ in (384a) hängen nur von zwei der drei thermischen Zustandsgrößen T, V und P ab. Sie sind daher selbst „Charakteristische" Funktionen des Augenblickszustandes des Stoffes und seiner thermischen Eigenschaften, bilden somit auch ein vollständiges Differential. Mit diesen Funktionen, in denen dann statt der Entropie die Temperatur als Veränderliche erscheint, ergeben sich für manchen Zwecke bequeme Beziehungen [S. 225 u. f. (412, 413)]. Man nennt

$(U - T \cdot S) = F_v$, die Freie Energie (386)

$(I - T \cdot S) = F_p$, die Freie Enthalpie oder das Gibbssche Thermodynamische Potential. (387)

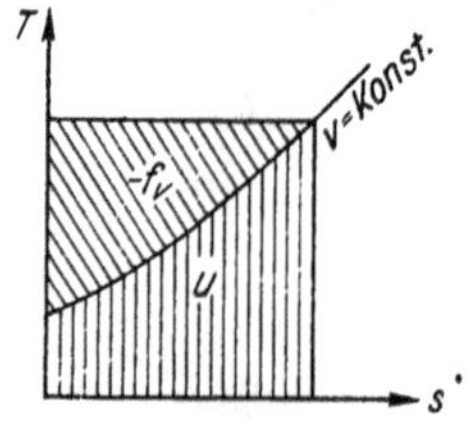

Bild 118. Freie und gebundene Energie

Beide sind gemäß der Bezeichnungsweise, da $T \cdot s > u$ bzw. i ist, negative Größen. Sie erscheinen nach Bild 118 im T, s-Diagramm als Fläche im Rechteck T, s über der $v =$ konst.- bzw. $P =$ konst.-Linie.

Nach der Gepflogenheit der physikalischen Chemie, für welche diese Zusammenhänge das Hauptinteresse haben, wird auch

$$d\,\mathfrak{A} = A \cdot d L_{max} + A\,P \cdot d\,V = -\,d(U - T \cdot S) \qquad (383\text{c})$$

gesetzt.

Damit läßt sich (383c) dahin aussprechen, daß *die Maximale Arbeit bei $v =$ konst. gleich der Änderung der Freien Energie F_v* ist:

$$\mathfrak{A}_v = F_{v,1} - F_{v,2}. \qquad (388)$$

Gleichung (384b) sagt aus, daß *die maximale Arbeit bei $p =$ konst. gleich der Änderung der Freien Enthalpie F_p* ist

$$\mathfrak{A}_p = F_{p,1} - F_{p,2}. \qquad (389)$$

Nur die Änderung der Freien Energie und der Freien Enthalpie läßt sich somit in Arbeit verwandeln und, zwar beim umkehrbaren Vorgang vollständig, während der Anteil der Änderung $T \cdot S$ immer als Wärme abgeführt werden muß.

$T \cdot S$ wird daher *Gebundene Energie* genannt.

Für einheitliche Stoffe würde bei T und v konstant keine Arbeit geleistet, da dabei auch keine Zustandsänderung des Stoffes möglich ist, wohl aber bei der umkehrbaren Mischung von Gasen oder elektrochemischen Vorgängen usw. Die Voraussetzung isothermer Reaktion besagt hier, daß die Temperatur der Stoffe vor und nach dem Umsatz dieselbe der Umgebung ist.

Eine weitere Charakteristische Funktion ist noch die Plancksche Funktion

$$\Phi = -\frac{F_p}{T} = S - \frac{I}{T} = \Phi(T, P, \ldots). \tag{390}$$

Besondere Bedeutung gewinnen die Charakteristischen Funktionen in der chemischen Thermodynamik.

Zur einheitlichen Entwicklung seien die sich *aus der Einführung der Charakteristischen Funktionen ergebenden wichtigsten Beziehungen* unter Vorgriff auf ihre gelegentliche Verwendung zusammengestellt.

Aus $U - T \cdot S = F_v$, Gleichung (386), ergibt sich

$$dF_v = dU - T \cdot dS - S \cdot dT, \quad \text{und mit} \quad dU = T \cdot dS - A \cdot P \cdot dV$$

wird

$$dF_v = -S \cdot dT - A \cdot P \cdot dV. \tag{391}$$

Daraus folgt weiter

$$\left(\frac{\partial F_v}{\partial T}\right)_v = -S. \tag{392}$$

Diesen Wert wieder in die ursprüngliche Gleichung (386) eingeführt, gibt

$$U = F_v - T\left(\frac{\partial F_v}{\partial T}\right)_v. \tag{393}$$

Dies ist die Gleichung von Helmholtz.

Weiter ergibt sich aus (391):

$$\left(\frac{\partial F_v}{\partial V}\right)_T = -A \cdot P. \tag{394}$$

Aus (392) und (394) erkennt man, daß sich aus der Freien Energie F_v unmittelbar die anderen Zustandsgrößen ergeben.

Ebenso ergibt sich aus der Freien Enthalpie F_p nach (387)

$$I - T \cdot S = F_p,$$

$$dF_p = dI - T \cdot dS - S \cdot dT, \quad \text{und mit} \quad dI = T \cdot dS + A \cdot V \cdot dP \text{ wird}$$

$$dF_p = -S \cdot dT + A \cdot V \cdot dP \tag{395}$$

$$\left(\frac{\partial F_p}{\partial T}\right)_p = -S \tag{396}$$

und wieder in (387) eingeführt,

$$I = F_p - T\left(\frac{\partial F_p}{\partial T}\right)_p \tag{397}$$

die zweite Form der Helmholtzschen Gleichung.

Aus (390)

$$\Phi = -\frac{F_p}{T} = S - \frac{I}{T}$$

ergibt sich

$$\left(\frac{\partial \Phi}{\partial T}\right)_p = \frac{I}{T^2}, \tag{398}$$

ebenso mit (395)

$$\left(\frac{\partial \Phi}{\partial P}\right)_T = -\frac{A \cdot V}{T} \tag{399}$$

und durch Einsetzen in (390)

$$S = \Phi + T\left(\frac{\partial \Phi}{\partial T}\right)_p. \tag{400}$$

Aus (384a) ergibt sich mit (387)

$$\left(\frac{\partial \mathfrak{A}_p}{\partial T}\right)_p = -\left(\frac{\partial F_p}{\partial T}\right)_p,$$

also folgt mit (384b)

$$\mathfrak{A}_p - (I_1 - I_2) = T \cdot \left(\frac{\partial \mathfrak{A}_p}{\partial T}\right)_p. \tag{401}$$

Ebenso ergibt sich aus (386):

$$\mathfrak{A}_v - (U_1 - U_2) = T \cdot \left(\frac{\partial \mathfrak{A}_v}{\partial T}\right)_v. \tag{402}$$

Bei *chemischen Reaktionen* erfahren verschiedene Stoffe unter Veränderung ihrer Stoffeigenschaften eine Vereinigung zu einem neuen Stoff. Die Quantitätsgrößen sind bei chemischen Reaktionsgleichungen immer auf den Formelumsatz bezogen, also auf 1 Mol $= M$ kg der Endsubstanz oder auf 1 Mol des mit der kleinsten Menge in die Reaktion eintretenden Stoffes (z. B. $H_2 + {}^1/_2\, O_2 \rightarrow H_2O$ oder $2\, H_2 + O_2 \rightarrow 2\, H_2O$).

Demgemäß sollen die Quantitätsgrößen und Stoffkonstanten entsprechend der Vereinbarung mit großen Deutschbuchstaben gekennzeichnet werden.

Um überhaupt die Reaktion einzuleiten, müssen die Teilnehmer miteinander in innige physikalische Berührung gebracht, also vermischt werden. Das Gedankenexperiment zur Ermittlung der Maximalen Arbeit dieses Mischungs- und Reaktionsvorganges, muß dafür umkehrbar erdacht werden.

Nach VAN T'HOFF dienen dazu die halbdurchlässigen oder semipermeablen Stoffe (IIIC6hα_4). Wir denken uns also wieder aus solchen Stoffen gegenläufige Kolben, welche die teilnehmenden Reaktionsgase und die Gemischzone voneinander trennen (Bild 119). Dieser Gedankenversuch gestattet nun auch die Behandlung thermodynamisch umkehrbarer Vorgänge chemischer Reaktionen, die beim CARNOT-Prozeß bisher ausgenommen waren (IIIC3).

Der Ausgangszustand der Reaktionsteilnehmer und der Endzustand ihrer Reaktionsprodukte sollen dieselbe Temperatur und denselben Druck wie die Umgebung haben.

Die in den Zylinderräumen getrennt untergebrachten, vollkommenen Reaktionsgase von gleichem Druck (P) und gleicher Temperatur (T) können nur durch die semipermeablen Kolben in den Mischraum eintreten; nicht aber von hier weiter in den Gasraum des anderen Gases am anderen Zylinderende. Die Kolben bewegen Gewichte, die im indifferenten Gleichgewicht stehen (ähnlich wie in Bild 50). Die bei der Reaktion entwickelte Wärmemenge Q_1 wird den gemischten Gasen als Arbeitsträger, entsprechend der langsamen Kolbenverschiebung, aus einem Behälter konstanter Temperatur T zugeführt gedacht. Die Ausdehnung der Einzelgase vom Mischungsdruck auf ihren Teildruck in der Mischung erfolgt umkehrbar-isothermisch (Zustandslinie $\overline{01}$ für Gas II und $\overline{01'}$ für Gas I). In den Kolbenendlagen (1; 1') sind beide Gase in dem Mischraum vereint. Die Wärmezufuhr der isothermischen Ausdehnung ist beendet. Druck und Temperatur sind bei diesem Misch- und Ausdehnungsvorgang konstant geblieben (vgl. IIIC).

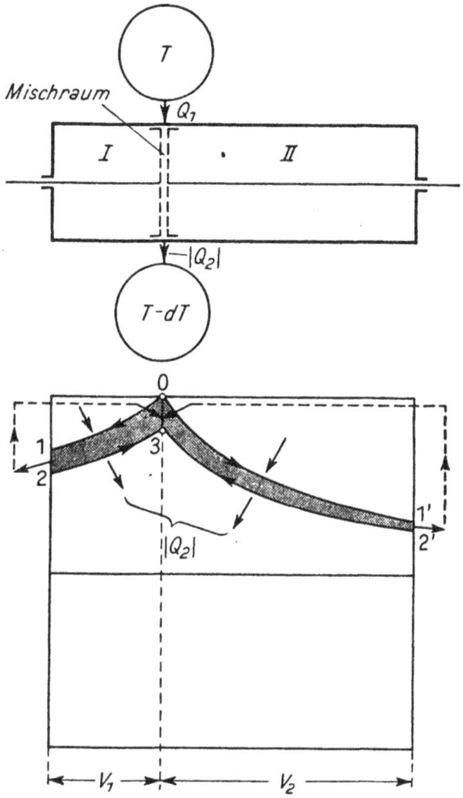

Bild 119. Umkehrbare Reaktion zweier Gase. Fläche [0 1' 2' 3 2 1] ≙ Max. Arbeit

Nunmehr setzt ein umkehrbarer Wärmeentzug aus den Mischgasen bei konstantem Volumen $V = V_1 + V_2$ an einen, um dT kühleren Wärmespeicher ein ($\overline{12}$ bzw. $\overline{1'2'}$).

Anschließend erfolgt beim Zurückschieben der beiden Kolben wieder eine isothermisch-umkehrbare Verdichtung ($\overline{23}$ bzw. $\overline{2'3}$), bei welcher die Gase aus der Mischung durch ihre halbdurchlässigen Kolbenwände in ihre Endräume zurücktreten und damit entmischt werden. Dabei wird an den unteren Speicher von der um dT geringeren Temperatur die Wärmemenge $|Q_2|$ abgegeben.

Bei konstantem Ausgangsvolumen jedes Einzelgases wird nun ihre Temperatur wieder um dT auf den ursprünglichen Ausgangswert gehoben ($\overline{30}$). Infolge der Unabhängigkeit der spezifischen Wärmen der vollkommenen Gase vom Druck ist dazu dieselbe Wärmemenge notwendig, welche zuvor von 1 nach 2 bzw. von 1' nach 2' zur Temperatursenkung entzogen wurde; denn es ist

$$G \cdot c_v = G_{\mathrm{I}} \cdot c_{v,\mathrm{I}} + G_{\mathrm{II}} \cdot c_{v,\mathrm{II}} \,.$$

Damit ist der ursprüngliche Ausgangszustand über einen geschlossenen, umkehrbaren Kreisprozeß wieder erreicht. Die umrandete Fläche ist die geleistete

Nutzarbeit. Aus den Werten der Wärme- und Arbeitsverhältnisse in diesem umkehrbaren Kreisprozeß ergibt sich diese Maximale Arbeit (im Wärmemaß)

$$d\mathfrak{A} = Q_1 \cdot \frac{dT}{T}. \tag{403}$$

Die Maximale Arbeit ist von der Natur des Übertragungsmittels, als welches hier ein ideales Gas gewählt wurde, unabhängig. Daß dem so ist, entscheidet dieselbe Überlegung wie bei der Übertragung des CARNOT-Prozesses auf beliebige Körper (IIIC3). Wäre dies nicht der Fall, so brauchte nur während des Kreisprozesses ein Wechsel des Arbeitsmediums vorgenommen zu werden, um fortlaufend ohne irgendwelche Änderungen Wärme vom unteren in den oberen Behälter hochzupumpen, was aber dem II. Hauptsatz widersprechen würde.

Die Maximale Arbeit ist also gleich jener $A \cdot dL$ eines elementaren CARNOT-Prozesses im Temperaturgefälle dT. Die Gleichung (403) ist der *allgemeinste Ausdruck des II. Hauptsatzes für isothermische chemische Reaktionen.*

Nachdem $Q/T = \Delta S$ ist, so ist nunmehr für eine elementare Temperatursenkung gemäß (403) für einen Formelumsatz

$$d\mathfrak{S} = \frac{d\mathfrak{A}}{T}. \tag{404}$$

Durch Verbindung des I. und II. Hauptsatzes [(54b), (142) und (403)] ergibt sich *bei T und V konstant* für umkehrbare Reaktionen, also $A \cdot dL = d\mathfrak{A}_v$,

$$d\mathfrak{U} = T \cdot d\mathfrak{S} - A \cdot dL = T \cdot d\mathfrak{S} - d\mathfrak{A}_v.$$

Auch hier kann wieder wegen T = Umgebungstemperatur = konst. geschrieben werden

$$d\mathfrak{A}_v = -d(\mathfrak{U} - T \cdot \mathfrak{S}). \tag{405}$$

Dies ist die Gleichung von HELMHOLTZ (383a), in welcher

$$(\mathfrak{U} - T \cdot \mathfrak{S}) = \mathfrak{F}_v \tag{406}$$

als Freie Energie bezeichnet wurde. Ebenso ist auch $T \cdot \mathfrak{S}$ die Gebundene Energie, sie ist immer als Wärme aus dem Prozeß abzuführen.

Die Maximale Arbeit erscheint demnach nur aus der Änderung der Freien Energie gedeckt (diese hat negatives Vorzeichen!).

Die treibende Ursache (Affinität) der durch äußere Bedingungen und Stoffart unterschiedlichen Reaktionsfreudigkeit der Elemente und Verbindungen zu erklären, wurde früher in der Änderung der Inneren Energie, in der Größe der Wärmetönung gesucht (THOMSEN und BERTHELOT). Danach könnten nur exotherme Prozesse freiwillig vor sich gehen. Dem widerspricht jedoch z. B. die freiwillige Verdampfung überhitzter Flüssigkeiten, die Wärme verbraucht, auch endotherm freiwillig ablaufende Reaktionen und die Erkenntnisse aus den Vorgängen galvanischer Elemente.

Der Hang zueinanderzustreben und in dieser Vereinigung (Verbindung) zusammenzuhalten, ist um so größer, je größer die Arbeit ist, diesen Zusammenhang der Bindung zu trennen. Dieser Hang der Stoffe zueinander wird Verwandtschaft, Wahlverwandtschaft oder Affinität genannt. Man kommt daher zu dem Schluß:

„*Die Affinität einer chemischen Reaktion ist gleichwertig ihrer Maximalen Arbeitsfähigkeit.*" Ist diese positiv, so läuft die Reaktion für die betrachtete Richtung von selbst ab.

Im Bereich niederer Temperaturen unterscheidet sich die Abnahme von $\mathfrak{F}_v$ nur wenig von jener $\Delta\,\mathfrak{U}$, der Wärmetönung bei konstantem Volumen. Anders hingegen im Bereich hoher Temperaturen. Hier ist $T \cdot \mathfrak{S}$, und bei verbrannten Gasen auch $\mathfrak{S}$, groß, es kann die Reaktion also auch unter Wärmeaufnahme verlaufen (Dissoziation, Vergasung).

Die Gleichung (405) gewinnt dadurch besondere Bedeutung, weil sich die Reaktionsarbeit $\mathfrak{A}_v$ aus der Reaktionswärme $\mathfrak{W}_v$ bei konstantem Volumen, welche gleich der Änderung $\Delta\,\mathfrak{U}$ der inneren Energie ist, und der ebenfalls grundsätzlich meßbaren Änderung von $\Delta\,\mathfrak{S}$ bei konstantem Volumen (Reaktionsisotherme bei konstantem Volumen) berechnen läßt.

Aus (405) ergibt sich in Verbindung mit (403) wieder die Beziehung (402)

$$\mathfrak{A}_v - \Delta\,\mathfrak{U} = T \cdot \frac{d\,\mathfrak{A}_v}{d\,T}\,. \tag{407}$$

Die Gleichung für die Maximale Arbeit *isothermer Reaktionen bei konstantem Druck* lautet [vgl. (384a)]

$$d\,\mathfrak{A}_p = -d(\mathfrak{J} - T \cdot \mathfrak{S}) \tag{408}$$

und

$$\mathfrak{J} - T \cdot \mathfrak{S} = \mathfrak{F}_p\,. \tag{409}$$

$\mathfrak{F}_p$ wurde in Analogie zur Freien Energie Freie Enthalpie genannt.

Für ideale Gase ist $\left(\frac{\partial u}{\partial v}\right)_T = 0$ nach (60), daher ist $\Delta\,\mathfrak{U}_p \approx \Delta\,\mathfrak{U}_v$, und somit auf den Formelumsatz von 1 Mol bezogen

$$\Delta\,\mathfrak{U} = \mathfrak{U}_1 - \mathfrak{U}_2 = \mathfrak{W}_v \tag{410a}$$

die Wärmetönung bei konstantem Volumen.

Gemäß $i = u + A \cdot P \cdot v$ ist daher die Wärmetönung bei konstantem Druck

$$\mathfrak{W}_p = \mathfrak{W}_v + A \cdot P \cdot \mathfrak{V} \sum n = \mathfrak{J}_1 - \mathfrak{J}_2 = \Delta\,\mathfrak{J}. \tag{410b}$$

$\sum n =$ Mol-Zahländerung bei der Reaktion [siehe (417)].

Mit Einführung der allgemeinen Gasgleichung $P \cdot \mathfrak{V} = \mathfrak{R} \cdot T$ lautet (410b):

$$\mathfrak{W}_p = \mathfrak{W}_v + \mathfrak{R}_{cal} \cdot T \sum n\,. \tag{410c}$$

Es wird genannt: $\Delta\,\mathfrak{U}$ Reaktionsenergie. $\Delta\,\mathfrak{J}$ Reaktionsenthalpie, auch Bildungsenthalpie ($\Delta\,\mathfrak{J}_B$) und $\Delta\,\mathfrak{S}$ Reaktionsentropie.

Beispiel 56 (vgl. Beispiel 50):

$$H_{2,\,gasf} + {}^1/_2\, O_{2,\,gasf} = H_2O_{fl}\,,$$

dafür ist $\mathfrak{W}_v = 67\,510$ kcal/Mol bei 0° C. Unter Vernachlässigung des entstandenen flüssigen Wassers sind $\sum n = 1{,}5$ Mole bei der Reaktion verschwunden. Daher ist

$$\mathfrak{W}_p = 67\,510 + 1{,}5 \cdot 1{,}986 \cdot 273 = 68\,330 \text{ in kcal/Mol.}$$

Aus (410) ergeben sich, unter Berücksichtigung von $d\,\mathfrak{U} = \mathfrak{C}_v \cdot d\,T$, für die Abhängigkeit der Wärmetönung einer Reaktion von der Temperatur die Kirchhoffschen Gleichungen

$$\left.\begin{aligned} \frac{\partial \mathfrak{W}_v}{\partial T} &= \sum n\,\mathfrak{C}_v \\ \frac{\partial \mathfrak{W}_p}{\partial T} &= \sum n\,\mathfrak{C}_p\,. \end{aligned}\right\} \tag{411 a}$$

Bei flüssigen und festen Stoffen ist die Volumenänderung infolge des Druckeinflusses nur gering, daher ist

$$\mathfrak{W}_v \approx \mathfrak{W}_p\,. \tag{411 b}$$

Der Zusammenhang zwischen der Maximalen Arbeit und der Wärmetönung ist durch die Gibbs-Helmholtzsche Gleichung gegeben und lautet gemäß (402, 410 a) für die isothermische Reaktion bei konstantem Volumen

$$\mathfrak{A}_v - \mathfrak{W}_v = T\left(\frac{\partial \mathfrak{A}_v}{\partial T}\right)_v \tag{412}$$

und gemäß (401, 410 b) für die isothermische Reaktion bei konstantem Druck

$$\mathfrak{A}_p - \mathfrak{W}_p = T\left(\frac{\partial \mathfrak{A}_p}{\partial T}\right)_p\,. \tag{413}$$

Entsprechend ihrer Ableitung aus rein thermodynamischen Beziehungen gelten diese Gleichungen auch für Reaktionen zwischen gasförmigen, flüssigen und festen Stoffen.

Wegen der schwierigen Durchführung von Reaktionen flüssiger und fester Stoffe unter konstantem Volumen gegenüber einer solchen unter konstantem Druck wird meist mit den Beziehungen unter konstantem Druck gerechnet.

Die Maximalen Arbeiten $\mathfrak{A}$ sind also nicht gleich den Wärmetönungen $\mathfrak{W}_v$ bzw. $\mathfrak{W}_p$, dazu müßte $T\left(\frac{\partial \mathfrak{A}}{\partial T}\right)_v$ bzw. $T\left(\frac{\partial \mathfrak{A}}{\partial T}\right)_p$ verschwinden. Diese Erörterung beinhaltet der III. Hauptsatz der Wärmelehre von Nernst im späteren Unterabschnitt 4.

Die Wärmetönung $\mathfrak{W}_v$ und $\mathfrak{W}_p$ bezogen auf die Stoffmenge von 1 kg wird als Heizwert h_v und h_p bezeichnet (VIIB1). Dieser unterscheidet sich bei technischen Brennstoffen nur um wenig ($1 \cdots 3\%$) von der Maximalen Arbeit. Vergleicht man damit die tatsächliche Wärmeausnutzung in den Feuerungen, ja selbst in den Dieselmotoren mit $\approx 35 \cdots 40\%$, so sieht man, welchen Einfluß die auftretenden nichtumkehrbaren Vorgänge auf den ganzen Verbrennungsvorgang ausüben.

Die Maximale Arbeit erfährt eine besondere Bedeutung im Zusammenhang mit der chemischen Gleichgewichtskonstanten zur Berechnung der Reaktionsgleichgewichte.

2. THERMO-CHEMISCHES GLEICHGEWICHT

Die für den Verbrennungsvorgang im Abschnitt VIIB1 aufgestellten Brutto-Reaktionsgleichungen erwecken durch das Gleichheitszeichen den Eindruck, daß bei dem angeschriebenen Formelumsatz die linksstehenden Ausgangsstoffe verschwinden und an deren Stelle die rechtsstehenden Endprodukte treten. Sie ließen aber auch die Zeit für den Reaktionsvorgang ganz außer Betracht.

Schon der vorangehende Abschnitt VIIIA1 sprach von einem Gleichgewichtszustand, dem eine Reaktion unter gegebenen äußeren Verhältnissen zustrebt. Die Gleichungen (405) bzw. (408) und deren Diskussion ließen die Größe und die Vorzeichenänderung der Maximalen Arbeit erkennen, sobald das Glied $T \cdot S$ im Ausdruck der Freien Energie $\mathfrak{F}_v$ bzw. Enthalpie $\mathfrak{F}_p$ an Bedeutung gewinnt.

Auch im Gleichgewichtszustand sind in ganz bestimmtem, durch die sog. Gleichgewichtskonstante festgelegtem Verhältnis die Ausgangsstoffe neben den Endprodukten gleichzeitig vorhanden. Dabei bewirkt eine kleinste Änderung der äußeren Bedingungen ein neues Ingangsetzen der Reaktion nach der einen oder anderen Richtung bis zu einem neuen Gleichgewichtszustand; genau wie auch das Auflegen eines Gewichtes auf eine Waage sofort zu neuen Schwingungen, abklingend um die neue Mittellage, anregt.

Mit zunehmender Entfernung von einem Gleichgewichtszustand erfolgen die physikalischen und chemischen Vorgänge nicht mehr unendlich langsam wie bei reversiblem, im indifferenten Gleichgewicht ablaufendem Vorgang. Die Geschwindigkeit nimmt bis zum spontanen Ablauf zu. Es läßt sich daher der Gleichgewichtszustand vermittels der Entropie dahin beschreiben, daß in einem adiabatischen System, d. h. in einem von außen abgeschlossenen System, der Gleichgewichtszustand mit jenem des Maximums der Entropie des Systems zusammenfällt. Bei jeder Abweichung von diesem *stabilen* Gleichgewicht ist die Entropie geringer. Nach dem II. Hauptsatz kann *von selbst* nur ein Ablauf in Richtung einer Entropiezunahme, also gegen das Maximum hin erfolgen (GIBBS).

In der chemischen Gleichung wird dieses Wechselspiel um die Gleichgewichtslage durch einen Wechselpfeil ($\rightleftarrows$) an Stelle des Gleichheitszeichen ausgedrückt. Die Pfeilrichtung zeigt die Richtung des Reaktionsablaufes an.

Es soll nunmehr untersucht werden, in welchem Verhältnis die Reaktionsteilnehmer im Gleichgewichtszustand jeweils vorhanden sind und wie sich dieses Verhältnis durch Änderung von Druck und Temperatur verschiebt. Diese Frage gewinnt besondere technische Bedeutung bei Verbrennungsvorgängen in hohen Temperaturbereichen (Dissoziation, Vergasung, Verbrennungs-Höchsttemperaturen usw.).

a) Homogene Gasgleichgewichte

Dieser Gleichgewichtszustand wird durch das „Massenwirkungsgesetz" geregelt, das GULDBERG und WAAGE (1867) entdeckten.

Für ein Reaktionsschema, in welchem die Ausgangsstoffe links, die Endstoffe rechts vom Wechselpfeil stehen

$$n_A \cdot \mathrm{A} + n_B \cdot \mathrm{B} + \cdots \rightleftarrows n_X \cdot \mathrm{X} + n_Y \cdot \mathrm{Y} + \cdots \tag{414}$$

gilt nach dem Massenwirkungsgesetz die allgemeine Beziehung

$$\frac{[\mathrm{A}]^{n_A} \cdot [\mathrm{B}]^{n_B} \ldots}{[\mathrm{X}]^{n_X} \cdot [\mathrm{Y}]^{n_Y} \ldots} = K. \tag{415 a}$$

„K" ist die „Gleichgewichtskonstante", n_i ist die Anzahl der Mole (1 Mol $= M$ kg), mit welchen die Stoffe in die Reaktion eines Formelumsatzes eintreten (daher ein n_i, z. B. $n_A = 1$) gemäß VIIA1b. Bei der gewählten Schreibweise stehen dabei die in der Reaktionsformel rechts angeschriebenen Stoffe im Nenner, die links angeschriebenen im Zähler. Diese Schreibweise ist absolut nicht einheitlich und gibt daher oft zu Irrtümern Anlaß. Im weiteren Verlauf wird dann die Reaktionsgleichung so geschrieben gedacht, daß die Wärmetönung immer auf die Seite kommt, auf welcher sie positives Vorzeichen erhält, d. h. die Reaktion exotherm verläuft.

Die Ableitung des Massenwirkungsgesetzes kann auf gaskinetischem oder thermodynamischem Wege erfolgen.

Die kinetische Ableitung gründet sich auf die Umgruppierung des molekularen Aufbaues der Moleküle durch das Zusammenstoßen der verschiedenen Reaktionspartikelchen in der, vor allem bei Gasen, regellosen Molekularbewegung der durcheinanderschwirrenden Molekeln in der Gasmischung. Dabei führt aber nicht jeder Zusammenstoß der verschiedenartigen Molekeln zu einer solchen Aufspaltung und Umgruppierung. Vielmehr bedarf es dazu Stoßimpulsen von ausgezeichneter Richtung und Mindestenergie, denn die Molekeln haben ja eine gewisse, nach den Raumrichtungen verschiedene Stabilität in ihrem Aufbau. (Kurze Ableitung dazu siehe unter VIIIB1.)

Die thermodynamische Ableitung basiert auf den beiden Hauptsätzen in Verbindung mit den Gesetzen der idealen Gase und Lösungen. Ein Gedankenexperiment, ähnlich dem bei der Ableitung der Maximalen Arbeit, vermittels die Reaktionspartner vom Gemischraum trennender halbdurchlässiger Kolben und einem Gleichgewichtskasten, führt hier durch einen umkehrbaren Kreisprozeß zu denselben Ergebnissen. (Vgl. dazu z. B. SCHÜLE, W., „Technische Thermodynamik" Bd. II. Springer-Verlag. SCHMIDT, E., „Der dritte Hauptsatz der Wärmelehre" VDI 1950, Nr. 1, S. 24.)

Die Gleichgewichtskonstante K läßt sich durch verschiedene Formulierungen der Konzentration der Reaktionsteilnehmer beschreiben.

Die molare Konzentration $c_i = \frac{n_i}{V}$ nach (112) ($c_A = [A]$, $c_B = [B]$, $\cdots$), d. i. die Anzahl Mole je Volumeneinheit des Endgemisches, ergibt die Gleichgewichtskonstante K_c entsprechend (415a)

$$K_c = \frac{c_A^{n_A} \cdot c_B^{n_B} \ldots}{c_X^{n_X} \cdot c_Y^{n_Y} \ldots}. \tag{415b}$$

Für Gasgemische, welche der idealen Gasgleichung folgen, liefern die Partialdrücke P_i innerhalb des Gesamtdruckes P oder die Molenbrüche $x_i = \frac{n_i}{\sum n_i} = \frac{P_i}{\sum P_i} = \mathfrak{v}_i$ nach (111), die Gleichgewichtskonstanten K_p und K_x:

$$K_p = \frac{P_A^{n_A} \cdot P_B^{n_B} \ldots}{P_X^{n_X} \cdot P_Y^{n_Y} \ldots}, \tag{415c}$$

$$K_x = \frac{x_A^{n_A} \cdot x_B^{n_B} \ldots}{x_X^{n_X} \cdot x_y^{n_y} \ldots}.$$

Der Zahlenwert von K_p hängt von der Maßeinheit ab, K_x ist dimensionslos.

Zur zahlenmäßigen Berechnung von K_p bedient sich die physikalische Chemie meist der Atm (1 Atm = 760 Torr), cm, s, mol und cal. Bei der Übernahme der K_p-Werte aus den Tabellen der physikalischen Chemie ist daher besonders auf diese Maßeinheit zu achten. Die Technik benutzt hingegen die Maßeinheiten m, kg, s, Mol, kcal und rechnet den Druck in kg/m² (P) oder kg/cm² = at (p).

Die Verbindung zwischen den Bezugsgrößen bilden die Gleichungen unter IIIB1:

$$\left.\begin{aligned} P_i &= \frac{n_i}{V} \cdot \Re \cdot T = c_i \Re \cdot T \\ P_i &= x_i \cdot P. \end{aligned}\right\} \tag{416}$$

Somit bestehen zwischen den Gleichgewichtskonstanten die Beziehungen:

$$K_p = K_c (\Re \cdot T)^{\Sigma n} = K_x \cdot P^{\Sigma n}, \tag{417}$$

$$K_x = K_c \cdot \mathfrak{V}^{\Sigma n},$$

wobei $\sum n$ die algebraische Summe der Mol-Zahlen der beteiligten Stoffe ist, welche positiv oder negativ sein kann. Die Mol-Zahlen der in der Reaktionsgleichung linksstehenden Stoffe sind dabei positiv, die der rechtsstehenden negativ einzuführen.

Die Gleichung (417) zeigt, daß der Zusammenhang zwischen K_p und K_c nur temperaturanhängig ist, während er mit K_x vom Druck abhängt.

Beispiel 57: So ergibt eine Reaktion, wie die

Jodwasserstoffbildung $H_2 + J_2 \rightleftarrows 2\,HJ$, oder die

Wassergasreaktion $H_2O + CO \rightleftarrows CO_2 + H_2$,

daß $\sum n = 0$ ist, d. h. die Reaktion verläuft ohne Mol-Zahländerung. Für diese ist dann

$$K_p = \frac{P_A \cdot P_B}{P_{AB}^2} = K_c = \frac{c_A \cdot c_B}{c_{AB}^2} = K_x = \frac{x_A \cdot x_B}{x_{AB}^2}. \qquad (418\,a)$$

Für eine Reaktion, z. B. $2\,H_2 + O_2 \rightleftarrows 2\,H_2O$ oder $2\,CO + O_2 \rightleftarrows 2\,CO_2$, ist $\sum n = +1$, d. h. Volumenverminderung, und daher ist

$$\left.\begin{aligned} K_p = \frac{P_A^2 \cdot P_B}{P_{AB}^2}, \quad K_c = \frac{c_A^2 \cdot c_B}{c_{AB}^2}, \quad K_x = \frac{x_A^2 \cdot x_B}{x_{AB}^2} \\ K_p = K_c \cdot \mathfrak{R}\,T = K_x \cdot P. \end{aligned}\right\} \qquad (418\,b)$$

In der technischen Literatur wird meist mit K_p gerechnet.

Die Änderung des Gleichgewichtszustandes einer chemischen Reaktion, welche durch die chemische Konstante beschrieben ist, läßt sich schon in seiner Tendenz durch das Prinzip von LE CHATELIER und BRAUN, der „Flucht vor dem Zwange" beurteilen, welches aussagt:

„*Eine Störung des Gleichgewichtszustandes wirkt sich immer nach der Richtung einer Verminderung der verursachenden Störung aus.*"

So verschiebt eine Druckerhöhung auf einen bestehenden Gleichgewichtszustand diesen in der Richtung einer Volumenverminderung und bedingt damit eine Abschwächung der Druckerhöhung. Ebenso wirkt eine Temperaturzunahme, also eine Wärmezufuhr, nach der Richtung eines wärmverbrauchenden Vorganges innerhalb des Gleichgewichtszustandes; z. B. einer Dissoziation.

Aus der thermodynamischen Ableitung des Massenwirkungsgesetzes ergibt sich die enge Verbundenheit der Größe K mit der Maximalen Arbeit $\mathfrak{A}$ zu

$$\mathfrak{A}_p = \mathfrak{R}_{cal} \cdot T \cdot \ln\left(\frac{P^{\Sigma n}}{K_p}\right) \qquad (419\,a)$$

$$\mathfrak{A}_p = -\mathfrak{R}_{cal} \cdot T \ln\left(K_c \cdot \mathfrak{V}^{\Sigma n}\right) = -\mathfrak{R}_{cal} \cdot T \cdot \ln K_x. \qquad (419\,b)$$

Die Kenntnis der funktionalen Abhängigkeit der Gleichgewichtskonstanten von Druck und Temperatur ist die Voraussetzung für die Berechnung des Gleichgewichtszustandes für verschiedene Zustände aus einem, einmal irgendwie ermittelten anderen Gleichgewichtszustand einer Reaktion.

Die Temperaturabhängigkeit beschreiben die VAN T'HOFFschen Gleichungen

$$\frac{\partial \ln K_c}{\partial T} = \frac{\mathfrak{W}_v}{\mathfrak{R}_{cal} \cdot T^2} \qquad (420\,a)$$

$$\frac{\partial \ln K_p}{\partial T} = \frac{\mathfrak{W}_p}{\mathfrak{R}_{cal} \cdot T^2}. \qquad (420\,b)$$

Sie sagen aus, eine positive Wärmetönung (exotherme Reaktion) bedingt eine Zunahme der Gleichgewichtskonstanten mit der Temperatur und umgekehrt.

So bedingt ein positiver Wert von (420) eine Zunahme von K_c bzw. K_p mit der Temperatur, also nach (415c):

$$K_p = \frac{P_A^{n_A} \cdot P_B^{n_B} \ldots}{P_X^{n_X} \cdot P_Y^{n_Y} \ldots}$$

ein Anwachsen der Teildrücke P_i der Ausgangsstoffe A, B, $\cdots$ mit der Temperatur, somit eine Verminderung der Endprodukte X, Y, $\cdots$ eine Dissoziation (Flucht vor dem Zwange).

Die Integration von (420b) ergibt bei $P =$ konst., die Gleichgewichtskonstante $(K_p)_T$ bei der Temperatur T zu

$$\ln (K_p)_T = \ln (K_p)_{T_0} + \int_{T_0}^{T} \frac{\mathfrak{W}_p}{\mathfrak{R}_{cal} \cdot T^2} \cdot dT. \tag{421}$$

In kleinen Temperaturgrenzen kann die Abhängigkeit von $\mathfrak{W}_p$ von der Temperatur vernachlässigt werden, so daß das Integral ausgerechnet werden kann zu

$$\ln (K_p)_T = \ln (K_p)_{T_0} + \frac{\mathfrak{W}_p}{\mathfrak{R}_{cal}} \cdot \left(\frac{1}{T_0} - \frac{1}{T}\right). \tag{422}$$

Wir sehen also, daß zur zahlenmäßigen Auswertung die Gleichgewichtskonstante $(K_p)_{T_0}$, welche die Integrationskonstante darstellt, bei irgendeiner Ausgangstemperatur T_0 auf irgendeinem Wege bekannt sein muß. Genau so verhält es sich mit der Gleichung für die Maximale Arbeit nach (419) und der allgemeinen Gleichung (404).

Um also mit diesen gewonnenen Erkenntnissen planvoll voraussehend arbeiten zu können, muß neben der Wärmetönung und ihrer Temperaturabhängigkeit, auch für einen Ausgangszustand von Temperatur und Druck die Gleichgewichtskonstante durch chemische Messungen bekannt sein. Diese Konstanten sind für verschiedene Stoffgleichgewichte in den Handbüchern zusammengestellt.

b) Heterogene Gasgleichgewichte

Als heterogen werden chemische Gleichgewichte zwischen Stoffen verschiedener Phasen bezeichnet.

Ein typisches Beispiel dafür ist die Reaktion der Kohlensäure beim Durchströmen einer glühenden Kohlenschicht

$$C + CO_2 \rightleftarrows 2\,CO. \tag{423}$$

Der Stoffumsatz spielt sich bei Reaktionen zwischen Gasen und Stoffen der flüssigen oder festen Phase nur in der Oberflächenzone der letzteren ab. Von der Auflockerung dieser Oberflächenzone bei Flüssigkeiten durch das gestörte innere Gleichgewicht wurde schon gesprochen (IIID3; E; V2). Aus der Oberflächenzone heraus bildet sich, entsprechend dem der Stofftemperatur zugeordneten Dampfdruck durch Verdampfung, oder bei festen Stoffen durch Sublimation, ein Gaspolster.

Es besteht somit zwischen der Kohlenstoffdampfbildung und der festen Kohlenoberfläche des Beispiels (423) die Wechselbeziehung

$$C_{fest} \rightleftarrows C_{gas}, \tag{424}$$

dabei ist die Menge des festen Körpers ohne Einfluß auf seinen Dampfdruck.

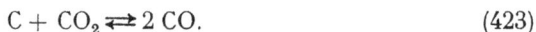

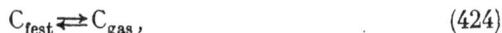

Grundsätzlich gilt das Massenwirkungsgesetz auch für heterogene Gasgleichgewichte, doch sind dabei nur die Partialdrucke der in der Gasphase vorhandenen Stoffe zu berücksichtigen.

Damit schreibt sich die Gleichgewichtskonstante für die Reaktionsgleichung (423):

$$K_p = \frac{P_{CO_2} \cdot P_C}{P_{CO}^2}, \tag{425 a}$$

und da der Dampfdruck P_C des festen C nur temperaturabhängig und vernachlässigbar klein ist, wird

$$K'_p = \frac{P_{CO_2}}{P_{CO}^2}. \tag{425 b}$$

Unter diesen Gesichtspunkten leitet sich auch die Maximale Arbeit genau wie für homogene Gasreaktionen ab und erhält damit den Wert nach (419a):

$$\mathfrak{A}_p' = \mathfrak{R}_{cal} \cdot T \cdot \ln \frac{P^{\Sigma n}}{|K'_p|}. \tag{426}$$

Wie bei den homogenen Gasreaktionen entscheidet auch hier die Kenntnis der Abhängigkeit der spezifischen Wärmen von der Temperatur für alle beteiligten Stoffe (bis zum absoluten Nullpunkt), neben der Kenntnis der Wärmetönung bei einer Temperatur, über die Ermittlung der Gleichgewichtskonstanten K'_p heterogener Systeme aus rein thermodynamischen Beziehungen (vgl. VIIIA4).

3. BERECHNUNG DER DISSOZIATIONSGLEICHGEWICHTE TECHNISCHER VERBRENNUNGSVORGÄNGE

Bei den technischen Verbrennungen sind vor allem die Gleichgewichtsabweichungen der chemischen Reaktionen in höheren Temperaturbereichen wegen der Dissoziation von Bedeutung.

Die technisch wichtigsten Zerfallsreaktionen sind:

$$\begin{aligned} CO_2 &\rightleftarrows CO + {}^1/_2\, O_2 \\ H_2O &\rightleftarrows H_2 + {}^1/_2\, O_2 \\ H_2O &\rightleftarrows OH + {}^1/_2\, H_2 \\ SO_2 &\rightleftarrows {}^1/_2\, S_2 + O_2. \end{aligned} \tag{427}$$

Von geringerer technischer Bedeutung ist der bei sehr hohen Temperaturen (2000 bis 2500° C) auftretende Zerfall der Moleküle in ihre Atome:

$$\begin{aligned} O_2 &\rightleftarrows 2\,O \\ H_2 &\rightleftarrows 2\,H \\ H_2O &\rightleftarrows H_2 + O \\ H_2O &\rightleftarrows H + OH \\ N_2 &\rightleftarrows 2\,N \\ OH &\rightleftarrows O + H. \end{aligned} \tag{428}$$

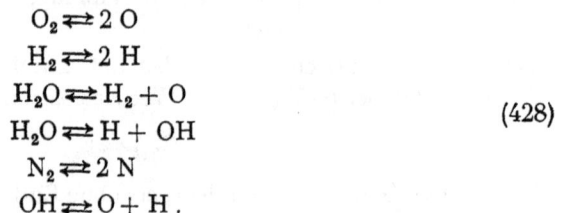

Für technische Rechnungen von Gleichgewichtszuständen aus den irgendwie bekannten K_p-Werten ist besonders die Einführung einer Beziehung zwischen dem Gasdruck P und dem Dissoziationsgrad oder Spaltungsgrad α sehr nützlich. Dieser Dissoziationsgrad α bezeichnet das Verhältnis der dissoziierten Stoffmenge in Molen oder Gewichtsteilen zu ihrer ursprünglichen Menge. Der Dissoziationsgrad ist also dem Sinne nach dasselbe wie die Gewichtsanteile $\mathfrak{g}_i$ bei einer Gasmischung; nur leitet sich jener aus dem Formelumsatz ab. Bestehen bleiben dann von der ursprünglichen Menge nur $(1-\alpha)$ Anteile. α wird in Tabellen auch in % angegeben.

Statt des Dissoziationsgrades α wird auch häufig mit dem Bildungsgrad γ_x gerechnet. Er ist der Molenbruch des gebildeten Stoffes innerhalb der reagierenden Gasmischung oder das gebildete Volumen zum Gesamtvolumen im Gleichgewichtszustand (111).

Bei den Angaben von $\log K_p$ in den Tabellen ist auf den Formelumsatz zu achten, auf den sie sich beziehen, z. B. ob auf $H_2O \rightleftarrows H_2 + {}^1/_2\, O_2$ oder auf $2\,H_2O \rightleftarrows 2\,H_2 + O_2$ (vgl. Beispiel 58).

Für die technisch häufigen Reaktionstypen homogener Gasreaktionen der Form $A + B \rightleftarrows AB$ ergibt sich z. B. für $CO + NH_3 \rightleftarrows HCONH_2$ oder $OH \rightleftarrows O + H$

$$K_p = P \cdot \frac{\alpha^2}{1-\alpha^2}. \qquad (429\,a)$$

Für $\frac{1}{2} A_2 + \frac{1}{2} B_2 \rightleftarrows AB$, z. B. $\frac{1}{2} H_2 + \frac{1}{2} J_2 = HJ$ ist

$$K_p = \frac{\alpha}{2\,(1-\alpha)}. \qquad (429\,b)$$

Speziell für $A_2 \rightleftarrows 2\,A$, z. B. $H_2 \rightleftarrows 2\,H$, dem Zerfall in die Atome (428) oder $N_2O_4 \rightleftarrows 2\,NO_2$, ist

$$K_p = P\,\frac{4\,\alpha^2}{1-\alpha^2}. \qquad (429\,c)$$

Der Zerfall (die Gleichungen sind dazu von rechts nach links zu lesen) der Kohlensäure: $2\,CO + O_2 \rightleftarrows 2\,CO_2$, oder der Zerfall des Wasserdampfes in Knallgas: $2\,H_2 + O_2 \rightleftarrows 2\,H_2O$ ergibt:

$$K_p = P \cdot \frac{\alpha^3}{(1-\alpha)^2 \cdot (2+\alpha)}. \qquad (429\,d)$$

Ist α sehr klein gegen 1, so ergeben sich die vereinfachten Formen aus (429a)

$$\alpha \approx \sqrt{\frac{K_p}{P}}, \qquad (429\,aa)$$

aus (429b)

$$\alpha = 2\,K_p, \qquad (429\,bb)$$

aus (429c)

$$\alpha = \frac{1}{2}\sqrt{\frac{K_p}{P}}, \qquad (429\,cc)$$

aus (429d)

$$\alpha \approx \sqrt[3]{\frac{2\,K_p}{P}}. \qquad (429\,dd)$$

Ist also α für eine Temperatur und einen Druck bekannt, so kann der K_p-Wert berechnet werden.

Änderungstendenz von α:

α) Wert α nimmt mit dem Gesamtdruck P ab, d. h. die Dissoziation wird kleiner.

β) Zusatz eines der Dissoziationsprodukte drängt die Dissoziation zurück, entsprechend der Wirkung einer Erhöhung des Gesamtdruckes.

γ) Die Beimengung eines indifferenten Gases erhöht die Dissoziation, da damit der Gesamtdruck der Reaktionsteilnehmer allein, als Partialdruck, kleiner wird.

δ) Die Beimengung von Luft zur Verbrennungsreaktion, also des Reaktionspartners O_2 und des indifferenten Gases N_2, umfaßt die Wirkung der beiden Einflüsse β) und γ), die sich entgegenwirken.

ε) Luftmangel, also Gasüberschuß, hingegen drängt die Reaktion im Sinne von β) zurück.

Beispiel 58: Zur Rechnung mit α-Werten:

Zerfall von 1 kmol (= 22,4 Nm^3) CO_2 bei $P = 1$ Atm., $T = 2500°$ K.

Aus der Tabelle der Gleichgewichtskonstanten oder Spaltungsgrade α, die meist für $P = 1$ Atm. (760 Torr) aufgestellt sind, zu T entnehmen von $\alpha_{2500} = 0{,}1416$.
Gemäß der Gleichung: $CO + {}^1/_2\,O_2 \rightleftarrows CO_2$ gilt für den Formelumsatz von 1 kmol CO_2:

$$\alpha_{2500} \cdot 22{,}4\ Nm^3\,CO + \frac{\alpha_{2500}}{2}\,22{,}4\ Nm^3\,O_2 \leftarrow (1 - \alpha_{2500}) \cdot 22{,}4\ Nm^3\,CO_2\,.$$

Nach Ausrechnung entstehen also aus 1 kmol CO_2 bei den vorgegebenen Bedingungen:

$$3{,}18\ Nm^3\,CO, \quad 1{,}59\ Nm^3\,O_2, \quad 19{,}2\ Nm^3\,CO_2,$$

welche gleichzeitig nebeneinander bestehen.
Die von dem Dissoziationsprodukt CO gebundene Wärmemenge Q_{Diss} ist dann bei einem Heizwert des CO von 3020 kcal/Nm^3

$$Q_{Diss} = 3{,}18 \cdot 3020 = 9600 \text{ in kcal/kmol}_{\text{undiss}}\,CO_2.$$

Für den Formelumsatz: $2\,CO_2 \rightarrow 2\,CO + O_2$ ist nach (415a) $K_{2500} = \frac{[CO]^2 \cdot [O_2]}{[CO_2]^2}$, oder nach (429dd) $K_{p,\,2500} = 1 \cdot \frac{0{,}1416^3}{2}$, woraus folgt $\log K_{p,\,2500} = -2{,}8477$. Hingegen ist für den Umsatz $CO_2 \rightarrow CO + {}^1/_2\,O_2$, $K_2^* = \frac{[CO] \cdot [O_2]^{1/2}}{[CO_2]} = (K_{2500})^{1/2}$, also ist $\log K^*_{p,\,2500} = \frac{1}{2} \log K_{p,\,2500} = -1{,}42$[illegible].

Grundsätzlich ähnlich, wenn auch rechnungsmäßig umständlicher, gestaltet sich die Rechnung bei Kombinationen von mehreren Gleichgewichten, wie sie in technischen Feuerungen und Generatorgasen auftreten. Eine vereinfachende Zusammenfassung bringen die Zerfallsreaktionen, welche einzelne, gemeinsame

Zerfallsprodukte aus verschiedenen Stoffen, oder Simultanreaktionen aus dem Zerfall desselben Stoffes, ergeben [z. B. Wasserdampf gemäß (427)]. Diese müssen dann die gleiche Konzentration in diesen Zerfallprodukten aufweisen.

Beispiel 59: Dissoziierender Wasserdampf in Mischung mit Kohlensäure. Hier muß die O_2-Konzentration des dissoziierenden Wasserdampfes gleich jener der dissoziierenden Kohlensäure sein.

Für jede der beiden Reaktionen gilt gemäß (418b) aus den Umsatzgleichungen:

$$2\,H_2 + O_2 \rightleftarrows 2\,H_2O \qquad\qquad 2\,CO + O_2 \rightleftarrows 2\,CO_2$$

$$K_{H_2O} = \frac{[H_2]^2 \cdot [O_2]}{[H_2O]^2} \qquad\qquad K_{CO_2} = \frac{[CO]^2 \cdot [O_2]}{[CO_2]^2},$$

also

$$O_2 = \frac{K_{H_2O} \cdot [H_2O]^2}{[H_2]^2} = \frac{K_{CO_2} \cdot [CO_2]^2}{[CO]^2}$$

und damit

$$K = \sqrt{\frac{K_{CO_2}}{K_{H_2O}}} = \frac{[H_2O] \cdot [CO]}{[CO_2] \cdot [H_2]}.$$

Dieser Wert läßt sich aber auch direkt anschreiben aus der zusammengesetzten Reaktion beider, der Wassergasreaktion

$$H_2O + CO \rightleftarrows CO_2 + H_2,$$

welche nach (415a) bzw. (418a) denselben Wert K ergibt.

Beispiel 60: Für die Reaktion $2\,H_2 + O_2 \rightleftarrows 2\,H_2O$ ist bei $P = 1$ Atm. bei $T_0 = 2000°$ K nach den Tabellen der Handbücher $\alpha_{2000} = 0{,}56\,\%$. Nach (429dd) ist dann für vorstehende Umsatzgleichung: $K_{p,\,2000} = 1 \cdot \frac{0{,}0056^2}{2} = 0{,}878 \cdot 10^{-7}$, somit $\log K_{p,\,2000} = -7{,}0565$. Für den Wärmeumsatz bei der Reaktion gilt: $2\,H_2 + O_2 = 2\,H_2O_{gasf} + 2 \cdot 57\,580$ (vgl. Beispiel 50). Rechnet man in diesem Temperaturbereich mit

$\mathfrak{W}_p = 2 \cdot 60\,000$ kcal/2 kmol H_2O_{gasf}, dann ist bei $T = 2250°$ K nach (422)

$$\log\left(\frac{K_{p,\,2250}}{K_{p,\,2000}}\right) = \frac{2 \cdot 60\,000}{2{,}303 \cdot 1{,}986}\left(\frac{1}{2000} - \frac{1}{2250}\right) = 1{,}47.$$

Daraus folgt $\log K_{p,\,2250} = -7{,}0565 + 1{,}47 = -5{,}5865$ oder $K_{p,\,2250} = 2{,}59 \cdot 10^{-6}$, und nach (429dd) ist der Spaltungsgrad α bei $T = 2250°$ K

$$\alpha_{2250} = \sqrt[3]{\frac{2 \cdot 2{,}59 \cdot 10^{-6}}{1}} = 0{,}0172 \quad \text{oder} \quad \mathbf{1{,}72}\,\%.$$

Für heterogene Gleichgewichte gelten sinngemäß die gleichen Überlegungen wie zuvor für homogene Systeme.

Als wärmeverbrauchender Vorgang ist die Dissoziation für die Berechnung der Verbrennungstemperatur von großer Wichtigkeit.

Der Einfluß des Wärmeverbrauches für die Dissoziation auf die auftretende Verbrennungstemperatur wird grundsätzlich durch die GIBBS-HELMHOLTZsche Gleichung (412) und (413) erfaßt. Für die Abhängigkeit der spezifischen Wärme gemäß (411a) werden vereinfachende Annahmen gemacht, z. B. $(\partial \mathfrak{W}_p / \partial T) = 0$, woraus folgt: $\mathfrak{W}_p =$ konst. oder eine lineare Abhängigkeit [vgl. (422)].

Zur Lösung führt auch für einfachere Fälle meist nur ein abwägendes Probieren aus bekannten Meßwerten über die spezifische Wärme usf. Für verwickeltere und technisch wichtige Vorgänge sind zeichnerische Verfahren entwickelt worden. Allerdings muß man sich darüber klar sein, daß sie nur Näherungsverfahren, je nach Art der Aufgabe und Erfahrung des Rechners unterschiedlicher Genauigkeit, sind.

Für Ingenieuraufgaben hat sich hier das *i, t*-Diagramm sehr bewährt und eingeführt (IX1).

4. DER III. HAUPTSATZ DER WÄRMELEHRE

Im Abschnitt IIA wurde darauf hingewiesen, daß die auseinanderstrebende Tendenz in der Natur gegen einen Zustand völliger, unbekümmerter Unordnung durch den Maßstaß der Entropie gezählt wird.

Im Abschnitt IIIC ergab sich für die Entropie beliebiger Körper aus (146a):

$$s = \int_0^T \frac{du + A \cdot P \cdot dv}{T} + s_0 . \tag{430}$$

Hierin umschließt du als Änderung der Inneren Energie auch die Umwandlungsvorgänge q_{T_u}, wie die Schmelz- oder Verdampfungswärme, sofern der betrachtete Temperaturbereich 0–T auch diesen Vorgang umfaßt (Beispiel 26). Bei konstantem Druck ist daher der allgemeine Entropiewert bei einer Temperatur T beschrieben durch

$$s_P = \int_0^{T_u} \frac{c_p}{T} \cdot dT + \frac{q_{T_u}}{T_u} + \int_{T_u}^{T} \frac{c_p}{T} \cdot dT + s_0 . \tag{431}$$

Je kleiner der Unordnungsgrad, d. h. je kleiner die Zahl der Realisiermöglichkeiten für eine kleine Energiezufuhr in den noch vorhandenen Freiheitsgraden ist, deren jede ja zur Anregung eines *gewissen endlichen* Energiebetrages bedarf, desto mehr nähert sich der Zustand dem des idealen festen Körpers unverrückbarer Ordnung (Unordnungsgrad 0). Gleichzeitig verschwindet mit dieser Annäherung wegen der auch immer geringeren Wärmeausdehnung die Bedeutung des Gliedes $\frac{A \cdot P \cdot dv}{T}$, der Expansionsarbeit, gegenüber du. Das bedeutet, daß

$$\lim_{T \to 0} \frac{du}{dT} = \lim_{T \to 0} \frac{di}{dT} \tag{432}$$

und hier dann auch kein Unterschied zwischen $\mathfrak{W}_p$ und $\mathfrak{W}_v$ bzw. $\mathfrak{A}_p$ und $\mathfrak{A}_v$ ist.

Damit gilt für die Entropie fester Körper, *weit* unterhalb der Umgebungstemperatur ($c_p = c_v = c$)

$$s = \int_0^T c \frac{dT}{T} + s_0 . \tag{433}$$

Auch die Berechnung der Gleichgewichtskonstanten nach (421):

$$\ln (K_p)_T = \int_{T_0}^{T} \frac{\mathfrak{W}_p}{\mathfrak{R}_{cal} \cdot T^2} \, dT + \ln (K_p)_{T_0}$$

oder die thermodynamische Berechnung der Maximalen Arbeit $\mathfrak{A}$ [vgl. (412) und (413)] setzt die Kenntnis der Integrationskonstanten bei einem Anfangswert T_0 voraus.

Wenn man es im allgemeinen auch nur mit Unterschieden aller dieser Werte zu tun hat und dafür genügend brauchbare Unterlagen vorhanden sind, so ist doch eine Vorausberechnung über eine Abhängigkeit von erst irgendwie ermittelten Werten zur Ermittlung chemischer Gleichgewichte wenig befriedigend. Diese Abhängigkeit würde aber eine Kenntnis der Veränderlichkeit der spezifischen Wärmen bis zur absoluten Nulltemperatur sofort beheben.

Angeregt durch die ursprüngliche Ansicht von THOMSEN und BERTHELOT, der Gleichheit von Wärmetönung und Maximaler Arbeit (VIIIA1b), verfolgte NERNST die Temperaturabhängigkeit beider (Bild 120). NERNST fand, daß beide nicht nur mit horizontaler Tangente ineinander übergehen, sondern daß diese Vereinigung schon vor Erreichen des absoluten Nullpunktes ($T = 0$) erfolgt, d. h. [vgl. (412, 413)],

$$\lim_{T \to 0} \frac{d\mathfrak{W}}{dT} = \lim_{T \to 0} \frac{d\mathfrak{A}}{dT} = 0. \tag{434}$$

Es zeigt sich daraus weiter, *daß die spezifischen Wärmen fester Körper in der Nähe des absoluten Nullpunktes mindestens proportional T verschwindend klein werden.* DEBEYE (IIB2d) fand ja auch durch quantentheoretische Untersuchungen eine *Annäherung mit* T^3 (Bild 121).

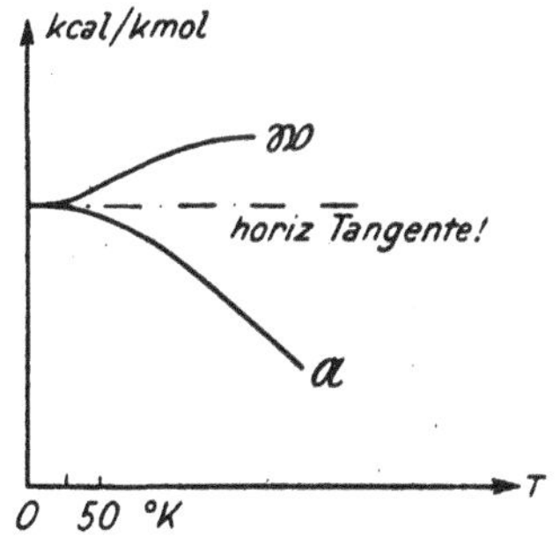

Bild 120. Wärmetönung und Maximale Arbeit in Nullpunktsnähe

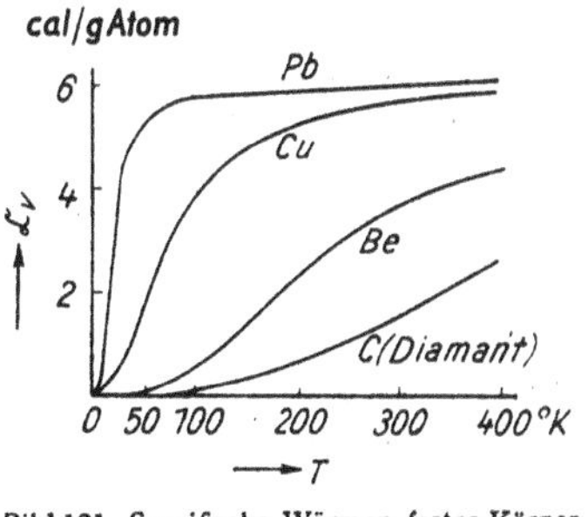

Bild 121. Spezifische Wärmen fester Körper bei tiefen Temperaturen

Wenn mit $\mathfrak{A}$ wieder die Maximalen Arbeiten bezeichnet werden, so ist nach (392, 396)

$$\frac{\partial \mathfrak{A}}{\partial T} = -\left(\frac{\partial \mathfrak{F}}{\partial T}\right) = \mathfrak{S}, \tag{435}$$

und da hier auch $\mathfrak{S}$ für $\mathfrak{S}_v$ bzw. $\mathfrak{S}_p$ geschrieben wird, ist damit aus (434)

$$\lim_{T \to 0} \mathfrak{S} = \mathfrak{S}_0 = 0 . \qquad (436)$$

Für tiefste Temperaturen, also für den Fall des idealen festen Körpers, dessen Zustand ja ein absolut geordneter, unverrückbarer ist, ergibt sich nach NERNST, und in verfeinerter Begründung vermittels der Quantentheorie durch PLANCK, der „III. Hauptsatz der Wärmelehre":

„Die Entropie jedes homogenen, kristallisierten Körpers nähert sich gegen den absoluten Nullpunkt dem Wert Null."

Dieser Satz wird auch der Satz von der Nullpunktsenergie genannt.

Eine weitere Folge obigen Satzes ist, *daß auch der absolute Nullpunkt nie vollkommen erreicht werden kann.*

Das NERNSTsche Theorem, das eigentlich nur für feste oder unterkühlte Körper (sog. kondensierte Systeme) gilt, kann aber auch für die Berechnung der Maximalen Arbeit und der Gleichgewichtskonstanten von Gasreaktionen ausgewertet werden.

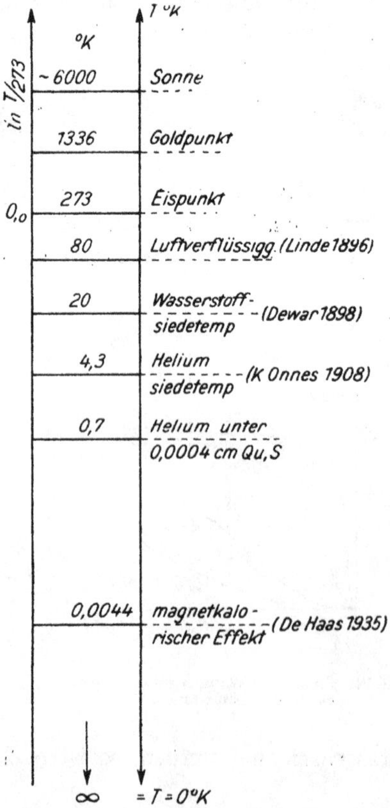

Bild 122. Logarithmische Temperaturskala zur Veranschaulichung der Unerreichbarkeit des Absoluten Nullpunktes

Durch diesen Satz von NERNST-PLANCK erhält die thermodynamisch unbestimmte Konstante einen festen Wert, konvergierend gegen Null im absoluten Nullpunkt (433).

Durch die Kenntnis des Verlaufes der spezifischen Wärmen lassen sich damit allein durch kalorimetrische Messungen, ohne Kenntnis chemischer Größen, die Maximale Arbeit und die Gleichgewichtskonstante berechnen, und ebenso durch die verschiedenen entwickelten Zusammenhänge die absolute Entropie, Enthalpie und Innere Energie.

Wie EUCKEN nachwies, ist jedoch die Grundforderung des NERNSTschen Wärmetheorems *nicht in allen Fällen* erfüllt.

In neuerer Zeit wurden diese Werte in Auswertung spektroskopischer Messungen nach quantentheoretischen Methoden berechnet und in Tabellenwerken zusammengestellt.

Mit dem *Aufhören jedes Wärmeeffektes im absoluten Nullpunkt* durch das *Ab-*

klingen der spezifischen Wärmen gegen Null, gibt es dort auch keine Wärmeausdehnung mehr. Es verschwindet der Ausdehnungs- und Spannungskoeffizient [(47)]. Auch die JOULEsche Wärme im stromdurchflossenen Leiter hört auf. Sie werden vollkommene Isolatoren oder vollkommene Leiter (Supraleitfähigkeit).

Alle Vorgänge werden umkehrbar.

Die Annäherung an den Absoluten Nullpunkt der Temperatur und die mit zunehmender Annäherung immer größeren Schwierigkeiten dabei, ja die *Unerreichbarkeit* desselben überhaupt, zeigt die Veranschaulichung in der logarithmischen Temperaturskala, auf der der Absolute Nullpunkt entsprechend dem 0-Punkt der Logarithmenskala im Unendlichen liegt (Bild 122).

B. REAKTIONSKINETIK

In den mit dem Wechselpfeil ($\rightleftarrows$) beschriebenen Umsatzformeln des Abschnittes VIIIA2 wurde der Gleichgewichtszustand betrachtet, der sich unter den vorgegebenen äußeren Verhältnissen von Druck und Temperatur schließlich einstellt und durch die Gleichgewichtskonstante ausgedrückt ist. Die Zeit bis zur Einstellung dieses Gleichgewichtes und was alles bis dorthin passiert, auf welchem Wege die Endprodukte entstehen, wurde ganz außer acht gelassen.

Im Abschnitt III der „Allgemeinen Thermodynamik", in welchem nur die physikalischen Zustandsänderungen betrachtet würden, stellte sich die makroskopisch beobachtbare Änderung immer direkt ein. Das Zeitproblem trat nur insofern in Erscheinung, als dort bei den umkehrbaren Zustandsänderungen die benachbarten, indifferenten Gleichgewichtsstellungen des bewegten Kolbens unendlich langsam eingenommen wurden (Bild 13). Veränderungen in endlichen, auch kleinsten Zeitabschnitten, erscheinen hingegen immer mit makroskopischen Gleichgewichtsstörungen und sind so mit nichtumkehrbaren Vorgängen verbunden (vgl. Wirbelbildung bei endlicher Kolbengeschwindigkeit Bild 33). Das Arbeitsmedium war also immer im großen im inneren Gleichgewicht gedacht. Aber auch Vorgänge rein physikalischer Art stellen bis zur Einstellung eines inneren Gleichgewichtszustandes solche Zeitprobleme dar, wie z. B.

Die Diffussion, die Vermischung von Gasen oder Flüssigkeiten (Lösungen). (Vgl. IIIE; IVB; V2.)

Die Phasenumwandlung einfacher Stoffe (IIID; V1).

Ja, selbst die rasch verlaufenden adiabatischen Zustandsänderungen im Bereich der Ultraschallwellen (Größenordnung 10^{-8} s) können nicht mehr den thermischen und kalorischen Zustandsgleichungen folgen. Die Anregung der inneren Molekularschwingungen erfordert hier selbst eine gewisse Anzahl von Zusammenstößen der Moleküle, um dem thermischen Gleichgewicht entsprechend angeregt zu werden.

Im folgenden sollen nun die grundsätzlichen Vorgänge aufgezeigt werden, welche sich abspielen, bis sich das vom Wechselpfeil umschlossene Gleichgewicht bei einer chemischen Reaktion endlich einstellt. Mit diesen zeitlichen Vorgängen befaßt sich die **Reaktionskinetik**, die **Lehre von der chemischen Reaktionsgeschwindigkeit**, die von ARRHENIUS und VAN T'HOFF begründet wurde.

Die Geschwindigkeit irgendeiner Reaktion ist erklärt durch die zeitliche Änderung der Konzentration

$$w = dc/dz. \tag{437}$$

Ausgehend von der allgemeinen Umsatzgleichung der Ausgangsstoffe A, B, ··· zu den Endstoffen X, Y, ··· (414)

$$n_A \, \mathrm{A} + n_B \, \mathrm{B} + \cdots \rightleftarrows n_X \, \mathrm{X} + n_Y \, \mathrm{Y} + \cdots \tag{438}$$

entspricht der Abnahme der Konzentration der Ausgangsstoffe A, B, ··· die Zunahme der Stoffe X, Y, ··· Dabei ist es gleichgültig, ob die angeschriebene Reaktionsgleichung (438), wie wir gleich sehen werden, beständig ist oder nur eine kurzlebige Zwischenreaktion ist.

1. REAKTIONEN IN HOMOGENEN GASFÖRMIGEN SYSTEMEN, WÄRMEEXPLOSION, KETTENREAKTION

Es ist also für eine gasförmige Reaktion gemäß (438) in Pfeilrichtung von links nach rechts

$$w = -\frac{d[\mathrm{A}]}{dz} = -\frac{n_B}{n_A} \cdot \frac{d[\mathrm{B}]}{dz} = \cdots = \frac{n_X}{n_A} \cdot \frac{d[\mathrm{X}]}{dz} = k\,[\mathrm{A}]^{n_A} \cdot [\mathrm{B}]^{n_B} \cdots, \tag{439}$$

worin A, B, ··· die Konzentrationen der Stoffe *A*, *B*, ··· bezeichnen und durch die molare Konzentration *c* ausgedrückt werden kann (VIIIA2).

Der Faktor *k* wird die **Geschwindigkeitskonstante** genannt, obgleich sie infolge ihrer Temperaturabhängigkeit gar keine Konstante ist.

Dieselbe Betrachtung für den Reaktionszerfall (Richtung rechts → links) ergibt die Zerfallsgeschwindigkeit

$$w' = +\frac{d[\mathrm{A}]}{dz} = \cdots = -\frac{n_X}{n_A}\frac{d[\mathrm{X}]}{dz} = k'\,[\mathrm{X}]^{n_X} \cdot [\mathrm{Y}]^{n_Y}. \tag{440}$$

Hier ist nun auch die Gelegenheit, die **kinetische Ableitung der Gleichgewichtskonstanten** *K* kurz einzuschalten:

Herrscht zwischen Bildung und Zerfall Gleichgewicht, so muß die resultierende Geschwindigkeit

$$w_r = w - w' = 0 \tag{441a}$$

sein. Also es muß die Gleichung gelten

$$k\,[\mathrm{A}]^{n_A} \cdot [\mathrm{B}]^{n_B} \cdots - k'\,[\mathrm{X}]^{n_X} \cdot [\mathrm{Y}]^{n_Y} \cdots = 0, \tag{441b}$$

und daraus folgt

$$K_c = k'/k, \tag{442}$$

die Gleichgewichtskonstante der Gleichung (415a).

Zur Reaktion bedarf es des Zusammenstoßes verschiedenartiger, der in regelloser Bewegung durcheinander schwirrenden Molekeln in der Reaktionsmischung. Aber ein solcher Zusammenstoß muß auch ein ausgezeichneter Impuls nach Größe und Richtung sein, um eine Umgruppierung im molekularen Aufbau hervorzurufen. D. h. nur jene Molekeln sind reaktionsfähig, welche einen gewissen Augenblicks-Energieinhalt, die Aktivierungsenergie oder Aktivierungswärme E_A (hier auf ein Mol bezogen), überschreiten. Nach dem Verteilungsgesetz von MAXWELL-BOLTZMANN folgt die Geschwindigkeitskonstante k dem Gesetz

$$k = k_m \cdot e^{-E_A/\mathfrak{R}_{cal} \cdot T}, \tag{443}$$

darin ist k_m der „Häufigkeitsexponent", d. i. die Geschwindigkeitskonstante, welche sich ergeben würde, wenn alle Zusammenstöße Erfolg hätten. Es ist also k_m durch die Stoßzahl gegeben und wächst mit $\sqrt{T}$. Der Wert k_m ist in der kinetischen Gastheorie mit Einführung des sterischen Faktors berechenbar. Der sterische Faktor berücksichtigt die Stoßrichtung gegen den nach den Raumrichtungen verschiedenen Molekülaufbau. Der Einfluß vom k_m auf k ist gegenüber dem Faktor $e^{-E_A/\mathfrak{R}_{cal} \cdot T}$, der den Bruchteil aller erfolgreichen Zusammenstöße darstellt, nur gering und kann annähernd konstant angesehen werden. Unter dieser Vereinfachung geht (443) in die ursprüngliche Form von ARRHENIUS (1889) über

$$\log k = -\frac{E_A}{4{,}573 \cdot T} + \log k_m, \tag{444}$$

mit $\mathfrak{R}_{cal}/\log e = 4{,}573$.

Die Gleichung (444) wird in einem logarithmischen Achsenkreuz zur Abszisse $1/T$ durch eine gerade Linie abgebildet. Die k- und k'-Linien für Bildung und Zerfall sind darin infolge der Temperaturabhängigkeit von $K = k'/k$ nicht parallel. Die Neigung der Linien $\log k$ bzw. $\log k'$ ist auch ein Maß der Aktivierungswärme.

Auch E_A läßt sich für ideale Gasmischungen vermittels der kinetischen Gastheorie ableiten oder grundsätzlich im Versuch bestimmen.

Zum Bestand eines erfolgreichen Zusammenstoßes ohne sofortige Rückbildung nach der Stoßperiode gehört aber auch noch, daß die im Moment des Zusammenstoßes vorhandene relative kinetische Energie abgebremst wird, also anderweitig nach außerhalb der beiden zusammenstoßenden Moleküle abgeleitet wird. Ist dies nicht der Fall, dann bildet sich die während der ersten Stoßperiode angenommene Raumlage der inneren Umgruppierung der Molekel, wie im vollelastischen Stoß in der zweiten Stoßperiode, wieder zurück, und nach Entfernung beider voneinander ist die potentielle Energie wieder wie zuvor, es findet eine sofortige Dissoziation statt.

Zur Veranschaulichung folgen wir einem Beispiel von EUCKEN: Zwischen Sonne und Komet besteht in großer Entfernung eine gewisse potentielle Energie. Die Gravitation, der Wirkung der chemischen Affinitätskraft entsprechend, beschleunigt den Kometen auf die Sonne hin. Der Größtwert der Geschwindigkeit wird im Perihel der Bewegung erreicht. Verliert der Komet durch plötzliches Abbremsen die kinetische Energie, so bleibt er dauernd in Sonnennähe, anderenfalls entfernt er sich wieder, unter Rückverwandlung der kinetischen, in potentielle Energie.

Je nach der zur Umgruppierung im Molekelzusammenstoß beteiligten Anzahl der Molekeln werden unterschieden:

Reaktionsmechanismus	Bezeichnung der Molekularität	Reaktionstypen
Einzelpartikel A zerfällt oder erfährt innere Umlagerung	Unimolekulare Reaktion	$A \rightarrow X + \cdots$
Zwei Partikeln A, B reagieren unter Bildung neuer Endprodukte	Bimolekulare Reaktion	$A + B \rightarrow X + Y + \cdots$
Drei Partikeln A, B, C treten miteinander unmittelbar in Reaktion	Trimolekulare Reaktion	$A + B + C \rightarrow X + Y + \cdots$

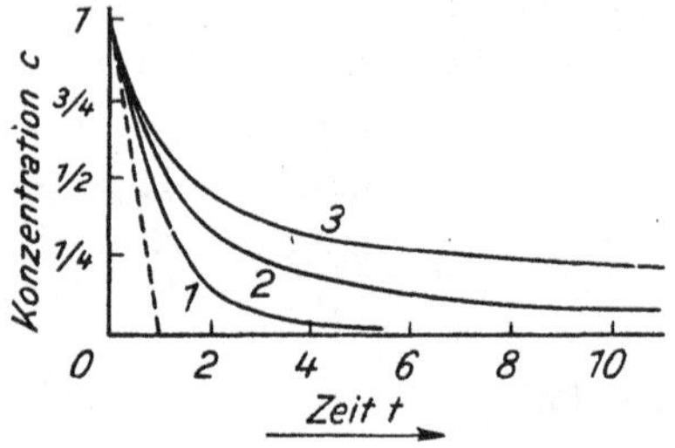

Bild 123. Konzentrationsabnahme bei Reaktionen verschiedener Ordnung: *1* ≙ Unimolekulare Reaktion; *2* ≙ Bimolekulare Reaktion; *3* ≙ Trimolekulare Reaktion

Die Konzentrationsabnahme dieser Mechanismen zeigt Bild 123.

Die Aktivierung der Molekeln erfolgt aus ihrer innermolekularen Bewegung heraus. Auch innerhalb des zeitlichen Mittels gleicher Energieverteilung des gesamten Energieinhaltes aller Molekeln sind nach dem MAXWELLschen Geschwindigkeitsgesetz (IIB2) immer noch Molekeln mit besonders hoher Translations-, Rotations- und Schwingungsenergie vorhanden. Die Häufigkeit des Auftretens solcher besonders h e i ß e r Molekeln wird durch Erhöhung des Gesamtenergievorrates durch äußeren Einfluß (Erwärmung) gesteigert (Bild 124).

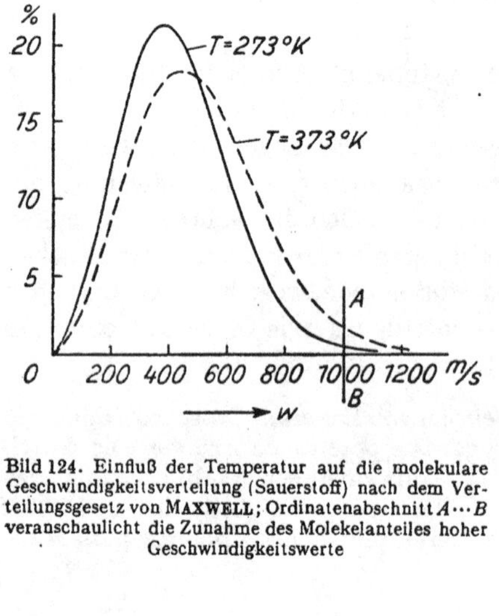

Bild 124. Einfluß der Temperatur auf die molekulare Geschwindigkeitsverteilung (Sauerstoff) nach dem Verteilungsgesetz von MAXWELL; Ordinatenabschnitt $A \cdots B$ veranschaulicht die Zunahme des Molekelanteiles hoher Geschwindigkeitswerte

Die starke Abhängigkeit der durch (443) und (444) angegebenen Reaktionsgeschwindigkeit von der Temperatur führt bei wärmeerzeugenden (exothermen) Reaktionen zu einer ständigen Selbststeigerung derselben mit fortschreitender Umwandlung, die schließlich in ihren spontanen Umsatz, die W ä r m e e x p l o s i o n, in die Entzündung des Gemisches übergeht.

Eine *reine Wärmeexplosion* ist selten, wenn sie auch unter gewissen Bedingungen vorzukommen scheint. Sie ist eine wärmeliefernde, eine exotherme Reaktion. Die ständig frei werdende Reaktionswärme tritt als Temperatursteigerung der Reaktionsteilnehmer in Erscheinung. *Temperatursteigerung bedeutet aber auch eine solche der Reaktionsgeschwindigkeit.* Überwiegen schließlich die in der Zeiteinheit frei werdenden Wärmemengen jene der gleichzeitigen Wärmeabgabe an die Umgebung, so wächst, ständig beschleunigt, die Reaktionsgeschwindigkeit und führt schließlich zur vollständigen Umsetzung der Ausgangsstoffe, die nicht mehr zum Stillstand kommen kann (Bild 125).

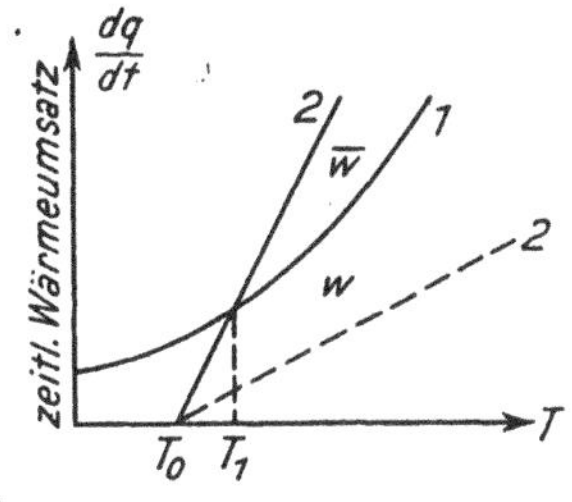

Bild 125. Ablauf der Wärmeexplosion (schematisch nach JOST). 1 ≙ freiwerdende Wärmemenge; 2, 2 (gestrichelt) ≙ abgegebene Wärmemenge (Wärmeverbrauch); T_1 ≙ Wärmeumsatz-Gleichgewicht ≙ Stillstand; Bereich W ≙ gegen 2 (gestrichelt) unbegrenzt anwachsende Temperatur ≙ Wärmeexplosion; Bereich $\overline{W}$ ≙ Wärmeverbrauch nach 2 überwiegt Erzeugung nach 1 ≙ unbrauchbares Gebiet

Die Beschleunigung der Reaktionsgeschwindigkeit ist also hier bestimmt durch das Verhältnis der zeitlich entwickelten Reaktionswärme zur nach außen abgegebenen. *Eine Wärmeexplosion kann also niemals bei wärmeverbrauchenden Reaktionen eintreten.*

Die gesamte bei der Reaktion frei werdende Energie bleibt als Wärme, also als Bewegungs-, Rotations- und Schwingungsenergie, verteilt auf die Freiheitsgrade des Molekülaufbaues des Systems, erhalten, so wie es dem Temperaturgleichgewicht entspricht. Keiner dieser Energieanteile dient als Anregungsenergie zur Bildung einzelner Teilchen, freier Atome oder Radikale, welche dann selbst ihrerseits die Reaktion als Kettenreaktion weiterführen könnten (vgl. folgende Beispiele reiner Wärmeexplosionen: Zerfall von Azomethan und Äthylazid).

Der Grenzzustand, bei welchem die Wärmeerzeugung um ein geringes die Wärmeabgabe an die Umgebung überschreitet, ist die Explosionsgrenze.

Die Beobachtung zeigt nun, daß es Bereiche von Druck und Zusammensetzung des Reaktionsgemisches gibt, bei welchen die Entzündung unterbrochen wird, also die Beobachtung einer unteren und oberen Explosionsgrenze. Die Erscheinung läßt sich vermittels solcher, rein nach der Brutto-Reaktionsgleichung verlaufender Wärmeexplosionen nicht mehr erklären. Auch zeigt die Untersuchung der Reaktionsprodukte bis zum endgültigen Umsatz des Gleichgewichtszustandes, daß Zwischenprodukte auftreten, die im Stoffumsatz nicht vorhanden sind.

Sind also aktivierte Molekeln für eine Reaktion vorhanden, so erhebt sich nun die Frage, auf welchem sonstigen Wege der Vorgang von diesem Startplatz nach dem Ziel der Endreaktionsprodukte ablaufen kann.

Hier steht also der Reaktionsverlauf vor der gleichen Wahl wie eine Flüssigkeit, die durch ein parallelgeschaltetes Rohrsystem unterschiedlicher Widerstände von einem Hochbehälter nach einem Tiefbehälter abfließt. Auch die Reaktion wird, wie die Flüssigkeit, den Weg geringsten Reaktionswiderstandes bevorzugen.

Wie die Durchströmgeschwindigkeit der Flüssigkeit durch eine Leitung, abschnittsweise unterschiedlicher Widerstände, durch den Abschnitt größten Widerstandes bestimmt wird, so ist auch für die Reaktionsgeschwindigkeit des

Gesamtablaufes die Reaktion größten Widerstandes der verschiedenen, einander im Reaktionsverlauf ablösenden Teilreaktionen zeitbestimmend.

Dieses Bild hydromechanischer Veranschaulichung nach EUCKEN liegt auch der Beantwortung der Frage nach der Möglichkeit eines anderen Reaktionsablaufes als jenem der Wärmeexplosionen zugrunde, den Kettenreaktionen.

Kettenreaktionen nehmen von innen heraus ihren Ausgang, aus dem im molekularen Aufbau der Reaktionsteilnehmer enthaltenen Energiezentren, den freien Atomen, Radikalen (= Elementnachahmer wie OH, CH, CO oder HCO) oder energiereichen aktivierten, aber an sich stabilen Teilchen.

Diese führen dann zu den Stoffketten- und Energieketten-Entwicklungen.

Bei den *Energieketten* führt die Rotations- und Schwingungswärme aktivierter Teilchen, z. B. eines durch Temperatureinfluß angeregten, an sich stabilen Moleküles beim Zusammenstoß innerhalb der Molekülbewegung im Reaktionsraum mit einem dazu geeigneten, disponierten, anderen Molekül zum Aufspalten von Teilchen ihres Molekülverbandes zu Atomgruppen oder Einzelatomen (z. B. zur Dissoziation; vgl. diesen Abschnitt bei ,,Geschwindigkeitskonstante'' u. f.).

Bei den *Stoffketten* sind die aktivierten Teilchen immer freie Atome und Radikale mit ihrer großen, keiner Aktivierungswärme bedürfenden Affinitätskraft, welche nach einem thermodynamisch wahrscheinlichen Gleichgewichtszustand strebt.

Im allgemeinen müssen die gemischten Energie- und Stoffketten zur Deutung der Vorgänge herangezogen werden.

Der grundlegende Ablauf einer Kettenreaktion sei zunächst an dem Beispiel der Bromwasserstoffbildung gezeigt:

Bruttoreaktionsgleichung . . . . $H_2 + Br_2 = 2\,HrB$

Einzelablauf:

1. Ketteneinleitende Startreaktion . . . . $Br_2 \rightarrow 2\,Br - 45{,}2$ kcal
   ausgelöst durch freie, etwa durch Dissoziation entstandene Atome.
2. Reaktionskette
   (a) Verbindung der freien Atome mit dem anderen Reaktionspartner . . . . $Br + H_2 \rightarrow HBr + H - 16{,}4$ kcal
   wobei für die verschwindenden freien Atome neue des anderen Partners entstehen.

   (b) Diese freien Atome reagieren nun in gleicher Weise mit den anderen Partnern, auch unter Rückbildung neuer freier Atome der ursprünglich die Reaktion einleitenden Art . . . . $H + Br_2 \rightarrow HBr + Br + 40{,}5$ kcal
   nach und nach . . . . $H + HBr \rightarrow H_2 + Br + 16{,}4$ kcal
   unter teilweisem Verbrauch schon gebildeten HBr.

   (c) Fortsetzung der Kette wieder nach (a), (b).

Durch die nach (b), (c) mit der Wiederholung stets weiter anwachsende Zahl der freien Br-Atome ergibt sich eine unendlich lange Reaktionskette mit dann unendlich groß werdender Reaktionsgeschwindigkeit und ständig anwachsender Wärmeentwicklung. Mit dieser wird dann im allgemeinen auch der Übergang zur gleichzeitigen Wärmeexplosion eingeleitet.

Im allgemeinen verläuft die Reaktionskette auch mit Kettenverzweigungen.

3. Reaktionsabschluß: Einhalt wird nur geboten durch den Verbrauch der Ausgangsstoffe oder

eine Kettenabbruchsreaktion nach . . . . $Br + Br \rightarrow Br_2 + 45{,}2$ kcal

also eine Rückbildung der Ausgangsmolekel aus deren freien Atomen unter Beteiligung von sonst an der Reaktion unbeteiligten Fremdkörpern (Wandung usw.).

Es treten also Zerfallsreaktionen mit begleitendem positivem und negativem Wärmeverbrauch, den Aktivierungswärmen, ein. Es werden dabei selbst wieder neue aktivierte Teilchen gebildet, oder ihre Energie führt zum Kettenabbruch und damit zum Stillstand der Reaktion (die Lebensdauer solcher aktivierter Teilchen ist nur wenig mehr als die Wegzeit zwischen zwei Stoßmöglichkeiten, etwa 10^{-13} bis 10^{-5} s). Solche Kettenabbrüche finden oft auch ihre Ursache bei der Energieabgabe an begrenzende Wandungen.

Das Charakteristische einer Kettenreaktion ist auch hier, *daß die Reaktionsgeschwindigkeit mit der Zeit immer mehr ansteigt* und nur durch den Verbrauch der Ausgangsstoffe oder Kettenabbrüche begrenzt ist (Bild 126).

Auch wenn der Vorgang sich zunächst aus einer isotherm verlaufenden Kettenreaktion entwickelt hat, wird er schließlich in jenen einer Wärmeexplosion umschlagen, wenn die mit der steigenden Reaktionsgeschwindigkeit erhöhte Wärmeproduktion einen gewissen Grenzwert überschreitet.

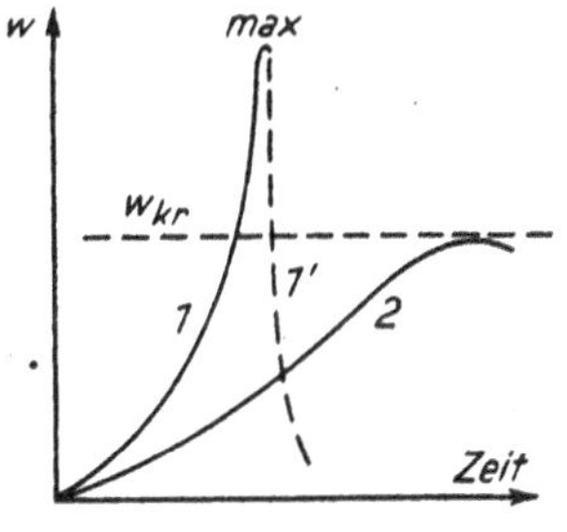

Bild 126. Ablauf der Kettenreaktion, schematisch; 1' ≙ abklingender Ast infolge Substanzverbrauch; 2 ≙ autokatalytische Reaktion längerer Dauer; 1 ≙ ständig ansteigende Reaktionsgeschwindigkeit kürzester Dauer, max. größte Reaktionsgeschwindigkeit infolge endlicher Substanzmenge; w_{kr} ≙ zur Explosion führende kritische Geschwindigkeit, bei der das Wärmegleichgewicht gestört wird

Bei der Zündung übersteigt die Reaktionsgeschwindigkeit des explosiblen Gemisches alle Grenzen. Die Zündung selbst ist also kein von dem Verlauf der Wandlungsvorgänge verschiedener chemischer Vorgang, sondern nur ein ausgezeichneter Punkt in deren Ablauf.

Die Geschwindigkeit, mit der sich die Verbrennung in einem zündfähigen Gemisch in den noch unverbrannten Gemischteil fortpflanzt, wird Brenngeschwindigkeit genannt. Sie wird auch oft als Zündgeschwindigkeit bezeichnet. Diese Bezeichnung ist jedoch treffender dem Fortschreiten der Entzündung auf der Oberfläche fester Stoffe vorzubehalten. Die Brenngeschwindigkeit beträgt nur wenige Meter in der Sekunde.

Die Entzündung tritt immer örtlich an einer oder, fast gleichzeitig, an mehreren Stellen ein. Sie kann aber auch durch fremde Hilfe von außen zusätzlich einen örtlich begrenzten Anstoß erfahren (Fremdzündung).

Unter besonderen Umständen, wesentlich bestimmt durch die räumliche Lage der Zündstelle im Gemischraum und seine Gestalt, kann es auch zu einer Entartung der normalen Brenngeschwindigkeit, zur Detonation, kommen. Diese schreitet bis zu mehreren Kilometern in der Sekunde durch den Gemischraum.

Zwischen beiden Fällen liegt die bei Verbrennungsmotoren oft zu beobachtende, der Detonation sehr ähnliche höchstgesteigerte Brenngeschwindigkeit, welche dort nach ihrer akustischen Wirkung als „Klopfen" bezeichnet wird.

Anmerkung (allgemein):

Zur Wertung der technischen Treibstoffe hinsichtlich ihrer Zündfreudigkeit, also damit ihrer Neigung zum Klopfen dient die „Oktanzahl". Um diese Zündwilligkeit, also die Reaktionsgeschwindigkeit, aus technisch-wirtschaftlichen Gründen des Motorenbetriebes mit gesteuerter Fremdzündung, den Ottomotoren, zu mindern, werden den Treibstoffen sogenannte „Antiklopfmittel" zugesetzt (Eisenkarbonyl, Bleitetraäthyl). Die dem Sinne nach reziproke Wertung erfolgt durch die „Cetenzahl", welche zur Wertung der Treibstoffe der Motoren mit Selbstzündung, den Dieselmotoren, im Gebrauch ist.

2. REAKTIONEN HETEROGENER SYSTEME

Jede Wirkung setzt die dazu erforderlichen, einleitenden Gegebenheiten voraus. Auf eine Reaktion angewendet, daß die zur Reaktion vorgesehenen Partner sich räumlich zu einer Wechselwirkung genügend nahe sind. Diese räumliche Wechselwirkungszone schließt ein In- und Durcheinanderbewegen der kleinsten Aufbauteile der Partner in inniger Vermischung ein und ist die eigentliche Reaktionszone.

Bei homogenen Gasreaktionon ist durch die leichte Beweglichkeit der einzelnen Teilchen und ihr natürliches Ausbreitungsbestreben über den ganzen Raum diese Voraussetzung zu einer Mischung und damit des zeit-, energie- und mengengerechten Zusammentreffens der Reaktionsteilnehmer, schon weitgehend gegeben.

Bei heterogenen Gasreaktionen hingegen ist jedenfalls einer der Reaktionsteilnehmer in der Bewegung gehemmt und durch eine begrenzende Oberfläche von den anderen getrennt. Eine Auflösung der festen und flüssigen Phase bedingt die Verdampfung entsprechend dem ihrer Temperatur zugeordneten Dampfdruck. Durch diese Grenzzone findet eine Diffusion bis in die Oberflächenrandschicht hinein statt. Die Reaktionsgeschwindigkeit wird also maßgeblich durch den Diffussionskoeffizienten beeinflußt (V2). Selbst dann bleibt sie es, wenn nur die an der Oberfläche haftende Dampfgrenzschicht durchdrungen werden muß, wie es der Fall ist, wenn eine thermisch-mechanische Bewegung den ständigen Abtransport der Reaktionsprodukte und das Heranbringen neuer Gasphasen den Konzentrationsausgleich fördert.

3. ETWAS ÜBER KATALYSATOREN

Einen großen Einfluß auf den Reaktionsablauf haben die Katalysatoren. Sie können die Geschwindigkeit einer Reaktion ebenso vergrößern wie verkleinern. Ja, sie können dadurch die Wahl des Reaktionsweges beeinflussen und den Reaktionsablauf bei langlebigeren Zwischenprodukten zum Stillstand bringen. Nicht aber beeinträchtigt ein Katalysator die Einstellung der Gleichgewichte, er geht unbeteiligt aus der Reaktion hervor.

Besonders bei niederen Temperaturen heterogener Gasreaktionen übt die katalytische Wirkung der Wandfläche, mit deren Größe wachsend, einen größeren Einfluß auf die Reaktionsgeschwindigkeit aus als die Reaktionsgeschwindigkeit im Gasraum, welche erst bei höheren Temperaturen geschwindigkeitsbestimmend wird (Neigung der $\log k$-Linien in Bild 127).

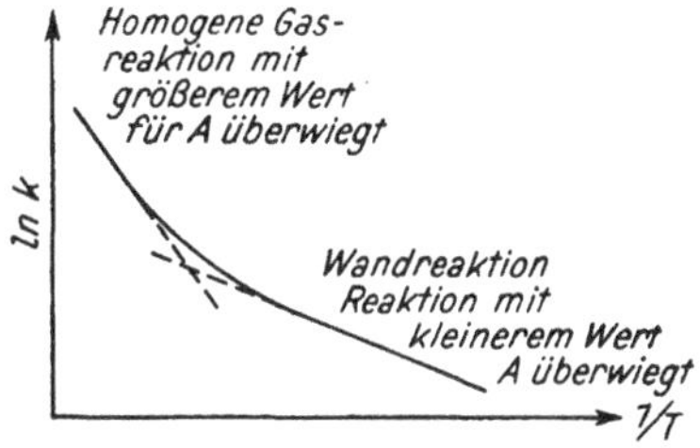

Bild 127. Temperatureinfluß der katalytischen Wirkung auf die Reaktionsgeschwindigkeit $A = E_A/4{,}573 \cdot T$ nach (444)

Die Katalysatoren, welche auch in kleinster Menge wirksam werden, bilden heute das Geheimnis der Erzeugung chemischer Industrieprodukte.

Bei den technischen Verbrennungsvorgängen haben die Katalysatoren in den Antiklopfmitteln zur Steigerung des wirtschaftlichen Motorenbetriebes eine besondere Bedeutung.

4. ALLGEMEINE BESCHREIBUNG DES TECHNISCHEN VERBRENNUNGSABLAUFES

Um die mannigfaltigen Vorgänge und Erscheinungen bei einem technischen Verbrennungsprozeß näherzubringen und damit das so wichtige Einfühlungsvermögen in die Naturvorgänge zu stützen und zu fördern, seien die wichtigsten Abschnitte bei der Einleitung und dem Fortgang der Verbrennung in großen Zügen beschrieben.

Je nach der Phase und Beschaffenheit muß der zur Verbrennung in irgendeine Einrichtung eingebrachte Brennstoff folgende Vorgänge, von unterschiedlicher Betonung für ihn, durchlaufen:

Die Trocknung (äußere Nässe und hygroskopische Feuchtigkeit).

Die Aufheizung mit der, je nach Zusammensetzung mit leicht flüchtigen Bestandteilen, beginnenden Entgasung.

Eine pyrogene Zersetzung, deren Geschwindigkeit nur von der Wärmeaufnahme, also der Temperatur und dem Verhältnis der freien Oberfläche zum Volumen des Kornes fester, oder des Tröpfens flüssig, zur Reaktion angebotener Brennstoffteilchen abhängt.

Diese Produkte pyrogener Zersetzung treten bei allen Verbrennungsvorgängen sofort ins Gleichgewicht mit dem Sauerstoff der Luft (Primär- oder Erstluft). Diese Reaktionen sind mit ständig steigender Wärmeentwicklung und je nach dem Grade des gleichzeitigen Wärmeentzuges durch die nächste Umgebung mit einer Temperatursteigerung verbunden.

Temperatursteigerung bedeutet aber auch eine ebensolche der Reaktionsgeschwindigkeit. Damit überwiegen schließlich die in der Zeiteinheit frei werdenden Wärmemengen jene der gleichzeitigen Wärmeabgabe. Es wächst daher die Reaktionsgeschwindigkeit und führt schließlich

zur vollständigen Umsetzung der Ausgangsstoffe, die nicht mehr zum Stillstand kommt, zur Zündung mit fortschreitender Vergasung und Verbrennung in der Gasphase.

Die Einleitung beginnt also mit einem mechanisch-physikalischen Vorgang der Wärmeübertragung, bis die Affinitätskräfte der Reaktionsteilnehmer so weit ausgelöst sind, daß sie von sich aus nicht mehr in ihrer Wechselbeziehung zum Stillstand gebracht werden können. Nur mehr physikalische Vorgänge, zu großer Wärmeentzug, Störung, Trennung und Fehlen der Reaktionspartner und Dazwischentreten von Katalysatoren, können Unterbrechungen bedingen. *Der technische Verbrennungsablauf selbst ist also überwiegend von physikalischen Vorgängen beeinflußt.*

Der Unterschied zwischen der Verbrennung in einem einfachen Ofen, im Feuerraum eines Kessels oder im Motor liegt nur in der Geschwindigkeit dieser ablaufenden mechanisch-physikalischen und chemischen Vorgänge.
Speziell sei für den Motorenbetrieb vermerkt, daß heute für den Dieselmotor (Luftverdichtung, Motor mit Selbstzündung), für Schnellauf und Hochleistung, noch nicht die brennstoff-chemische Seite das Hauptverbrennungsproblem ist, sondern die rein mechanisch-konstruktive, der vollkommenen Gemischbildung in kürzester Zeit.

Beim Ottomotor (Gemischverdichtung, gesteuerte Fremdzündung) hingegen ist die Mischung bereits vor der Einleitung der die Zündung vorbereitenden Vorgänge vorhanden. Hier ist daher, um einen hohen thermischen Wirkungsgrad zu ermöglichen, die Selbstzündungsgrenze hinaufzuschieben (Antiklopfmittel) und damit die Verbrennung an einem Fortlaufen vor der gesteuerten Fremdzündung zu hindern. Hier spricht also die brennstoffchemische Seite das gewichtige Wort, und damit ist der Fortschritt dieser Motoren weitgehend von der Forschungsarbeit der Brennstoffchemiker abhängig.

ABSCHNITT IX

DIAGRAMME DER VERBRENNUNGSGASE ALS RECHENHILFSMITTEL

Das Ziel aller naturwissenschaftlichen Erkenntnisse ist nicht, die beobachtenden Erscheinungen nur erklären und zergliedern zu können, sondern ihnen planvoll voraussagend zu ihrer Nutzung zahlenmäßig Gestalt zu geben. Um diese gestaltenden Voraussagen kurzfristig zu erhalten, gehen zeichnerische Methoden und Darstellungen zum raschen Überblicken und Ändern der das Problem beeinflussenden Faktoren weit in die technisch-wissenschaftliche Behandlung bis zur gesicherten allgemeinen Kernsubstanz ein.

1. DAS $\mathfrak{i}, t$-DIAGRAMM VON ROSIN UND FEHLING

a) *Ohne Berücksichtigung der Dissoziation*

Dieses dient zur zeichnerischen Ermittlung der Verbrennungstemperatur und geht in seiner ersten Grundform auf SCHÜLE zurück.

Die zur *Erwärmung bei konstantem Druck* von 1 Nm^3 Rauchgas der Zusammensetzung je nach Brennstoff und Luftverhältnis von 0° bis t° erforderliche Wärmemenge ist

$$\mathfrak{i} = \frac{\Sigma\left(V_i'' \,\middle|\, \overline{\mathfrak{C}}_{p,\,V_i''}\Big|_0^t\right)}{V''} \cdot t \text{ in kcal/Nm}^3{}_{\text{Rauchgas}} \,. \tag{445}$$

V_i'' ist wieder die Zusammensetzung der Rauchgasmenge V'' (vgl. VIIB3). Diese Wärmemenge wird in der Verbrennungstechnik als Wärmeinhalt bezeichnet.

$$\Sigma\left(V_i'' \,\middle|\, \overline{\mathfrak{C}}_{p_1\,V_i''}\Big|_0^t\right) \tag{446}$$

trägt der anteiligen Rauchgaszusammensetzung gemäß (378a und b) Rechnung. Grundsätzlich müßte ein solches $\mathfrak{i}, t$-Diagramm für die jeweilige Rauchgaszusammensetzung entworfen werden. Doch durch gewisse, im Bereich der üblichen Rauchgaszusammensetzungen technischer Verbrennungsgase gegensinnig verlaufender und sich damit ausgleichender Einflüsse wird mit genügender Genauigkeit, die unter anderen Fehlereinschätzungen der ganzen

Wärmeberechnung der Feuerungen liegen, mit dem allgemeinen i, t-Diagramm ausgekommen.

Dieser Wärmeinhalt i nach (445) zur Temperatur t aufgetragen, ergibt nun verschiedene Linienzüge (Bild 128), die nach dem Luftgehalt

$$l = \frac{(\lambda - 1) \cdot L_{min}}{V''} \text{ in } \mathrm{Nm^3{}_{Luft}/Nm^3{}_{Rauchgas}} \qquad (447)$$

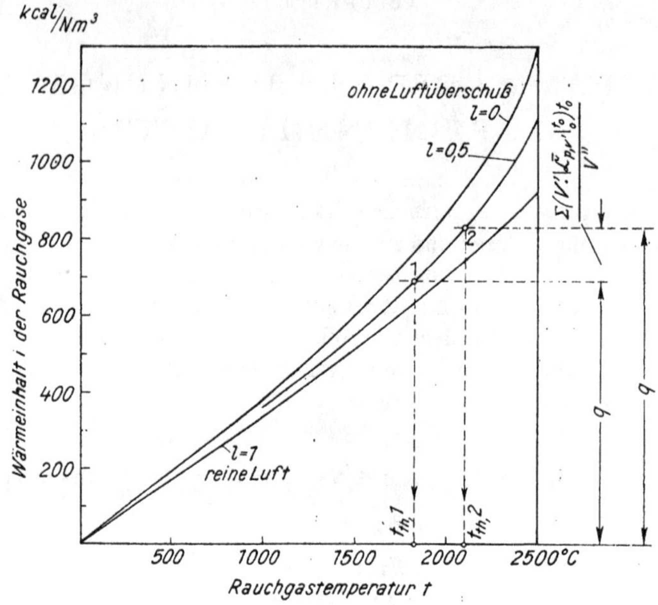

Bild 128. Allgemeines i, t-Diagramm nach ROSIN und FEHLING:
1 ≙ Verbrennungstemperatur bei Luftgehalt $l = 50\%$ ohne Luftvorwärmung ($t_0 = 0°$ C)
2 ≙ desgl. mit Luftvorwärmung auf t_0

beziffert werden. Die in Bild 128 gezeichneten, nach oben gekrümmten Linienzüge berücksichtigen bereits den Einfluß der Dissoziation auf die Verbrennungstemperatur (IX1b).

Ist die Verbrennung vollkommen und ohne jegliche Wärmeverluste (einschl. Dissoziation), so findet sich die mit dem Heizwert h_u bzw. $\mathfrak{h}_u$ frei werdende Wärmemenge in den Rauchgasen wieder. Daher ist

$$q = \frac{h_u}{V''} \text{ bzw. } \frac{\mathfrak{h}_u}{V''} \text{ in } \mathrm{kcal/Nm^3{}_{Rauchgas}}. \qquad (448)$$

Um diesen Betrag q nimmt also der Wärmeinhalt von 1 Nm³ Rauchgas gegenüber dem Wärmeinhalt der Ausgangsmenge V' von Brennstoff und Verbrennungsluft zu, und es ist

$$\mathfrak{i} = \frac{\Sigma\left(V_i'' \cdot \left|\bar{\mathfrak{C}}_{p, V_i''}\right|_0^t\right)}{V''}\, t = \frac{\Sigma\left(V' \cdot \left|\bar{\mathfrak{C}}_{p, V'}\right|_0^{t_0}\right) \cdot t_0}{V''} + q. \qquad (449)$$

Darin sind zusammengefaßt unter

$$\sum \left(V' \left| \overline{\mathfrak{C}}_{p,\,V'} \right|_0^{t_0} \right) \cdot t_0$$

für feste und flüssige Brennstoffe die Glieder

$$\left| c_{p,\,B} \right|_0^{t_B} \cdot t_B + \lambda \cdot L_{min} \cdot \left| \overline{\mathfrak{C}}_{p,\,L} \right|_0^{t_L} \cdot t_L \text{ in kcal/kg}_{\text{Brennstoff}} \qquad (450\,\text{a})$$

aus (377a),

für Brenngase die Glieder

$$\sum \left(B_i \left| \overline{\mathfrak{C}}_{p,\,B_i} \right|_0^{t_B} \cdot t_B \right) + \lambda \cdot L_{min} \cdot \left| \overline{\mathfrak{C}}_{p,\,L} \right|_0^{t_L} \cdot t_L \text{ in kcal/Nm}^3{}_{\text{Gas}} \qquad (450\,\text{b})$$

aus (377b).

Bei Vorwärmung des Brennstoffes und/oder der Frischluft über 0° C ist deren Wärmeinhalt, bezogen auf 1 Nm³, dem bezogenen Heizwert q zuzuzählen, da das $\mathfrak{i}, t$-Diagramm den Wärmeinhalt der Rauchgase und Frischluft von 0° C aus zählt. Denn diese, irgendwie außerhalb vorgenommene Vorwärmung entspricht ja einer Erhöhung des Heizwertes q der Brennstoff-Frischluftmenge auf $\bar{q}$; vgl. (449) und (450). Der Schnittpunkt (2) dieser $\bar{q}$-Linie mit dem der $\mathfrak{i}, t$-Linie zugehörenden Luftgehalt l ergibt nun auf der Abszissenachse die Verbrennungstemperatur $t_{th,\,2}$ mit Vorwärmung und Dissoziation (Bild 128).

b) Das $\mathfrak{i}, t$-Diagramm mit Berücksichtigung der Dissoziation

Aus 1 Nm³ Rauchgas gemäß (378) der verschiedenen Bestandteile V_i'' entstehen durch die Dissoziation, anteilig α_i, verschiedene Dissoziationsprodukte gemäß (427) und (428). Die in diesen insgesamt gebundene Dissoziationswärme auf 1 Nm³ aller undissoziierten Rauchgase bezogen ist gemäß VIIIA3 (Beispiel 59)

$$\sum Q_{Diss} = \sum (\alpha_i V_i \cdot \mathfrak{h}_{u,\,i}) \text{ in kcal/Nm}^3{}_{\text{Rauchgas}}\,. \qquad (451)$$

Diese Wärmemenge müßte nun eigentlich von dem bezogenen Heizwert q nach (448) abgezogen und mit der $\mathfrak{i}, t$-Linie des zugehörenden Luftgehaltes l zum Schnitt gebracht werden. Der Schnittpunkt a der punktierten Linie Bild 129 gäbe dann auf der Abszissenachse die Verbrennungstemperatur (Punkt 2) mit Berücksichtigung der Dissoziation (Bild 129, punktierte Linie) gegenüber Punkt 1 ohne Dissoziation.

Statt dessen kann aber auch $\sum Q_{Diss}$ für Brennstoffgruppen, welche etwa gleiche Rauchgaszusammensetzungen ergeben, auf die $\mathfrak{i}, t$-Linie gleichen Luftgehaltes l ohne Dissoziation der Rauchgase aufgesetzt werden. Dies ergibt dann die stark nach oben gekrümmten $\mathfrak{i}, t$-Linien konstanten l-Gehaltes (Bild 129, z. B. Linie für $l = 0$, Schnittpunkt b). Diese so korrigierten $\mathfrak{i}, t$-Linien enthält auch bereits das allgemeine $\mathfrak{i}, t$-Diagramm Bild 128.

Beispiel 61: Zum Beispiel 52 ist die Verbrennungstemperatur mit Berücksichtigung der Dissoziation, ohne und mit Vorwärmung der Verbrennungsluft auf 100° C zu bestimmen.

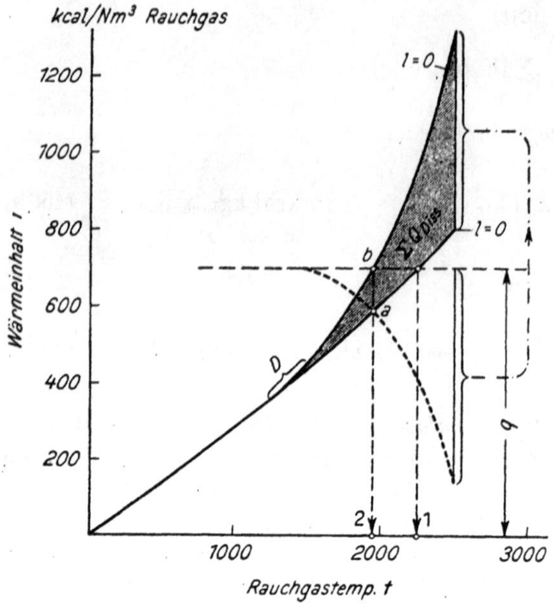

Bild 129. Abweichungen der i, t-Linien bei Dissoziation, gezeichnet für $l = 0$ (reine Feuergase)
1 ≙ Verbrennungstemperatur ohne Berücksichtigung der Dissoziation
2 ≙ desgl. mit Berücksichtigung der Dissoziation;
D ≡ Bereich des Einsetzens von ΣQ_{Diss}
q = *bezogener Heizwert*

Luftgehalt nach (447)

$$l = \frac{(1{,}4-1)\cdot 8{,}05}{11{,}6} = 0{,}277.$$

Ohne Luftvorwärmung:

Nach (448) ist

$$q = h_u/V'' = 7450/11{,}6 = 642 \text{ in kcal/Nm}^3{}_{\text{Rauchgas}}.$$

Für diesen Ordinatenwert ergibt sich aus Bild 128 im Schnittpunkt 1 mit der $l = 0{,}277$-Linie auf der t-Achse

$$t_{th,1} = 1680°\,\text{C}.$$

Mit Vorwärmung der Luft auf $t_0 = 100°$ C, für welche z. B. nach Hütte-Taschenbuch die mittlere Mol-Wärme $\left|\mathfrak{C}_{p,V'}\right|_0^{100} = 6{,}96$ kcal/kmol grd ist. Nach (449) und (450a) ist

$$\bar{q} = q + \frac{V'}{V''}\cdot\left|\frac{\mathfrak{C}_{p,V'}}{22{,}4}\right|_0^{100}\cdot 100 = 642 + \frac{11{,}24}{11{,}6}\cdot\frac{6{,}96}{22{,}4}\cdot 100 = 670 \text{ in kcal/Nm}^3{}_{\text{Rauchgas}}.$$

Für diesen Ordinatenwert ergibt sich aus Bild 128 (VID4/1) im Schnittpunkt 2 mit der $l = 0{,}277$-Linie auf der t-Achse

$$t_{th,2} = 1750°\,\text{C}.$$

2. DAS $T,\mathfrak{S}$-DIAGRAMM FÜR VERBRENNUNGSGASE VON A. STODOLA

Die Wertung des Gütegrades (IIIC6h) und damit unter Einschätzung der Abweichungen des wirklichen Vorganges zur Vorausberechnung der zu erwartenden Verhältnisse des wirklichen motorischen Prozesses, oder umgekehrt zur Auswertung von Versuchsergebnissen als spätere Vorausberechnungsunterlagen, gestattet wohl grundsätzlich das P, V-Diagramm. Es läßt auch den veränderlichen Luftüberschuß, das Kompressionsverhältnis, die Drucksteigerung während der Verbrennung und den zugelassenen Höchstdruck berücksichtigen. Das Rechnen mit dem P, v-Diagramm weicht aber durch die Zugrundelegung konstanter spezifischer Wärmen von der Wirklichkeit ab. Ein Vergleichsprozeß muß aber auch im Idealfall dem wirklichen Verfahren zumutbar bleiben, um seine Abweichungen wirklich werten zu können und um ein

Vergleichs- und Vorausberechnungsverfahren sinnvoll zu ermöglichen. Dazu kommt noch, daß das P, V-Diagramm die Wärmebewegungen in den einzelnen Prozeßabschnitten nicht klar genug kenntlich macht und vor allem oft Zwischenzustandsänderungen zum Herausschälen einzuzeichnen erfordert (IIIC6g).

Auch die Kenntnis und Veranschaulichung des Dissoziationseinflusses auf den Kreisprozeß ist wünschenswert, wenn die Dissoziation auch bei den motorischen Prozessen wegen der auftretenden hohen Drücke, bei den Gasturbinenprozessen durch die wegen der Wärmefestigkeitsgrenze mit großem Luftüberschuß heruntergedrückten Temperaturen gemindert und damit nicht so unbedingt erforderlich ist.

Die Schwierigkeiten bei den motorischen und Gasturbinenprozessen gegenüber einem einheitlich immer unverändert bleibenden Arbeitsmittel während des Kreisprozesses liegen in der chemischen Stoffumwandlung des Arbeitsmittels in einzelnen Phasen des Prozesses. Hier erhält Luft oder ein Luft-Gas-Gemisch in den Verbrennungsgasen ganz andere physikalisch-chemische Eigenschaften. Die Umwandlung erfolgt den stöchiometrischen Gesetzen entsprechend der Zusammensetzung des Brenn- oder Kraftstoffes. Die Verbrennungsgase sind ja auch eine Mischung verschiedener Gase.

Das T, s-Diagramm (IIIC6f,g) bildet einen idealisierten Kreisprozeß durch einen geschlossenen Linienzug ab, dessen umschlossene Fläche die geleistete Arbeit ausdrückt. Die Wärmebewegungen in den einzelnen Abschnitten werden durch die Flächen unter diesen Zustandslinien dargestellt.

Für verbrennungstechnische Rechnungen werden die Wärmediagramme auf ein kmol *bezogen.* Der Vorteil des Rechnens mit 1 kmol ist, daß alle Gase, sofern sie ideale oder vollkommene Gase sind, der allgemeinen Gleichung (43b) folgen

$$P \cdot \mathfrak{V} = \mathfrak{R} \cdot T. \tag{452}$$

Diese Beziehung gilt auch für Gasmischungen (IIIB). Für den Normzustand ($p = 1{,}0332$ ata, $T = 273°$ K) ist $\mathfrak{V}_N = 22{,}4$ Nm^3 das Norm-Mol-Volumen (IIB1α und IIIA1).

Die Abweichungen der wirklichen Gase können durch Korrektionsglieder berücksichtigt werden, wie dies auch bei der Zustandsgleichung des Wasserdampfes geschah (IIID1a; IIID2c).

Der Veränderlichkeit der spezifischen Wärmen werden folgende Ansätze gerecht:

$$\left.\begin{array}{ll} \mathfrak{C} = a = \text{konst.} & \text{(ideale und 1-atomige wirkliche Gase),} \\ \mathfrak{C} = a + b \cdot T & \text{lineare Temperaturabhängigkeit (2-atomige} \\ & \text{Gase in guter Annäherung),} \\ \mathfrak{C} = a + b \cdot T + c \cdot T^2 & \text{quadratisches Zusatzglied (für mehratomige} \\ & \text{Gase und größere Ansprüche).} \end{array}\right\} \tag{453}$$

Für Dämpfe und Gase in der Nähe der Sättigungsgrenze ist die Druckabhängigkeit nicht mehr vernachlässigbar.

Das erste Glied in (453) bleibt für alle Gase dasselbe. Eine Änderung erfahren je nach Gasart nur die weiteren Korrektionsglieder.

Nach (147d) ist

$$\mathfrak{S} - \mathfrak{S}_0 = \int_0^T \mathfrak{C}_v \frac{d\,T}{T} + \mathfrak{R}_{cal} \cdot \ln \frac{\mathfrak{V}}{\mathfrak{V}_0}. \qquad (454)$$

Durch Einsetzen von $\mathfrak{C}_v$ aus (453) mit linearer Temperaturabhängigkeit ergibt sich

$$\mathfrak{S} - \mathfrak{S}_0 = a_v \cdot \ln \frac{T}{T_0} + b\,(T - T_0) + \mathfrak{R}_{cal} \cdot \ln \frac{\mathfrak{V}}{\mathfrak{V}_0} \qquad (455\,a)$$

oder nach (452) $\mathfrak{V}$ durch P ausgedrückt

$$\mathfrak{S} - \mathfrak{S}_0 = (a_v + \mathfrak{R}_{cal}) \ln \frac{T}{T_0} + b\,(T - T_0) + \mathfrak{R}_{cal} \cdot \ln \frac{P_0}{P}. \qquad (455\,b)$$

Für $\mathfrak{V} =$ konst. und $P =$ konst. wird das letzte Glied obiger Gleichungen jeweils null. Dadurch ergibt sich aus (455a) die Linie $\mathfrak{S}_v =$ konst. und aus (455b) jene $\mathfrak{S}_p =$ konst. mit einem, logarithmischen Kurven ähnlichen Verlauf. Für die verschiedenen Volumen- $(\mathfrak{V}/\mathfrak{V}_0)$ bzw. Druckverhältnisse (P/P_0) ergeben sich die Scharen der Isochoren $\mathfrak{S}_v$ bzw. Isobaren $\mathfrak{S}_p$ durch Parallelverschieben um die $\mathfrak{S}$-Maßstabstrecke $\mathfrak{R}_{cal} \ln \mathfrak{V}/\mathfrak{V}_0$ bzw. $\mathfrak{R}_{cal} \ln P_0/P$ vermittels des nach $\mathfrak{V}/\mathfrak{V}_0$ bzw. P_0/P bezifferten Druck-Volumen-Maßstabes, genau wie für konstante spezifische Wärmen (Bild 42).

Die verschiedenen Gasarten beeinflussen die Gleichungen (455) nur durch den, der Gasart eigenen Faktor b. Für ideale Gase und 1-atomige Gase ist $b = 0$. Es kann also, ausgehend von einem gewählten Anfangszählwert T_0, P_0, der für alle Gase gemeinsame Anteil der Entropieänderung $(\mathfrak{S} - \mathfrak{S}_0)_{b=0}$ für $b = 0$ gerechnet werden, zu welchem dann entsprechend dem b-Wert der betrachteten Gasart das Glied $b\,(T - T_0)$ hinzugezählt wird.
Über die Bestimmung von b für Gasmischungen vgl. IIIB.

Stodola bezieht das T, $\mathfrak{S}$-Diagramm auf ein schiefwinkliges Koordinatensystem, dessen Ordinate T, abhängig vom Wert b, eine verschiedene Neigung erhält (Bild 130). Wie im allgemeinen T, s-Diagramm (Bild 42) stellt auch hier die Fläche unter der Zustandslinie zwischen den seitlichen, schrägliegenden Ordinaten bis zur Abszissenachse ($\mathfrak{S}$-Achse) die dabei stattgefundene Wärmebewegung dar. Insbesondere ist die Fläche unter der $\mathfrak{S}_v$-Linie die Innere Energie, jene unter der $\mathfrak{S}_p$-Linie die Enthalpie.

Stodola nimmt die Parallelverschiebung der $\mathfrak{S}_v$- und $\mathfrak{S}_p$-Linien sofort vor und beziffert diese $\mathfrak{S}_p$- bzw. $\mathfrak{S}_v$-Linien gleich nach P und $\mathfrak{V}$. Sie kann auch vermittels des beigegebenen Druck- und Volumenmaßstabes von den $\mathfrak{S}_v$- bzw. $\mathfrak{S}_p$-Linien des Normalzustandes aus (1,033 ata, 273° K, 22,4 Nm³) erfolgen. Durch Ziehen der Zustandslinien von einem gegebenen Ausgangszustand läßt sich dann sofort der Endzustand als Schnittpunkt mit der P- bzw. $\mathfrak{V}$-Linie entnehmen, genau wie im T, s-Diagramm des Wasserdampfes (vgl. Beispiel 24).

Bei der Zählung von $T = 0°\,K$ ist daher die Zunahme der Inneren Energie [(62)]:

$$\mathfrak{U} = M \cdot u = \int_0^T \mathfrak{C}_v \cdot d\,T = a_v \cdot T + \frac{b}{2} \cdot T^2 \tag{456}$$

und der Enthalpie (65):

$$\mathfrak{J} = M \cdot i = \int_0^T \mathfrak{C}_p \cdot d\,T = \mathfrak{U} + \mathfrak{R}_{cal} \cdot T = a_v \cdot T + \frac{b}{2} \cdot T^2 + \mathfrak{R}_{cal} \cdot T. \tag{457}$$

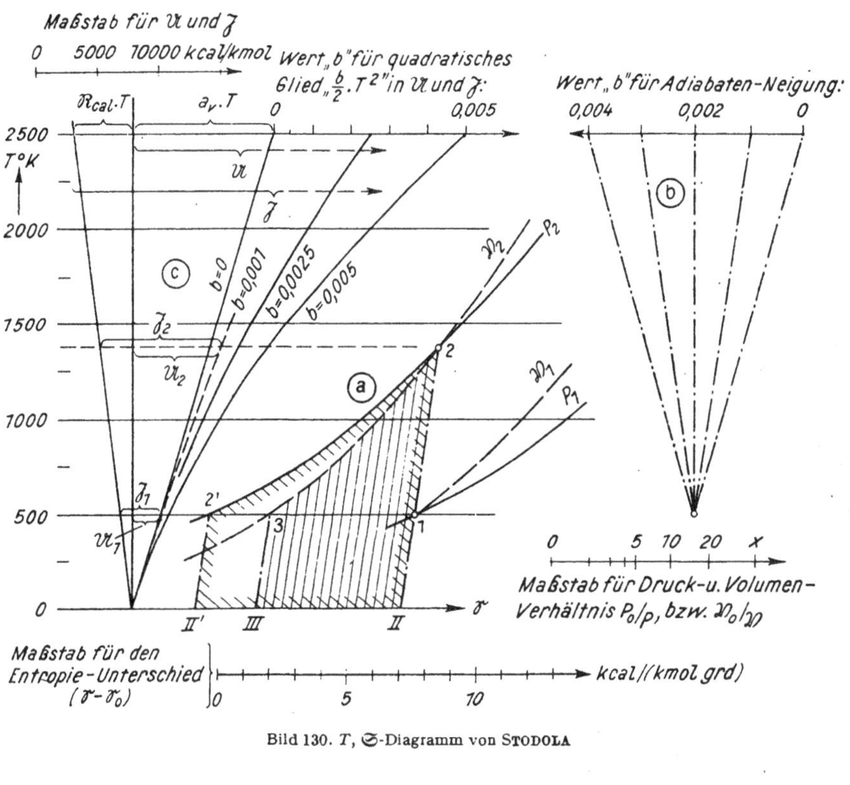

Bild 130. T, $\mathfrak{S}$-Diagramm von STODOLA

Die Gleichungen für $\mathfrak{U}$ und $\mathfrak{J}$ bestehen aus zwei gemeinsamen Gliedern, dem linearen Glied $a_v \cdot T$ und dem quadratischen Glied $\frac{b}{2} \cdot T^2$. Für $\mathfrak{J}$ kommt noch das Ergänzungsglied $\mathfrak{R}_{cal} \cdot T$ der Verdrängungsarbeit hinzu (64).

Das beim T, $\mathfrak{S}$-Diagramm lästige Ausplanimetrieren der Flächen wird dadurch umgangen, daß in einem Teildiagramm (Bild 130c) unter Verwendung der T-Achsenteilung des T, $\mathfrak{S}$-Diagramms senkrecht dazu eine Wärmemengenachse gelegt wird. Von der Senkrechten ausgehend wird nach rechts der Wert $\mathfrak{U}$ nach (456) zu T entsprechend dem spezifischen b-Wert des betrachteten Gases aufgetragen, der eine parabelähnliche Kurve gibt, nach links wird die Verdrängungsarbeit $\mathfrak{R}_{cal} \cdot T$ abgetragen. Es kann so $\mathfrak{U}$ und $\mathfrak{J}$ zu jeder Temperatur T

für den besonderen Gaswert b als Strecke auf einem beigegebenen Wärmemengenmaßstab ausgemessen werden.

Das adiabatische Wärmegefälle zwischen zwei Punkten 1, 2 ist nach (74):

$$\mathfrak{I}_1 - \mathfrak{I}_2 = A \cdot L_t = \int_1^2 \mathfrak{C}_p \cdot d\,T \text{ kcal/kmol} \tag{458}$$

und

$$\mathfrak{U}_1 - \mathfrak{U}_2 = A\,L_{1,2} = \int_1^2 \mathfrak{C}_v \cdot d\,T \text{ kcal/kmol} \tag{459}$$

als Streckendifferenz der $\mathfrak{I}_1 - \mathfrak{I}_2$ bzw. $\mathfrak{U}_1 - \mathfrak{U}_2$ abzulesen.

Die schraffierten Flächen unter $\overline{22'}$ bzw. $\overline{23}$ (Bild 130a) stellen diese Werte im T, $\mathfrak{S}$-Diagramm flächenhaft dar.

Beispiel 62: Zum Gebrauch des T, $\mathfrak{S}$-Diagramms.
Ein 2-atomiges Gas ($b = 0{,}001$) ist adiabatisch von einem Zustand P_1, T_1 (Punkt 1 in Bild 130a) auf einen Druck P_2 zu verdichten.
Die Parallele zur Richtung $b = 0{,}001$ des Bildteils b) durch den Ausgangspunkt 1 in Bildteil *a*) gezogen, schneidet die $P_2 =$ konst.-Kurve im Punkt 2. Für diesen kann der Zustand T_2, $\mathfrak{B}_2$, P_2 aus Bildteil *a*) entnommen werden.

Wäre hingegen im T, $\mathfrak{S}$-Diagramm nur die $P =$ konst.- und $\mathfrak{B} =$ konst.-Kurve für den Normzustand enthalten (z. B. SCHÜLE-Tafel), so würde der Punkt 1 gefunden, indem entsprechend der Strecke des Verhältnisses von Druck und Volumen des Ausgangszustandes zum Normzustand diese Kurven des Normzustandes in den Punkt 1 verschoben werden. Nunmehr wird mit der Strecke $\overline{ox}$ $(=\overline{12'})$ des Druckmaßstabes im vorgelegten Druckverhältnis P_2/P_1 wie eben die P_2-Kurve gezeichnet, mit der die Adiabatenrichtung durch Punkt 1 zum Schnitt gebracht wird. Damit ergeben sich T_2 und $\mathfrak{B}_2$ wie zuvor.

Um die Verdichtungsarbeit zu berechnen, werden die $T =$ konst.-Linien durch die Punkte 1 und 2 bis in das Wärmediagramm (Bild 130c) herübergezogen. Dort schneiden diese bis zur $b = 0{,}001$-Parabel die Strecken $\mathfrak{I}_1$, $\mathfrak{I}_2$ und $\mathfrak{U}_1$, $\mathfrak{U}_2$ ab. Der Zahlenwert der Differenz $(\mathfrak{I}_1 - \mathfrak{I}_2)$ und $(\mathfrak{U}_1 - \mathfrak{U}_2)$ ergibt sich aus dem darüber gezeichneten Wärmemaßstab und damit mit dem Molekulargewicht M des betrachteten Gases die Verdichtungsarbeit je kg:

$$A \cdot L_t = \frac{\mathfrak{I}_2 - \mathfrak{I}_1}{M} \quad \text{und} \quad A \cdot L_{1,2} = \frac{\mathfrak{U}_2 - \mathfrak{U}_1}{M} \text{ in kcal/kg.}$$

3. DAS $\mathfrak{I}$, $\mathfrak{S}$-DIAGRAMM VON O. LUTZ UND F. WOLF

Die Handlichkeit, Übersichtlichkeit und universelle Anwendbarkeit des i, s-Diagramms für Wasserdampf von MOLLIER (IIID2) wies auch für die Berechnung verbrennungsmotorischer Prozesse auf dieses graphische Rechenhilfsmittel hin. Insbesondere die Einführung der Abgasturbinen und der jüngsten Entwicklung, der Gasturbinen, drängte nach solchen Rechendiagrammen.

Die Schwierigkeit der Erstellung einer allgemein gültigen Diagrammtafel, die schon beim T, s-Diagramm zutage trat, liegt bei den Verbrennungsgasen gegenüber dem Wasserdampf ja darin, daß die Verbrennungsgase ein Gemisch unterschiedlicher Zusammensetzung sind, je nach Zusammensetzung des Brennstoffes und dem Luftverhältnis (λ) seiner Verbrennung. Damit zeigt jedes Verbrennungsgasgemisch unterschiedliche spezifische Wärmen verschiedener Temperaturabhängigkeit, also auch verschiedene Enthalpie- und Entropiewerte. Aber auch die ebenfalls unterschiedliche Dissoziation erfordert für höhere Temperaturen ($> 1800°$ C), bei Drücken in Umgebungsnähe, eine Berücksichtigung.

Es würde daher jede Zusammensetzung des Verbrennungsgasgemisches ein eigenes Entropiediagramm erfordern.

PFLAUM faßt einzelne Brennstofftypen summarisch zusammen und behandelt diese je in verschiedenen Tafeln für unterschiedliche Luftverhältnisse bei ihrer Verbrennung. Zwischenwerte sind dann zu interpolieren. (PFLAUM, W., *J, s*-Diagramme für Verbrennungsgase und ihre Anwendung auf die Verbrennungsmaschine. VDI-Verlag 1932.)

LUTZ und WOLF entwickelten $\mathfrak{J}$, $\mathfrak{S}$-Tafeln, die durch einen, der Nomographie entlehnten Kunstgriff näherungsweise für verschiedene Brennstoffe mit verschiedenen Luftverhältnissen ihrer Verbrennung verwendbar ist. (LUTZ, O., und WOLF, F., $\mathfrak{J}$, $\mathfrak{S}$-Tafel für Luft und Verbrennungsgase. Springer-Verlag 1938.)

Diese Tafel soll im folgenden in ihren Grundzügen entwickelt und in ihrer Handhabung gezeigt werden (Bild 131).

Das Grundnetz dieser Tafel bildet ein $\mathfrak{J}$, $\mathfrak{S}$-Diagramm für trockene Luft, bezogen auf die Menge von 1 kmol.

Die Zählnullpunkte liegen bei $p = 1{,}033$ ata, $T = 273{,}2°$ K. Der Tafel liegen die Werte von E. JUSTI zugrunde. (Forschg.-Ing.-Wesen 1934, S. 130, 1935, S. 209, Berlin 1938.)

Damit ergibt sich die Enthalpiedifferenz (69b) mit (4b)

$$\mathfrak{J} - \mathfrak{J}_{273} = \int_{273,2}^{T} \mathfrak{C}_p \cdot dT = |\mathfrak{C}_p|_{273,2}^{T} \cdot (T - 273{,}2). \tag{460}$$

Ebenso ist die Entropieänderung bei konstantem Druck [(149a)]

$$\Delta \mathfrak{S}_p = \int_{273,2}^{T} \mathfrak{C}_p \frac{dT}{T} = \left|\mathfrak{C}_p\right|_{273,2}^{T} \cdot \ln\left(\frac{T}{273{,}2}\right) \tag{461}$$

und bei konstantem Volumen (148a) mit $\mathfrak{C}_v = \mathfrak{C}_p - \mathfrak{R}_{cal}$

$$\Delta \mathfrak{S}_v = \int_{273,2}^{T} \mathfrak{C}_v \frac{dT}{T} = \left(\left|\mathfrak{C}_p\right|_{273,2}^{T} - \mathfrak{R}_{cal}\right) \cdot \ln\left(\frac{T}{273{,}2}\right). \tag{462}$$

Die einzelnen $\mathfrak{S}_p$- bzw. $\mathfrak{S}_v =$ konst.-Linien gehen wieder durch Parallelverschieben auseinander hervor, gemäß (149c):

$$\mathfrak{S}_1 - \mathfrak{S}_2 = \mathfrak{R}_{cal} \cdot \ln \frac{P_2}{P_1} \quad \text{bzw.} \quad \mathfrak{R}_{cal} \cdot \ln \frac{\mathfrak{V}_1}{\mathfrak{V}_2}. \tag{463}$$

Die Wahl der Mengeneinheit von 1 kmol für die Tafel des 2-atomigen Gases Luft hat hier den sich gleich vorstellenden Vorteil, daß die hier abgebildeten thermischen Eigenschafen (p, $\mathfrak{V}$, T) für alle 2-atomigen Gase zutreffen, und solche sind die Mischungen der Verbrennungsgase im wesentlichen.

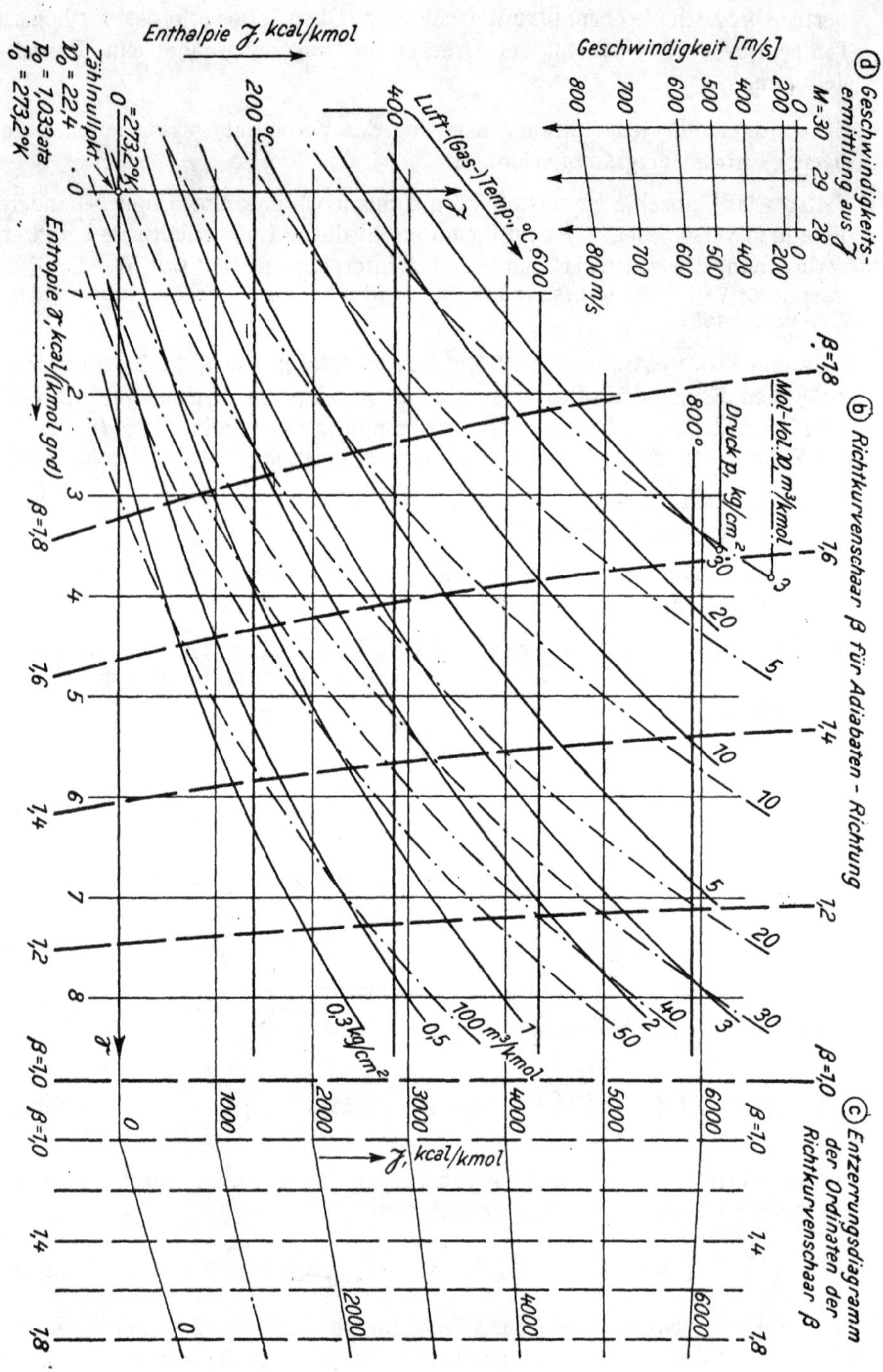

Bild 131. J, S-Tafel nach LUTZ und WOLF

Es wird nun, ausgehend von diesem für Luft im rechtwinkligen $\mathfrak{J}$, $\mathfrak{S}$-Achsenkreuz entwickelten Grundnetz der thermischen Zustandslinien, rückwärts das den verschiedenen Verbrennungsgasmischungen zugeordnete $\mathfrak{J}$, $\mathfrak{S}$-Achsenkreuz errechnet. Dies ist dann schiefwinklig.

Man stelle sich dazu vor, für ein beliebiges Verbrennungsgas sei ein rechtwinkliges $\mathfrak{J}$, $\mathfrak{S}$-Diagramm, genau wie das vorhergehende, z. B. auf eine durchsichtige Gummimembran speziell aufgezeichnet worden. Die thermischen Daten p, $\mathfrak{B}$, T und ihr Verlauf stimmen als 2-atomiges Mischgas mit jenem der Luft überein. Es läßt sich also die Membran so über das Luftgrundblatt verzogen aufspannen, daß diese Zustandslinien mit dem Grundnetz zur Deckung kommen. Dabei erscheinen nun allerdings die ursprünglich rechtwinkligen und linear geteilten $\mathfrak{J}$- und $\mathfrak{S}$-Achsen verzerrt. Immer aber stellt auch jetzt noch eine zur verzerrten $\mathfrak{J}$-Achse Parallele die Richtung der Adiabate dieses auf das Luftgrundnetz umgebildeten $\mathfrak{J}$, $\mathfrak{S}$-Verbrennungsgasdiagramms dar (Bild 131b und 133). Wird nur die $\mathfrak{J}$-Achsen-Richtkurve nach dem Verbrennungsgasgemisch gekennzeichnet (späterer Beiwert β), so können viele solcher $\mathfrak{J}$, $\mathfrak{S}$-Diagramme verschiedener Gaszusammensetzungen dasselbe Grundnetz benützen. Es ist dann nur notwendig, in einem Hilfsdiagramm die $\mathfrak{J}$-Maßstäbe der verschiedenen β-Werte zu entzerren (Bild 131c).

Die Entwicklungen dazu sind wie folgt:

Nach einer früheren Arbeit von Lutz (p, $\mathfrak{B}$-Tafeln, Tabellen und Diagramme, Springer-Verlag 1932) läßt sich die Temperaturabhängigkeit der spezifischen Wärmen eines beliebigen Gases durch eine Gleichung der Form

$$\mathfrak{C}_p = f_1(T) + \beta \cdot f_2(T) \tag{464}$$

grundsätzlich darstellen. Für Luft wird $\beta = 1$ gesetzt, während Lutz für die Verbrennungsgase eines *Normalkohlenwasserstoffes* (85% C, 15% O_2) mit der stöchiometrischen Luftmenge ($\lambda = 1$) willkürlich $\beta_N = 1{,}5$ setzt. Liegt der Verlauf von $\mathfrak{C}_p$ für Luft und für dieses stöchiometrische Verbrennungsgasgemisch versuchsmäßig vor, so läßt sich die Funktion $f_1(T)$ und $f_2(T)$ daraus zurückrechnen. Für ein beliebiges Luftverhältnis λ dieses Normal-KW-Stoffes müssen daher die $\mathfrak{C}_p$-Werte zwischen diesen Grenzen liegen (Bild 132).

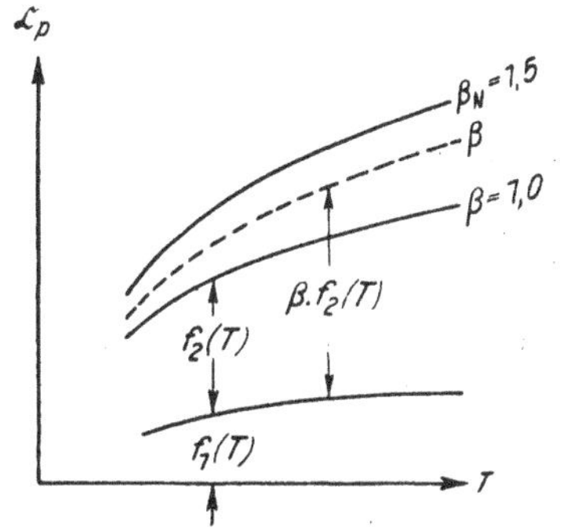

Bild 132. Mischungsverhältnis und Mol-Wärmeverlauf nach Lutz

Diese $\mathfrak{C}_p$-Linie läßt sich dann nach (464) durch einen Unterteilungsfaktor $\frac{\beta - 1}{\beta_N - 1}$ beschreiben.

Für den Normal-KW-Stoff ist die räumliche Zusammensetzung bei Verbrennung mit der stöchiometrischen Luftmenge ($\lambda = 1$)

$$\mathfrak{v}_{CO_2} = 0{,}1283; \quad \mathfrak{v}_{H_2O} = 0{,}1348; \quad \mathfrak{v}_{N_2} = 0{,}7369. \tag{465}$$

Der Wert β für andere Zusammensetzungen technisch verwendeter Brennstoffe läßt sich annähernd aus der empirisch gefundenen Beziehung errechnen

$$\beta = 0{,}94\,\mathfrak{v}_{N_2} + 1{,}23\,\mathfrak{v}_{O_2} + 1{,}01\,\mathfrak{v}_{CO} + 2{,}2\,\mathfrak{v}_{H_2O} + 4\,\mathfrak{v}_{CO_2}\,. \tag{466}$$

Für die Teilung der verzerrten Achsen ergibt sich

$$\left.\begin{aligned} \mathfrak{S} - \mathfrak{S}_L &\approx \frac{\beta - 1}{\beta_N - 1}(\mathfrak{S}_N - \mathfrak{S}_L) \\ \mathfrak{J} - \mathfrak{J}_N &\approx \frac{\beta - 1}{\beta_N - 1}(\mathfrak{J}_N - \mathfrak{J}_L)\,, \end{aligned}\right\} \tag{467}$$

wobei $\mathfrak{S}_N$ bzw. $\mathfrak{J}_N$ nach dem Mischungsgesetz (IIIB1) für die räumliche Zusammensetzung des Normal-KW-Stoffes nach (465) berechnet wird. Ebenso ergeben sich nach den Mischungsgesetzen für den betrachteten Brennstoff aus der räumlichen Zusammensetzung seiner Verbrennungsgase mit irgendeinem Luftverhältnis

$$\left.\begin{aligned} \mathfrak{C}_p &= \sum \mathfrak{v}_i \mathfrak{C}_{p,i} \\ \mathfrak{J} &= \sum \mathfrak{v}_i \mathfrak{J}_i \\ \mathfrak{S} &= \sum \mathfrak{v}_i \mathfrak{S}_i\,. \end{aligned}\right\} \tag{468}$$

Zur Entzerrung des β-Maßstabes der Achsenkurvenschar des Kennwertes β dient eine Hilfstafel (Bild 131c).

Eine weitere Hilfstafel gestattet, die entwickelte *Strömungsgeschwindigkeit aus dem Wärmegefälle* direkt abzugreifen (Bild 131d). Dazu ist allerdings in der Entzerrungshilfstafel auf die Luftlinie $\beta = 1$ überzugehen. Die Strömungsgeschwindigkeit ergibt sich aus der Beziehung (307)

$$w = \sqrt{2g \cdot i} = 91{,}51 \sqrt{\frac{\mathfrak{J}}{M}}\,. \tag{469}$$

Das Molgewicht M der betrachteten Mischgase ergibt sich wieder nach IIIB1 zu

$$M = \sum \mathfrak{v}_i M_i\,,$$

worin M_i die Molgewichte der Einzelbestandteile $\mathfrak{v}_i$ sind.

Für genaue Rechnungen sind zur Berichtigung und Fehlerabschätzung Hilfstafeln beigegeben, welche berücksichtigen:

die durch (466) eingeführte Annäherung des β-Wertes gegenüber seinem wahren Wert des betrachteten Verbrennungsgases, die Druckabhängigkeit der spezifischen Wärmen und die Dissoziation.

Beispiel 63 (Bild 133): Das Verbrennungsgas des Normal-KW-Stoffes ($c = 0{,}85$; $h = 0{,}15$) ist nach Verbrennung mit $\lambda = 5$ von 10 ata, 765° C auf 1 ata, 352° C expandiert. Zu ermitteln sind: die Expansionsarbeit $L_{1,pol}$ und die Wirkungsgrade η_g, η_{th}, η_i des Vorganges. Ergibt sich

$$\mathrm{O}_{min} = \frac{0{,}85}{12} + \frac{0{,}15}{4} = 0{,}1083 \text{ in kmol/kg}_{Br.\text{-}St.} \text{ nach (364);}$$

$$\mathfrak{L}_{min} = 0{,}1083/0{,}21 = 0{,}516 \text{ in kmol/kg}_{Br.\text{-}St.} \text{ nach (365);}$$

$$\mathfrak{L} = 5 \cdot 0{,}516 = 2{,}58 \text{ in kmol/kg}_{Br.\text{-}St.} \text{ nach (366);}$$

$$\mathfrak{B}'' = 2{,}58 + \frac{0{,}15}{4} = 2{,}617 \text{ in kmol/kg}_{Br.\text{-}St.} \text{ nach (369);}$$

nach (378a) die räumliche Zusammensetzung:

$$\mathfrak{v}_{CO_2} = \mathfrak{V}''_{CO_2}/\mathfrak{V}'' = \frac{0{,}85/12}{2{,}617} = 0{,}027;$$

$$\mathfrak{v}_{H_2O} = \mathfrak{V}''_{H_2O}/\mathfrak{V}'' = \cdots \frac{0{,}15/2}{2{,}617} = 0{,}0315;$$

$$\mathfrak{v}_{O_2} = \mathfrak{V}''_{O_2}/\mathfrak{V}'' = 0{,}21\,(5-1)\cdot 0{,}516/2{,}617 = 0{,}1655;$$

$$\mathfrak{v}_{N_2} = \mathfrak{V}''_{N_2}/\mathfrak{V}'' = \frac{0{,}79\cdot 2{,}58}{2{,}617} = 0{,}78.$$

Damit ist das Mol-Gewicht der Verbrennungsgase:

$$M = \sum \mathfrak{v}_i \cdot M_i = 0{,}0271\cdot 44 + 0{,}0315\cdot 18 + 0{,}1655\cdot 32 + 0{,}78\cdot 28 = 28{,}907.$$

Nach (466) ist

$$\beta = 0{,}94\cdot 0{,}78 + 1{,}23\cdot 0{,}1655 + 2{,}2\cdot 0{,}0315 + 4\cdot 0{,}0271 = 1{,}1145.$$

Durch den Ausgangszustand 1 wird eine Parallele zur Kurve des Beiwertes $\beta = 1{,}1145$ gelegt. Diese schneidet die Linie $p = 1$ ata im Punkt 2. Die adiabatische Expansion reiner Luft vom Zustand 1 endete im Punkt 4. Die gemessene Expansionsendtemperatur gibt Punkt 3. Durch Herüberloten der Punkte 1, 2, 3 in dem Diagrammteil c) ergeben auf der $\beta = 1{,}1145$-Linie die Schnittpunkte A, B, C mit den Enthalpiegefällen

$$\mathfrak{I}_{ad} = (5630 - 2100) = 3570 \text{ in kcal/Mol und}$$

$$\mathfrak{I}_{pol} = (5630 - 2450) = 3230 \text{ in kcal/Mol.}$$

Damit ergibt sich $A\,L_{t,\,pol} = 3230$ kcal/Mol oder $3230\cdot 2{,}617 = 8440$ in kcal/kg$_{Br.\text{-}St.}$ oder $L_{t,\,pol} = 8440/632 = 13{,}36$ in PS/kg$_{Br.\text{-}St.}$

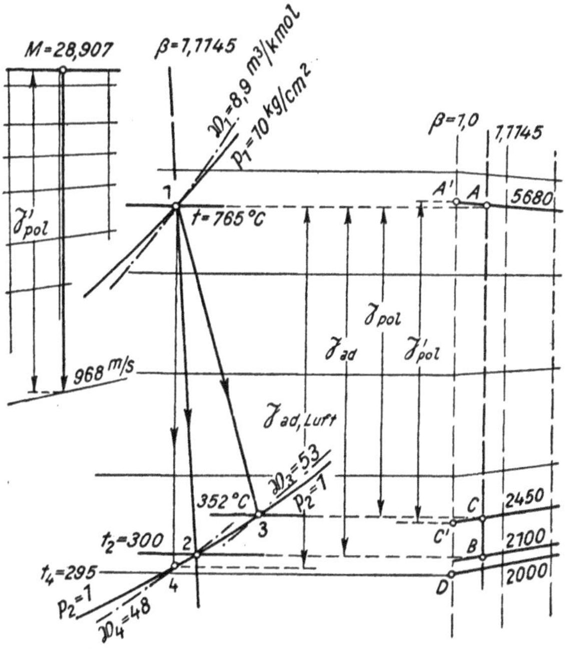

Bild 133. Zusammenspiel von $\mathfrak{I}$, $\mathfrak{S}$-Tafel, Hilfskurvenschar und Entzerrungstafel beim $\mathfrak{I}$, $\mathfrak{S}$-Diagramm von LUTZ-WOLF (zu Beispiel 63)

Der thermische Wirkungsgrad der adiabatischen Expansion, also des Idealprozesses dieser Expansion, ist $\eta_{th} = 3570/5680 = 0{,}63$.

Der Gütegrad η_g (oder thermodynamischer Wirkungsgrad η_{td}) ist $\eta_g = 3230/3570 = 0{,}905$ nach (160). Und nach (161) ist der indizierte Wirkungsgrad $\eta_i = 0{,}63\cdot 0{,}905 = 0{,}568$.

Die Ausströmgeschwindigkeit w ergibt sich aus dem Gefälle $\overline{A'C'} = \mathfrak{I}'_{pol}$ im Diagramm d) für $M = 28{,}907$ zu $w = 968$ m/s.

4. DAS i, λ- UND $\mathfrak{S}$, λ-DIAGRAMM VON E. SCHMIDT

Das Vorhandensein vorgenannter $\mathfrak{J}$, $\mathfrak{S}$-Tafeln zeigte ganz klar, wie wünschenswert es für anspruchsvollere Berechnungen wäre, ein Rechenhilfsmittel von der Übersichtlichkeit, Handlichkeit und universellen Verwendbarkeit eines MOLLIER-Diagrammes des Wasserdampfes zu haben.

Diesem Bedürfnis kam in jüngster Zeit der äußerst fruchtbare Gedanke von E. SCHMIDT durch die Tafelkombination eines i, λ- und $\mathfrak{S}$, λ-Diagrammes nach. Das i, λ, $\mathfrak{S}$-Diagramm von SCHMIDT erlaubt nicht nur die Verbrennungs-

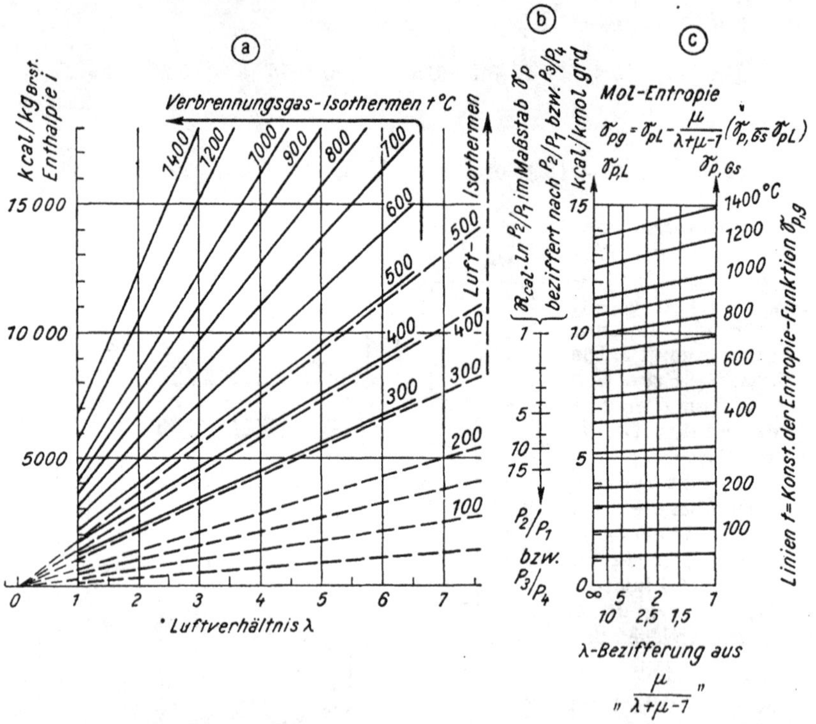

Bild 134. i, λ- und $\mathfrak{S}$, λ-Diagramm nach E. SCHMIDT

temperatur bei der Verbrennung irgendeines Brennstoffes bei beliebigem Luftverhältnis λ und Luftausgangstemperatur zu berechnen, wie das i, t-Diagramm ohne Berücksichtigung der Dissoziation, sondern es gestattet auch, die thermodynamischen Vorgänge eines Gasturbinenprozesses bei kontinuierlich veränderlichem Luftverhältnis λ klar zu verfolgen und damit die zur Berechnung notwendigen Werte einfach und übersichtlich abzugreifen. Die Dissoziation zu berücksichtigen, ist bei Gasturbinenprozessen wegen der relativ niederen Temperaturen unnötig.

Diese Rechentafel besteht in der sehr geistvollen Verbindung dreier Diagramme (Bild 134). (SCHMIDT, E., Das i, λ- und $\mathfrak{S}$, λ-Diagramm für Verbrennungsgase, ein neues Hilfsmittel für die Berechnung thermodynamischer Prozesse, insbesondere bei Gasturbinen. Forschung 1949, H. 1.)

Im i, λ-Diagramm (Bild 134a) werden die Enthalpiewerte i der jeweils für Kraftstoffe verschiedener Zusammensetzung erforderlichen stöchiometrischen Luftmenge $\mathfrak{L}_{min}$ und λ-fachen davon, und jene der daraus entstehenden Verbrennungsgasmenge als Ordinaten zur Abszisse des Luftverhältnisses λ nach dem Parameter t, gezählt vom Eispunkt (0° C), aufgetragen.

Für die Enthalpie reiner Luft gilt die Gleichung

$$i_L = \lambda \mathfrak{L}_{min} \int_0^t \mathfrak{C}_p \cdot dt \text{ [kcal/kg}_{\text{Br.-St.}}\text{]}, \tag{470a}$$

wenn $\mathfrak{L}_{\min}$ kmol$_{\text{Luft}}$/kg$_{\text{Br.-St.}}$ die stöchiometrische Luftmenge gemäß der Kraftstoffzusammensetzung ist (VIIB2).

Für die Enthalpie der aus dem Brenn- oder Kraftstoff einer vorgegebenen Zusammensetzung entstandenen Verbrennungsgase gilt

$$i_{Gas} = \sum \frac{V_i''}{22{,}4} \cdot \int_0^t \mathfrak{C}_{p,i} \cdot dt = \sum \frac{V_i''}{22{,}4} \cdot \mathfrak{J}_i \text{ [kcal/kg}_{\text{Br.-St.}}\text{]}, \tag{470b}$$

darin sind: V_i'' die anteilig gemäß $\lambda = 1$ entstandenen Einzelprodukte (VIIB3a) und $\mathfrak{J}_i$ kcal/kmol deren Molenthalpien.

Bei der Verbrennung mit der λ-fachen stöchiometrischen Luftmenge $\mathfrak{L}_{\min}$ ist die Enthalpie der gesamt entstandenen Verbrennungsgase

$$i_g = i_{Gas} + (\lambda - 1)\, i_L \text{ [kcal/kg}_{\text{Br.-St.}}\text{]}. \tag{470c}$$

Die Gleichungen (470a und c) ergeben die t = konst.-Linien als je ein Strahlenbüschel, welche die ganze i, λ-Ebene überdecken. Der Strahlenmittelpunkt liegt auf der λ-Achse, für das Strahlenbüschel reiner Luft bei $\lambda = 0$.

Um die thermodynamischen Vorgänge zu verfolgen, ist ein Zusammenhang zwischen dem Temperatur- und Druckverhältnis notwendig. Bei konstanten spezifischen Wärmen ist dieser bei isentropem Verlauf der Zustandsänderung gegeben durch

$$T_2/T_1 = (P_2/P_1)^{\frac{\varkappa-1}{\varkappa}}.$$

Für veränderliche spezifische Wärmen ist für eine umkehrbare Zustandsänderung $1 \to 2$ eines Gases, welche der allgemeinen Gasgleichung $P \cdot \mathfrak{V} = \mathfrak{R} \cdot T$ folgt, nach (147e) die Mol-Entropieänderung

$$\mathfrak{S}_2 - \mathfrak{S}_1 = \int_{T_1}^{T_2} \mathfrak{C}_p \cdot \frac{dT}{T} - \mathfrak{R}_{cal} \cdot \ln \frac{P_2}{P_1}. \tag{471}$$

Diese Gleichung besteht aus zwei Gliedern

$$\mathfrak{S}_p = \int \mathfrak{C}_p \frac{dT}{T}, \tag{472a}$$

nur temperaturabhängig (Entropiefunktion), und

$$-\mathfrak{R}_{cal} \ln P, \tag{472b}$$

nur druckabhängig.

Für einen isentropen Vorgang ist $\mathfrak{S}_2 - \mathfrak{S}_1 = 0$ und daher (Zählung vom Eispunkt) nach (471) und (472a)

$$\mathfrak{S}_{p_2} - \mathfrak{S}_{p_1} = \mathfrak{R}_{cal} \cdot \ln \frac{P_2}{P_1}. \qquad (473)$$

Diese Beziehung besteht für reine Luft ($\mathfrak{S}_{p,L}$) wie auch $\mathfrak{S}_{p,g}$ für die gesamt entstandenen Verbrennungsgase, wenn $\mathfrak{S}_p$ für die entstehenden Bestandteile anteilig eingesetzt wird. Die Dissoziation spielt für Gasturbinenprozesse keine große Rolle und wird dabei vernachlässigt. Damit ist aber durch (473) ein Zusammenhang zwischen der Druckänderung und der Temperaturänderung hergestellt, wenn $\mathfrak{S}_p$ als Funktion der Temperatur t bekannt ist.

In Bild 134b ist ($\mathfrak{S}_{p_2} - \mathfrak{S}_{p_1}$) nach (473) durch eine nach P_2/P_1 bezifferte Funktionsleiter dargestellt. Der gewählte Maßstab für ($\mathfrak{S}_{p_2} - \mathfrak{S}_{p_1}$) ist derselbe wie für den Ordinatenmaßstab des folgenden Teildiagrammes Bild 134c.

Für den Übergang von der, einer Mengeneinheit (1 kg) des Kraftstoffes zur Verbrennung verfügbaren Luftmenge zu den daraus entstehenden Verbrennungsgasen kann für das $\mathfrak{S}, \lambda$-Diagramm für verschiedene λ-Werte geschrieben werden

$$\mathfrak{S}_{p,g} = \mathfrak{S}_{p,L} + \frac{\mu}{\lambda + \mu - 1} (\mathfrak{S}_{p,Gas} - \mathfrak{S}_{p,L}). \qquad (474)$$

Darin ist:

$\mu = \dfrac{\lambda \cdot L_{min} + \Delta V}{\lambda \cdot L_{min}}$ das Mol-Zahlverhältnis bei der Reaktion (vgl. VIIB2),

$\mathfrak{S}_{p,Gas}$ = die Entropiefunktion (472a) der reinen Verbrennungsgasmenge aus $\mathfrak{L}_{min}$,

$\mathfrak{S}_{p,L}$ = die Entropiefunktion (472a) der reinen Luft $\mathfrak{L}_{min}$,

$\mathfrak{S}_{p,g}$ = die Entropiefunktion der gesamt entstandenen Verbrennungsgasmenge entsprechend $\lambda \cdot \mathfrak{L}_{min}$.

Die Entropiefunktion $\mathfrak{S}_{p,g}$ der gesamt entstandenen Verbrennungsgasmenge aus 1 kg Kraftstoff gegebener Zusammensetzung stellt sich für konstante Temperatur t nach (474) einem „$\mathfrak{S}_{p,g}, \frac{\mu}{\lambda + \mu - 1}$-Achsenkreuz" als eine Gerade dar. Da nun μ für einen vorgegebenen Kraftstoff entsprechend dem stöchiometrischen Zusammenhang konstant ist, so kann die Abszissenachse $\frac{\mu}{\lambda + \mu - 1}$ nach λ beziffert werden (Bild 134c).

Zum Verzeichnen dieses $\mathfrak{S}_p, \lambda$-Diagrammes werden die Tabellen der zu entnehmenden $\mathfrak{S}_{p,L}$-Werte kcal/kmol grd der reinen Luft auf der $\lambda = \infty$-Ordinate und jene $\mathfrak{S}_{p,Gas}$ der reinen Verbrennungsgase aus der stöchiometrischen Verbrennung ($\mathfrak{L}_{min}$) anteilig ihrer Zusammensetzung $V_i''/22{,}4$ kmol/kg (ohne Berücksichtigung der Dissoziation) auf der Ordinate $\lambda = 1$ für verschiedene Temperaturen aufgetragen. Die Verbindung dieser Punkte für gleiche Temperatur genügt der linearen Gleichung (474).

Anmerkung: Für verschiedene Kraftstoffzusammensetzungen sind fertige i, λ, $\mathfrak{S}$-Diagramme durch den VDI-Verlag zu beziehen. Sie basieren auf den neuesten $\mathfrak{C}_p$ $\mathfrak{J}$- und $\mathfrak{S}_p$-Werten der amerikanischen Forscher WAGMANN, ROSSINI und Mitarbeiter und sind umgerechnet z. T. enthalten in: SCHMIDT, E., Forsch. Ing.-Wes. 1949, Nr. 1, S. 19, und LUTZ, O., Ing.-Arch. 1948, S. 377.

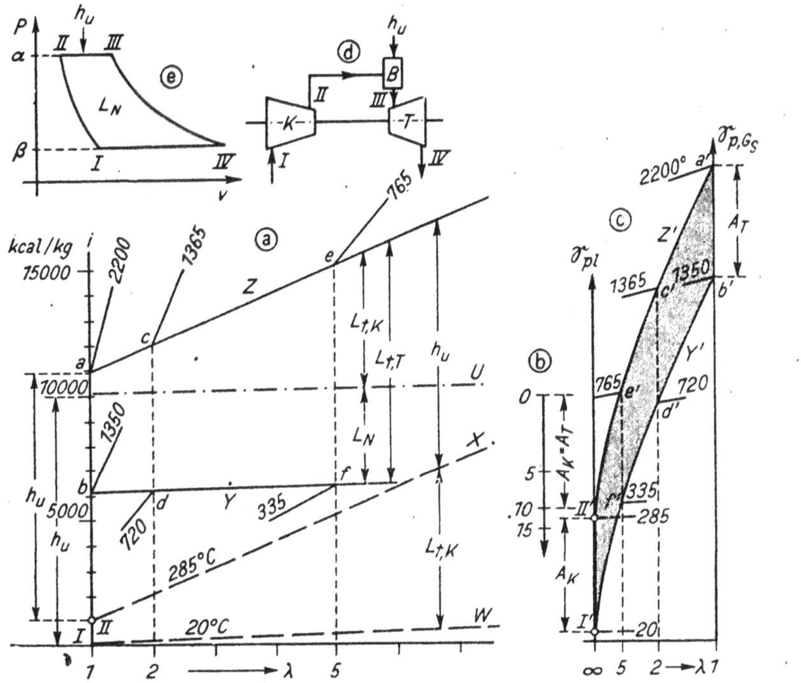

Bild 135. Zur Anwendung Beispiel 61 des i, λ, $\mathfrak{S}$-Diagramms

Beispiel 64: Zur grundsätzlichen Handhabung des i, λ, $\mathfrak{S}$-Diagrammes von E. SCHMIDT (Bild 135). Für einen offenen Gasturbinenprozeß (Bild 135d), welcher zwischen 1 und 10 ata, ausgehend von einem Ansaugeluftzustand von 20° C (Punkt I, Bild 135c) arbeitet, sind die theoretischen verbrennungstechnischen und thermodynamischen Verhältnisse zu untersuchen. Kraftstoffzusammensetzung $c = 0{,}85$, $h = 0{,}15$, Heizwert, $h_u = 10\,000$ kcal/kg.

Zunächst ist das i, λ, $\mathfrak{S}$-Diagramm für die gegebene Kraftstoffzusammensetzung nach obigem Vorgang zu entwerfen oder die käufliche passende Tafel zu verwenden.

Im $\mathfrak{S}$, λ-Diagramm (Bild 135c) wird von der Temperaturlinie $t = 20°$ C auf der Ordinate $\mathfrak{S}_{p\,L}$ (entsprechend $\lambda = \infty$) die dem Verdichtungsverhältnis im Kompressor $P_2/P_1 = 10$ entsprechende Strecke A_K aus der Funktionsleiter (Bild 135b) vom Punkt I′ angetragen. Der Endpunkt (II′) liegt dann auf der Linie $t_{II} = 285°$ C.

Im i, λ-Diagramm (Bild 135a) werden diese Temperaturlinien $t_I = 20°$ C und $t_{II} = 285°$ C herausgesucht (W- und X-Linie). Das Wärmegefälle x $(i_I - i_{II})$ zwischen diesen beiden Linien ist die technische Verdichtungsarbeit $L_{t,\,K}$ im Wärmemaß für die jeweiligen Vielfachen λ der stöchiometrischen Verbrennungsluftmenge $\mathfrak{L}_{min}$ des gegebenen Brennstoffes.

Zur $t_{II} = 285°$ C, (X)-Linie, wird im Abstand des Kraftstoffheizwertes $h_u = 10\,000$ kcal/kg die Parallele Z gezogen. Die Schnittpunkte dieser Z-Linie mit den Verbrennungsgasisothermen (voll ausgezogen) geben die Temperaturzunahme durch die Verbrennung des Kraftstoffes in der Brennkammer B (Bild 135d) bei verschiedenem λ an.

Diese Schnittpunkte (z. B. a, c, e) in das $\mathfrak{S}$, λ-Diagramm der korrespondierenden λ-Ordinaten übertragen (also a', c', e'), ergeben dort den Linienzug Z'. Durch Abtragen der Strecke A_T des in der Turbine zu verarbeitenden Druckgefälles $P_3/P_4 = 10$ aus der Leiter Bild 135b ergibt sich der Linienzug Y'. Er schneidet die Verbrennungsgasisothermen des Endzustandes in der Turbine (d. s. Punkte b', d', f') in den Isothermen 1350° C, 720° C, 335° C).

Diese Schnittpunkte der t-Linien mit den λ-Linien in das i, λ-Diagramm eingetragen (Punkte b, d, f), ergibt dort den Linienzug Y.

Der Ordinatenabstand zwischen der Z- und Y-Linie ist das in der Turbine verarbeitete Wärmegefälle, entsprechend $L_{t,T}$. Nach Abzug der Verdichtungsarbeit $L_{t,K}$ von der Z-Linie ist der Ordinatenabstand zwischen der U- und Y-Linie im Wärmemaß die theoretische Nutzarbeit L_N des vorgelegten offenen Gasturbinenprozesses bei verschiedenen Luftverhältnissen λ (vgl. auch IIIC6gγ).

Auch der Gütegrad zur Berechnung der Verhältnisse bei der wirklichen Anlage läßt sich berücksichtigen.

X. SCHRIFTTUMSÜBERSICHT

SCHÜLE, W.: Technische Thermodynamik. 4. Aufl. 2 Bde. Berlin: Springer 1923.

Bd. I. Die für den Maschinenbau wichtigsten Lehren nebst technischen Anwendungen.

Bd. II. Höhere Thermodynamik mit Einschluß der chemischen Zustandsänderungen und ausgewählte Abschnitte aus dem Gesamtgebiet der technischen Anwendungen.

Ein Standardwerk, mit dem ein großer Teil der heutigen Generation der Ingenieure herangebildet wurde und den Grundstock zum heutigen Ausbau der technischen Anwendungen der Wärmelehre legte.

SCHMIDT, E.: Einführung in die technische Thermodynamik und Grundlagen der chemischen Thermodynamik. 4. Aufl. Berlin: Springer 195).

Dieses Buch ist das Nachfolgewerk des Springer-Verlages für des verstorbenen Vorgenannten. In der nun vorliegenden 4. Auflage (1950), die während der Drucklegung erschien, werden bis auf einige Sonderabschnitte, die zwei Schüle-Bände der allgemeinen Thermodynamik und der Thermodynamik chemischer Reaktionen in neuzeitlicher Bearbeitung zusammengefaßt. Die technischen Anwendungen betonen die Belange des Maschineningenieurs nach den neuesten Entwicklungsrichtungen der Technik. Auf die Kapitel der Thermodynamik des Raketen- und Luftstrahlantriebes, wie über die Verdichtungsstöße sei ebenso hingewiesen wie auf die Ausstattung des Werkes mit dem neuesten Tabellenmaterial über die Zustandsgrößen und Stoffkonstanten.

NESSELMANN, K.: Angewandte Thermodynamik. Berlin: Springer 1950.

RICHTER, H.: Leitfaden der Technischen Wärmelehre nebst Anwendungsbeispielen. Berlin: Springer 1950.

BOŠNJAKOVIĆ, F. Technische Thermodynamik. 2 Bde. Dresden: Th. Steinkopff 1944.

Band I. Umfassend die Grundlagen der technischen Thermodynamik. Bei den technischen Anwendungen ist ein eigener größerer Abschnitt den Kältemaschinenprozessen eingeräumt.

Band II. Besonders ausführliche Behandlung der Wärmeprobleme der Zweistoffgemische, wie sie in der Kälte- und Trockentechnik und im chemischen Apparatebau dem Ingenieur entgegentreten. Verschiedene Zweistoff-Diagrammtafeln sind im Großformat beigegeben.

NUSSELT, W.: Technische Thermodynamik. 2 Bde. Sammlung Göschen 1934, 1944.

Besonders sei auf Teil 2 hingewiesen, der die Anwendung auf wärmetechnische Untersuchungen der Vorgänge in den Wärmekraftmaschinen behandelt (Kolbendampfmaschinen, Dampfturbinen, Neuere Entwicklungsrichtungen der Dampfkraftanlagen, Verbrennungskraftmaschinen).

PLANCK, M.: Einführung in die Theorie der Wärme. Bd. V zu „Einführung in die theoretische Physik". Leipzig: S. Hirzel 1930.

Strengste Logik und Präzession der gedanklichen Entwicklungen im Aufbau des Stoffes führen bis zur Atomistik und Quantentheorie durch das ganze Gebäude der theoretischen Thermodynamik. Die immer gleiche Spannung, mit der die Behandlung in dieser Materie gefangen hält, macht das Werk zur Einführung nicht gerade leicht lesbar. Es sollte erst von dem schon eingehender mit der Thermodynamik Vertrauten zur Hand genommen werden; aber für diesen ist die Kenntnis dieses Werkes eines der größten theoretischen Forscher unerläßlich.

MÜLLER-POUILLET: Chemische und Technische Thermodynamik. 1. Hälfte zu Bd. III „Lehrbuch der Physik". Braunschweig: F. Vieweg & Sohn 1926.

Das Werk umfaßt in Einzelbearbeitung durch verschiedene namhafte Verfasser das Gesamtgebiet der allgemeinen und chemischen Thermodynamik. Durch seinen Zuschnitt auf den theoretischen und Experimentalphysiker und den Physikochemiker macht sich deutlich die Kluft sichtbar, die sich gegenüber der technischen Thermodynamik aufgetan hat. Daran ändert auch der Versuch nichts, dieser einen ausgezeichneten größeren Abschnitt zur Verfügung zu stellen. So wertvoll dieses Lehr- und Handbuch für den Kreis, dem es zugedacht ist, zweifellos ist, so wird jedoch der Maschineningenieur im allgemeinen nur selten zu diesem Werk als Handbuch zu greifen genötigt sein. Es sei denn, daß er sich der Verfahrenstechnik oder der Erforschung der Stoffeigenschaften und ihres Verhaltens direkt zuwendet, also sich mit dem Arbeitsgebiet des Physikers und Physikochemikers begegnet.
Sonst sagt es dem Ingenieur entweder zu wenig oder nach einer Richtung und Darstellung, die seinen Bedürfnissen nicht nachkommt. So werden doch z. B. die Diagrammdarstellungen und Rechentafeln kaum und nicht in der ihnen für die Technik gebührenden Weise behandelt.

MÜLLER-POUILLET: Kinetische Theorie der Wärme. 2. Hälfte zu Bd. III „Lehrbuch der Physik". Braunschweig: F. Vieweg & Sohn 1926.

Zur Kenntnis der Gedankengänge, die zum Aufbau der theoretischen Wärmelehre und ihrer mathematischen Erfassungsmethoden führen, durch die geschlossene Behandlung sehr zu empfehlen, wenn es auch in vielen über die Arbeitsgebiete des Ingenieurs wesentlich hinausgeht und in erster Linie dem theoretischen Physiker zugedacht ist.

ECKERT, E.: Einführung in den Wärme- und Stoffaustausch. Berlin: Springer 1949.

Neben einer etwas kurzen Behandlung des Wärmedurchganges beinhaltet es die Grundgesetze der Wärmestrahlung mit besonderer Erweiterung auf ihre Ergebnisse in der Technik. Der Schwerpunkt des Werkes liegt in der Bearbeitung des Wärmeüberganges und einer Einführung in die Probleme des Stoffaustausches. Hier ist äußerst klar die so fruchtbare Impulstheorie von Kármán-Pohlhausen für den Wärmeübergang und ihre Erweiterung auf den Stoffaustausch durch Nusselt-Schmidt behandelt. Auch die kurze klare Einführung in die Strömungslehre, soweit sie den hier behandelten Stoff berührt, ist sehr geschickt eingebaut.

MATZ, W.: Die Thermodynamik des Wärme- und Stoffaustausches in der Verfahrenstechnik. Darmstadt: Th. Steinkopff 1949.

Dieses Werk wendet sich besonders an den Verfahrensingenieur der chemischen Technik und ist für ihn durch die gründliche Verarbeitung, Neugestaltung und zeichnerische Interpretation des umfangreichen technisch-wissenschaftlichen Schrifttums dieses nicht einfachen Sondergebiets zu kennen unerläßlich.

HAUSEN, H.: Wärmeübertragung im Gegen-, Gleich- und Kreuzstrom. Berlin: Springer 1950.

GRÖBER-ERCK: Die Grundgesetze der Wärmeübertragung. Berlin: Springer 1933.

Theoretisch-mathematische Behandlung des gesamten Gebietes des Buchtitels. Besonders sei auch auf die im vorgenannten Werk von Eckert fehlende ausführliche Behandlung der Lösung der Probleme der Wärmeleitung hingewiesen.

SCHACK, A.: Der industrielle Wärmeübergang. 3. Aufl. Düsseldorf: Stahleisen 1948.

Mit theoretischer Untermauerung verbundene, vornehmlich technisch-industrielle Anwendungen der Ergebnisse. Es wendet sich betont dabei an den Ofen- und Wärmeaustauscherbau der Groß- und Schwerindustrie.

GERBEL, M.: Die Grundgesetze der Wärmestrahlung. Berlin: Springer 1917.

Hier sei besonders auf die in den vorangenannten Werken fehlende Durchrechnung von Beispielen des Strahlungsaustausches mehrerer Flächen untereinander auf Grund des Gesetzes von Lambert hingewiesen. Die Anwendungsbeispiele entstammen vornehmlich dem Kessel- und Feuerungsbau.

SAUER, R.: Einführung in die theoretische Gasdynamik. 2. Aufl. Berlin: Springer 1951.

Die grundlegenden theoretischen Zusammenhänge in mathematisch und graphisch-rechnerischer Behandlung.

PRANDTL, L.: Führer durch die Strömungslehre. Braunschweig: F. Vieweg & Sohn 1942.

Vorwiegend Betonung der versuchstechnischen Erkenntnisse, durch die ja die theoretische Strömungslehre erst das Fundament erhält und zum Erfolg gebracht werden kann. Der Wärme- und Stoffaustausch und die strömende Bewegung der Gase und Dämpfe verketten die Strömungslehre engst mit der Thermodynamik.

STODOLA, A.: Dampf- und Gasturbinen. 6. Aufl. Berlin: Springer 1924.

Das Standardwerk des großen Forschers und Ingenieurs geht weit über den Rahmen des Buchtitels hinaus. Es gibt wohl kein Problem des gesamten Kraftmaschinenbaues, sei es in Theorie, Konstruktion oder Betriebserfahrungen, zu dem in diesem Werk nicht eingehend Stellung genommen wird. Gerade die Abschnitte der Thermodynamik, des Wärmeaustausches und der Wärmebewegung in den Bauteilen, die Behandlung der strömenden Bewegung der Gase und Dämpfe, die auftretenden verbrennungstechnischen Probleme und ihre notwendige ingenieurmäßige rechnerische oder graphische Behandlungsmethoden zeigen hier deutlich, was technische Thermodynamik bedeutet und wie tief sie in den äußerlich so robust und roh erscheinenden Großmaschinenbau eingreift.

ECK, B.: Technische Strömungslehre. Berlin: Springer.

Dieses Buch behandelt vornehmlich die Versuchstechnik und die mit ihr zu erreichenden Ergebnisse in betont anschaulicher und doch exakt eindringlicher Darstellung.

EUCKEN, A.: Grundriß der physikalischen Chemie. 5. Aufl. Akadem. Verlagsanstalt 1942.

ULICH, H.: Lehrbuch der physikalischen Chemie. Dresden: Th. Steinkopff 1940.

Beide Werke behandeln mit Ausrichtung auf die Bedürfnisse des physikalischen Chemikers die Thermodynamik in ihrem engen Zusammenhang mit den physikalisch-chemischen Vorgängen. Ohne jedoch auch in spezielle Arbeitsgebiete des Physikochemikers einsteigen zu müssen, z.B. die Photochemie oder Elektrochemie, begegnet den gleichen Gesetzen der Ingenieur bei den Vorgängen der Phasenumwandlungen, den Zweistoffsystemen und den Verbrennungsvorgängen. Allein diese Hinweise genügen, um in der Thermodynamik chemischer Vorgänge nicht der Ingenieurtätigkeit fernliegende Entwicklungen zu sehen. Der Ingenieur steht hier mit seinem ganzen Arbeitsgebiet, sei es als Verfahrens- oder Feuerungstechniker oder als Verbrennungsmaschinenbauer mitten darin.
Gerade diese beiden Werke sind durch ihre Gliederung geeignet, dem Ingenieur von den verbindenden Gesetzmäßigkeiten aus eine stoffliche Auswahl für seine Bedürfnisse zu bieten. Beide Werke zeigen eine ganz persönliche, sich ergänzende Note der Bearbeitung.

HOLLECK, L.: Physikalische Chemie und ihre rechnerische Anwendung. Berlin: Springer 1950.

Der Schwerpunkt dieses Werkes liegt in der kurzen Zusammenfassung der Gesetze und Beziehungen der Thermodynamik chemischer Reaktionen und in den vielen Anwendungsbeispielen, von welchen viele dem Ingenieur, der mit Verbrennungsfragen eingehender zu tun hat, wertvoll sind. Auch sehr schöne Stammtafeln der Zusammenhänge der einzelnen Formelbeziehungen sind eingefügt.

GUMZ, W.: Kurzes Handbuch der Brennstoff- und Feuerungstechnik. Berlin: Springer 1942.

Neben einem Überblick über die mechanischen, physikalischen und chemischen Eigenschaften bringt dieses Werk die technischen Anwendungen der physikalischen Chemie bei den Verbrennungs- und Vergasungsvorgängen und den Vorgängen des Wärmeüberganges in den Feuerungen. Es wendet sich also vornehmlich an den Feuerungstechniker. Denn immer noch liegt, neben der reinen Kesselanlage, in der Feuerungsanlage der wichtigste und schwierigste Teil eines Kraftwerkes. Der Feuerungstechniker ist schon längst aus dem Stadium der aus dem Versuch schlechthin gewonnenen „Erfahrungen" zu einer wissenschaftlichen Durchdringung mit den Erkenntnissen der einschlägigen Fachgebiete übergegangen.
Besonders sei auch auf die Abschnitte zum Entwerfen der i, t-Tafeln und der Berücksichtigung der Dissoziation bei der Ermittlung der Verbrennungstemperatur hingewiesen.

JOST, W.: Explosions- und Verbrennungsvorgänge in Gasen. Berlin: Springer 1939.

Dieses Werk behandelt einen ganz speziellen Ausschnitt der Verbrennungsvorgänge und Erscheinungen, der gleichermaßen für den Ingenieur, vor allem des Verbrennungsmotoren- und Gasturbinenbaues, den Physiker, Physikochemiker und den Chemiker als solchen von Interesse ist. Es zeigt damit am deutlichsten die umfassenden Aufgaben der physikalischen Chemie und ihre Arbeitsmethoden. Für den Verbrennungsmaschinenbau sind ja die Verbrennungsvorgänge eines seiner einschneidendsten Probleme. Sie sind mit den sich ständig erweiternden Anforderungen und den nach Antwort heischenden Fragen im vollen Fluß. Versuchsausführung, Versuchsbeobachtung, Deutung und Erklärung kommen für den vorgenannten Interessentenkreis in gleicher Weise zu Wort.
Es ist in der deutschen Literatur nicht nur die erste umfassende und auch in der Ausstattung vorbildliche Behandlung dieses Fachgebietes, sondern durch die mit dem Kriegsausgang gewordene Lage auch wohl für längere Zeit die letzte dieser vorbildlichen Art.

AUFHÄUSER, D.: Brennstoffe und Verbrennung. 2 Bde. Berlin: Springer 1928.

Behandlung der Eigenschaften und des chemischen Aufbaues der Brennstoffe und ihrer Verbrennung. Es werden hier die Verbrennungsvorgänge in ihren chemischen und physikalisch-chemischen Zusammenhängen, Ablaufstendenzen und Folgen, auch unter den Bedingungen technischer Einrichtungen, besprochen.

Weiteres spezielles Schrifttum im Text an den betroffenden Stellen vermerkt.

XI. NAMEN- UND STICHWORTVERZEICHNIS

www.ingramcontent.com/pod-product-compliance
Lightning Source LLC
Chambersburg PA
CBHW081531190326
41458CB00015B/5520